U0226501

诱发地震监测

——能源开发的被动地震方法和应用

〔加〕大卫·伊顿 (David Eaton) 著

李 磊 高大维 谭玉阳 惠 钢 译

科 学 出 版 社

北 京

图字：01-2022-4340 号

内 容 简 介

本书是一本聚焦诱发地震基础理论、方法技术和应用案例的地震学专业书籍。其中，第 1 至 4 章系统阐述了诱发地震监测的基本方法原理，包括弹性介质基本理论、典型脆性破坏准则、地震震源理论、地应力测量方法和水力压裂技术等，第 5 至 9 章详细介绍了诱发地震监测的应用情况，特别是重点分析了微地震数据采集、处理和解释技术的典型应用案例。此外，本书附录汇总了相关的术语词汇解释、信号处理知识和数据格式说明，方便读者查阅参考。

本书可作为高年级本科生和研究生的地震学教材，也可作为诱发地震和微地震监测相关领域研究和技术人员的参考书籍。

This is a simplified Chinese edition of the following title published by Cambridge University Press：

Passive Seismic Monitoring of Induced Seismicity：Fundamental Principles and Application to Energy Technologies（ISBN：9781107145252）

This simplified Chinese edition for the People's Republic of China（excluding Hong Kong，Macau and Taiwan）is published by arrangement with the Press Syndicate of the University of Cambridge，Cambridge，United Kingdom.

© Cambridge University Press and Science Press，2024

This simplified Chinese edition is authorized for sale in the People's Republic of China（excluding Hong Kong，Macau and Taiwan）only. Unauthorised export of this simplified Chinese edition is a violation of the Copyright Act. No part of this publication may be reproduced or distributed by any means，or stored in a database or retrieval system，without the prior written permission of Cambridge University Press and Science Press.

Copies of this book sold without a Cambridge University Press sticker on the cover are unauthorized and illegal.

本书封面贴有 Cambridge University Press 防伪标签，无标签者不得销售。

图书在版编目（CIP）数据

诱发地震监测：能源开发的被动地震方法和应用/（加）大卫·伊顿（David Eaton）著；李磊等译 . —北京：科学出版社，2024.4

书名原文：Passive Seismic Monitoring of Induced Seismicity：Fundamental Principles and Application to Energy Technologies

ISBN 978-7-03-077991-5

Ⅰ. ①诱… Ⅱ. ①大… ②李… Ⅲ. ①诱发地震–地震监测 Ⅳ. ①P315.73

中国国家版本馆 CIP 数据核字（2024）第 032299 号

责任编辑：崔 妍 / 责任校对：何艳萍
责任印制：肖 兴 / 封面设计：图阅盛世

科 学 出 版 社 出版
北京东黄城根北街 16 号
邮政编码：100717
http://www.sciencep.com

北京九州迅驰传媒文化有限公司印刷
科学出版社发行 各地新华书店经销

*

2024 年 4 月第 一 版 开本：787×1092 1/16
2025 年 1 月第三次印刷 印张：18 3/4
字数：440 000
定价：198.00 元
（如有印装质量问题，我社负责调换）

中文版序一

  诱发地震活动是一种在全球范围内都具有重要意义的现象。如今,人类活动相关的地震在各大洲都有详细记录,并且在过去十年中,大量的研究工作使得该主题相关的出版物数量激增。随着诱发地震数据采集和处理方法的不断发展,坚实的基础知识开始显得尤为重要。此外,随着新的清洁能源战略的全面实施,例如二氧化碳地质封存和增强型地热系统的应用,被动地震监测正在逐渐成为一种通用的技术手段。

  被动地震监测有许多超越人文及地域环境局限的应用。因此,我非常高兴这本著作能被翻译成中文,便于更多的中国学者和全球华人研究人员阅读和使用。

原书作者:大卫·伊顿(David Eaton)

2023 年 10 月

中文版序二

  地震学研究是地球物理学及整个地球科学领域的重要内容，是人们认识和了解地震震源和地球内部结构的重要手段。地震学既有很强的基础性，又有广泛的现实意义，包含对地球内部结构和构造演化的认识及资源能源的勘探开发等。人类工业活动的诱发地震监测正是地震学基础性和应用性并重的体现。通过对诱发地震活动进行监测和分析，可以对裂缝发育和流体运移等进行刻画，同时期望获得诱发地震的发震规律和机理，以实现地下空间和地质储层的安全、高效开发。

  该书是具有代表性的诱发地震教科书，包含比较全面、系统的基础理论、方法技术和应用案例。原书作者 David Eaton 教授是诱发地震领域知名学者，也是加拿大微地震行业联盟的领导人之一，具有多年的诱发地震和微地震教学与研究经验，特别是在页岩水力压裂诱发地震研究方面取得了很多创新性成果，他的大多数最新成果都被收录在这本书中。

  诱发地震研究是近年来新兴的前沿和热点课题，涉及地球物理、地质和力学等多学科。诱发地震监测不仅是对已有地震学内容的丰富和补充，同时在页岩气开发、干热岩开采和二氧化碳地质封存等领域具有重要作用，跟能源安全和"双碳"目标等国家战略息息相关。这本诱发地震教材由四位年轻学者共同翻译完成，他们都是诱发地震领域活跃的青年教师，对诱发地震研究前沿有着密切、持续的关注和研究。相信这本书的中文译本有助于让更多学生了解和探索诱发地震，也为更多国内学者和技术人员提供重要参考，让诱发地震监测更好地服务国民经济和社会发展。

南方科技大学：陈晓非

2023 年 12 月

中文版序三

　　人类的很多地下活动场景会引起地下介质中新裂缝的产生或者已有裂缝/断层的活化，进而诱发微地震或者较强地震的发生，因此对这些被动地震的监测有助于深入理解地下活动对地下介质的扰动过程。目前，微地震或者诱发地震监测在能源、矿业和工程等领域都已有广泛应用，例如固体矿产开采矿震监测、非常规油气开发水力压裂微地震监测、干热岩开采诱发地震监测、盐矿开采溶腔稳定性微地震监测以及水库的诱发地震监测等。因此迫切需要一本理论和应用并重的诱发地震教材。

　　该书英文原版自 2018 年出版以来，受到了全球读者的广泛关注。原书作者加拿大卡尔加里大学 David Eaton 教授及其团队在被动地震监测领域深耕多年，以深入浅出和图文并茂的方式呈现了诱发地震监测的基础理论方法、创新技术及典型应用案例，是一本优秀的诱发地震教材和前沿著作。

　　该书的翻译出版非常及时，不仅为中文读者提供了系统的被动地震理论和方法知识，还展示了最新的微地震监测技术成果和应用案例，有望成为开展诱发地震和微地震监测学习、研究和应用的重要参考书。

中国科学技术大学：张海江

2023 年 12 月

中文版前言

人类工业活动相关的地震监测研究已成为地震学领域的热点问题，同时也直接关系到地下空间开发和资源能源开采等生产活动的安全性。"诱发地震"一词在本书中泛指与工业活动相关的地震活动，且没有严格的震级界限，因此同时包含了中文表达中通常所指的震级较大的有感地震和震级小、能量弱的微地震。

诱发地震和微地震监测研究最早出现在 20 世纪 70 年代左右的地热和矿产行业。受限于地震监测设备的灵敏度，当时并未引起较大关注。随着 21 世纪初页岩气等非常规能源开发热潮的兴起和配套地震软硬件技术的进步，微地震监测技术重新进入工业界和学术界视野并获得显著发展。微地震监测是刻画小尺度裂缝发育和储层描述的重要手段，而有感地震对于地震灾害监测和预警至关重要。此外，小震级的微地震也是描述完备震级、断层活动、地应力变化、流体运移和孕震机制等的重要部分。诱发地震监测是一种典型的被动地震方法。一方面，它与天然地震研究有着相似的方法和目的，更关注震源本身的性质；另一方面，诱发地震研究的区域通常是勘探尺度，跟勘探地震研究关注的地下速度结构关系密切。诱发地震研究是天然地震学（被动地震学）和勘探地震学（主动地震学）两者之间的一种连接与融合。

本书是加拿大卡尔加里大学 David Eaton 教授基于微地震课程笔记及其团队在诱发地震领域多年的研究成果累积而成。本书对诱发地震监测的理论、方法、技术及应用进行了系统的梳理与综合，同时配有精美的图片和完善的课后习题。我们将此书翻译为中文，可用作高年级本科生和研究生的地震学教材，也可作为诱发地震和微地震监测相关领域从业人员的参考书籍。

本书共包含九章内容，第 1 至 4 章为诱发地震监测的基本原理，第 5 至 9 章为诱发地震监测的应用。第 1 章介绍了弹性介质的应力、应变和弹性模量等基本概念和本构关系，引出了弹性各向异性和孔隙弹性理论；第 2 章介绍了不同条件下的典型脆性破坏准则和三种断裂模式，还介绍了断层/裂缝的黏弹性和塑性等非弹性变形行为；第 3 章详细阐述了地震震源和地震波传播相关的重要概念，对震源机制、震级、震源谱模型和震级–频度关系等进行了重点介绍；第 4 章介绍了多种地应力测量方法和水力压裂技术；第 5 章介绍了被动地震数据采集的发展历程和监测设计优化的方法；第 6 章结合实际案例对井下微地震数据处理技术流程进行了介绍；第 7 章介绍了地面和浅井微地震监测的方法和应用案例；第 8 章介绍了微地震数据解释的主要技术流程和内容，并重点介绍了一种新的微地震解释方法及其应用效果；第 9 章是注水诱发地震综合研究的方法和案例，介绍了微弱事件检测、震源定位和震级计算等方面的最新进展，最后总结了目前诱发地震风险分析和监管的主要方法。

本书的翻译自 2022 年初启动以来，在四位老师的共同努力下，经过多次的修改与审校才最终与读者见面。本书的第 1、3 章由高大维翻译，第 2、4 章由惠钢翻译，第 5、7、

8 章由李磊翻译,第 6、9 章由谭玉阳翻译。初稿完成后,还邀请多位专家学者对译文的部分章节进行了审校。他们是南方科技大学张伟教授、成都理工大学梁春涛教授和原健龙副研究员、中国石油大学(北京)陈海潮教授和彭岩副教授、中国地震局地球物理研究所翟鸿宇副研究员、中国科学院地质与地球物理研究所武绍江副研究员、加拿大卡尔加里大学王超逸博士、中海油研究总院有限责任公司张洪亮博士和加拿大卡莫森学院的钟沐阳讲师。在此,我们对上述专家学者提供的宝贵意见和建议表示感谢。在译文初稿的编辑和整理过程中,有几位研究生参与其中,他们是中南大学的周雯、中国海洋大学的祁维新和加拿大维多利亚大学的朱懿劼,感谢他们的协助。本书的出版还得到了科学出版社韩鹏和崔妍两位编辑的大力支持,对他们的工作表示感谢。

特别感谢南方科技大学陈晓非教授和中国科学技术大学张海江教授拨冗为本书作序,他们对诱发地震研究的学科地位和应用前景进行了展望。感谢原书作者 David Eaton 教授为本书作序,他相信被动地震方法正在成为一种通用的地震监测手段。

本书的翻译和出版得到了国家自然科学基金项目(42374076、42004115)、湖南省自然科学基金项目(2022JJ20057)和中南大学创新驱动计划项目(2023CXQD063)的资助。

由于译者水平有限,本书的错误和疏漏之处在所难免,恳请读者批评指正。

中南大学:李磊

2023 年 12 月

原版前言

在过去的几十年里，被动地震监测在解决地球科学和工程学中的一系列问题（从大尺度构造研究到小尺度环境调查）中取得了显著的发展。微地震方法是被动地震方法应用于岩石脆性变形研究的一个典型例子。这些方法正越来越多地应用于裂缝发育过程的现场监测，包括致密储层的水力压裂改造、增强型地热系统的开发、二氧化碳封存的盖层完整性评估、重油生产的全周期储层监测以及采矿作业监测。这门新兴学科的理论框架和技术来自地震学、勘探地球物理学和岩石力学等多个成熟学科领域。由于目前微地震的相关研究和技术广泛分散在不同的科学和工程领域，并发表在特定学科的期刊和会议论文集上，本书的目的是综合这一主题的研究和技术。

本书以地震学为基础，同时借鉴了其他相关学科的知识，包括储层工程学、岩石力学、断裂力学、地震力学、连续介质力学和地质力学。本书介绍了微地震监测的原理和应用，读者对象是地球物理学或工程学专业的本科生和研究生，以及从事地球科学工作的专业人士。微地震方法的应用多种多样，包括非常规油气开发和增强型地热系统的水力压裂监测、长期地下储存（如二氧化碳）项目的验证和监测，以及确保地下深部矿井工人的安全。被动地震监测的理论基础包括地震学、力学和信号处理的数学知识，因此假定读者具有低年级本科生水平的数学和物理学背景。扎实的背景基础知识是定量理解微地震重要工业应用的关键。

被动地震监测的跨学科性质意味着数学表达式中可能存在相互冲突的符号，这些符号来自不同学科的既定用法，其含义完全不同。这就要求我们在使用下标和修饰符时要有相当大的创造性，以便为重复使用的参数和表达式定义一套独特的符号。然而，一些常用符号的重复使用几乎是不可避免的，其含义取决于上下文的语境。例如，在本书中，根据上下文语境可以明确 E 代表的是能量还是杨氏模量。同样，在不同的学科中也会出现一些特定的术语，这些术语有时会让该领域以外的读者难以理解。为了减少不同领域读者的理解障碍，本文提供了术语表（附录 A）。

除少数例外情况，本书使用国际单位制，不过对于那些习惯于使用"桶"和"磅/平方英寸"等计量单位的人来说，这种用法可能略显陌生。还有一个例外是渗透率，这是因为使用非标准单位"达西"更为方便。

本书主要基于我开发的研究生课程《微地震方法导论》的笔记和交互式在线资料。在讲授这门课程的过程中，客座讲师、学生和业内人士大大拓宽了我的知识视野。我对所有相关人员深表感谢，尤其是慷慨分享专业知识的主讲嘉宾。此外，作为微地震行业联盟的一部分，学术界和工业界的互动也为本课程注入了活力。自 2011 年以来，在微地震行业联盟的支持下，我们获得了许多野外观测数据集，这些野外实验为本书提供了数据示例。据我所知，这种层次的由大学主导的野外数据采集是前所未有的。虽然具有较大的挑战性，但这些野外数据采集活动为学生和博士后研究人员提供了重要的专业认知、实践经验和独特的训练机会。

在本书的编写过程中，有许多人给予了帮助，在此一并致谢。衷心感谢学术界和工业界的同事们为本书的各个章节提供了建设性和批评性的反馈意见，其中包括埃德·克雷贝斯（Ed Krebes）、简·德特默（Jan Dettmer）、杰夫·普里斯特（Jeff Priest）、罗恩·翁（Ron Wong）、肖恩·马克思韦尔（Shawn Maxwell）、彼得·邓肯（Peter Duncan）、盖尔·阿特金森（Gail Atkinson）、瑞安·舒尔茨（Ryan Shultz）、刘亚静、赫什·吉尔伯特（Hersh Gilbert）、克里斯·克拉克森（Chris Clarkson）和哈迪·葛富兰尼（Hadi Ghofrani）。我的学生以及博士后研究人员也提出了很多想法和建议，包括协助我绘制图表和校对文字。我特别感谢娜丁·伊戈宁（Nadine Igonin）、朱卜兰·阿克拉姆（Jubran Akram）、张洪亮、苏西·加（Suzie Jia）、梅甘·泽塞维克（Megan Zecevic）、托马斯·埃尔（Thomas Eyre）、金·派克（Kim Pike）、安东·比留科夫（Anton Biryukov）和罗恩·韦尔（Ron Weir）的贡献。此外，我还非常感谢萨拉·里德（Sarah Reid）在绘图方面给予的持续而专业的帮助。衷心感谢米尔科·范·德尔·博安（Mirko van der Baan）在微地震行业联盟中的合作。最后，我衷心感谢我的妻子帕姆（Pam），在编写本书的几个月里，她忍受了我不合理的工作和家庭时间安排。

目　　录

第一部分　被动地震监测的基本原理

第二部分 被动地震监测的应用

第一部分
被动地震监测的基本原理

万物皆有裂缝，那是光照进来的地方。

莱昂纳德·科恩（Anthem，1992）

第1章 本构关系和弹性变形

起初，上帝说让反对称二阶张量的四维散度为零，于是就有了光。

米基奥·卡库（The Universe in a Nutshell，2012）

本构关系为构建系统对外部刺激的响应的理论框架提供了基础。从形式上看，本构关系定义了物理量之间的数学关系，这些物理量决定了给定材料对外加作用力的响应（Macosko，1994）。通常来讲，本构关系是基于实验观察或数学推理，而不是基于基本守恒方程（Pinder and Gray，2008）。本章主要介绍适用于弹性介质的特定本构关系，亦称为广义胡克定律。该定律描述了一种线性变形机制，即施加外力引起的形变响应是完全可恢复的，且形变与合力的大小成正比。大量的实验结果证实了这种关系可以适用于受到较小形变的地球介质。如后续章节所述，将这种本构关系与一些基本的物理原理和边界条件相结合，可描述大量的波传播现象。

除了描述各向异性弹性连续体的本构关系外，本章还将简要介绍各种等效介质理论，这些理论可用于为复杂介质提供更容易描述和表征的模型。文中所关注的介质类型，包括多相介质、垂直非均匀（分层）介质和断裂弹性介质，能够适用于研究沉积盆地中的储层过程和诱发地震活动。此外，本章还将介绍多孔弹性介质的本构关系。这种类型的介质由两个部分组成：一个弹性框架，加上一个充满液体的孔隙网络。本章还会简要介绍决定孔隙压力在多孔弹性介质中扩散的数学框架。

1.1 应力和应变

地球内部运行的力会导致各种变形过程。作用于介质内任意表面上的点 x 的每单位面积的合内力称为牵引力（traction），用向量 $T(x)$ 表示（图1.1）。受力面不一定是类似于带边界的裂隙或层理面（bedding plane）。为了描述的一般化而避免约定表面的方向，我们可以使用应力张量来表示内力。单位体积的应力张量可以表示为

$$\boldsymbol{\sigma} = \begin{bmatrix} \sigma_{11} & \sigma_{12} & \sigma_{13} \\ \sigma_{21} & \sigma_{22} & \sigma_{23} \\ \sigma_{31} & \sigma_{32} & \sigma_{33} \end{bmatrix} \qquad (1.1)$$

应力张量中每个元素的第一个下标表示垂直于单位体积相应表面的方向；第二个下标表示应力分量作用的方向。应力和牵引力的国际单位都是帕斯卡（$Pa = N/m^2$）。如果一个面的单位法向量是 $\hat{\boldsymbol{n}}$，应力张量与牵引力向量的第 j 个元素的关系为

$$T_j = \boldsymbol{\sigma} \cdot \hat{\boldsymbol{n}} = \sum_{i=1}^{3} \sigma_{ij} \hat{\boldsymbol{n}}_i \equiv \sigma_{ij} \hat{\boldsymbol{n}}_i \qquad (1.2)$$

其中，方程（1.2）右侧的表达式采用了标准的张量重复下标求和表示（见方框1.1）。因

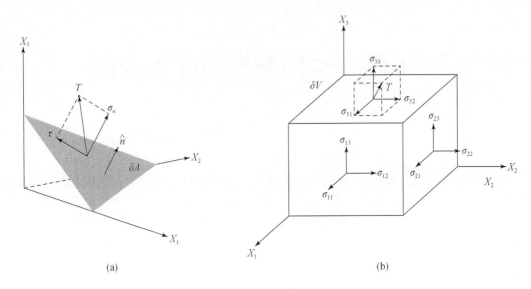

图 1.1   应力张量的各个元素

（a）作用在阴影面上的牵引力，用 T 表示。T 可以分解为剪应力和正应力，分别用 τ 和 σ_n 表示。

（b）应力张量的分量。δV 表示单位体积。

此，作用在封闭曲面 S 内的体积上的合力 F 可以写为

$$F_j = \int_S T_j \mathrm{d}S = \int_S \sigma_{ij}\,\hat{\boldsymbol{n}}_i \mathrm{d}S \tag{1.3}$$

在力平衡状态下，由曲面 S 包围的物体合力为零，所以 $|F| = 0$。

方框 1.1   张量符号

张量是矢量的拓展，是能够多维度地表示与空间坐标和方向相关的物理量。张量在地球物理领域有广泛的应用：在连续介质力学和流体力学当中，张量能够很好地描述场和系统的物理性质。张量的分量用下标来表示，其中阶（order，也称为 rank）表示所需下标的数量。应力张量 σ 是一个二阶张量，其第 ij 个分量写为 σ_{ij}。本书中一直使用重复下标（哑标）的求和表示（也叫作爱因斯坦求和约定）。简写的时候，张量的乘积内的重复下标表示求和。因此，使用求和表示意味着

$$a_{ij}b_{jk} \equiv \sum_{j=1}^{N} a_{ij}b_{jk}$$

其中 N 是系统中的维度（一般为 2 或 3）。求和约定可用于单个张量，如

$$a_{ii} = a_{11} + a_{22} + a_{33}$$

张量在坐标系的变换下是不变的。例如，坐标系围绕 x_3 轴顺时针旋转 θ，可以表示为

$$\sigma'_{mn} = R_{mi}R_{nj}\sigma_{ij}$$

在这种情况下，旋转算子 R 由以下公式给出

$$R = \begin{bmatrix} \cos\theta & \sin\theta & 0 \\ -\sin\theta & \cos\theta & 0 \\ 0 & 0 & 1 \end{bmatrix}$$

张量的空间导数用下标的逗号来表示。比如说，

$$\sigma_{ij,j} \equiv \partial\sigma_{ij}/\partial x_j$$

最后，时间导数用点表示，例如：

$$\dot{u} \equiv \frac{\partial u}{\partial t} \quad \text{and} \quad \ddot{u} \equiv \frac{\partial^2 u}{\partial t^2}$$

应力张量具有许多显著特征。保持介质的连续性意味着单位体积上的净扭矩为零，也就意味着应力张量是对称的（即 $\sigma_{ij} = \sigma_{ji}$）。如果一个表面的单位法向量为 n，那么应力张量的非对角线元素（$i \neq j$）代表施加的力在该平面内，叫作剪切应力；而对角线元素被称为正应力。通常来说，任何应力张量都是可对角化的，可以写成以下形式

$$\sigma = \Sigma\Lambda\Sigma^{-1} \tag{1.4}$$

其中，Σ 是一个由单位特征向量组成的矩阵；而 Λ 是一个对角矩阵，其元素是相应的特征值。特征向量是相互垂直的，被称为主应力轴。这些轴具有特殊的物理意义，因为它们代表了剪应力为零的平面的法向。与特征向量对应的特征值被称为主应力，由 σ_1、σ_2 和 σ_3 来表示，并按 $\sigma_1 \geqslant \sigma_2 \geqslant \sigma_3$ 的顺序排列。在笛卡儿坐标系，这些主应力有时（但并不总是）等于作用于垂直方向（S_v）的应力（牵引力）大小、作用于水平方向的最大应力（S_H）大小和最小应力大小（S_h）。

张量一般很难可视化，但是我们可以用莫尔圆（Mohr circle）来表示应力张量。莫尔圆是为了纪念其发明者奥托·莫尔（Otto Mohr）而命名的（Parry，2004）。下一章会讲到，莫尔圆能够用来表示基于各种破裂准则的断层或裂缝的稳定性。考虑一个由单位法向量 $\hat{n}$ 定义的任意平面，对于任何给定的应力状态，作用在该表面上的牵引力可以分解为法向分量和剪切分量，分别表示为正应力 $\sigma_n(\hat{n})$ 和剪应力 $\tau(\hat{n})$。如图 1.2 所示，这两个应力分量用于构建莫尔圆的坐标轴。为了理解莫尔圆是如何生成的，我们考虑一个简化的二维场景的应力张量

$$\sigma = \begin{bmatrix} \sigma_1 & 0 \\ 0 & \sigma_2 \end{bmatrix} \tag{1.5}$$

其中，σ_1 是最大主应力，σ_2 是最小主应力。为了不失一般性，这里使用自然坐标系，使得 x_1 和 x_2 轴对应于主应力轴，因此应力张量中的非对角线元素（剪切应力）为零。一般来说，应力张量可以通过旋转变换表示在旋转后的坐标系中，

$$\begin{bmatrix} \sigma'_{11} & \sigma'_{12} \\ \sigma'_{21} & \sigma'_{22} \end{bmatrix} = \begin{bmatrix} \cos(\theta) & \sin(\theta) \\ -\sin(\theta) & \cos(\theta) \end{bmatrix} \begin{bmatrix} \sigma_1 & 0 \\ 0 & \sigma_2 \end{bmatrix} \begin{bmatrix} \cos(\theta) & -\sin(\theta) \\ \sin(\theta) & \cos(\theta) \end{bmatrix} \tag{1.6}$$

其中，θ 是旋转角度。展开右侧，垂直于 x'_1 轴的表面上的法向应力和剪应力值（与 x_1 轴成角度 θ）由下式给出

$$\sigma_n = \sigma'_{11} = \sigma_1 \cos^2\theta + \sigma_2 \sin^2\theta = \frac{\sigma_1+\sigma_2}{2} + \frac{\sigma_1-\sigma_2}{2}(\cos^2\theta - \sin^2\theta)$$

$$\tau = \sigma'_{12} = (\sigma_2 - \sigma_1)\sin\theta\cos\theta = \frac{\sigma_1-\sigma_2}{2}2\sin\theta\cos\theta$$

(1.7)

在 σ_n 的表达式中，我们使用了三角恒等式 $\sin^2\theta + \cos^2\theta = 1$。通过进一步使用三角恒等式 $\cos2\theta = \cos^2\theta - \sin^2\theta$ 和 $\sin2\theta = 2\sin\theta\cos\theta$，我们可以得出：

$$\sigma_n = \frac{\sigma_1+\sigma_2}{2} + \frac{\sigma_1-\sigma_2}{2}\cos2\theta$$

$$\tau = \frac{\sigma_1-\sigma_2}{2}\sin2\theta$$

(1.8)

它们是关于变量 2θ 的参数方程，用于描述圆心在 $\frac{\sigma_1+\sigma_2}{2}$ 且半径为 $\frac{\sigma_1-\sigma_2}{2}$ 的圆。因此，在二维情况下，莫尔圆表示应力状态为 (σ_n, τ) 空间中的点的轨迹。圆上的每个点对应一个平面，其法线与最大主应力轴成 θ 角。通常情况下，二维莫尔圆以 $|\tau|$（而不是 τ）为半径作图所以为半圆。

在三维情况下，可以应用类似的方法。首先，考虑与最大主应力（σ_1）和最小主应力（σ_3）的轴共面的法线向量 n。基于上述二维情况的论证，关于 σ_1 和 τ 的所有可能的应力状态可以定义一个圆心在 $\frac{\sigma_1+\sigma_3}{2}$ 和半径为 $\frac{\sigma_1-\sigma_3}{2}$ 的圆。类似的，与其他主应力轴对共面的法向量可以定义两个平面，而这两个平面定义了具有较小半径和不同圆心的两个莫尔圆。这三个半圆可以创建一个三维的莫尔圆（图1.2）。可以证明，对于由主应力 σ_1、σ_2 和 σ_3 定义的应力状态，对于所有可能的法向量，包括那些与主应力轴对不共面的法向量，三维莫尔圆中的大莫尔圆是 (σ_n, τ) 空间中的外边界，而较小的两个莫尔圆表示内部边界。参考图1.2，具有随机方向的任意平面上的应力状态都会被包含（落）在三个莫尔圆之间的区域内。

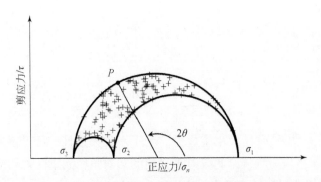

图 1.2 三维莫尔圆（主应力 $\sigma_1 \geqslant \sigma_2 \geqslant \sigma_3$）

符号"+"代表 100 个随机方向的裂缝的应力状态。点 P 定义了一个平面上的应力状态，该平面的法线与最大和最小主应力轴共面，并且与最大主应力轴成 θ 角。

我们现在分析"应变"这个概念。如图 1.3 所示，应变 [由 $u(x)$ 表示] 由单位体积的位移来定义：

$$\varepsilon_{ij} = \frac{1}{2}(u_{i,j} + u_{j,i}) \tag{1.9}$$

该式右侧使用了逗号来表示空间的导数。这里的位移由拉格朗日参考系来指定，意思是坐标系随着介质中的粒子移动，这和地震观测系统一致（Aki and Richards，2002）。介质中的某一点的速度由 $\dot{u}(x)$ 给出。参考图 1.3，很明显，如果 u 的空间导数为零，则该单位体积没有形状或体积的变化；因此，应变变量提供了介质变形的量度。因为应变被定义为两个以长度为单位的物理量之比，所以无量纲。应变是一个二阶张量。根据定义 [式 (1.9)]，它具有对称性 $\varepsilon_{ij} = \varepsilon_{ji}$，且与应力张量类似，对角元素称为正应变分量，非对角线元素称为剪应变分量。

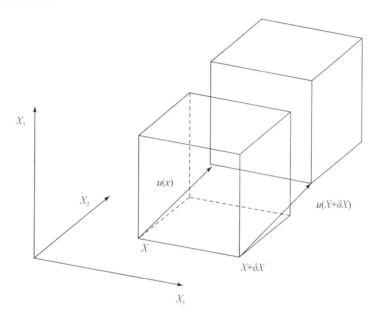

图 1.3　应变由单位体积的变形定义
单位体积的初始大小和形状（无阴影部分）会由于施加的应力而改变。变形的大小
和形状的变化（阴影部分）可以使用位移场 $u(x)$ 进行描述。

1.2　线　性　弹　性

线性弹性介质中的基本应力和应变的本构关系为

$$\sigma_{ij} = c_{ijkl}\varepsilon_{kl} \tag{1.10}$$

其中 c_{ijkl} 表示弹性刚度张量（elastic stiffness tensor）[之前讲过，这是张量的求和表示（哑标），这意味着在这个方程的右边有一个双重求和]。这种关系被称为广义胡克定律。由于应变无量纲，所以刚度张量的单位是帕。

由于应力和应变都是二阶张量，所以需要一个四阶张量（c_{ijkl}）来完全描述应力和应变分量之间所有可能的线性关系。在三维空间中，应力张量有 81（3^4）个分量，其中每个单独的标量分量被称为弹性模量（elastic modulus）。由于各种对称性，对于一般的（三斜面 triclinic）情况，独立模量的数量可以减少到 21 个。这些对称性来自：①应力张量的内在对称性（$\sigma_{ij} = \sigma_{ji}$）；②应变张量的内在对称性（$\varepsilon_{kl} = \varepsilon_{lk}$）；和③应变能密度的定义，这意味着 $c_{ijkl} = c_{klij}$（Aki and Richards，2002）。广义胡克定律的一个更紧凑的表示，即 Voigt 符号，利用了这些对称性，将刚度张量减少到一个对称的 6×6 刚度矩阵 C。使用 Voigt 符号，弹性本构关系可以表示为

$$
\begin{bmatrix} \tilde{\sigma}_1 \\ \tilde{\sigma}_2 \\ \tilde{\sigma}_3 \\ \tilde{\sigma}_4 \\ \tilde{\sigma}_5 \\ \tilde{\sigma}_6 \end{bmatrix} = \begin{bmatrix} \tilde{C}_{11} & \tilde{C}_{12} & \tilde{C}_{13} & \tilde{C}_{14} & \tilde{C}_{15} & \tilde{C}_{16} \\ \tilde{C}_{12} & \tilde{C}_{22} & \tilde{C}_{23} & \tilde{C}_{24} & \tilde{C}_{25} & \tilde{C}_{26} \\ \tilde{C}_{13} & \tilde{C}_{23} & \tilde{C}_{33} & \tilde{C}_{34} & \tilde{C}_{35} & \tilde{C}_{36} \\ \tilde{C}_{14} & \tilde{C}_{24} & \tilde{C}_{34} & \tilde{C}_{44} & \tilde{C}_{45} & \tilde{C}_{46} \\ \tilde{C}_{15} & \tilde{C}_{25} & \tilde{C}_{35} & \tilde{C}_{45} & \tilde{C}_{55} & \tilde{C}_{56} \\ \tilde{C}_{16} & \tilde{C}_{26} & \tilde{C}_{36} & \tilde{C}_{46} & \tilde{C}_{56} & \tilde{C}_{66} \end{bmatrix} \begin{bmatrix} \tilde{\varepsilon}_1 \\ \tilde{\varepsilon}_2 \\ \tilde{\varepsilon}_3 \\ \tilde{\varepsilon}_4 \\ \tilde{\varepsilon}_5 \\ \tilde{\varepsilon}_6 \end{bmatrix} \tag{1.11}
$$

其中，成对的下标被合并，使得$(\ )_{11} \to (\ )_1$，$(\ )_{22} \to (\ )_2$，$(\ )_{33} \to (\ )_3$，$(\ )_{23} \to (\ )_4$，$(\ )_{13} \to (\ )_5$，$(\ )_{12} \to (\ )_6$。例如，使用这种合并方法能够让 $c_{1111} = \tilde{C}_{11}$，$c_{1122} = \tilde{C}_{12}$，这里的波浪符号用以区分 Voigt 标记法和标准的张量表示方法。此外，Voigt 标记法中应变参数的符号如下：$\tilde{\varepsilon}_1 = \varepsilon_{11}$，$\tilde{\varepsilon}_2 = \varepsilon_{22}$，$\tilde{\varepsilon}_3 = \varepsilon_{33}$，$\tilde{\varepsilon}_4 = 2\varepsilon_{23}$，$\tilde{\varepsilon}_5 = 2\varepsilon_{13}$ 和 $\tilde{\varepsilon}_6 = 2\varepsilon_{12}$。因为 $\tilde{C}$ 是一个对称的 6×6 的矩阵，这意味着最多有 21 个独立弹性模量，如上所示。需要注意的是，使用 Voigt 标记法意味着需要一个更复杂的算子用于坐标系转换，即所谓的 Bond 变换（详见 Winterstein，1990）。

从实验的角度来看，广义胡克定律所隐含的基本数学模型意味着需要对应力-应变关系进行 21 次独立测量，才能完全描述材料的弹性行为，这在实践中其实很少实现。幸好，大多数岩石具有固有的材料对称性，能够减少构建刚度张量所需的独立系数的数量，可以简化应力-应变关系。这些材料对称性通常是由岩石组构要素在地下形成时产生的，如水平分层、平行裂隙组的存在和矿物优先排列产生的结构。

在各向同性介质中，应力-应变关系与方向无关（应力应变关系在任意方向都一致）。因此，在各向同性介质中，对于一个给定的应变条件在垂直方向上测量正应力或剪应力分量的结果等于在水平方向上测量的结果（实际上在任何倾斜角度上测量的结果都相同）。简而言之，地下岩体可以被认为是一个有裂隙的、充满流体的颗粒状矿物集合体。如果这些组成元素，如矿物颗粒或微裂隙，规模不大且取向随机，那么我们通常假定其具有各向同性的弹性对称性。这里的"规模不大"是指相对于地震波长（通常为几米到几百米）而言的。

在各向同性介质中，只需要 2 个独立的弹性模量就可以完全描述应力-应变的关系。这个时候，弹性刚度张量可以表示为

$$
c_{ijkl} = \lambda\, \delta_{ij}\delta_{kl} + \mu(\delta_{ik}\delta_{jl} + \delta_{il}\delta_{jk}) \tag{1.12}
$$

其中 λ 和 μ 是独立的常数，被称为拉梅系数（Lamé parameters）。δ_{ij} 是克罗内克 δ 函数（Kronecker delta），定义为

$$\delta_{ij} = \begin{cases} 0 & i \neq j \\ 1 & i = j \end{cases} \tag{1.13}$$

对于各向同性的材料，胡克定律可以用以下形式表示：

$$\sigma_{ij} = \lambda \varepsilon_{kk} \delta_{ij} + 2\mu \varepsilon_{ij} \tag{1.14}$$

其中 ε_{kk}（对下标 k 的求和）被称为扩张，定义为 $\Delta V/V$。

尽管拉梅系数对表达本构关系很有用，但使用与实验测量直接相关的其他弹性模量来表达材料的刚度特征往往更方便。除了剪切模量 μ 外，其他常用的弹性模量包括体模量 K、杨氏模量 E 和泊松比 ν。对于一个体积为 V 的样品，体模量由以下公式给出

$$K = -V \frac{\partial P}{\partial V} \tag{1.15}$$

其中 P 为围压，应力张量为静水压力形式：

$$\sigma = \begin{bmatrix} -P & 0 & 0 \\ 0 & -P & 0 \\ 0 & 0 & -P \end{bmatrix} \tag{1.16}$$

这里负号的使用来自于惯例，即压强在压缩条件下是正的，而应力在拉伸条件下是正的。

杨氏模量是在单轴应力条件下测量的。对于一个横截面积为 A 的样品，杨氏模量可以表示为

$$E \equiv \frac{F/A}{\Delta L/L_0} = \frac{\sigma_{\text{axial}}}{\varepsilon_{\text{axial}}} \tag{1.17}$$

其中 F 是施加在样品两端的力（正为拉伸，负为压缩），L 是沿轴线在施加力的方向测量的样品长度，ΔL 是样品长度的变化，L_0 是施加力之前的样品长度。此外，σ_{axial} 表示轴向应力。$\varepsilon_{\text{axial}}$ 表示轴向应变。剪切模量可以通过对样品的侧面施加剪切力来测量，其定义为

$$\mu = \frac{\sigma_{ij}}{2\varepsilon_{ij}}, \quad i \neq j \tag{1.18}$$

请注意，在许多工学文献中，剪切模量用 G 表示。地球介质的弹性模量 K、E 和 μ 通常以 GPa 为单位。

另一个常用于描述弹性固体特性的参数是泊松比。与杨氏模量一样，泊松比是在单轴应力条件下测量的。泊松比是无量纲的，由下式计算：

$$\nu = -\frac{\varepsilon_{\text{trans}}}{\varepsilon_{\text{axial}}} \tag{1.19}$$

其中 $\varepsilon_{\text{trans}}$ 是横向应变。

在第3章中，我们会了解到波在各向同性弹性介质中的传播可以用密度 ρ 加上任意一对独立的弹性模量来完全描述。对于各向同性的介质，表 1.1 总结了各对弹性模量之间的关系。当给出任意两个独立的模量，其他模量的值就很容易被计算出来。

表 1.1　各向同性弹性模量对之间的关系

a^*	K	E	λ	μ	ν
K, E	K	E	$\dfrac{2K(3K-E)}{9K-E}$	$\dfrac{KE}{9K-E}$	$\dfrac{3K-E}{6K}$
K, λ	K	$\dfrac{9K(K-\lambda)}{9K-\lambda}$	λ	$\dfrac{3(K-\lambda)}{2}$	$\dfrac{\lambda}{3K-\lambda}$
K, μ	K	$\dfrac{9K\mu}{3K+\mu}$	$K-\dfrac{2\mu}{3}$	μ	$\dfrac{3K-2\mu}{2(3K+\mu)}$
K, ν	k	$3K(1-2\nu)$	$\dfrac{3K\nu}{1+\nu}$	$\dfrac{3K(1-2\nu)}{2(1+\nu)}$	ν
E, λ	$\dfrac{E+3\lambda+R^{**}}{6}$	E	λ	$\dfrac{E-3\lambda+R}{4}$	$\dfrac{2\lambda}{E+\lambda+R}$
E, μ	$\dfrac{3\mu}{3(2\mu-E)}$	E	$\dfrac{\mu(E-2\mu)}{3\mu-E}$	μ	$\dfrac{E}{2\mu}-1$
E, ν	$\dfrac{E}{3(1-2\nu)}$	E	$\dfrac{E\nu}{(1+\nu)(1-2\nu)}$	$\dfrac{E}{2(1+\nu)}$	ν
λ, μ	$\lambda+\dfrac{2\mu}{3}$	$\dfrac{\mu(3\lambda+2\mu)}{\lambda+\mu}$	λ	μ	$\dfrac{\lambda}{2(\lambda+\mu)}$
λ, ν	$\dfrac{\lambda(1+\nu)}{3\nu}$	$\dfrac{\lambda(1+\nu)(1-2\nu)}{\nu}$	λ	$\dfrac{\lambda(1-2\nu)}{2\nu}$	ν
μ, ν	$\dfrac{2\mu(1+\nu)}{3(1-2\nu)}$	$2\mu(1+\nu)$	$\dfrac{2\mu\nu}{1-2\nu}$	μ	ν

* K、E 和 ν 分别表示体模量、杨氏模量和泊松比，而 λ 和 μ 是拉梅系数。表格根据 Sheriff（1991）修改。

** 为简洁起见，本表的一些表达式中使用了符号 $R=\sqrt{E^2+9\lambda^2+2E\lambda}$。

1.3　弹性各向异性

在一个由本构关系定义的模型中，如果地球的某一点的特性与方向有关，那这个本构模型就是各向异性的。几乎所有的地壳成分矿物都具有产生各向异性的弹性特性的晶格结构（Musgrave，2003）。例如，高岭土（图 1.4）是页岩中常见的黏土矿物，其晶格结构与云母相似（Gruner，1932）。图 1.4 中所示的主轴 X_1、X_2 和 X_3 描述了决定光学特性的光轴方向，可用于识别矿物种类（Putnis，1992）。晶轴 a、b 和 c 是由单元格为晶体学晶格结构的基本组成部分——晶胞定义的（Musgrave，2003）。例如，单个高岭土晶体的测量弹性刚度矩阵（Sato et al.，2005）为（单位 GPa）

$$\tilde{C}=\begin{bmatrix} 178\pm8.8 & 71.5\pm7.1 & 2.0\pm5.3 & -0.4\pm2.1 & 41.7\pm1.4 & -2.3\pm2.7 \\ 71.5\pm7.1 & 200.9\pm12.8 & -2.9\pm5.7 & -2.8\pm2.7 & 19.8\pm0.6 & 1.9\pm1.5 \\ 2.0\pm5.3 & -2.9\pm5.7 & 32.1\pm2.0 & -0.2\pm1.4 & 1.7\pm1.8 & 3.4\pm2.2 \\ -0.4\pm2.1 & -2.8\pm2.7 & -0.2\pm1.4 & 11.2\pm5.6 & -1.2\pm1.2 & 12.9\pm2.4 \\ 41.7\pm1.4 & 19.8\pm0.6 & 1.7\pm1.8 & -1.2\pm1.2 & 22.2\pm1.4 & 0.8\pm2.4 \\ -2.3\pm2.7 & 1.9\pm1.5 & 3.4\pm2.2 & 12.9\pm2.4 & 0.8\pm2.4 & 60.1\pm3.2 \end{bmatrix}$$

单晶刚度矩阵的坐标系是由晶胞定义而得。根据晶格相关的对称特性，如旋转轴、对称平面和反转中心等特性，晶体可分为七种不同的对称系统：三斜、单斜、正交、四方、三角、六方和立方（Musgrave，2003）。尽管在某些情况下高阶对称性存在，弹性刚度张量的对称系统通常等效于相应单晶的晶体对称系统（Winterstein，1990）。高岭石的晶体结构（图 1.4）被归类为三斜晶系（Sato et al.，2005），这是一种需要 18 或 21 个独立的弹性常数对称系统，具体的弹性常数取决于特定的矿物（表 1.2）。Simmons 和 Wang（1971）汇编了许多成岩矿物的弹性特性。

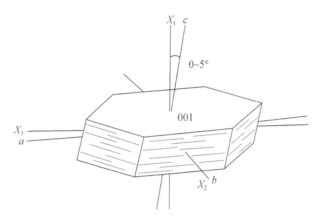

图 1.4　标有晶轴的高岭石单晶（来源：伦敦帝国理工学院岩石图书馆）

晶轴的方向用 a、b 和 c 表示，由晶胞控制。光轴表示为 X_1、X_2 和 X_3。经帝国理工学院许可使用。

地震波长通常比单晶的尺寸大几个数量级。因此，在比单晶大得多的地下区域中，波的传播对平均弹性模量敏感。我们研究的区域还可能包括裂隙，这会影响平均特性对方向的依赖，从而导致地震学的各向异性。在沉积岩中，影响沉积岩体弹性各向异性的微观构造因素包括：①组成矿物的晶格优先取向；②造成形态优势排列（shape-preferred orientation，SPO）的片状矿物颗粒的形态；③微裂隙的平行排列和孔隙（Valcke et al.，2006）。宏观尺度上的弹性各向异性也可以是由周期性薄层和与应力方向一致的裂缝引起的（Crampin et al.，1984）。

表 1.2　各向异性对称系统的总结

对称性	独立弹性模量的数目
各向同性	2
横向各向同性*	5
正交对称	8
单斜晶系	12 或 13
三斜晶系	18 或 21

* 有时又被称为六方晶系。

图 1.5 在两个极其不同的尺度下列举了可能导致体各向异性的因素。这些图像都是从位于加拿大阿尔伯塔省的白垩纪第二白斑页岩样本中获得的。扫描电子显微镜（SEM）图像［图 1.5（a）］显示了明显的微米尺度自面晶体形式的板状矿物颗粒。

碎屑颗粒发生晶格优先取向和形态优选方位的机制包括重力沉积、机械压实、矿物成岩生长以及影响细长矿物颗粒取向（Valcke et al., 2006）。露头照片［图1.5（b）］显示了一系列米级尺度的暴露在垫层平面内的断裂中的相交共轭裂隙组。这些裂隙组具有不同的间距并且有着以非90°的角度相交的几何特征。其会在地震波传播的更大空间尺度内产生单斜对称（Winterstein，1990）。

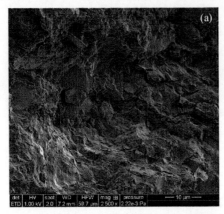

图1.5　不同尺度下的各向异性示例

（a）位于阿尔伯塔省盆地深部第二白斑 Second White Specks（2WS）形成的扫描电子显微镜图像。片状矿物的优选取向可以造成固有的地震各向异性。（b）阿尔伯塔省 Highwood 河附近跳跃式砂岩（2WS 地层）水平层理面的裂隙。图中有1.5m 的标尺。其他各向同性岩石中的排列的裂隙也可以带来地震的各向异性。图片由 P. K. Pedersen 提供，经许可使用。

虽然组成矿物成分几乎总是各向异性的，但如果矿物颗粒在均质的未破裂岩体中随机取向，则介质通常被假设为各向同性的；同样，如果均质的各向同性岩体包含随机取向的（微）裂隙，那么在各向同性应力条件下（$\sigma_1 = \sigma_2 = \sigma_3$）介质的弹性特性趋向于各向同性（图1.6）。另一方面，存在应力各向异性的情况下，一些裂缝会优先闭合，从而导致介质具有各向异性的体弹性性质（Crampin et al., 1984）。

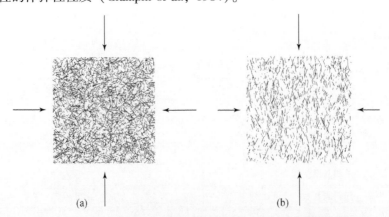

图1.6　在各向同性和各向异性围压应力下随机定向裂隙的闭合

（a）在各向同性或静力围压应力下的随机定向的裂隙。（b）垂直于最大围压应力裂隙的优先闭合，会导致各向异性的断裂结构。箭头表示主应力，长度与应力大小成正比。修改自：Tectonophysics，第580卷（Douglas R. Schmitt、Claire A. Currie and Lei Zhang, Crustal stress determination from boreholes and rock cores: Fundamental principles, 1-26, 2012, 经 Elsevier 许可。）

对于一个只有单组裂缝的均质和各向同性的介质，其对称性特征是：①垂直于裂缝的无限折叠主旋转轴，和②有无限数量的双重旋转轴垂直于主旋转轴（Winterstein，1990）。这种对称系统，称为横向各向同性（transverse isotropy，TI），在晶体学中没有完全等价的对称性理论，但它在地震学中具有重要意义。横向各向同性系统根据主旋转轴的方向可以进一步分类。水平横向各向同性（horizontal transverse isotropy，HTI）有着水平对称轴，通常发生在存在一组垂直裂缝的情况下；而垂直横向各向同性（vertical transverse isotropy，VTI）有着垂直对称轴，通常发生在精细分层的情况下。如果坐标系中 X_3 轴与对称主轴对齐，那么横向各向同性的介质的刚度矩阵则有六个独立的分量，并有以下形式：

$$\tilde{C} = \begin{bmatrix} \tilde{C}_{11} & \tilde{C}_{12} & \tilde{C}_{13} & 0 & 0 & 0 \\ \tilde{C}_{12} & \tilde{C}_{11} & \tilde{C}_{13} & 0 & 0 & 0 \\ \tilde{C}_{13} & \tilde{C}_{13} & \tilde{C}_{33} & 0 & 0 & 0 \\ 0 & 0 & 0 & \tilde{C}_{44} & 0 & 0 \\ 0 & 0 & 0 & 0 & \tilde{C}_{44} & 0 \\ 0 & 0 & 0 & 0 & 0 & \tilde{C}_{66} \end{bmatrix} \tag{1.20}$$

其中 $\tilde{C}_{12} = \tilde{C}_{11} - 2\tilde{C}_{66}$。这种形式代表了垂直横向各向同性介质的情况；对于水平对称主轴的等效形式很容易通过下标的排列，或通过应用坐标系旋转而得到。

斜方对称性在地震学中也很重要，可以发生在非垂直相交的两个相同的等距裂隙组，相互正交的两个不相同的裂隙组（图1.7），或者是在垂直横向各向同性的介质中的竖直裂缝（Tsvankin，1997）。对于以垂直于 X_1 和 X_2 轴的垂直对称平面的斜方对称介质，刚度矩阵通常有九个独立的分量并有如下的形式（Musgrave，2003）

$$\tilde{C} = \begin{bmatrix} \tilde{C}_{11} & \tilde{C}_{12} & \tilde{C}_{13} & 0 & 0 & 0 \\ \tilde{C}_{12} & \tilde{C}_{22} & \tilde{C}_{23} & 0 & 0 & 0 \\ \tilde{C}_{13} & \tilde{C}_{23} & \tilde{C}_{33} & 0 & 0 & 0 \\ 0 & 0 & 0 & \tilde{C}_{44} & 0 & 0 \\ 0 & 0 & 0 & 0 & \tilde{C}_{55} & 0 \\ 0 & 0 & 0 & 0 & 0 & \tilde{C}_{66} \end{bmatrix} \tag{1.21}$$

这种形式的 $\tilde{C}$ 与横向各向同性介质的 $\tilde{C}$ 具有相同的非零分量，但有更多的独立模数。在某些情况下，例如垂直横向各向同性介质中的一组垂直裂隙，刚度矩阵中的所有九个分量并非都是独立的（Schoenberg and Helbig，1997）。不相同且非正交的裂隙组（图1.7）导致单斜对称，其双重对称轴与沿裂隙系统的交叉轴一致（Winterstein，1990）。单斜介质的刚度矩阵具有 12 或 13 个独立模数，而对于三斜晶系材料，例如高岭石单晶，则有 21 个独立模量。

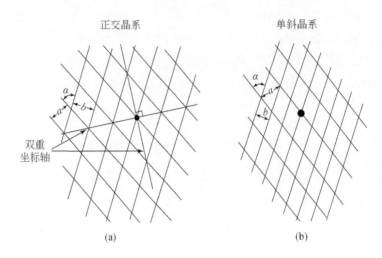

图 1.7　产生正交和单斜对称的理想化裂缝系统示例（平面图）

裂缝被假定是光滑的、无限大的平面；与图 1.5（b）中的天然裂隙有区别。正交对称也可以由两组相互垂直的但间距 $a \neq b$ 的裂缝（实线），或两组夹角 $\alpha \neq 0$ 或 $90°$ 但间距 $a = b$ 的裂缝产生。实心点表示垂直的双重旋转轴。通过该点的正交线显示镜像平面的边缘视图。对于单斜系统，$a \neq b$ 且 $\alpha \neq 0$ 或 $90°$。修改自 Winterstein（1990）。经国际勘探地球物理学家学会（SEG）许可使用。

1.4　等效介质

　　等效介质是一个宏观模型，它一般用来模拟一个更复杂的介质的整体特性，例如一个具有多相材料的介质（Wang and Pan，2008）。在这方面，认识到各向异性和非均质性之间的区别是很重要的；后者适用于物理性质随位置变化但不随方向变化的介质。等效介质理论提供了一套数学工具，使用较简单的、通常是各向异性的介质来模拟复杂的非均质介质的表现。它可以用来确定一系列研究目标（例如数学上表示为多晶矿物集合体的岩体，具有周期性薄层的分层介质，以及含有裂隙组的介质）的体弹性模量。这类工具对于提高数值模拟效率或用于加深对复杂物理系统的认识是非常有用的。

1.4.1　沃伊特·罗伊斯·希尔（Voigt-Reuss-Hill）平均法

　　N 相复合材料的体弹性模量可以用广泛使用的沃伊特（Voigt）或罗伊斯（Reuss）估计值来计算（Li and Wang，2005）。这些估计值可以被视为极端的混合规则模型，其中 Voigt 估计值假设在外加载荷下所有相的应变相等，而 Reuss 估计值则假设应力相等。对于 Voigt 估计，由于总应力是每个相所受到的应力总和，对于一个给定的弹性模量（C），估计的体模量是各个相的相应模量的平均值。

$$C_V = \sum_{i=0}^{N-1} C^{(i)} \chi^{(i)} \tag{1.22}$$

其中 $\chi^{(i)}$ 是 N 相介质中第 i 相的体积占比。相反，对于 Reuss 估计，总应变是每一相的净

应变的总和，所以估计的体模量平均值（bulk average）的倒数为

$$C_R^{-1} = \sum_{i=0}^{N-1} \frac{\chi^{(i)}}{C^{(i)}} \tag{1.23}$$

正如 Jones 等（2009）所指出的，这两个估计值预测的界限相差很大。Hill（1963）表明，可以用 Voigt 和 Reuss 估计的算术平均值作为一个更好的估计。C_V 和 C_R 的平均值被称为 Voigt-Reuss-Hill 估计值（Hill，1963）。

1.4.2 哈辛·什楚克曼（Hashin-Shtrikman）极限界限

在 20 世纪 60 年代初的一系列论文中，Hashin 和 Shtrikman 使用变分方法（variational approach）发展出了一个更严格的理论来预测多相介质在物理可实现范围内的体弹性模量值（Hashin and Shtrikman，1963）。此后，Hashin-Shtrikman（HS）极值界限被应用于许多科学领域（Jones et al.，2009）。在这里，我们将只关注 HS 极值界限的一个应用，即复合材料的体弹性模量的测算。对于各向同性的弹性模量，该理论给出了对于球体集合体的精确测算结果（Watt et al.，1976）。为了达到计算的目的，如果各相是有序排列的，使第 0 相具有最小的模量，第 N 相具有最大的模量，那么体模量 K 的 HS 下限，可以表示为（Watt et al.，1976）

$$K_{HS}^- = K_0 + \frac{A_1}{1 + \alpha_1 A_1} \tag{1.24}$$

其中上标"–"表示下界，

$$\alpha_1 = \frac{-3}{3 K_0 + 4 \mu_0} \tag{1.25}$$

$$A_1 = \sum_{i=1}^{N} \frac{\chi^{(i)}}{(K_i - K_0)^{-1} - \alpha_1} \tag{1.26}$$

其中 $\chi^{(i)}$ 是 $N+1$ 相介质中第 i 相的体积占比。体模量 HS 上界的公式与之类似：

$$K_{HS}^+ = K_N + \frac{A_2}{1 + \alpha_2 A_2} \tag{1.27}$$

其中，

$$\alpha_2 = \frac{-3}{3 K_N + 4 \mu_N} \tag{1.28}$$

$$A_2 = \sum_{i=0}^{N-1} \frac{\chi^{(i)}}{(K_i - K_N)^{-1} - \alpha_2} \tag{1.29}$$

类似地，HS 的剪切模量的下限公式为

$$\mu_{HS}^- = \mu_0 + \frac{B_1}{1 + \beta_1 B_1} \tag{1.30}$$

其中，

$$\beta_1 = \frac{-3(K_0 + 2 \mu_0)}{5 \mu_0 (3 K_0 + 4 \mu_0)} \tag{1.31}$$

$$B_1 = \sum_{i=1}^{N} \frac{\chi^{(i)}}{2(\mu_i - \mu_0)^{-1} - \beta_1} \tag{1.32}$$

最后，HS 的剪切模量的上界公式为

$$\mu_{HS}^{+} = \mu_N + \frac{B_2}{1 + \beta_2 B_2} \tag{1.33}$$

其中，

$$\beta_2 = \frac{-3(K_N + 2\mu_N)}{5\mu_N(3K_N + 4\mu_N)} \tag{1.34}$$

$$B_2 = \sum_{i=0}^{N-1} \frac{\chi^{(i)}}{2(\mu_i - \mu_N)^{-1} - \beta_2} \tag{1.35}$$

HS 界限代表了在一个特定参数条件下物理上可能实现的最大取值范围，但它们产生的范围分布几乎总是比 Voigt 和 Reuss 估计值之间的差异要小得多（Jones et al., 2009）。

1.4.3 贝库斯（Backus）平均法

在沉积盆地内，岩石单元的分层即使在没有裂隙的情况下也会导致其非均质性。周期性薄层（periodic thin layering, PTL）是一个术语，适用于厚度比主要地震波波长小得多的分层介质。已经有很多理论讨论了等效同质的横向各向同性介质的性质（Postma, 1955; Krey and Helbig, 1956）。Backus（1962）给出了计算横向各向同性等效介质的有效弹性常数的公式，在这个分层模型中的每个薄层都是各向同性或横向各向同性的。弹性模量式可以写成：

$$\bar{C}_{11} = \langle \tilde{C}_{11} - (\tilde{C}_{13})^2 (\tilde{C}_{33})^{-1} \rangle + \langle (\tilde{C}_{33})^{-1} \rangle^{-1} \langle \tilde{C}_{13}(\tilde{C}_{33})^{-1} \rangle^2 \tag{1.36}$$

$$\bar{C}_{33} = \langle (\tilde{C}_{33})^{-1} \rangle^{-1} \tag{1.37}$$

$$\bar{C}_{13} = \langle (\tilde{C}_{33})^{-1} \rangle^{-1} \langle \tilde{C}_{13}(\tilde{C}_{33})^{-1} \rangle \tag{1.38}$$

$$\bar{C}_{44} = \langle (\tilde{C}_{44})^{-1} \rangle^{-1} \tag{1.39}$$

$$\bar{C}_{66} = \langle \tilde{C}_{66} \rangle \tag{1.40}$$

在上述公式中，字母顶上的横线（overbar）表示与等效介质相关的模量。此外，〈 〉括号表示加权平均，因此，对于 N 个层的序列，

$$\langle \tilde{C}_{66} \rangle = \frac{\sum_{i=1}^{N} h_i \tilde{C}_{66}^{(i)}}{\sum_{i=1}^{N} h_i} \tag{1.41}$$

其中 h_i 是第 i 层的厚度。Levin（1979）给出了在每一层都是各向同性的情况下这些公式的形式。在实践中，使用 Backus 平均法的好处是，当用等效的横向各向同性介质代替 N 层周期性薄层（PTL）介质时，只需要五个弹性模量，而不是 $2 \times N$ 个弹性模量（对于每层为各向同性的介质）或 $5 \times N$ 个弹性模量（对于每层为横向各向同性的介质）。

1.4.4　有裂隙的介质

除了分层之外，裂隙在浅层地壳岩石中也是普遍存在的。在沉积岩中，裂隙的方向和分布反映了岩石的构造历史。如图 1.7 所示，如果裂隙以首选方向出现，就会给介质带来一种特有的对称性。由于在深处生成的裂隙往往垂直于最小主应力（图 1.6），裂隙引起的弹性各向异性就有可能为我们了解当今的应力场提供信息（Schoenberg and Sayers，1995）。这些因素与地热储层的特征、强化采油作业的地震监测以及低渗透油气储层的开发特别相关。在一些油田和气田中，初级采油可能只是因为存在开放的裂缝而成为可能；在其他地方，注入的液体的迁移是由裂隙控制的（Babcock，1978）。

与在周期性薄层 PTL 各向异性中的计算一样，计算有裂隙的弹性固体的有效弹性常数需要在一个与裂隙尺寸相比较大的尺度上求平均值。Garbin 和 Knopoff（1975）以及 Hudson（1981）提出了有裂隙的固体介质中有效弹性模量的公式。根据 Hudson（1981）的扰动方法，考虑一个在其他地方均匀和各向同性的介质，但其中渗透着圆形的、无限薄的、充满液体的微裂隙，其方向与 X_3 轴垂直（其他方向的裂隙可以通过适当地对刚度张量的旋转来描述）。在这种情况下，唯一受裂隙影响的弹性模量是 $\tilde{C}_{44}$（Hudson，1981）。将裂缝半径表示为 a，裂缝密度表示为 ξ，一阶 ξa^3 的扰动为

$$\Delta \tilde{C}_{44} = -\frac{32}{3}\xi\, a^3 \mu \left(\frac{\lambda + 2\mu}{3\lambda + 4\mu}\right) \tag{1.42}$$

其中 λ 和 μ 是没有裂隙背景介质的拉梅系数。

Schoenberg 和 Sayers（1995）提出了一种估计有裂隙的介质的弹性模量的方法，该方法基于使用柔度张量，可用于重新描述弹性本构关系：

$$\varepsilon_{ij} = s_{ijkl}\sigma_{kl} \tag{1.43}$$

这种方法将等效介质理论的适用范围扩大到更高的裂缝密度，也为裂隙填充液的可压缩性的影响提供了分析手段。在围绕裂隙的法线旋转不变的假设下，Schoenberg 和 Sayers（1995）表明，裂隙岩体的整体顺应性可以表示为完整的、没有裂隙的岩石的顺应性与裂隙存在所带来的扰动之和。使用 Voigt 符号，这种关系可以写成

$$\tilde{S} = \tilde{S}^r + \Delta\tilde{S} \tag{1.44}$$

其中 $\tilde{S}$、$\tilde{S}^r$ 和 $\Delta\tilde{S}$ 分别表示总体柔度矩阵、未压裂岩石的柔度矩阵和裂隙引起的扰动。柔度扰动矩阵是稀疏的，可以用法向和横向断裂顺应性值 Z_N 和 Z_T 来表达，即

$$\Delta\tilde{S} = \begin{bmatrix} Z_N & 0 & 0 & 0 & 0 & 0 \\ 0 & 0 & 0 & 0 & 0 & 0 \\ 0 & 0 & 0 & 0 & 0 & 0 \\ 0 & 0 & 0 & 0 & 0 & 0 \\ 0 & 0 & 0 & 0 & Z_T & 0 \\ 0 & 0 & 0 & 0 & 0 & Z_T \end{bmatrix} \tag{1.45}$$

这种形式是针对垂直于 X_1 轴的裂隙。横向各向同性介质的刚度矩阵可以通过计算纳入裂

隙影响后的 $\tilde{S}$ 的逆矩阵来确定（Schoenberg and Sayers，1995）。

法向柔度 Z_N 提供了对封闭性敏感度的测量，而横向柔度 Z_T 提供了对滑动性敏感度的测量。裂隙柔度比率，Z_N/Z_T 通常在 0 到 1 的范围内，有可能被用来描述裂隙网络的内部结构以及裂隙填充液的特性（Verdon and Wüstefeld，2013）。例如，在假设裂隙是圆形的和排水的情况下，这个比率可以近似为（Sayers and Kachanov，1995）

$$Z_N/Z_T = 1-\nu/2 \tag{1.46}$$

其中 ν 是未断裂岩石的泊松比。从地震学的角度来看，排水裂缝（drained fractures）的概念大致代表了一种情况，即流体可以在比地震波主导周期更短的时间范围内从裂隙中逸出（Verdon and Wüstefeld，2013）。假设裂隙表面是光滑的，那 Z_N 就会对填充裂隙的流体的可压缩性敏感，而 Z_T 则对此不敏感；因此，在不可压缩流体的极限情况下，$Z_N/Z_T \to 0$。在高地震频率下，或在裂隙被水力隔离、流体高度黏稠或主介质渗透率过低的情况下，也可能同样接近这一极限（Hudson et al.，1996）。

有几个可观测的参数可以用来约束 Z_N/Z_T。Chapman（2003）建立了一个地震波对频率依赖性的理论模型。基于 3-D 地震数据的振幅与偏移量和方位角，Xue 等（2017）将这一模型用于研究断裂油藏。Verdon 和 Wüstefeld（2013）利用对水力压裂的被动地震监测中观察到的剪切波分裂，提出了一种研究 Z_N/Z_T 的解释方法。

1.5　孔隙弹性理论

多孔弹性介质是一种两相介质，是由一个固体组成的框架加上一个填充满液体的孔隙网络组成（图1.8）。上一节所概述的某些种类的断裂介质，可以被看作是多孔弹性介质的特例。多孔介质的本构模型最初是由 Biot（1962a）提出的，此后被应用于工程和地震学的一系列问题。该模型的基本假设是：

图 1.8　通过 X 射线计算机体层摄影得到的多孔砂岩的显微断层图像（分辨率为5.7μm）
该图像是通过阈值140的灰度值来上色的。固体部分为深色，孔隙为白色。修改自 Louis 等（2007）。
经伦敦地质学会许可使用。

（1）其固体框架是由各向同性的弹性材料组成；

（2）孔隙内流体是牛顿流体，即流体的本构关系可以表示为 $\tau = \eta\dot{\varepsilon}$，其中 τ 是剪应力，$\dot{\varepsilon}$ 剪应变率，标量 η 是动态黏度；

（3）孔隙是相连的，因此流体可以在孔隙之间流动；

（4）变形足够小，以至于可以忽略非线性力学效应。

流体的动态黏度是流动过程中分子相互作用的量度。如果是高黏度的液体（如蜂蜜），分子不容易在施加剪切应力的情况下相互滑动。对于低黏度流体（如丙酮），分子在流动过程中表现出的相互作用很有限（Pinder and Gray，2008）。

有了这些假设，Biot（1962b）提出了以下多孔弹性介质的本构关系：

$$\sigma_{ij} = \left[\lambda\,\delta_{ij}\delta_{kl} + \mu(\delta_{ik}\delta_{jl} + \delta_{il}\delta_{jk})\right]\varepsilon_{kl} - \alpha M\zeta\,\delta_{ij} \tag{1.47}$$

$$P = -\alpha M\,\varepsilon_{kk} + M\zeta \tag{1.48}$$

其中 P 表示孔隙压力，λ 和 μ 是固体矩阵的拉梅参数，参数 α 称为比奥系数，定义为

$$\alpha = 1 - \frac{K_D}{K_M} \tag{1.49}$$

在这个表达式中，K_D 是排水岩石的体模量，而 K_M 是无孔固体材料的体模量。此外，常数 M 是衡量流体和岩石框架之间的耦合度，定义为

$$M = \left(\frac{\phi}{K_F} + \frac{\alpha - \phi}{K_M}\right)^{-1} \tag{1.50}$$

其中 ϕ 是介质的孔隙率，K_F 是流体的体模量。最后，参数 ζ 由以下公式给出

$$\zeta = -w_{k,k} \tag{1.51}$$

其中 w_k 是流体相对于固体框架的位移的第 k 个分量。使用散度算子，也可以等效地把 ζ 表示为 $-\nabla\cdot w$。

1.5.1　流体替代计算

由 Gassman（1951）提出的多孔介质的低频理论为广泛使用的流体替代计算提供了一个等效介质框架（Smith et al.，2003）。该方法假设孔隙压力在一个远大于孔隙尺寸的尺度上是均等的。这意味着介质必须具有相对较高的渗透率（κ），渗透率衡量流体在多孔介质中流动的难易程度。将这种方法应用于地震波传播，还需要进一步假设孔隙压力在一个尺寸远小于地震波长的区域内是均等的。Gassmann（1951）将流体饱和介质的体模量定义为

$$K_S = K_D + \frac{\left(1 - \frac{K_D}{K_M}\right)^2}{\frac{\phi}{K_F} + \frac{1-\phi}{K_M} - \frac{K_D}{K_M^2}} \tag{1.52}$$

而流体饱和多孔介质的密度由以下公式给出

$$\rho = \phi\rho_F + (1-\phi)\rho_M \tag{1.53}$$

其中 ρ_F 和 ρ_M 分别为流体和固体（框架）相的密度。K_S 公式右侧的大多数参数一般都为读者熟知，但无水固相的体模量 K_D 除外。因此，使用这些公式进行流体替代建模的过程

分为两步（Smith et al.，2003）：第一步是获得 K_D 的独立估计值，第二步是计算被任何所需流体（如石油、或天然气）填满的流体饱和介质的体模量。例如，Moradi（2016）利用测井数据确定了 K_S，并重新排列方程（1.52），用以下方法求解 K_D：

$$K_D = \frac{K_{S0}\left(\dfrac{\phi\, K_M}{K_{F0}}+1-\phi\right)-K_M}{\dfrac{\phi\, K_M}{K_{F0}}+\dfrac{K_{S0}}{K_M}-1-\phi} \tag{1.54}$$

其中 K_{S0} 和 K_{F0} 是介质的饱和体模量和预测的原生（实地）条件下孔隙流体的体模量。为了使用 Reuss 公式［公式（1.23）］来确定 K_M，Moradi（2016）估计了组成矿物的体积分数，并将其与实验室得出的体模量相结合，然后用公式（1.54）计算出的 K_D 的值和其他参数，再用公式（1.52）对不同的 K_F 的值进行流体替代计算。

1.5.2　孔隙压力的扩散

孔隙压力扩散是一种物理机制：在没有大量孔隙流体运移的情况下，孔隙压力从压力相对较高的区域扩散到压力相对较低的区域。这种现象对于理解流体诱发的地震活动很重要（Shapiro，2015）。基于 Biot 的理论，孔隙压力在多孔弹性介质中的扩散由如下的微分方程描述（Shapiro et al.，2003）：

$$\dot{P}=(D_{ij}P_{,j})_{,i} \tag{1.55}$$

其中 D_{ij} 是水力扩散张量（定义见下文）。在均质介质中，上式可简化为

$$\dot{P}=D_{ij}P_{,ij} \tag{1.56}$$

对于各向同性的介质，微分方程进一步简化为扩散方程的标准形式，可写为

$$\frac{\partial P}{\partial t}=D\,\nabla^2 P \tag{1.57}$$

由扩散方程主导的过程在生物学、化学和物理学的许多领域都很常见。热从温度高的区域传到温度低的区域便是其在物理学中的一个例子。

在具有单一流体相的多孔弹性介质中，水力扩散张量由（Dutta and Odé，1979）下式给出：

$$D=\frac{N_\kappa}{\eta} \tag{1.58}$$

其中 κ 是渗透张量（定义见下文），N 是一个孔弹性参数，定义为

$$N=\frac{M\,P_D}{H} \tag{1.59}$$

其中，

$$M=\left(\frac{\phi}{K_F}+\frac{\alpha-\phi}{K_M}\right)^{-1} \tag{1.60}$$

除了上面定义的孔隙弹性参数外，在这些表达式中还使用了以下参数（Shapiro et al.，2003）。

$$\alpha = 1 - \frac{K_D}{K_M}; H = P_D + \alpha^2 M; P_D = K_D + \frac{4}{3}\mu_D \qquad (1.61)$$

1.5.3　流体流动

多孔介质中的流体流动在许多应用场景中都非常重要，其应用场景包括储层模拟、地下水研究、污染物运输和材料科学（Pinder and Gray，2008）。本节将介绍几个基本概念。

亨利·达西（King Hubbert，1956）在 19 世纪进行了一系列过滤实验，为多孔介质中的流动和输运过程建立了一个定量的研究基础。这些实验涉及水在垂直沙柱中的一维流动，并表明在单位时间内穿过单位面积的水的体积 q 可以写成

$$q = -\xi \frac{h_2 - h_1}{l} \qquad (1.62)$$

其中，h_1 和 h_2 是高于参考水位的水的高度，l 是沙柱的长度，ξ 是比例常数。这种关系可以推广到三维空间，可用孔隙压力梯度表示为（Shapiro，2015）

$$q_i = -\frac{\kappa_{ij}}{\eta} \frac{\partial P}{\partial x_j} \qquad (1.63)$$

其中 κ 和 η 分别是之前提到的渗透性张量和动态黏度。值得注意的是，$\frac{\kappa_{ij}}{\eta}$ 项与公式（1.55）中的水力扩散率相似。流体通量矢量 $q \equiv \dot{w}$ 代表流体相对于固体框架的平均位移，也被称为过滤速度。这个速度与流体颗粒相对于框架的速度不同，后者与渗流速度 $\Delta \dot{u}$ 相关：

$$\Delta \dot{u} = \frac{q}{\phi} \qquad (1.64)$$

其中 ϕ 是孔隙率，Δu 是一个平均（或具有代表性的）流体粒子相对于固体框架的相对位移（Shapiro，2015）。尽管方程（1.63）最初是通过实验得出的，但现在已经用均质化理论严格推导出（它是局部雷诺数不高时层流的渐进解）（Firdaouss et al.，1997）。事实上，这一关系，即所谓的达西（Darcy）定律，在描述流体通过多孔介质的输运中具有相当重要的作用，其重要性和电传导中的欧姆定律或热传导中的傅里叶定律的重要性相当（King Hubbert，1956）。局部雷诺数由以下公式给出：

$$R_e = \frac{\Delta P\, a^3 \rho}{L\, \eta^2} \qquad (1.65)$$

该参数是一个标量参数，用来衡量作用在流体上的惯性力和黏性力之比。这里，L 是一个特征的宏观长度尺度，$\frac{\Delta P}{L}$ 是导致流动的宏观压力梯度，ρ 是流体密度，a 是微观距离尺度（如颗粒大小）（Firdaouss et al.，1997）。达西定律在层流条件下（$R_e \ll 1$）适用。

1.6　本章小结

本章介绍了弹性介质的应力、应变和弹性模量的基本概念。应力张量描述了在介质内

的任意表面积趋近于 0 的面上承受的单位面积的力。在某些情况下，表面可能是一个物理表面，如断层或裂隙，但应力的概念同样可以适用于一个任意方向的假想表面。对于一个给定的面法线方向，应力可以分解为垂直于表面的法应力和作用于表面平面的剪切应力。应变是变形量度，它没有单位。与应力一样，应变是一个张量。

在弹性介质中，本构关系很简单：应力与应变成正比。这种本构关系被称为广义的胡克定律。由于应力和应变都是二阶张量，弹性的本构关系需要一个四阶张量来表达应力和应变分量之间的线性关系，这个四阶张量被称为弹性刚度张量。在最一般的情况下，刚度张量包含 21 个独立参数，它们被称为弹性模量。在各向同性的条件下，应力-应变关系与方向无关，独立模量的数量可减少到两个。常见的地下介质包括板状矿物颗粒的优先取向、分层和平行裂隙组，会引入弹性性质的方向依赖性，从而导致弹性各向异性。

为了简化含有相对于地震波波长较小的特征的材料的本构关系，人们提出了各种等效介质理论。这些等效介质理论包括 Voigt-Reuss-Hill 平均法和对多晶体集合体的 Hashin-Shtrikman 极值界限。Backus 平均法，与之前的方法不同，可用于确定薄层材料的横向各向同性的有效模量。在有裂隙的情况下，人们已经提出了各种理论来计算有效各向异性特征。

沉积岩包含的孔隙通常被液体充满。Biot 提出的孔隙弹性理论被广泛用于表达多孔、液体饱和岩体的本构关系。Biot 理论的一个近似形式（其代表为 Gassmann 方程）通常用于流体替代模型，用来确定多孔介质的有效体弹性参数。用于孔隙压力扩散的多孔弹性模型已被广泛用于分析很多区域内的微地震活动增加。Darcy 定律是一个广泛使用的本构关系，它描述了多孔材料中的流体的层流流动。

1.7　延伸阅读建议

本章给出了对理解和模拟诱发地震活动很重要的各种数学概念和方法的基本介绍。下面是提供本章所涉及内容的更多信息的一些权威参考资料。

（1）《地震学中连续介质力学的基本概念》：Aki and Richards（2002）

（2）《岩石的物理性质》：Schön（2015）

（3）《晶体声学和地震各向异性》：Musgrave（2003）

（4）《沉积岩中的等效介质理论》：Sheng（1990）

（5）《线性多孔弹性》：Wang（2017）

1.8　习　　题

1. 计算以下内容。

（1）泊松固体（即 $\lambda = \mu$ 的材料）的泊松比是多少？

（2）给定杨氏模量 $E = 8 \times 10^{10} \text{Pa}$ 和泊松比 $\nu = 0.28$，确定 K、λ 和 μ。

（3）假设这些参数对应于各向同性的弹性固体，写出 Voigt 形式的刚度矩阵 ［和公式（1.11）类似，另见第 3 题］。

（4）在任意旋转后刚度矩阵将如何变化？

（5）弹性刚度 c_{1111} 的值是多少？

2. 考虑一种假想的花岗岩材料，它可以近似为 6 相矿物的组合，如下表所示。使用以下方法确定多晶聚合体的体模量。

矿物	体积分数/%	K/GPa	μ/GPa
石英	30	36	42
正长晶石（orthoclase）	30	40	24
斜长石（plagioclase）	25	65	39
白云石（muscovite）	5	45	27
钛晶石（biotite）	5	40	24
闪石（amphibole）	5	100	60

（1）Voigt 平均。

（2）Reuss 平均。

（3）Voigt-Reuss-Hill（VRH）平均。

（4）Hashin-Shtrikman 极值界限（计算上限和下限）。

3. 在 Voigt 表示法中，各向同性固体的刚度矩阵可以用拉梅系数表示为

$$\tilde{C} = \begin{bmatrix} \lambda+2\mu & \lambda & \lambda & 0 & 0 & 0 \\ \lambda & \lambda+2\mu & \lambda & 0 & 0 & 0 \\ \lambda & \lambda & \lambda+2\mu & 0 & 0 & 0 \\ 0 & 0 & 0 & \mu & 0 & 0 \\ 0 & 0 & 0 & 0 & \mu & 0 \\ 0 & 0 & 0 & 0 & 0 & \mu \end{bmatrix}$$

假设未破裂花岗岩的弹性特性可以近似为以下刚度矩阵：

$$\tilde{C} = \begin{bmatrix} 80 & 20 & 20 & 0 & 0 & 0 \\ 20 & 80 & 20 & 0 & 0 & 0 \\ 20 & 20 & 80 & 0 & 0 & 0 \\ 0 & 0 & 0 & 30 & 0 & 0 \\ 0 & 0 & 0 & 0 & 30 & 0 \\ 0 & 0 & 0 & 0 & 0 & 30 \end{bmatrix} \begin{bmatrix} GPa \end{bmatrix}$$

现在，假设花岗岩包含横向断裂柔量 $Z_T = 3.0 \times 10^{-12} \text{Pa}^{-1}$ 的裂隙。确定以下情况的刚度矩阵：

（1）排水良好的圆形裂隙 [公式（1.46）]；

（2）充满不可压缩流体的光滑裂隙。

4. 考虑页岩和煤层的二元序列，其中页岩的 Lamé 系数 $\lambda = 8.0 \text{GPa}$ 和 $\mu = 9.0 \text{GPa}$，而煤的 Lamé 系数 $\lambda = 4.0 \text{GPa}$ 和 $\mu = 2.0 \text{GPa}$。使用 Backus 平均，根据以下相对丰度确定等效横向各向同性介质的 Voigt 矩阵：

（1）煤层和页岩层厚度相同；

（2）平均地，煤层厚度为页岩层的 10%。

5. 对于下表中的孔隙弹性参数，基于 Gassmann 公式，使用方程（1.52）~（1.54）进行流体替代计算，来确定最初被盐水充满饱和然后变为被超临界 CO_2 完全饱和（流体替代后）的多孔岩石的饱和体模量和体密度。（注：超临界流体同时具有液体和气体的特性；它在多孔介质中的输运特性类似于气体，但它能够像液体一样溶解材料）

物理量	符号	值
初始流体密度（盐水）	ρ_{F0}	$1230kg/m^3$
替代流体密度（CO_2）	ρ_{F1}	$625kg/m^3$
矩阵密度（Matrix density）	ρ_M	$2650kg/m^3$
基质体积模量（Matrix bulk modulus）	K_M	38.8GPa
初始流体体模量（盐水）	K_{F0}	3.8GPa
替代流体体模量（CO_2）	K_{F1}	0.25GPa
初始饱和体模量	K_{S0}	22.0GPa
孔隙率	ϕ	18%

6. 给定 1.5×10^5 Pa/m 的孔隙压力梯度，介质渗透率为 1×10^{-14} m^2（0.01Darcy），流体 1（盐水）的黏度值为 10^{-3} Pa·s，流体 2（超临界流体）的黏度值为 10^{-4} Pa·s。计算以下内容。

（1）使用 Darcy 定律 [方程（1.63）] 估计流体速度。

（2）对于 18% 的孔隙度，渗流速度是多少？

（3）假设晶粒尺寸为 1mm，流体密度值和问题 5 中的一样，计算雷诺数。

（4）这些雷诺数值是否满足 Darcy 定律的假设？

7. 在线练习：最近的研究强调了孔隙流体压强的潜在意义：通过流体注入地下，从而引起地震活动的发生、终止和分布。在多孔介质中，孔隙流体压强的扩散由方程（1.56）描述。请用一个简单的 Matlab 工具可视化孔隙流体压强的扩散和研究参数的敏感性，包括：

（1）背景介质的渗透性。

（2）注入流体的黏度。

（3）注入持续时间。

（4）裂隙方向。

（5）注入压力。

第2章　破坏准则和非弹性形变

虽然我们经常听到数据为自己发声，但它们的声音可能是柔和而狡猾的。

弗雷德里克·莫斯特勒（Beginning Statistics with Data Analysis，1983）

上一章强调了适用于瞬态、可恢复变形过程的弹性本构模型。这些变形过程伴随着足够小的应变，因此应力–应变关系可等效为线性的。本章重点讨论非弹性行为，它与弹性本构模型不同，能够导致介质永久形变。基于应力场及其张量表示的概念，本章讨论了发生在应变水平上的脆性和韧性破坏过程，这些过程在应变水平上通常比弹性行为要高。脆性变形在岩体内部高度集中，并伴随新的或先存裂缝和断层上的突然错动，而韧性变形则会导致更广泛分布的永久应变。在受到外力时，即使没有裂缝该应变依然发生。了解这些不同但相互关联的过程的理论框架来自于地质力学、断裂力学和地震力学等不同学科。本章简要介绍了与这些学科有关的基本原理，这些原理对全面了解诱发地震非常重要。

2.1　岩石脆性结构

裂缝是岩体中的准平面不连续体。在理想情况下，裂缝通常被近似描述为平面，但在小尺度上，它们可以被视为具有有限开度的狭窄平板特征（Fossen，2016）。节理是一种裂缝类型，其表面剪切位移可忽略不计；然而，节理可以有拉伸（开口）位移，因此有时被称为张拉型或扩张型裂缝（Aydin，2000）。裂隙这一通用术语经常与节理或裂缝互换使用，特别是在材料科学和岩石力学文献中。裂缝往往以一组近似平行且有规律的间隔出现。相交的裂缝组合形成一个裂缝网络。

裂缝和节理存在于广泛的尺度范围内。在结晶岩中，裂缝的大小分布通常以分形或幂律分布为特征（Bonnet et al.，2001）；然而，在沉积岩中，由岩性分层引起的力学层理可以制约垂直裂缝的高度分布。这是由于裂缝终止于层边界，从而产生层控裂缝网络（Odling et al.，1999；Eaton et al.，2014a）。岩石结构被定义为在穿透性变形的岩石中表现出来的平面或线性元素的结构[①]；如果单个裂缝之间的间距小于几厘米，则它们可被视为岩体的一个组成结构元素（Jaeger et al.，2009）。

如图2.1所示，根据位移场可以将裂缝形成机制分为三种不同的模式。模式Ⅰ代表张拉破坏，裂缝口垂直于裂缝面。模式Ⅱ和Ⅲ都涉及平行于裂缝面的剪切位移。对于模式Ⅱ（滑动），剪切位移与裂缝生长方向平行；对于模式Ⅲ（撕裂），剪切位移与裂缝生长方向垂直。有时会使用另外一种破裂类型（模式Ⅳ：闭合），这种模式在本书中与模式Ⅰ相反。

根据裂缝填充材料的类型，裂缝可进一步分为闭合型和开放型（Jaeger et al.，2009）。

---

① 穿透性结构是指整个岩体中可识别的线状或平面结构元素。

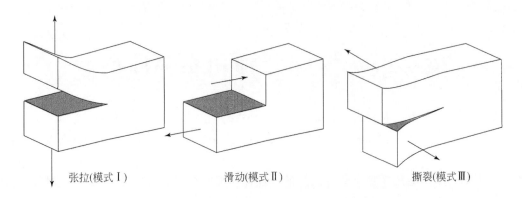

张拉(模式 I)　　　　　　　滑动(模式 II)　　　　　　　撕裂(模式 III)

图 2.1　新裂缝或先存裂缝的三种基本破裂模型

闭合型裂缝含有方解石、白云石、石英或黏土等沉淀矿物,而开放型裂缝含有盐水或碳氢化合物等地层流体(Jaeger et al., 2009)。开放型裂缝可以作为地下流体运输的主要通道,而闭合型裂缝的渗透能力可能比基岩低几个数量级,并且阻碍多孔介质中流体的流动(Aydin, 2000)。

从运动学角度来看,断层被定义为构造不连续体,其净剪切位移大于等于 1m (Fossen, 2016)。因此,断层可以被看作是一种裂缝(尽管在尺寸谱的末端)。地质记录中的大多数断层在历史时间尺度上没有地震活动,所以有时区分活动断层和不活动断层是有用的。地震学家主要关注的是活动(或发震)断层;因此,在地震学文献中,经常省略"活动"这一限定词。

从力学的角度来看,断层带是一个大致呈扁平状的岩体,其中央有一个核心,而周围具有变形较小的破坏区(图 2.2)。San Andreas 断层系统的出露段显示,其核心区由超晶质岩组成,厚度为数十厘米;周围的破坏区厚度为数百米(Chester et al., 1993 年)。Cataclastic 材料是一种有黏性的细粒岩石,如果岩石质量的 90% 以上是基质,则被归为超碎屑岩(Fossen, 2016)。这种颗粒结构是通过粉碎研磨减小粒度而形成的。断层核心的位移主要集中在离散滑移面上。图 2.2 显示了用于描述断层带的其他术语。

裂缝附近应力场

线弹性断裂力学(line elastic fracture mechanics, LEFM)是一种连续力学方法,为分析各向同性弹性材料的裂缝应力场提供了一个基本的理论框架。LEFM 理论起源于 Griffith (1921) 的开创性工作,他尝试解释实测和预测的材料抗拉强度之间的巨大差异,其中后者是基于打破原子键所需的能量计算得到的。他发现,包括岩石在内的大多数材料的低抗拉强度可以用材料中存在的微缺陷来解释。

Griffith 的方法后来经过 Irwin (1948) 修改,提出了定义静态裂缝的总能量 U 这一基础问题,其公式如下(Scholz, 2002)

$$U = (-W + U_e) + U_s \tag{2.1}$$

式中,W 是外力所做的功,U_e 表示内部应变能量,U_s 表示产生新的裂缝表面积所需的能

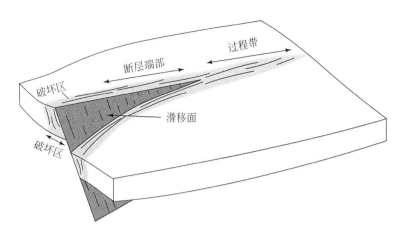

图 2.2　用来描述断层带的术语

在断层破裂和生长过程中，位于断层顶端附近或一次地震期间破裂前沿的过渡区，会发生复杂小尺度变形。在断层核心内具有一个或多个滑移面。在断层核心周围，一个封闭的岩体形成了一个破坏区。图片修改自 Fossen 等（2007）。经伦敦地质学会许可使用。

量。Griffith 推测，裂缝会演化到使系统能量水平最小的状态。例如，对于长度为 $2a$ 的无限板模式 I 裂缝的情况，临界能量释放率可以记为（Anderson，2005）

$$G_{cr} = \frac{K_I^2}{E} \tag{2.2}$$

其中 E 是基质的杨氏模量，σ 是施加的拉应力，$K_I = \sigma\sqrt{\pi a}$ 被称为应力强度系数。因此，能量释放率 G_{cr} 与裂缝的半长度与拉应力的平方的乘积成正比。如果 K_I 超过一个临界值（即 K_{IC}，称为断裂韧性），则断裂将发生扩张。如果假设裂缝是平面且尖锐的，并且没有内聚力，模式 I 裂缝产生的应力场就会主要集中在裂缝尖端，为裂缝的动态扩展提供驱动力。在二维空间中，近场应力张量分量可近似表示为（Anderson，2005）

$$\sigma_{11} = \frac{K_I}{\sqrt{2\pi r}}\cos\left(\frac{\theta}{2}\right)\left[1 - \sin\left(\frac{\theta}{2}\right)\sin\left(\frac{3\theta}{2}\right)\right] \tag{2.3}$$

$$\sigma_{22} = \frac{K_I}{\sqrt{2\pi r}}\cos\left(\frac{\theta}{2}\right)\left[1 + \sin\left(\frac{\theta}{2}\right)\sin\left(\frac{3\theta}{2}\right)\right] \tag{2.4}$$

和

$$\sigma_{12} = \frac{K_I}{\sqrt{2\pi r}}\cos\left(\frac{\theta}{2}\right)\sin\left(\frac{\theta}{2}\right)\cos\left(\frac{3\theta}{2}\right) \tag{2.5}$$

其中 r、θ 和 x_1、x_2 轴的方向如图 2.3 所示。这些表达式所指的近场近似意味着 $r \ll a$。

　　Okada（1992）推导了弹性半空间矩形断层上拉伸或剪切滑移引起的内应力和位移的闭合式解析解。这些表达式过于冗长，在此不再赘述；有兴趣的读者可以参考 Okada（1992）。与上面给出的近似公式相比，这个公式有很多优点，因为：

　　（1）它提供了一个精确的解析解，而非近场近似解；

　　（2）Okada 的解析解更加符合实际情况，因为它考虑了裂缝的有限尺寸以及因弹性半空间顶部自由表面而产生的基础不对称性。

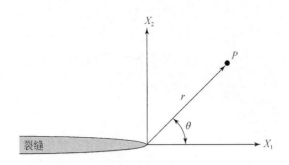

图2.3　近场裂缝尖端应力近似公式中的坐标系和参数 r、θ

图2.4 显示了与3000m 深处垂直的模式 I 裂缝有关的正应力和剪应力场，这是采用 Okada 的解析解得到的[①]。该裂缝的走向长度为 100m，高度为 10m，开度为 1cm。根据法线与裂缝面的方向，计算整个介质的正应力和剪应力分量。正应力采用极性惯例绘制，即张力向下为正值，而绝对剪应力也被绘制出来。根据上述近似公式，裂缝尖端存在预期的应力集中情况。此外，沿着裂缝的区域存在负的正应力，反映了弹性材料的压缩。因此，弹性主介质阻止了拉伸裂缝的开启。

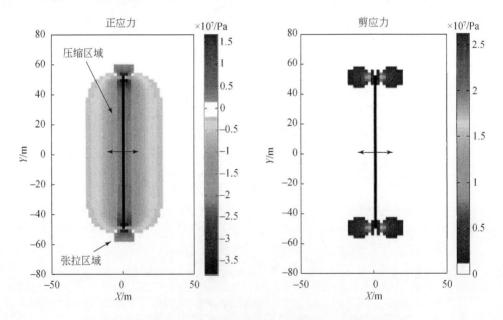

图2.4　垂直的模式 I 裂缝周围正应力和剪应力分布平面图

裂缝用黑线表示，长度为 100m，高度为 10m，位于均匀弹性半空间表面以下 3000m 处，$E = 2.25 \times 10^{10}$ Pa 和 $\nu = 0.28$。裂缝开度为 1.0cm。拉伸应力为正值，并局限于裂缝尖端附近。应力计算采用了 Okada（1992）的方法，并求取了裂缝方向。

---

① 注意这种提法并不取决于拉伸破坏的具体驱动机制，而是代表了由此产生的介质中的应力。

图 2.5 显示了与图 2.4 中相同构造裂缝上的剪切滑移（模式Ⅱ）的类似图像。在这种情况下，正应力在裂缝的顶端呈现出特有的极性反转。剪切应力的叶状形态在顶端也很明显，同时在剪切裂缝附近介质中也有弹性剪切阻力。与图 2.4 中拉伸裂缝的应力场一样，图 2.5 中显示的应力与背景应力场是叠加的。应当注意的是，为了进行求和，裂缝应力场和背景应力场都必须用同一个坐标系来表示。

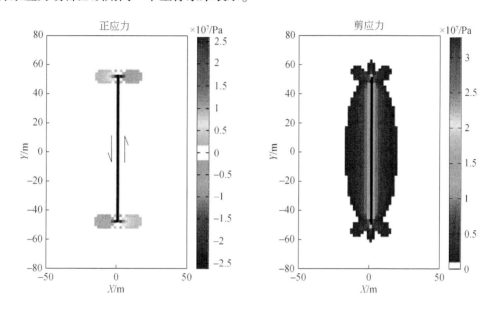

图 2.5　垂直的Ⅱ型裂缝周围的正应力和剪应力分布平面图

裂缝用黑线表示，长度为 100m，高度为 10m，位于均匀弹性半空间表面以下 3000m 处，$E = 2.25 \times 10^{10}$ Pa
和 $\nu = 0.28$。裂缝开度为 1.0cm。应力计算采用了 Okada（1992）的方法，并求取了裂缝方向。

2.2　有效应力和脆性破坏准则

目前人们已经建立了很多标准，以确定预计会发生岩体剪切或拉伸变形的应力条件。这些标准因以下原因而不同，如破坏模式，以及岩体是否完整，是否存在先存裂缝或断层。Zoback（2010）描述了用于确定这些标准材料参数的实验步骤细节。与 LEFM 和其他脆性破裂过程的理论相比，破坏准则是经验性的，不考虑岩石破坏的明确物理过程。

用莫尔圆来表示脆性破坏准则是很方便的，这在第 1 章中已有所介绍。使用这种表示方法，一个特定的破坏准则可将应力空间划分为一个不易发生破裂的稳定区域和一个易发生脆性破裂的不稳定区域。我们从一个称为莫尔失效包络线的经验性曲线准则开始。这可以通过一个实验步骤来确定，即把材料的圆柱形样品置于均匀的约束压力下，然后施加一个不断增加的单轴应力，直到样品破裂。虽然这种类型的试验是 $\sigma_2 = \sigma_3$ 的特殊情况，但通常被称为三轴试验。在没有约束的情况下，材料破裂的单轴应力大小是材料的一个参数，称为无约束抗压强度，本书用 S 表示。莫尔包络线与每个失效状态的莫尔圆都有一个相切点（图 2.6）。

在多孔弹性介质的情况下，应力状态和破坏准则通常都是相对于有效应力σ'_{ij}绘制的。作为第一个近似值，有效应力可以表示为

$$\sigma'_{ij}=\sigma_{ij}-P\,\delta_{ij} \tag{2.6}$$

其中P是孔隙压力，σ_{ij}是克罗内克（Kronecker）函数。对于任何表面方向，使用上述有效应力的近似形式，无论方向如何，都会使正应力减少P，而不会改变剪应力。这种有效应力的近似形式被广泛使用，通常表示为莫尔圆的简单平移，而偏应力没有变化（图2.7）。

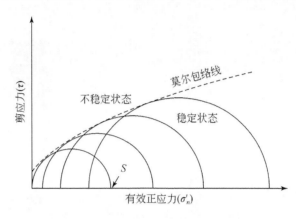

图2.6　假设一组二维莫尔圆，描述了在不同限定条件下，破裂开始时的应力状态
莫尔包络线是根据经验得出的曲线，与处于破裂状态的莫尔圆相切，从而将应力空间划分为
稳定和不稳定状态。S表示无约束的抗压强度。

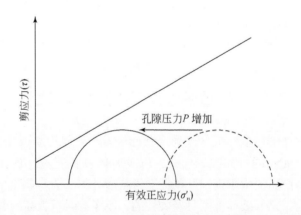

图2.7　二维莫尔圆说明了由孔隙压力增加引起的有效应力的常用近似
虚线圈表示初始（注水前）应力状态；孔隙压力的增加使莫尔圆平移但没有改变偏应力。这样的平移与走滑裂缝体系
中的完全孔隙弹性耦合是一致的（Lavrov，2016）。黑线显示了一条代表性破裂包络线。

有效应力的一个更普遍的近似是将毕奥（Biot）系数α（见第1章）引入孔隙压力项中：

$$\sigma'_{ij}=\sigma_{ij}-\alpha P\,\delta_{ij},0\leqslant\alpha\leqslant1 \tag{2.7}$$

这个形式可以简化为与方程2.6中相同的形式，在某些特殊情况下，流体相和岩石弹性骨架之间没有孔隙弹性耦合（$\alpha=1$）。

　　然而，这仍然是一个近似值，如果使用 Biot 理论需要充分考虑到孔隙弹性耦合，孔隙压力的变化与偏应力的变化相耦合，其方式取决于应力体系。图 2.8 显示了多孔储层中有效应力变化的例子，其中包含了拉张和压缩应力体系的完全弹性耦合。理解这些图表需要对应力状态的分类有基本的了解。Anderson（1951）认为，在地壳中，其中一个应力主轴可能与自由表面垂直，因此接近于垂直方向。假设主应力轴之一是垂直的，这很自然地产生了一个应力体系和断层的分类方案，即 Anderson 断层分类，它是基于垂直应力的相对大小（S_V），表示如下：

　　（1）延伸或正应力体系：$S_V = \sigma_1$；

　　（2）走滑应力体系：$S_V = \sigma_2$；

　　（3）压缩或逆应力体系：$S_V = \sigma_3$。

　　正如下面几章所讨论的，这个分类方案为理解应力和断层行为以及地震源机制提供了重要理论框架。第 4 章将介绍应力大小是如何确定的；特别是 S_V 的确定通常具有很高的置信度，如公式（4.10）所示。因此，垂直应力参数对于应力体系的分类具有特殊意义。

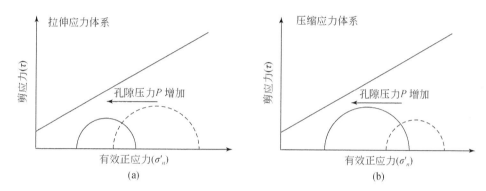

图 2.8　多孔储层内由于孔隙压力增加而偏应力发生变化的示意图（Lavrov，2016）

这里考虑了两种情况：（a）延伸应力体系和（b）压缩应力体系。虚线莫尔圆显示了初始应力状态，黑线表示一条破裂包络线。转载自 Energy Procedia, Vol 86, Alexandre Lavrov, Dynamics of Stresses and Fractures in Reservoir and Cap Rock under Production and Injection, Page 381-390, copyright 2016, with permission from Elsevier。莫尔–库仑破坏准则是莫尔包络线的线性化形式，斜率由内摩擦系数（μ_i）定义，截距由内聚力 C 定义。

2.2.1　莫尔–库仑（Mohr-Coulomb）准则

　　由于地下采矿和使用岩石作为建筑材料的重要性，了解岩石的力学强度在整个人类文明中一直具有重要意义。17 世纪末，法国物理学家查利·奥若斯丁·库仑（Charles Augustin de Coulomb）提出了一个以他名字命名的破坏准则。岩石破坏 Coulomb 准则可以写成如下形式

$$\tau = C + \sigma'_n \tan \varnothing_i = C + \mu_i \sigma'_n \tag{2.8}$$

其中 τ 表示在有效正应力 σ'_n 下发生破坏的剪应力。在这个表达式中，C 称为内聚力，$\varnothing_i$ 是内摩擦角，μ_i 是破裂线斜率，称为内摩擦系数。尽管内聚力基于材料的内在强度表现出高度变化，但内摩擦系数的变化较小，一般在 0.5 到 2.0 的范围内，中值为 1.2（Zoback，

2010)。如下所述，通常在 $C=0$ 的情况下，内摩擦角与断层方向有密切的几何关系。

库仑准则是莫尔包络的线性化形式（图 2.9），其斜率为 μ_i、截距为 C。这种关系也被称为莫尔-库仑破坏准则。需要注意的是，内聚力不是一个物理上可测量的参数，但它与无约束压力强度（S，见图 2.6）和 μ_i 有如下关系：

$$C = \frac{S}{2\left[(\mu_i^2+1)^{0.5}+\mu_i\right]} \tag{2.9}$$

由于 S 和 μ_i 都可以很容易地通过实验室强度测试来确定（Zoback，2010），内聚力（C）可以采用该公式由实测值获得。

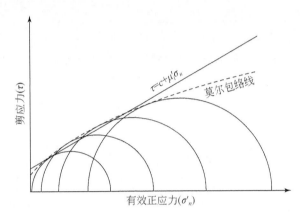

图 2.9　莫尔-库仑破坏准则是莫尔包络线的线性化形式，斜率由内摩擦系数（μ_i）定义，
截距由内聚力 C 定义

2.2.2　格里菲斯（Griffith）标准

岩石在拉张状态下比在压缩状态下更脆弱。这就是为什么裂缝尖端的应力（图 2.4）可以促进拉张裂缝继续增长的原因之一。张力下的破坏包络线可以用 Griffith 破坏准则来表示，

$$\tau = (4\,T^2 - 4T\,\sigma_n')^{1/2} \tag{2.10}$$

其中 T 称为抗拉强度。格里菲斯准则是抛物线形状的。如图 2.10 所示，格里菲斯准则可以与莫尔-库仑准则相结合，得到一个包含拉张和剪切两种破坏模式的复合破坏包络。通过结合式（2.8）和式（2.10），这些准则在 $\sigma_n'=0$ 时的连续性条件是 $C=2T$。这种关系意味着只需要知道 C 和 T 中的一个就可以确定复合破坏包络；这也与岩石在拉应力较弱时的观察结果一致。

在一些注水诱发地震的案例中，人们已经观察到结合了剪切和拉伸破坏的断裂过程（Fischer and Guest，2011；Eaton et al.，2014d）。这类混合破坏机制的震源理论，在本书中称为剪切-拉张震源模型，是由 Vavryčuk（2011）提出的。假设有一个格里菲斯破坏包络线，剪切-拉张破坏可能发生的断裂，其走向落在最大主应力轴约 22.5°范围内。Fischer 和 Guest（2011）认为，剪切-拉张裂缝通常可能是在先存裂缝网络的情况下由流体注入引发的。

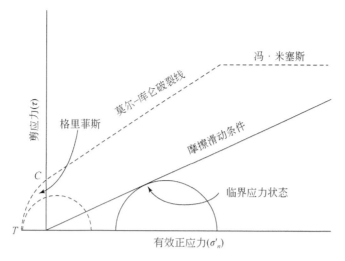

图 2.10　复合材料破裂包络线（虚线）显示了格里菲斯、莫尔–库仑和冯·米塞斯的破裂包络线
莫尔–库仑破裂线的斜率为 $\mu_i \approx 1.2$。格里菲斯和莫尔–库仑准则的连续性规定了一个条件：$C=2T$。一个莫尔圆显示
（虚线），对应于一个濒临拉伸破坏的应力状态。一条无黏性的莫尔–库仑线也被显示出来，代表摩擦滑动的条件，同
时还有一个不同的莫尔圆，强调了临界应力状态。摩擦滑动线的斜率是 $\mu_s \approx 0.6$。

2.2.3　其他脆性破坏准则

　　其他一些经验性的破坏准则被用于岩石力学和地质力学的应用。霍克–布朗（Hoek-Brown）标准是在对完整岩石的脆性裂缝（Hoek et al., 1968）和模拟断裂岩体的破坏（Brown，1970）的研究基础上，作为地下挖掘设计的破坏标准而开发的。用主应力来表示，原始的霍克–布朗标准由以下公式给出

$$\sigma_1 = \sigma_3 + S\left(m\frac{\sigma_3}{S}+s\right)^{0.5} \tag{2.11}$$

其中 S 是完整岩石的无约束抗压强度，m 是材料常数，s 是衡量断裂程度的标量，$s=1$ 表示完整的岩石，$s=0$ 表示未固结的材料。若用 σ'_n 和 τ 进行表示，霍克–布朗公式在莫尔圆中产生一个抛物线包络（Zoback，2010）。表 2.1 总结了 m 对岩石类型（岩性）的依赖性（Hoek and Brown，1997）。人们已经建立霍克–布朗关系的一般化形式（Hoek et al., 2002），它将修正的破坏标准中的材料参数与地质强度指数（GSI）联系起来，其中 GSI 是一个用于岩石力学领域的岩石质量特征系统（Marios et al., 2005）。

表 2.1　霍克–布朗（Hoek-Brown）材料参数和岩性

岩性描述	m 取值范围
白云岩、石灰岩、大理石	$5<m<8$
泥岩、粉砂岩、页岩、板岩	$4<m<10$
砂岩、石英岩	$15<m<24$
细粒火成岩	$16<m<19$
粗粒火成岩	$22<m<33$

　　莫尔-库仑和霍克-布朗准则都没有考虑中间主应力σ_2的影响。另一个岩石破坏准则，即修正的拉德（Lade）准则，包括了中间主应力，并已被应用于井筒稳定性预测（Ewy，1999）。如果两个主应力是已知的，这个标准可以通过对未知主应力的求解来评估，即采用下式

$$\frac{(I_1')^3}{I_3'} = 27 + \tilde{\eta} \tag{2.12}$$

其中I_1'和I_3'是修正的应力常量，由以下公式给出

$$I_1' = (\sigma_1 + C/\mu) + (\sigma_2 + C/\mu) + (\sigma_3 + C/\mu) \tag{2.13}$$

和

$$I_3' = (\sigma_1 + C/\mu)(\sigma_2 + C/\mu)(\sigma_3 + C/\mu) \tag{2.14}$$

此外，参数$\tilde{\eta}$由以下公式给出

$$\tilde{\eta} = \frac{4\,(\tan\phi_i)^2(9 - 7\sin\phi_i)}{1 - \sin\phi_i} \tag{2.15}$$

其中ϕ_i是内摩擦角。对于给定的σ_1和σ_3值，修正的拉德准则认为当σ_2值介于其他主应力之间时岩石强度达到最大，也就是没有两个主应力是相等的（Zoback，2010）。

2.3　断层的摩擦性滑动

　　地震是由于断层上的黏滑摩擦不稳定而发生，很少（如果有的话）是由于新的剪切裂缝发育而产生（Scholz，1998）。岩石变形过程在地质时间尺度上的持续，最终会导致断层区的发育（Ben-Zion and Sammis，2003）。断层区破裂的开始被解释为发生在一个破坏区内，并逐渐将各个裂缝和变形带连接起来（Fossen et al.，2007）。这些联系在位于过程区内的断层顶端的前方（图2.2）。这个模型的一个特点提出了一个物理难题：虽然模式 I 裂缝的动态增长可以用裂缝尖端的应力来解释，特别是考虑到岩石在张力作用下的固有弱点，但断裂力学模型意味着模式 II 和模式 III 裂缝的增长本身是自限的。因此，断层尖端往往通过更复杂的裂缝联系扩展到完整的岩石中，如翼状断层（Fossen，2016）。这些联系可能在能量上受到应变减弱过程的影响，该过程通过破裂作用（研磨）减少了表面微凸体的摩擦接触（断层中被卡住或锁定的区域）。

　　一旦成熟断层形成，随后的变形就会受到摩擦过程，而不是裂缝本身的制约。自达·芬奇时代起，人们就知道摩擦力衡量的是沿滑移面的切向滑动阻力，并与作用在滑移面上的正应力成正比。基于实验数据统计，Byerlee（1978）表明，在低正应力（≤5MPa）条件下，引起滑动所需的剪切应力表现出高度的可变性；这归因于与岩性有关的表面粗糙度的相应可变性。在高正应力作用下，岩性差异作用减弱，导致破坏时的剪切应力（τ）和作用于滑移表面的有效正应力（σ_n'）之间存在简单的本构关系，

$$\tau = \mu_s \sigma_n' \tag{2.16}$$

其中μ_s是静摩擦系数，这里$0.64 \leqslant \mu_s \leqslant 0.85$。虽然它等同于$C \rightarrow 0$的莫尔-库仑关系，但需要强调的是，这里的摩擦系数不同于适用于压裂过程的内摩擦系数。

　　深部钻井和诱发地震实验表明，在大多数板块内部区域，地球的地壳处于一种由自然

孔隙压力反馈维持的初始摩擦破坏状态（Townend and Zoback，2000），称为临界应力状态，如果这种情况在全球范围内适用，这就意味着有具有优势方向的地壳断层，或者说，地壳断层广泛存在，其分布特点是法向量呈现出广泛的方向。临界应力状态是指，对于所有深度，二维莫尔圆与方程（2.16）所定义的破坏准则近似相切。关于三个安德森应力体系，产生临界应力状态的标准可以用最大和最小有效应力的比率来表示，如下（Zoback，2010）：

拉伸应力体系：

$$\frac{\sigma'_1}{\sigma'_3} = \frac{S_V - \alpha P}{S_{H\min} - \alpha P} \leq \left[(\mu_s^2 + 1)^{1/2} + \mu_s \right]^2 \tag{2.17}$$

走滑应力体系：

$$\frac{\sigma'_1}{\sigma'_3} = \frac{S_{H\max} - \alpha P}{S_{H\min} - \alpha P} \leq \left[(\mu_s^2 + 1)^{1/2} + \mu_s \right]^2 \tag{2.18}$$

和压缩应力体系：

$$\frac{\sigma'_1}{\sigma'_3} = \frac{S_{H\max} - \alpha P}{S_V - \alpha P} \leq \left[(\mu_s^2 + 1)^{1/2} + \mu_s \right]^2 \tag{2.19}$$

其中，根据定义，$\sigma_1 \geq \sigma_3$。Zoback 等（1986 年）发展了一个称为应力多边形的图表，描述了假设地壳处于临界应力状态下，S'_V，μ_s 和 α 在指定数值下水平主应力的允许范围（图 2.11）。水平主应力分别用 $S_{H\min}$ 和 $S_{H\max}$ 来表示。对于轴线，本图使用有效的水平主应力，$S'_{H\min}$ 和 $S'_{H\max}$，其中 $S'_{H\min}$ 是大小等于 $S_{H\min} - \alpha P$ 有效应力，等等。应力多边形由三个连续的三角形构成，它们在 $S'_{H\min} = S'_{H\max} = S'_V$ 这一点上有一个共同的顶点。应力多边形的下边界沿 $S'_{H\min} = S'_{H\max}$ 表示的直线。其他边界包括拉伸和走滑体系之间的水平边界，其中 $S_{H\max} = S_V$，以及走滑和压缩体系之间的垂直边界，其中 $S_{H\min} = S_V$，这两个边界都来自安德森应力体系的定义。最后，应力多边形的外边缘与公式（2.17）～（2.19）所定义的临界应力条件相对应。

速率-状态摩擦

地震成核和传播是通过断层上动态滑移减弱驱动的失控破裂过程发生的（Garagash and Germanovich，2012）。地震成核是一个发生在断层面内的滑移加速过程（Rubin and Ampuero，2005）。地震成核需要断层具有不稳定的滑移条件，即在断层滑移过程中，对滑移的阻力必须比弹性卸载更快地减少。在没有任何滑移减弱过程的情况下，断层摩擦力将保持其静态值，动态滑移将不会发生。早期基于动态摩擦系数低于静态系数这一简单概念的模型已经被速率-状态摩擦经典方程所取代，其中摩擦系数取决于滑动速度（速率）以及滑动表面的滑动历史（状态）。速率-状态模型可以解释以下关于断层摩擦的实验观察现象（Scholz，1998，2002）：

（1）"静态"摩擦系数 μ_s 随着上次滑移事件后时间的推移呈对数增长（Dieterich，1972），这是由于与断层蠕变有关的表面接触面积的逐渐增加；

（2）在稳态滑动中，动摩擦系数取决于滑移速度的对数（Scholz et al.，1972）；

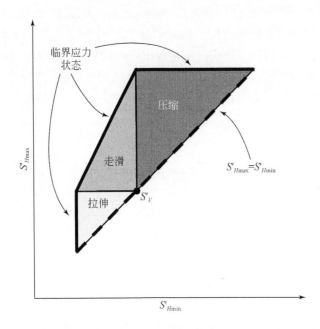

图 2.11　应力多边形

显示了地壳处于临界应力状态、在拉伸应力、走滑应力和压缩应力体系下的$S'_{H\max}-S'_{H\min}$有效应力值的允许范围。

每个体系形成一个三角形区域，该区域由S_V、孔隙压力（P）和 Biot 参数（α）的取值确定。

（3）产生滑移引起的动摩擦力增加（速度增强）或减少（速度减弱）的趋势取决于岩石类型和温度（Stesky et al.，1974）；

（4）如果断层受到滑动速度的突然变化，摩擦系数在特征滑移距离 L 上接近一个新的稳态值（Dieterich，1978）。

在各种速率-状态的构成模型中，有一个与观察结果特别吻合的模型被称为 Dieterich-Ruina 关系，或称慢速定律，其中动态摩擦力$\tilde{\mu}$可以表示为（Scholz，1998）

$$\tilde{\mu}=\tilde{\mu}_0+a\ln\left(\frac{V}{V_0}\right)+b\ln\left(\frac{V_0\theta}{L}\right) \tag{2.20}$$

其中，V 表示滑移速度，V_0是参考速度，$\tilde{\mu}_0$是 $V=V_0$时的稳态摩擦力。a 和 b 是构成属性，θ 是满足以下条件的状态参数：

$$\dot{\theta}=1-\theta V/L \tag{2.21}$$

图 2.12 显示了由 Dieterich-Ruina 速率-状态构成模型预测的$\tilde{\mu}$的相对变化情况，以应对滑移速度的突然增加和减少的情况。摩擦阻力的初始瞬时增加量由参数 a 的值决定。随后摩擦力逐渐减少，达到一个新的稳态值，与初始摩擦力相差 $a-b$。同样，伴随着摩擦力的突然减少，然后逐渐恢复到初始摩擦力值。图 2.12 中所描述的摩擦行为导致了地震现象的多样性（Scholz，1998）。

复合参数 $a-b$ 对断层的不稳定性有很大影响。如果满足 $a-b\geq 0$，表明一个断层是内在稳定的，并表现出速度强化的行为。相反，对于 $a-b<0$ 的断层表现出速度弱化的行为。事实上，地震只能在 $a-b<0$ 的区域成核，当传播进入 $a-b>0$ 的区域时，滑移就会停止

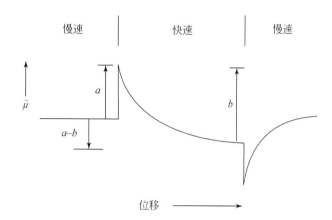

图 2.12　基于 Dieterich-Ruina 速率–状态构成模型，对突然施加的滑动速度
增加和减少的摩擦反应的示意图

参数$\tilde{\mu}$表示动态摩擦，而 a 和 b 是构成参数。修改自 Scholz（1998）。

经 MacMillan Publishers Ltd. 授权转载：Nature，391，37-42，Copyright 1998。

（Scholz，2002）。速度弱化的断层对滑移速度突然增加时的不稳定性行为取决于 ΔV 的大小；在不同条件下，断层可能是条件稳定的，也可能是不稳定的，或者表现出振荡行为（Scholz，1998）。

图 2.13 显示了页岩样品的摩擦系数和速率–状态参数 $a-b$ 的实验测量结果（Kohli and Zoback，2013）。这些测量结果表明，黏土和有机物含量不超过 30% 的页岩样品具有滑移弱化行为的特点。Kohli 和 Zoback（2013）将这种转变解释为反映了页岩颗粒包裹框架的变化。

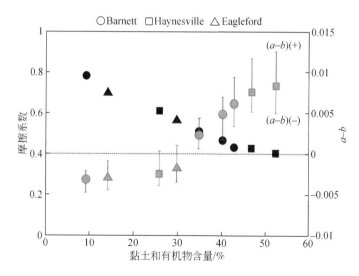

图 2.13　美国三个页岩区样品的摩擦系数（黑色符号）和速率–状态摩擦参数（$a-b$）
（灰色符号）（Kohli and Zoback，2013）

黏土和有机物含量低于约 30% 的样品表现出速度减弱行为。经 Wiley 许可转载。

2.4　地震周期和应力下降

作用于断层的构造应力的积累和释放，导致了由黏滑行为控制的地震周期。在断层被锁住的时间段内，断层上的应力逐渐增加。累积的应力会在同震①破裂过程中突然释放。应力降是一个地震源参数，它描述了断层上剪切应力的空间平均同震减少量。应力降最基本的形式定义为 $\Delta\tau = \tau_1 - \tau_2$，其中 τ_1 是断层上的初始应力（破坏强度），τ_2 是残余应力（Wyss and Molnar，1972）。对于断层系统的某个特定部分，应力降的时间变化与不同的应力条件、断层摩擦和地震复发模型密切相关（Shimazaki and Nakata，1980）。在最近的全球汇编记录中（Allmann and Shearer，2009），观察到应力降和推断断层强度随构造体系的变化而变化，平均值从大陆碰撞边界的 2.63 ± 0.5MPa 到沿海洋转换断层的 6.03 ± 0.68MPa。对于俯冲区，应力降的系统变化可能与沿板块边界断层的刚性或摩擦力的深度变化有关（Bilek and Lay，1999）。

如图 2.14 所示，对于最简单的恒定应力降与时间无关的初始和残余应力的情况，意味着一个严格的周期过程。另一方面，如果一个断层系统的特征是与时间无关的初始应力 τ_1 和可变的残余应力，那么就意味着具有时间可预测的行为；反之，如果该系统的特征是与时间无关的残余应力 τ_2 和可变的初始应力，其行为是可预测的滑移（Shimazaki and Nakata，1980）。在初始应力和残余应力都变化的一般情况下，断层滑移行为不存在规律性（Kanamori and Brodsky，2004）。通过将震级尺度或地震矩与断裂过程的空间特征联系起来，对于应力降的认识可以为断层强度和地震尺度关系提供启示（Kanamori and Anderson，1975）。

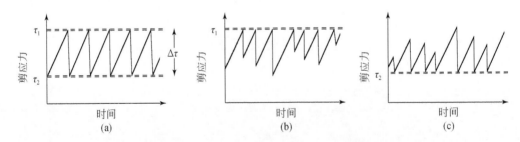

图 2.14　应力降（$\Delta\tau$）及其与恒定负荷率的简单地震复发模型的关系

修改自 Shimazaki 和 Nakata（1980）。τ_1 表示滑移开始时断层上的剪应力，反映断层强度；τ_2 表示滑移终止时的剪应力，反映摩擦力。（a）简单的黏滑复发模型，应力降不变，$\Delta\tau$。（b）时间可预测的递归模型，其中假定断层强度是恒定的，当应力达到 τ_1 时，滑移开始，导致应力降变化。（c）滑移可预测的递归模型，其中滑移是随机开始的，但当剪切应力达到 τ_2 时就会终止。经 Wiley 许可使用。

经历了长期静止期的断层通常愈合良好，并具有不可忽略的内聚力，这是由于地震间期的再结晶和/或凝结过程造成的（Muhuri et al.，2003）；然而，如上所述，大多数通过

---

①　同震一词是指在地震破裂时发生的过程。

活动断层系统的实验室研究得出的断层构成模型都假设为无内聚力状态。对于愈合良好的断层，这可能是以前静止地区的常态，在那里注水诱发的地震是最常见的。因此，地震-滑动不稳定性行为可能受到断层内聚力的强烈影响（Rutqvist et al., 2013）。对于一个具有不可忽视的内聚力的断层来说，其最大（σ_1）和最小（σ_3）主应力之间的关系可表示如下（Sattari, 2017）

$$\sigma_1 = \left[\sqrt{\mu_s^2+1}+\mu_s\right]^2 \sigma_3 + 2C\left[\sqrt{\mu_s^2+1}+\mu_s\right] \tag{2.22}$$

Beeler（2001）假设同震应力降可以用静摩擦力（μ_s）和残余摩擦力（μ_r）之差来表示：

$$\Delta\tau = \sigma_n'(\mu_s-\mu_r) \tag{2.23}$$

在速率-状态摩擦经典公式中，其残余摩擦力可以看作是伴随着摩擦系数降低而产生的滑移面再生（Dieterich, 1972）。该表达式的基础是另外一个假设，即正应力在断层滑移前后是不变的，该情况下的应力降代表了断层表面的剪切应力的减少量。Sattari（2017）对该理论进行了测试，他使用平面应变有限元方法（Steffen et al., 2014）来模拟具有内聚力的断层上的滑移。在实际中，由于断层表面之间的结合力被打破，C 预计在滑移开始后会下降到 0（Muhuri et al., 2003）。如图 2.15 所示，有限元模拟证实了断层上的剪应力会降低

$$\Delta\tau = C + \sigma_n'(\mu_s-\mu_r) \tag{2.24}$$

而作用在断层上的正应力没有发生变化。这一结果为地震应力降提供了一个简单的物理解释，即通过减少断层上的平均剪切应力，在滑移后建立起一个较低的能量状态。根据这个模型，剪应力的降低反映了摩擦力的变化，并且在断层愈合良好的情况下，反映了内聚力的消失。这个模型一个微妙而重要的方面是，由于摩擦状态的变化，一个最初具有优势方向的断层，在当前应力场下不再是精确的优势方向。这一点很重要，因为它意味着方向稍有不同的临近断层可能会达到临界应力失效状态。

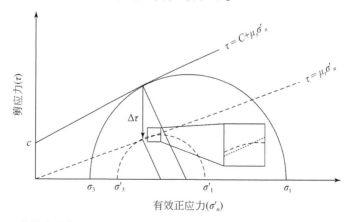

图 2.15　基于优势方向断层滑移的有限元模型的地震应力降的莫尔圈表示（Sattari, 2017）

图中实线表示初始莫尔-库仑破坏准则，而虚线表示滑移后的断层强度，其特点是摩擦和内聚力降低。同样地，实线和虚线的莫尔圆分别表示断层的初始（临界应力）和残余应力状态。向下的箭头表示计算出的同震应力降（$\Delta\tau$），它是剪切应力的纯粹减少量，而作用在断层上的法向应力没有变化。震后主应力用 σ_3' 和 σ_1' 表示。插图中显示了滑移后的断层不再具备滑移最有利方向。经作者许可修改。

2.5　韧　性　变　形

　　韧性变形是指断层上没有断裂或黏滑运动的应变累积；这种类型的变形在岩石中通常表现为地层的折叠和弯曲。折叠可以与断层滑移一起发生，如位于断层带破坏区内的拖曳褶皱，或发生在扩张断层顶端的扩展褶皱；事实上，当采用地震剖面识别断层时，这些相关的塑性元素有时是最明显的构造（Fossen，2016）。

　　这里简要考虑与两种韧性变形相关的本构关系：黏弹性和塑性。黏弹性行为描述的是对应力反应表现出瞬时变形的材料，该行为之后伴随的是被称为蠕变的连续变形过程。尽管黏弹性材料的变形在对瞬时施加的应力做出反应时是可以恢复的，但应力的释放和恢复存在着一段时间的滞后。一般来说，黏弹性介质的本构关系可以分成两部分，一个是满足广义胡克定律的线弹性分量，另一个是满足牛顿流变学的黏性分量。为了简单起见，这些分量的应力和应变之间的关系可以在一个单一的维度内表示为

$$\sigma = E\varepsilon \tag{2.25}$$

和

$$\sigma = \eta\dot{\varepsilon} \tag{2.26}$$

其中 E 和 η 分别表示标量的弹性刚度和动态黏度。根据模型的选择，这些分量可以组合在一起，从而产生不同的黏弹性响应。例如，一维 Voigt 材料的本构关系可以写成上述分量的简单组合（Courtney，2000），

$$\sigma = E\varepsilon + \eta\dot{\varepsilon} \tag{2.27}$$

　　这种类型的材料可以用一个弹簧和一个平行的冲床［图 2.16（a）］表示，其中弹簧代表介质的弹性分量，冲床代表与介质的黏性分量有关的机械阻尼。为了更好地表现材料的时间松弛，增加额外的元素有时是有用的。例如，一个标准的线性实体［图 2.16（b）］包含一个串联的 Voigt 材料和一个额外的弹簧和冲床（Courtney，2000）。

　　塑性行为是用来描述一种在达到应力或应变阈值后发生持续蠕变的介质。许多岩石以弹性方式发生变形，直到达到临界应力值，称为屈服点。该点标志着塑性（韧性）变形的开始，在微观上可以通过考虑包括位错蠕变在内的晶体塑性变形过程（Fossen，2016）。当塑性变形开始后，完全塑性材料在均匀应力条件下持续变形。这称为冯·米塞斯（von Mises）破坏准则（图 2.10）。另一方面，许多材料表现出应变硬化或弱化行为，继续变形会分别出现逐渐变硬或变容易的情况（Fossen，2016）。

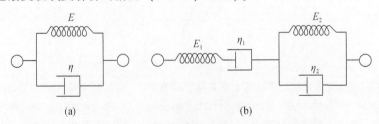

图 2.16　Voigt 介质（a）和标准线性固体的弹簧和冲床模型（b）
介质使用标量弹性刚度（E）和黏度（η）参数进行参数化。

2.6 本 章 小 结

破坏准则决定了与破坏发生相对应的应力状态。在不同条件下的实验研究产生了各种脆性破坏准则，包括莫尔–库仑、霍克–布朗和格里菲斯。莫尔–库仑准则是一个线性的破坏包络，通常由摩擦系数和内聚力组成，前者决定了破坏线的斜率，后者决定了 y 轴的截距。霍克–布朗准则的参数化使用了未定义的抗压强度、一个与岩性有关的材料常数和一个衡量岩体断裂程度的标量。格里菲斯准则描述了岩石在拉伸条件下的破坏，并以抗拉强度为参数。

裂缝往往分布在裂缝或断层表面。在线弹性断裂力学（LEFM）中，有三种断裂模式被人们广泛认可。模式Ⅰ断裂由拉伸开口构成，而模式Ⅱ（滑动）和模式Ⅲ（撕裂）则代表剪切错位机制。

Anderson 的断层理论假设其中一个主应力轴是垂直的，而另外两个是水平的，从而产生了三种不同的应力状态（正断、逆冲和走滑），这些状态由三个主应力的特定排列方式所决定。应力多边形图表可用于描述这些应力体系中每个状态的水平应力的允许范围。

实验室摩擦实验引领了速率–状态摩擦模型的发展，该模型确定了断层上动态破裂的瞬时条件。根据该模型，如果断层受到滑动速度的突然变化，摩擦系数会在一个特定的滑动距离上接近一个新的稳态值。慢度定律确定了一个速度–状态的构成模型，它为实验观察提供了一个很好的模型。这个模型的重要参数是 a 和 b，因为地震只能在 $a-b<0$ 的区域成核。

活动构造断层系统的特点是地震周期受到黏滑断层行为的控制。同震应力降可以衡量断层上剪切应力的松弛程度。与地震期间的脆性破坏过程相比，塑性过程则会导致岩层发生折叠和弯曲。

黏弹性行为描述的是材料在应力作用下表现出瞬时变形，接着是逐渐连续变形过程，称为蠕变；而塑性行为描述的是介质在达到应力或应变阈值后发生连续蠕变。

2.7 延伸阅读建议

（1）《地震和断层力学》：Scholz（2002）
（2）《地球材料的流变学》：Macosko（1994）
（3）《地质力学原理》：Zoback（2010）
（4）《岩石力学基础》：Jaeger 等（2009）
（5）《结构地质学》：Fossen（2016）
（6）《断裂力学：基础与应用》：Anderson（2005）

2.8 习 题

1. 考虑图 2.3 中描述的一个拉伸（模式Ⅰ）裂缝。

（1）给定$K_1\sqrt{2\pi r}=1.0\text{MPa}$，计算模式 I 裂缝在$\theta=0°$，30°和90°处的二维应力张量（使用公式 2.3-2.5）。

（2）假设$K_1\sqrt{2\pi r}=1.0\text{MPa}$，对于一个平坦的表面，$\theta$的每个值的法向应力是多少？

（3）对于与主模式 I 裂缝平行的裂缝方向，重复上述计算。

（4）在裂缝尖端附近的哪些区域处于张力状态？哪些区域有升高的剪应力？

2. 一组对白云岩样品的实验室测量表明，无压（或单轴）抗压强度（S）为 250MPa

（1）确定内聚力，对于$\mu_i=1.0$。

（2）假设$\sigma_1=15\text{MPa}$，根据莫尔-库仑标准，确定破坏点处的σ_3。

（3）根据完整岩石的霍克-布朗标准，使用表 2.1 中给出的白云石的材料常数m的平均值，计算破坏点处的σ_3。

（4）使用修正的拉德标准计算破坏点的σ_3，假设σ_2是最大和最小主应力的平均值。

3. 考虑地下 3000m 深处的一个点。假设线性密度梯度由$\rho(z)=2200+0.14z$给出，其中ρ的单位是kg/m^3，z的单位是 m，计算如下。

（1）确定S_V。

（2）如果孔隙压力梯度为 15kPa/m，Biot 系数（α）为 0.5，请确定S'_V。

（3）对于延伸断层体系中的临界应力状态，$\mu_s=0.6$，什么是$S'_{H\min}$？

（4）对于$\mu_s=0.6$的走滑断层体系中的临界应力状态，假设S'_v是$S'_{H\max}$和$S'_{H\min}$的平均值，那么$S'_{H\min}$是多少？

4. 考虑方程（2.20）所定义的速率-状态摩擦关系。你将如何寻求满足方程（2.21）的状态变量θ的函数形式？

5. 假设滑移面在断裂前后处于临界应力状态，如图 2.15 所示，如果$\sigma_1=40\text{MPa}$，$\sigma_3=15\text{MPa}$，$\mu_s=0.6$，$\mu_r=0.4$，$C=5\text{MPa}$，计算应力下降。

6. 假设图 2.16（a）中描述的 Voigt 模型受到了外加应力σ的突然增加。正如Courtney（2000）所概述的，该模型中弹簧和冲床的平行配置意味着两个元件的应变是相等的，但应力是分割，因此总应力为$\sigma=\sigma_{sp}+\sigma_d$，其中下标 sp 和$d$分别表示弹簧和冲床。在施加应力的瞬间，应力完全由冲床承担；随着时间的推移，应力逐渐转移到弹簧上。找到σ_{sp}、σ_d、ε和$\dot{\varepsilon}$的时间行为的分析表达式。

第3章 地震波和震源

要跟随大自然的脚步，既要了解其常规发展规律，也要注意其刻意隐藏而制造出的曲折和弯路。

罗伯特·胡克（Micrographia，1665）。

本章的出发点是为地震等天然源或者地下爆炸等人工源产生的波提供一个基本的数学框架。辐射波场的特征既取决于震源的性质，包括其几何形态、大小、运动学和变形机制，也取决于波传播的介质的性质。一般来说，对于各向同性的弹性介质，波的总能量在传播过程中是守恒的。在这种非衰减介质中，由于几何扩散的影响，波场振幅会随着距离的增加而减小。然而，对于衰减性介质，由于各种耗散机制，波幅衰减得更快。如果介质是各向异性的，则波速取决于位移矢量的传播和偏振的方向。此外，波在各向异性介质中可能表现出某些特别的特征，如剪切波的分裂。

P波和S波（或各向异性介质中的qP波和qS波）的辐射模式取决于从震源到观测仪器的射线路径的方位角和仰角，以及源的类型和方向性。地震通常在断层上产生模式Ⅱ或模式Ⅲ的剪切滑移，但也有记录表明流体注入和/或火山过程会导致模式Ⅰ（拉伸）破裂过程。地震矩张量提供了一个简明的理想化数学模型，以力偶的形式代表在地下某一点上发生的一般变形过程。与大多数地震学著作中的经典地震波理论不同，本章的数学框架是基于一般各向异性介质，因而各向同性介质只是一种特殊情况。

3.1 运 动 方 程

考虑一个连续弹性介质中被表面 S 包裹的体积元（如图 1.1 所示）。使用公式（1.3）并考虑到应力张量的对称性，作用在这个体积元上的净作用力可以写成

$$F_i = \int_S T_i \mathrm{d}S = \int_S \sigma_{ij} \hat{n}_j \mathrm{d}S \tag{3.1}$$

对于任何矢量场 $\psi(x)$，散度定理指出，

$$\int_V \nabla \cdot \boldsymbol{\psi} \mathrm{d}V = \int_S \boldsymbol{\psi} \cdot \hat{n} \mathrm{d}S \tag{3.2}$$

或者，使用指标符号

$$\int_V \psi_{j,j} \mathrm{d}V = \int_S \psi_j \cdot \hat{n}_j \mathrm{d}S \tag{3.3}$$

结合公式（3.1）~（3.3），并使用牛顿第二运动定律（$\boldsymbol{F} = m\boldsymbol{a}$），每单位体积的净作用力可表示为

$$\sigma_{ij,j} + f_i = \rho \ddot{u}_i, i = 1, 2, 3 \tag{3.4}$$

其中 $\sigma_{ij,j}$ 代表由于介质内的应力场而产生的净作用力，而 f 表示内力，如震源或引力。由于 u 代表粒子的位移，则 $\ddot{u}_i$ 代表粒子在介质颗粒的加速度的第 i 个分量。公式（3.4）即为运动方程的定义[1]，它适用于任何类型的介质。

考虑到应变的定义［方程（1.9）］和张量的固有对称性，本构关系［胡克定律，方程（1.10）］可以表示为

$$\sigma_{ij} = c_{ijkl} u_{k,l} \tag{3.5}$$

将方程（3.5）代入运动方程并移项，可以得到一个适用于一般（各向异性）弹性介质的形式：

$$(c_{ijkl} u_{k,l})_{,j} - \rho \ddot{u}_i = -f_i \tag{3.6}$$

在均质介质的情况下 $c_{ijkl,j}=0$，通过对公式（3.6）应用乘积规则，我们得到

$$c_{ijkl} u_{k,lj} - \rho \ddot{u}_i = -f_i \tag{3.7}$$

由于右手边包含一个源项（不为0），在偏微分方程理论的背景下，这种方程被称为非齐次方程。最后，在没有体作用力的情况下，运动方程可以写成齐次方程的形式，即

$$c_{ijkl} u_{k,lj} - \rho \ddot{u}_i = 0 \tag{3.8}$$

正如下文所述，波传播的问题可以通过求解与之适用的运动方程［例如，在有内力的情况下，使用方程（3.7），否则，就使用方程（3.8）］的边值问题，例如一组满足特定条件的边界条件、弹性模量、各向异性对称系统等。

3.2　波动方程的解

不同类型的波代表着地震学中边值问题的解。例如，体波解代表在连续体内部传播的波，而面波通常是地球的自由表面传播的导波。这两种类型的波都可以用运动方程的齐次形式的解来研究。运动方程的非齐次形式一般被用于获得格林函数，其中的内力被表示为作用于介质中某一点的脉冲力。一般来说，格林函数可以被视为介质的脉冲响应，它是构建更复杂震源时间函数的解的基石。最后，由于大部分地球浅层地壳都是分层结构的，所以需要考虑波在两种不同类型的介质边界上的散射。对于这样的界面，我们一般用焊接接触的边界条件来表示，即假定应力和位移在边界上是连续的。

3.2.1　体波

体波在介质的内部传播。为了研究体波的特性，我们将考虑平面波在无边界介质中的传播。为此，我们使用一个在 $\hat{u}$ 方向传播的平面谐波作为试解。

$$u_k(x,t) = A\,\hat{\gamma}_k e^{i(\omega t - k_j x_j)} = A\,\hat{\gamma}_k e^{i\omega(t - s_j x_j)} \tag{3.9}$$

在这个表达式中，A 是波的振幅系数，单位矢量 $\hat{\gamma}$ 表示波的偏振，ω 是角频率。此外，s_j 是慢度矢量的第 j 个分量。

---

[1]　方程（3.4）的表述中隐含着三个不同的方程。

$$s_j = \frac{\hat{n}_j}{v} \tag{3.10}$$

其中 v （$\boldsymbol{k}$）是相速度，$\boldsymbol{k} = \omega \boldsymbol{s}$ 是波矢量。下面将讨论各向异性弹性介质和衰减性介质（如多孔弹性介质）的相速度和群速度的区别。式（3.9）使用了欧拉方程

$$e^{i\varphi} = \cos\varphi + i\sin\varphi \tag{3.11}$$

其中 i 是虚数单位，φ 称为相位（见附录 B）。由于波前可以定义为一个有着恒定相位的表面，那么很明显，在给定的时间 t，对于偏振矢量的第 k 个分量，方程（3.9）表示法线方向为 $\hat{n}$ 的平面波的波前。应该强调的是，这个试解的使用是相当普遍的，因为几乎任何复杂的波前面都可以通过平面谐波的叠加来构建。

将平面波的试解代入方程（3.8），可以得到

$$(c_{ijkl}n_j n_l - \rho v^2 \delta_{ik})\hat{\gamma}_k = 0 \tag{3.12}$$

现在，运动方程变成了一个特征值问题，通过指定传播方向 $\hat{\boldsymbol{n}}$ 和弹性刚度张量 c_{ijkl}，可以得到特征值 ρv^2 和特征向量 $\hat{\boldsymbol{\gamma}}$。通过引入表达式

$$\Gamma_{ik} = c_{ijkl}n_j n_l \tag{3.13}$$

这可以写成

$$\begin{bmatrix} \Gamma_{11} - \rho v^2 & \Gamma_{12} & \Gamma_{13} \\ \Gamma_{21} & \Gamma_{22} - \rho v^2 & \Gamma_{23} \\ \Gamma_{31} & \Gamma_{32} & \Gamma_{33} - \rho v^2 \end{bmatrix} \begin{bmatrix} \hat{\gamma}_1 \\ \hat{\gamma}_2 \\ \hat{\gamma}_3 \end{bmatrix} = 0 \tag{3.14}$$

该公式定义了开尔文-克里斯托弗（Kelvin-Christoffel）方程组（Musgrave，2003）。作为非零解的存在条件，

$$\begin{vmatrix} \Gamma_{11} - \rho v^2 & \Gamma_{12} & \Gamma_{13} \\ \Gamma_{21} & \Gamma_{22} - \rho v^2 & \Gamma_{23} \\ \Gamma_{31} & \Gamma_{32} & \Gamma_{33} - \rho v^2 \end{vmatrix} = 0 \tag{3.15}$$

其中行列式内的矩阵被称为克里斯托弗（Christoffel）矩阵。通过求解每一个特征值 ρv^2 对应的三次方程，我们可以通过求解方程（3.14）来确定三个相互垂直的极化向量 $\hat{\boldsymbol{\gamma}}$。正如下面各向异性部分所概述的，当 v 的倒数对于所有的 $\hat{n}$ 都绘制出来时，它在三维空间中定义了一个称为慢度面的多重折叠曲面。

当使用弹性刚度张量的各向同性形式［公式（1.12）］与任何波前的法线来构建 Christoffel 矩阵时，最大的特征值为

$$\rho v_P^2 = \lambda + 2\mu \tag{3.16}$$

它定义了各向同性介质的 P 波速度（$v_P = \sqrt{(\lambda + 2\mu)/\rho}$）。相应的特征向量为 $\hat{\boldsymbol{\gamma}}_p = \hat{n}$；因此，P 波的偏振向量与传播方向平行。P 波在介质中传播时会导致一系列的压缩和扩张，如图 3.1 所示。因此，P 波也被称为压缩波。

各向同性的情况更简单，因为剩下的两个特征值相等，由以下公式给出

$$\rho v_S^2 = \mu \tag{3.17}$$

它定义了各向同性介质的 S 波速度（$v_S = \sqrt{\mu/\rho}$）。对应的特征向量垂直于 P 波的特征向量，并满足以下关系 $\hat{\boldsymbol{\gamma}}_s \cdot \hat{n} = 0$。一般来说，各向同性介质中 S 波的偏振矢量与波前共面，因此

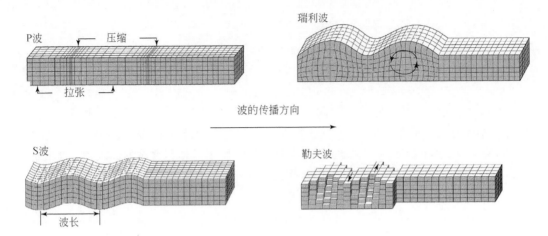

图 3.1　体波（P 和 S）和面波 [瑞利（Rayleigh）波和勒夫（Love）波] 的传播和粒子运动示意图
在每个示意图中，未受干扰的区域在右边。波长是指连续的波峰或波谷之间的距离。

在波的传播过程中产生一种剪切式的运动（图 3.1）。

对于各向同性介质，习惯上将 S 波分为两类：S_H 波偏振方向在水平方向且垂直于 $\hat{n}$；而 S_V 波的偏振方向同时垂直于 P 波的偏振方向和 S_H 波的偏振方向。在自由表面上，或者在分层介质中分界面上（分界面通常近似为水平的），P 波运动和 S_H 波运动是解耦的，会自然而然地出现两种 S 波。正如下面所讨论的，P 波运动和 S_V 波运动在水平边界是耦合的，这意味着散射波场包括不同类型波之间的模式转换。需要注意的是，S_V 波不一定是垂直极化的；对于从震源到接收器的传播过程，S_V 的极化矢量位于震源和接收器所在的垂直平面，称为矢状面。基于波势函数，各向同性的弹性介质中体波的表示会更简单（见方框 3.1）。

因为流体很难产生剪切应力，所以 $\mu \to 0$，根据公式（3.17），S 波不能在流体中传播。在流体（也叫声学介质）中，压缩波相当于空气中的声波。在孔隙弹性介质中，孔隙流体的存在导致了液相和弹性框架之间的黏性耦合，从而产生了慢波，这种慢波可以是频散的。严格来说，频散意味着相速度与 ω 或 k 有关。

在各向异性介质中，对于给定的 $\hat{n}$，通常有三个不同的特征值，决定了三种不同的波模式。对于任何类似地球的弹性材料，三种波中的一种具有类似于各向同性介质中 P 波的特性，包括波速和偏振。这种模式被称为 q^p（准 P）波。剩下的两个波模式是 q^s 波。与各向同性的情况不同，q^s 模式有明确的极化，但在许多情况下，与各向同性材料的 S_H 和 S_V 极化不一样。q^s 波波速在不同的方向上不同，观测到的波不是同时到达的，这就导致了众所周知的剪切波分裂现象；这和其他各向异性波传播的细节将在第 3.3 节讨论。

方框 3.1　波势和矢量算子

在各向同性弹性介质中的 P 和 S 运动的分析可以通过使用亥姆霍茨（Helmholtz）势来简化。亥姆霍茨势可以用来将运动方程简化为波动方程的形式（Aki and Richards, 2002）。使用波势符号，体波位移场 $u(x, t)$ 可写为

$$u(x,t) = \nabla \Phi(x,t) + \nabla \times \Psi(x,t)$$

其中 $\Phi(x, t)$ 被称为标势，$\Psi(x, t)$ 被称为矢势。上述方程右侧的第一部分代表 P 波运动，而第二部分代表 S 波运动。符号 ∇ 是梯度算子，它可以用张量符号表示为

$$\nabla \Phi \equiv \Phi_{,i} \hat{x}_i$$

可以证明，Φ 满足标量波动方程

$$\Phi_{,ii} = \frac{1}{v_P^2} \ddot{\Phi}$$

其中，v_P 由方程（3.16）给出。同样地，可以证明 Ψ 满足矢量波动方程

$$\Psi_{i,jj} = \frac{1}{v_S^2} \ddot{\Psi}_i, \quad i=1,2,3$$

其中 v_S 由方程（3.17）给出。符号 $\nabla \times$ 是旋度算子，可以用张量符号写为

$$(\nabla \times \Psi)_i \equiv \varepsilon_{ijk} \Psi_{k,j}$$

符号 ε_{ijk} 被称为交替（或互换）张量，由以下公式给出

$$\varepsilon_{ijk} = \begin{cases} 0 & \text{for} \quad i=j,\ j=k,\ \text{或}\ i=k \\ +1 & \text{for} \quad (i,j,k) \in \{(1,2,3),(2,3,1),(3,1,2)\} \\ -1 & \text{for} \quad (i,j,k) \in \{(1,3,2),(3,2,1),(2,1,3)\} \end{cases}$$

3.2.2　面波

面波是沿地球表面或靠近地球表面传播的导波，其振幅随着深度的增加而迅速减小。浅源地震（<30km）容易激发面波且面波一般是振幅最高的信号。它们也是被动地震监测和主动源地震剖面的一个主要噪声源。事实上，沿海地区的海浪产生的面波在微震周期带（5~20s）内产生环境噪声信号，可以被远至大陆内部探测到（Pawlak et al., 2011）。这里介绍的面波数学表达式并没有完整的推导；从基本原理发展出来的理论可以在地震学的标准教科书中找到，如 Stein 和 Wysession（2009）。

面波是弹性运动方程在某些边界条件下的解。所有面波推导中共有的一个边界条件是自由表面边界条件。如果我们将地球表面近似为 $z=0$ 处的弹性半空间的边界，力平衡的要求意味着自由表面上的应力消失；否则，作用在边界以下的无穷小体积上的剪切力和法向力将不会被边界以上的无穷小体积的拉力所平衡，从而导致加速度不为零。另一个常见的约束条件被称为辐射条件，在 z 随深度增加的坐标系中，辐射条件要求当 $z \to \infty$ 时波的振幅为 0。

　　为了说明面波特征，我们从考虑一个简单的情况开始——沿均匀各向同性弹性半空间的表面上传播的瑞利波（Rayleigh wave）。瑞利波的命名是为了纪念首次描述瑞利波的先驱科学家瑞利（Lord Rayleigh，1842-1919）。这里，试解包含一个在 X 方向传播的耦合的 P-S$_v$ 波，用波势的方式表示为

$$\Phi = A\,e^{i(\omega t-k_x x-k_x r_P z)}$$
$$\Psi = B\,e^{i(\omega t-k_x x-k_x r_S z)} \tag{3.18}$$

其中，

$$r_P = (v_R^2/v_P^2-1)^{\frac{1}{2}}$$
$$r_S = (v_R^2/v_S^2-1)^{\frac{1}{2}} \tag{3.19}$$

在上述表达式中，v_R 表示耦合（瑞利）波的相速度。辐射条件要求 $v_R<v_S$，以确保势函数在 z 轴上具有指数衰减，这意味着 r_P 和 r_S 必须为负的而不是正的虚平方根。在应用自由表面边界条件后，为了非平凡解的存在（Stein and Wysession，2009）

$$(2-v_R^2/v_S^2)^2+4(v_R^2/v_S^2-1)^{\frac{1}{2}}(v_R^2/v_P^2-1)^{\frac{1}{2}}=0 \tag{3.20}$$

在这个方程的两个非零根中，只有一个满足 $v_R<v_S$ 的条件。对于 $\lambda=\mu$ 的泊松固体，瑞利波波速可简化为 $v_R=(2-2/\sqrt{3})\,v_S\approx0.92v_S$。对于这种情况，表面的 x 和 z 位移由以下公式给出

$$u_x=0.42A\,k_x\sin(\omega t-k_x x)$$
$$u_z=0.62A\,k_x\cos(\omega t-k_x x) \tag{3.21}$$

它描述了地表的逆向椭圆运动（图 3.1）[①]。椭圆的长轴是垂直的，大约比椭圆的短轴长 1.5 倍。

　　在多数实际情况下，均匀半空间的假设进一步放宽，地下被近似为垂直不均匀介质，水平分层介质是其中的一个特殊情况。通过将半空间中的方法应用于分层介质中，可以证明 v_R 表现出频散特征。一般来说，瑞利波的敏感核是衡量 v_R 对介质中 v_S 变化的灵敏度，其特点是有一个随波长增加的峰值。由于波长（λ）与频率的关系是 $\lambda=v_R/f$，因此，峰值灵敏度的深度与频率成反比。在大多数分层的沉积岩中，由于压实作用，v_S 随深度增加而增加；因此，在层状介质中，瑞利波表现出频散特征（即 v_R 与频率有关）。

　　我们可以利用瑞利波的频散特性，通过使用面波的多通道分析法（Multichannel analysis of surface waves，MASW）来获得地下的信息（Park et al.，1999）。这种方法适用于地滚波，也就是勘探地震学中用来描述 10~30Hz 波段的瑞利波，其一般对地下约 100m 到地表的特征较敏感。这种方法是基于一个确定相速度的方法，该方法利用了现代地震采集系统的多道冗余。一旦得到频散曲线，就可以通过使用最小二乘反演的方法拟合观测到的频散趋势，得到 v_S 随 z 变化的模型。

　　作为面波分析的第二个例子，我们将考虑勒夫波（Love wave）传播的情况，该模型

---

① 应该注意的是，$k_x=\omega/c$ 表明正弦波系数似乎与频率有关。然而，这并不是事实，因为 A 是势振幅。由于 $A\sim U/\omega$，其中 U 是位移振幅，这就消除了对频率依赖性。

有一个厚度为 h 的单层，覆盖着一个半空间。勒夫波是为了纪念其发现者奥古斯都·爱德华·霍夫·勒夫（A. E. H. Love，1863-1940）而命名的，它不存在于半空间的表面；因此这个单层模型是可以分析的最简单的情况。这里的试解由顶层的上行和下行耦合的 S_H 波组成，波幅分别为 B_2 和 B_1，同时还有一个在半空间的下行 S_H 波，波幅为 B'。S_H 波是沿着 x 的方向传播，因此产生 y 方向的地面运动（图 3.1）。根据 Stein 和 Wysession（2009），顶层的 S_H 耦合波可以写成：

$$u_y^-(x,z,t)=B_1e^{i(\omega t-k_xx-k_xr_1z)}+B_2e^{i(\omega t-k_xx+k_xr_1z)} \tag{3.22}$$

类似地，半空间中的 S_H 波可写为

$$u_y^+(x,z,t)=B'e^{i(\omega t-k_xx-k_xr_2z)} \tag{3.23}$$

其中，

$$r_j=\left(\frac{v_L^2}{v_j^2}-1\right)^{\frac{1}{2}} \quad j=1,2 \tag{3.24}$$

在这些表达式中，v_1 是顶层的剪切波速度，v_2 是半空间的剪切波速度，且 $v_1<v_2$。与上例一样，辐射条件要求 $v_L<v_2$，这样半空间的勒夫波解在 z 的方向上指数衰减。在应用自由表面边界条件和代数计算之后，边值问题的非零解的存在要求如下：

$$\tan\left[\omega\left(\frac{h}{v_L}\right)\left(\frac{v_L^2}{v_1^2}-1\right)^{\frac{1}{2}}\right]=\tan(\omega\xi)=\frac{\mu_2\left(1-\frac{v_L^2}{v_2^2}\right)^{\frac{1}{2}}}{\mu_1\left(\frac{v_L^2}{v_1^2}-1\right)^{\frac{1}{2}}} \tag{3.25}$$

其中 μ_1 和 μ_2 分别是顶层和半空间的剪切模量。这可以被看作是一个隐含的频散关系，也就是一个将速度定义为 ω 的函数的表达式。图 3.2 所示的这个方程的图解，说明了如何用这个方程来确定 v_L 和频率的函数关系。用单独的曲线表示方程（3.25）的左侧和右侧，在曲线相交处即是方程的解。应该注意的是，该正切函数的参数为实数的条件是 $v_L>v_1$。在右侧获得实数的另一个条件是 $v_L<v_2$。

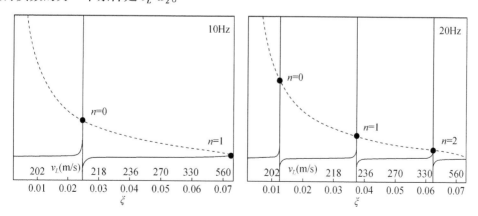

图 3.2 用绘图的方法确定 10Hz 和 20Hz 的勒夫波的相速度

该模型有一个 15m 厚的层，$v_S=200$m/s，覆盖于一个半空间（$v_S=1400$m/s）之上。对于每幅图，实线曲线显示方程（3.25）左侧的函数 $\tan(\omega\xi)$，而虚线显示方程的右侧。依赖于频率的解由这些曲线的交点表示。第一个交点（$n=0$）是基阶模式，而高阶解代表高阶模式。

对于一个给定的频率和在 v_L 允许值的范围内，有时方程（3.25）会出现多个解。在图 3.2 中，标有 $n=0$ 的交点代表了一个具有 15m 厚层的模型的基阶解，在该模型中 $v_S=200\mathrm{m/s}$，覆盖着 $v_S=1400\mathrm{m/s}$ 的半空间。对于 $n>0$ 的其他交点代表高阶模式。如图 3.3 中的频散曲线所示，鉴于 $v_1<v_L<v_2$ 的约束条件，高阶模式的解的频率范围受到限制。一般来说，对于每个单独的模式，在对应于相对长波长的低频率下，勒夫波速度接近半空间的 v_S，而在高频率下，勒夫波速度接近顶层的 v_S。当频散只与速度结构有关，与固有的介质特性无关，这种频散被称为几何频散。对于这个模型，很明显，使用 10Hz 检波器的 MASW 记录将需要使用高阶模式（$n>0$），以分辨半空间的速度，因为基阶模表现出的频散基本可忽略，且其速度接近上覆地层速度在 10Hz 以上的渐进极限。

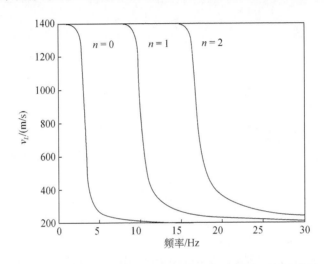

图 3.3　基阶模式（$n=0$）和两个高阶模式的勒夫波频散曲线
该模型有一个厚度为 15m 的
上覆层，$v_S=200\mathrm{m/s}$，下方半空间 $v_S=1400\mathrm{m/s}$。

前文的讨论强调了相速度，它可以写成 $v=\omega/k$。平面谐波以相速度传播。然而，如果一个波脉冲包含一系列频率时，在频散的情况下，当波传播到更远的距离时，脉冲的形状通常会改变。这种现象是由于脉冲的组成频率成分的速度不同。频散波传播的一个重要特征是，脉冲以群速度传播，$v_g\equiv\dfrac{\partial w}{\partial k}$。如果相速度在一定频率范围内是已知的，群速度可以用以下方法确定

$$v_g=v+k\,\frac{\partial v}{\partial k} \tag{3.26}$$

在本节的最后，我们简单地看一下地震各向异性对面波传播的影响。Smith 和 Dahlen（1973）的研究表明，对于一个分层的半空间，每一层都是任意对称的弱各向异性（"弱"各向异性的含义将在下面讨论），瑞利波和勒夫波的相（或群）速度的方位依赖性可以表示为

$$v(\omega,\theta)=A_1(\omega)+A_2(\omega)\cos2\theta+A_3(\omega)\sin2\theta+A_4(\omega)\cos4\theta+A_5(\omega)\sin4\theta \tag{3.27}$$

其中 θ 是波向量的方位角。这个表达式包括不依赖方位角的分量（A_1），有 2θ 依赖性的分

量（由 A_2 和 A_3 量度）和有 4θ 依赖性的分量（由 A_4 和 A_5 量度）。远震面波反演研究越来越普遍地使用这种方法来研究地幔中各向异性对深度和方位角的依赖性。例如，Darbyshire 等（2013）进行了方位角参数的频散分析和反演，以解释分层地幔（包括加拿大北部 Hudson Bay 下面的"化石"各向异性）的结构。

3.2.3　格林函数和几何扩散

到目前为止，我们所考虑的波函数是基于运动方程的谐波。现在我们把注意力转向考虑源的解，如方程（3.6）和（3.7）中的内力项所示。特别地，我们考虑使用格林函数，一般来说，它是对应于作用在介质中某一点的源的边值问题的解。格林函数能够提供一个相对于目标系统的脉冲响应，帮助我们深入理解目标系统的特征波的表现，它也是构建更复杂的解的基础。

Aki 和 Richards（2002）为无界各向同性的匀质弹性介质的弹性动力学的格林函数建立了理论基础。源位于原点，用 $s(t)\,\delta(\boldsymbol{x})\,\hat{\boldsymbol{x}}_j$ 表示。这个表达式中使用的符号 $\delta(\boldsymbol{x}-\boldsymbol{\xi})$ 被称为狄拉克（Delta）函数；这是一个聚焦的分布函数，对于除 $\boldsymbol{x}=\boldsymbol{\xi}$ 以外的所有值都是零（见附录 B）。狄拉克函数的另一个特性是

$$\int_{-\infty}^{\infty}\delta(\boldsymbol{x}-\boldsymbol{\xi})\,\mathrm{d}\boldsymbol{x}=1 \tag{3.28}$$

有了这个源项，具有源时间函数 $s(t)$ 的体力在原点的 $\hat{\boldsymbol{x}}_j$ 方向上作用产生的位移的第 i 个分量由以下公式给出

$$u_i(\boldsymbol{x},t)=s*G_{ij}=\frac{1}{4\pi\rho}(3\,\gamma_i\,\gamma_j-\delta_{ij})\,\frac{1}{r^3}\int_{\frac{r}{v_P}}^{\frac{r}{v_S}}\tau s(t-\tau)\,\mathrm{d}\tau$$

$$+\frac{1}{4\pi\rho\,v_P^2}\,\gamma_i\,\gamma_j\,\frac{1}{r}s\!\left(t-\frac{r}{v_P}\right)-\frac{1}{4\pi\rho\,v_S^2}(\gamma_i\,\gamma_j-\delta_{ij})\,\frac{1}{r}s\!\left(t-\frac{r}{v_S}\right)$$

$$\tag{3.29}$$

格林函数符号 G_{ij} 表示作用于 $\hat{\boldsymbol{x}}_j$ 方向的源在第 i 分向产生的位移，其中 $*$ 表示卷积算子（在附录 B 中讨论）。此外，$\gamma_i\equiv x_i/r$ 是方向余弦的第 i 个分量，变量 r 代表离源的距离。

方程（3.29）右边的第一项取决于 r^{-3}，被称为近场项。对于持续时间为 T 的源来说，该项会产生一个非因果波脉冲，开始于 $t=r/v_P$，结束于 $t=r/v_S+T$（Aki and Richards，2002）。由于它比其他项（称为远场项）随距离衰减得更快，对于大多数信号来说，它通常可以忽略不计。然而，对于井下被动地震监测，一些记录可能会捕捉到震源的近场项。图 3.4 显示了近场项很重要的记录波形示例。该记录是部署在深地（2km）观测站的宽频地震仪得到的，该观测站在距离震源大约 400m 的范围内。

远场项被分为 P 波（起始时间为 $t=r/v_P$）和 S 波（起始时间为 $t=r/v_S$）。波浪状的特征从形式为 $X_0(t-r/v)$ 的项中可以看出，它代表了一个以速度 v 从震源传播出去的脉冲。

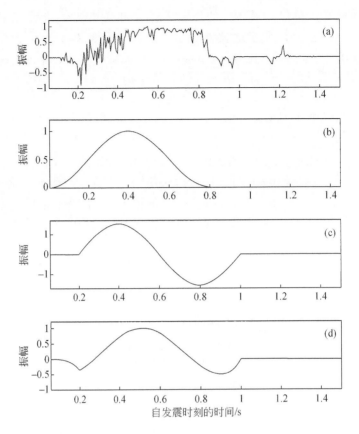

图 3.4　(a) 2006 年 11 月 29 日 $M4.1$ 级地震的未滤波的垂直分量记录，记录台站距离震源仅 400m（Atkinson et al.，2008）。(b) 用于计算模拟地震图的震源时间函数，周期 $T = 0.8s$。(c) 使用区域波形模型（仅有远场项）确定的地震矩张量计算的模拟地震图。辐射模式以 S 波为主，其波形是（b）中震源时间函数对时间的导数。(d) 使用相同地震矩张量计算的模拟地震图，但包括近场项。

近场和远场的干涉再现了观测波形的一些特征，如最初的地面向下的运动。Gail M. Atkinson，SanLinn I. Kaka，David W. Eaton，Allison Bent，Veronika Peci，Stephen Halchuk，A Very Close Look at a Moderate Earthquake near Sudbury，Ontario，Seismological Research Letters，70，119-131，2008，copyright Seismological Society of America.

远场项表明体波振幅以 $1/r$ 的速率衰减。这种衰减被称为几何扩散[①]。这种振幅衰减率也可以在能量守恒的基础上推导出来，因为地震波的应变能密度和动能密度相等。

$$\frac{1}{2}\sigma_{ij}\varepsilon_{ij} = \frac{1}{2}\rho\dot{u}_i\dot{u}_i \tag{3.30}$$

右边的动能密度项衡量的是单位时间内垂直于波前方向上能量传递的通量率。对于均匀各向同性介质中的点源，波前由面积为 $4\pi r^2$ 的球面表示。能量守恒要求任何半径的波前面的能量通量率都是恒定的，又由于公式（3.30）中 $\dot{u}$ 是平方，这意味着波的振幅必须以 $1/r$ 的速度减小。在均匀各向同性介质的情况下，$1/r$ 的几何扩散也称为球面扩散。

---

① 这种简单的 r^{-1} 形式的几何扩散只适用于均匀介质。对于非均匀介质，它要复杂得多。

类似的论证可以应用于面波的振幅衰减。由于面波在二维表面上传播，该问题适合于使用柱坐标系。对于一个均匀的各向同性介质，能量守恒要求通过任何半径的圆形波前的能量通量率是恒定的。这意味着面波的几何扩散项正比于 $1/r^{1/2}$。因此，在远距离波场观测中，面波的振幅往往超过体波的振幅。

3.2.4　界面处的波幅分解

散射是指波与介质内部或边界的非均匀性介质和/或非连续性介质的相互作用。弹性波在分层弹性介质的层间平面界面上的散射是一种被充分研究的散射现象，对此有大量的文献。策普里兹（Zoeppritz）方程组描述平面弹性波入射到两个各向同性弹性半空间之间的平面界面时散射相位的相对振幅的封闭式表达式。这些方程的细节可以在许多参考文献中找到，包括 Young 和 Braile（1976）。散射波包括界面上的反射波、透射波和转换波，如图 3.5 所示。图中将入射波和散射波类型（P 或 S）合并为一对字母，用下标符号表示散射相是反射（r）还是透射（t）。如果入射波和散射波类型不同，这被称为模式转换。

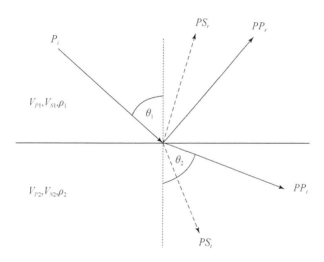

图 3.5　界面上的反射波、折射波和转换波的命名（见正文）

入射的 P 波在界面上形成一个 θ_1 的入射角（和界面法线形成的角度）。透射 P 波的角度用 θ_2 表示。
所有的射线角度，包括模式转换，都遵守斯涅尔定律（Snell's Law）。

在图 3.5 中，波前面的法线称为射线，这是一个来自几何光学领域的数学描述，代表了波能通量的方向。更一般地说，射线是指在任何地方都垂于波前方向的曲线（包括在非均匀介质中）。几何射线为波散射现象的可视化以及模拟地震图的计算提供了一个有力的工具（下文将讨论）。在速度为 v_1 和 v_2 的两种介质之间的界面上，反射和折射（包括 P 波和 S 波之间的模式转换）满足斯涅尔定律，其公式为

$$\frac{\sin\theta_1}{v_1}=\frac{\sin\theta_2}{v_2}=p \tag{3.31}$$

其中 θ 是射线与界面法线之间的角度，如图 3.5 所示，p 称为射线参数。折射一词指的是

由于波速的变化而导致的射线弯曲。一个值得注意的特殊情况是临界角。临界角是与沿界面传播的透射波（即 $\theta_2 = \pi/2$）相对应的入射角。由于 $\sin(\pi/2) = 1$，根据斯涅尔定律，临界角为

$$\theta_c = \sin^{-1}\left(\frac{v_1}{v_2}\right) \tag{3.32}$$

鉴于临界角与两种介质的速度相关，当考虑到模式转换时，对于一个给定的入射波可能有多个临界角。

策普里兹方程组的推导可以在地震学的教科书中找到，如 Aki 和 Richards（2002）或 Stein 和 Wysession（2009）。这些方程是通过在界面上应用焊接接触的边界条件而得到的。这些边界条件规定，应力的三个分量和位移的三个分量在边界上是连续的。对于一个给定类型的入射波，令边界两侧的这六个分量中的每一个分别相等，就会得到含有六个未知数的六个方程，这些未知数是图 3.5 中四个散射相的相对振幅以及反射和透射的 S_H 波的相对振幅。由策普里兹方程确定的振幅系数已经归一化到入射波的振幅；因此，反射系数为 0.1 意味着反射波的振幅是入射波振幅的 10%。不同的系数体现散射相的相对能量。

反射系数和透射系数在小于临界角入射时是实数，但在大于临界角入射时是复数。复数系数的物理意义源于上文讨论的欧拉等式。一个复数系数 A 可以用一个振幅和一个相位来表示如下

$$A = |A| e^{i\varphi} \text{其中} \varphi = \tan^{-1}\left(\frac{\text{Im}(A)}{\text{Re}(A)}\right) \tag{3.33}$$

其中 Im（A）和 Re（A）分别表示复数变量 A 的虚部和实部。

图 3.6 显示了一个 P 波反射系数的例子。所示数值是用 Young 和 Braile（1976）编写的解策普里兹方程组的计算机程序计算出来的。在垂直入射（$\theta = 0$）时，反射系数为

$$R = \frac{Z_2 - Z_1}{Z_1 + Z_2} \tag{3.34}$$

其中 $Z = \rho v_P$ 被称为声阻抗。对于图 3.6 中的介质参数，垂直入射 P 波的反射系数为 0.2871。对沉积盆地中的大多数界面来说这个值是非常高的。这里，临界角为 36.9°。请注意，对于小于临界角入射，相位角为零；从物理上讲，这意味着反射脉冲的形状与入射脉冲相同。对于大于临界角入射，相位角不为零；这意味着由于相对于入射脉冲的相位旋转反射脉冲的形状发生了改变（见附录 B）。在小于临界角入射时，反射系数的振幅随 θ 增加逐渐减少。在实践中，测量反射波的振幅随偏距（震源和接收器之间的表面距离）变化的函数关系可以用来推断出介质的特性在边界上的变化。在大于临界角入射时，反射波的振幅急剧增加，这表明大部分入射波能量被反射回来。了解大于临界角入射时散射相的行为对使用井下阵列的被动地震监测特别重要，因为从震源到接收器的射线往往与界面的法线成一个很大的角度。

Chaisri 和 Krebes（2000）求解了非焊接接触的等效边值问题，其中牵引力在两个不同层之间的边界上是连续的，但允许位错存在。在这种边界上，即使在接触面上介质连续的情况下也会发生反射。活动断层的滑移面可能是这种边界的例子。

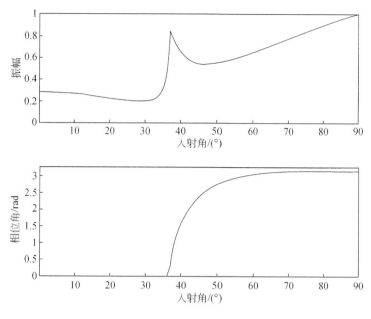

图 3.6　P 波反射系数（PPr）的振幅和相位图

在一个平面边界上，入射介质中 $v_P = 3000\,\mathrm{m/s}$，$v_S = 1500\,\mathrm{m/s}$，$\rho = 2400\,\mathrm{kg/m^3}$；第二种介质中 $v_P = 5000\,\mathrm{m/s}$，$v_S = 2941\,\mathrm{m/s}$，$\rho = 2600\,\mathrm{kg/m^3}$。这种情况下的临界角是 36.9°。小于临界角入射时反射的相位角为零，而大于临界角入射时反射的特点是有相位旋转。

3.3　各向异性的影响

　　除了由弹性刚度张量的各向异性引起的方向对相速度的依赖外，波在各向异性弹性介质中的传播还具有一些独特的特征。本节将考虑地震各向异性的几个突出特点。

　　尽管频散的概念有时仅限于相速度随 ω 变化的情况，但频散的一个更普遍的定义与相速度随波数矢量 $\boldsymbol{k}$ 的变化有关。使用这个更普遍的定义，我们可以看到各向异性的弹性介质表现出一种方向性的频散。因此，群速度与相速度的区别与前面对面波的讨论类似。特别是，对于一个均匀的各向异性介质，点源产生的波前面在不同方向上有不同的半径，半径的不同取决于该方向上的群速度。通过绘制群速度 $\forall \hat{n}$ 得到的几何表面被称为波前面。图 3.7（a）给出一个强各向异性材料的波前面的横截面。强各向异性导致波前明显地偏离各向同性介质中的球形波前。这种偏离包括下面要讨论的特征，如尖点和三重化。

　　各向异性介质的相速度表面与波面不同。然而，人们习惯于绘制慢度（相速度的倒数），而不是相速度。与波面一样，慢度表面是一个几何表面，描述了慢度随方向所变化。图 3.7（b）中给出了一个例子。Winterstein（1990）描述了用慢度表面构造波面的几何步骤，而 Vavrycuk（2006）则描述了反向做法。

　　对于地球介质来说，qP 波的群速度（或相速度）一般来说明显大于两个 qS 波的群速度（或相速度）。相对较小的 qS 速度差异导致了一种双折射现象，通常被称为剪切波分

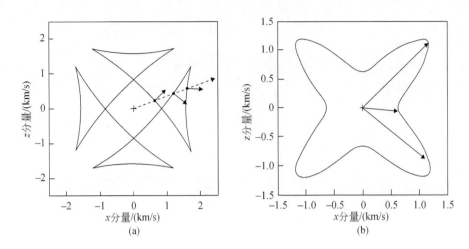

图3.7　各向异性固体的 S 波波前（a）和慢度波前（b）（Vavrycuk，2006）
经英国皇家学会出版公司许可转载。

裂。这种现象相当于某些晶体中的光学双折射现象。剪切波分裂发生在各向异性的材料中，对于大多数的传播矢量，表现为两个 qS 波前面的群速度的差异。对于一个给定的射线方向，有两个不同的 qS 到达，具有不同的和（几乎）正交的偏振方向①。这里将不同的 qS 表示为 qS_1（快剪切波）和 qS_2（慢剪切波）。对于垂直横向各向异性（VTI）介质，慢 qS_2 波通常的偏振方向是垂直于层位的，而快 qS_1 波是水平偏振的（即与层位平行）。同样，在存在垂直裂隙的情况下，慢 qS_2 波的偏振方向通常是垂直于裂隙的，而快 qS_1 波偏振方向平行于裂隙。图3.8 显示了在水力压裂地震监测时观测到的一个剪切波分裂的例子。

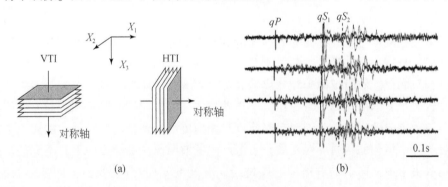

图3.8　剪切波分裂

（a）垂直横向各向同性（VTI）和水平横向各向同性（HTI）的介质的对称轴（Rüger，1997）。经 SEG 许可修改使用。

（b）垂直横向各向同性介质的剪切波分裂实例。这里显示的微地震事件是用井下三分量检波器阵列记录的。波形显示了粒子运动的三个相互垂直方向的分量，其中快 S 波（qS_1）是水平偏振的，慢 S 波（qS_2）是垂直偏振的。

----

①　对于一个给定的传播矢量，由相应的特征向量定义的偏振是相互垂直的；然而，对于一个点源，偏振方向可能不完全垂直。

在强各向异性介质中，会出现各种有趣的波动现象。例如，在某些情况下，一个波面可以折回到自己身上，从而对一个特定类型的波产生三个到达。这种情况被称为三重化（triplication），如图 3.7（a）所示。同样，具有三重化的波面包含尖点，尖点映射到相应的慢度面的拐点上（Vavryčuk, 2006）。全波理论表明，波面的尖点产生绕射波，即从局部空间区域散射的波。最后，两个 qS 慢速面的交点被称为剪切波奇点。沿着奇点传播的波有时会伴随着反常的振幅。奇点的类别是根据交点的几何形状（如点、曲线、切线等）来区分的。

横向各向同性介质的汤姆森参数

Thomsen（1986）引入了便捷的符号，并推导出适用于横向各向同性（transverse isotropy, TI）介质的相速度和其他量的表达式，包括针对弱各向异性的线性速度公式。虽然 Thomsen 的公式是针对具有垂直对称轴的横向各向同性（vertical transversely isotropy, VTI）介质的，但它们对水平横向各向同性（horizontal transversely isotropy, HTI）和倾斜横向各向同性（tilted transversely isotropy, TTI）介质也同样适用（当然，要适当改变坐标）。用 Voigt 刚度参数表示，qP 波和 qS 波在均质 VTI 介质中沿对称轴方向（x_3）的传播速度分别为

$$\alpha_0 = \sqrt{\tilde{C}_{33}/\rho} \tag{3.35}$$

和

$$\beta_0 = \sqrt{\tilde{C}_{44}/\rho} \tag{3.36}$$

其中，ρ 表示密度，两种 qS 相沿对称轴的速度都为 β_0。在本节的剩余部分，命名中的"准"字将被省略（如 qS 将被写为 S），而直接称为 S_H 波和 S_v 波，它们是横向各向同性对称系统的自然波模式。

Thomsen（1986）表明，当角度 θ 定义为射线方向和对称轴之间的夹角，那么传播速度与 θ 的关系可以表示为

$$v_P^2(\theta) = \alpha_0^2 \left[1 + \varepsilon_T \sin^2\theta + D^*(\theta) \right] \tag{3.37}$$

$$v_{SV}^2(\theta) = \beta_0^2 \left[1 + \frac{\alpha_0^2}{\beta_0^2} \varepsilon_T \sin^2\theta - \frac{\alpha_0^2}{\beta_0^2} D^*(\theta) \right] \tag{3.38}$$

和

$$v_{SH}^2(\theta) = \beta_0^2 \left[1 + 2\gamma_T \sin^2\theta \right] \tag{3.39}$$

这些表达式是精确的，并利用了两个著名的汤姆森（Thomsen）参数：

$$\varepsilon_T \equiv \frac{\tilde{C}_{11} - \tilde{C}_{33}}{2\tilde{C}_{33}} \tag{3.40}$$

和

$$\gamma_T \equiv \frac{\tilde{C}_{66} - \tilde{C}_{44}}{2\tilde{C}_{44}} \tag{3.41}$$

参数 D^* 的公式很冗长，可以在 Thomsen（1986）中找到。在弱各向异性的情况下（即 ε_T ≪1 和 γ_T≪1），这些随角度变化的速度可以近似为

$$v_P(\theta) \simeq \alpha_0(1+\delta_T\sin^2\theta\cos^2\theta+\varepsilon_T\sin^4\theta) \tag{3.42}$$

$$v_{SV}(\theta) \simeq \beta_0\left[1+\frac{\alpha_0^2}{\beta_0^2}(\varepsilon_T-\delta_T)\sin^2\theta\cos^2\theta\right] \tag{3.43}$$

和

$$v_{SH}(\theta) \simeq \beta_0(1+\gamma_T\sin^2\theta) \tag{3.44}$$

速度 $v_P(\theta)$ 和 $v_{SV}(\theta)$ 都使用了第三个参数

$$\delta_T \equiv \frac{(\tilde{C}_{13}+\tilde{C}_{44})^2-(\tilde{C}_{33}-\tilde{C}_{44})^2}{2\,\tilde{C}_{33}(\tilde{C}_{33}-\tilde{C}_{44})} \tag{3.45}$$

在这些近似形式中，Thomsen 参数的作用变得更加明显。例如，我们看到，对于一个水平传播的 SH 波（$\theta=\pi/2$），

$$v_{SH}(\pi/2) = \beta_0(1+\gamma_T) \tag{3.46}$$

同样地，对于水平传播的 P 波速度，

$$v_P\left(\frac{\pi}{2}\right) = \alpha_0(1+\varepsilon_T) \tag{3.47}$$

因此，参数 γ_T 和 ε_T 分别是垂直和水平传播的 SH 波和 P 波之间相对速度差的标量量度。相比之下，SV 波在水平和垂直传播方向上具有相同的速度。对于斜向传播角度，P 波和 SV 波的速度部分由 δ_T 参数控制，而 SH 波的传播则比较简单，因为它只取决于 γ_T。Tsvankin（1997）也为正交晶系介质建立了类似的表示符号。

3.4　非弹性衰减

在完全弹性介质中，平面波在介质中传播时没有能量损失。然而，在现实的地球介质中，由于晶间摩擦产生热量或弹性骨架与黏性孔隙流体之间的黏性耦合等过程，波会出现能量损失。发生这些过程的介质叫作非弹性介质。非弹性介质中，应力和应变之间的本构关系与广义胡克定律不同。在这里，我们采用一种经典的启发性的方式来介绍非弹性振幅的衰减，而不直接考虑潜在的小尺度物理过程。

非弹性衰减可以通过使用指数衰减因子纳入波幅的计算中。使用这种方法，平面谐波［公式（3.9）］中的波幅 A 被替换为

$$A = A_0e^{-\alpha x} = A_0e^{-\frac{\pi x}{\lambda Q}} = A_0e^{\frac{-\omega x}{2vQ}} \tag{3.48}$$

其中 α 表示衰减系数，x 是传播距离，$\lambda = 2\pi v/\omega$ 是波长，参数 Q 称为地震品质因子。这个公式源自于阻尼谐振子，

$$u(t) = A_0e^{\frac{-\omega_0 t}{2Q}}\cos(\omega t) \tag{3.49}$$

这是一个质量-弹簧系统［图 3.9（a）］的常微分方程的解，弹簧的弹性系数为 k，阻尼系数为 γ，

$$m\frac{d^2u}{dt^2}+\gamma m\frac{du}{dt}+ku = 0 \tag{3.50}$$

其中 $\omega_0 = (k/m)^{1/2}$ 是质量-弹簧系统的共振频率，$Q \equiv \omega_0/\gamma$。一旦开始运动，阻尼谐振子就会在一个指数递减的振幅包络内表现出正弦振荡行为。"品质因子"的概念之所以出现，是因为随着 Q 的增加，阻尼减少，振荡运动持续的时间更长。

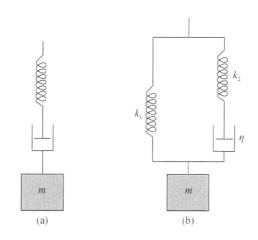

图 3.9　基于质量-弹簧系统的谐振子模型

（a）简谐振子。这里，弹簧的弹性系数为 k，阻尼系数为 γ。

（b）线性固体模型，其中弹性系数（k）和黏性阻尼（η）如图所示。

回到公式（3.35），很明显，对于在恒定 Q 值介质（即 Q 值与频率无关的介质）中传播的平面谐波，在一个波长上的振幅衰减为

$$\frac{A}{A_0} = e^{-\frac{\pi}{Q}} \tag{3.51}$$

换一种说法，在传播了 Q 个波长的距离后，平面谐波的振幅损失为 $e^{-\pi}$。根据公式（3.30），波的动能密度与 $\dot{u}$ 成比例，在给定的频率下 $|\dot{u}| = \omega|u|$；因此，Q 与一个周期的能量损失有如下关系：

$$Q^{-1} = \frac{\Delta E}{2\pi E} \tag{3.52}$$

因此，很明显的是，品质因子高的岩石比品质因子低的岩石在每个波长上所经历的非弹性能量耗散要少。

可以证明，在恒定 Q 值介质中传播的波脉冲的形状随距离的变化而变化，这是频散波传播的特征。例如，在 $x=0$ 和 $t=0$ 处为狄拉克函数形式的脉冲，在时间 t 和距离 x 的位移由（Stein and Wysession，2009）给出

$$u(x,t) = \pi^{-1}\left[\frac{x/2vQ}{(x/2vQ)^2+(x/v-t)^2}\right] \tag{3.53}$$

这个公式表示一个对称的脉冲，其峰值在到达时刻 $t = x/v$ 出现，其宽度随着时间的增加而变宽。脉冲的对称性是有问题的，因为它意味着波能量在几何到达时刻之前到达。这种情况被称为非因果性，并与相对尖的脉冲起始形成对比，而后者正是实践中经常观测到的尖地震脉冲不一致。事实上，这种非因果性是简单的恒定 Q 模型导致的非物理属性。图 3.9（b）中描述的线性固体代表了一个更符合物理实际的波衰减模型。在这种情况下，阻尼谐

振子的 Q 参数随频率变化，可以表示为

$$Q(\omega) = \frac{k_1}{k_2}\left[\frac{1+(\omega\tau)^2}{\omega\tau}\right] \tag{3.54}$$

其中 $\tau = \eta/k_2$ 是该系统的松弛时间。这个与频率有关的 Q 的表达式产生了以下的频散关系（Stein and Wysession，2009）

$$v(\omega) = v_0\left[1+\frac{k_2}{2}\frac{(\omega\tau)^2}{k_1}\frac{(\omega\tau)^2}{1+(\omega\tau)^2}\right] \tag{3.55}$$

其中 $v_0 = (k_1/\rho)^{1/2}$。这个频散模型使得相速度随着频率的增加而增加，这一定程度解决了恒定 Q 值介质的非因果性问题。这是一个相对简单的例子，可以通过在模型中加入更多的缓冲器和弹簧来建立更复杂的随频率变化的频散模型，以提高与观测结果的拟合度（图3.9）。

3.5　地　震　源

在前面关于格林函数的讨论基础上，我们回到瞬态内部体力的话题。这种力可以产生一个地震源，在这里，地震源被简单地理解为由介质内部局部空间的力或错位，或沿着介质的某个边界的力或错位而导致的任何类型的地震波的信号源。震源可以是人工的，如可控源地震学中使用的埋藏的炸药，或自然发生的，如天然地震。下面将简要介绍用于描述此类震源的几个数学模型。

3.5.1　矩张量

矩张量是地震源的理想化表示，由作用于介质中某一点的一组等效力偶给出（图3.10）。它可以表示为一个对称的二阶张量。

$$\boldsymbol{M} = \begin{bmatrix} M_{11} & M_{12} & M_{13} \\ M_{21} & M_{22} & M_{23} \\ M_{31} & M_{32} & M_{33} \end{bmatrix} \tag{3.56}$$

其中 M 的第 ij 个元素是一个力偶，由一组方向相反的力组成，力指向 $\pm\hat{x}_i$ 方向，并在 $\hat{x}_j$ 方向上存在偏移距。应该注意的是，这种形式的地震矩张量是位移场的级数展开中的零阶项。如果分析中使用的地震信号的波长远大于震源尺寸，这种近似是有效的（Jost and Herrmann，1989）。

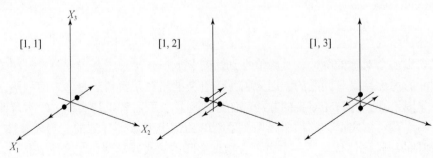

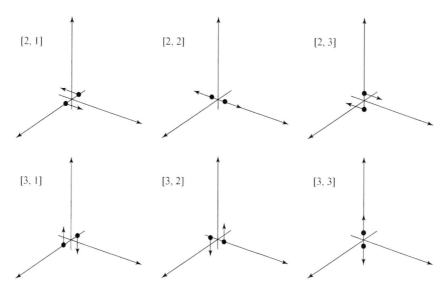

图 3.10　地震矩张量的分量（力偶）M_{ij}

张量下标显示在方括号内。对角线元素是正力偶，非对角线分量是剪切力偶。

矩张量的对角线分量被称为正力偶。在这种情况下，按照惯例，约定向外的、有利于体积增加的力偶为正。如果一个地震矩张量的迹（对角线元素的总和）为零，那么其将不会产生体积变化。非对角线的元素是剪切力偶；按照惯例，指向右侧的剪切力为正。地震矩张量具有对称性 $M_{ij} = M_{ji}$。这种对称性保证了由此产生的点源不产生净扭矩。这也意味着只需要六个独立的元素就可以完全描述一个一般的矩张量。

矩张量的概念是由 Gilbert（1971）提出的，建立在位错模型的地震等效体力理论之上（Burridge and Knopoff，1964）。此后，它成为描述地震源的标准模型。这包括快速生成大地震的矩心矩张量的解（Dziewon-ski et al.，1981；Ekström et al.，2012），其中矩心点可被视为基于某些指标的最佳震源位置（Julian et al.，1998）。结合使用格林函数 ［公式（3.29）］，矩张量的形式可用于计算位移波场

$$u_i(x,t) = M_{jk}[G_{ij.k} * s(t)] \tag{3.57}$$

其中 $s(t)$ 是源时间函数。对于均质各向同性弹性介质中的矩张量源，在距离源 r 处的远场辐射体波的 P 波可以写成（Madariaga，2007）

$$\frac{1}{4\pi r \rho \, v_{\mathrm{P}}^3}[\boldsymbol{\gamma}_i \boldsymbol{\gamma}_j \boldsymbol{\gamma}_k M_{jk}]\dot{s}\left(t - \frac{r}{v_{\mathrm{P}}}\right) \tag{3.58}$$

S 波可以写为

$$\frac{1}{4\pi r \rho \, v_{\mathrm{S}}^3}[(\delta_{ij} - \boldsymbol{\gamma}_i \boldsymbol{\gamma}_j)\boldsymbol{\gamma}_k M_{jk}]\dot{s}\left(t - \frac{r}{v_{\mathrm{S}}}\right) \tag{3.59}$$

与前面的表达式一样，$\boldsymbol{\gamma}_i$ 是第 i 个方向余弦，$s(t)$ 是震源–时间函数。应该注意的是，方程（3.57）中格林函数的空间导数已被震源–时间函数的时间导数所取代。此外，方程（3.58）和（3.59）中方括号 ［ ］ 内的项分别被称为 P 波和 S 波的各向同性辐射花样（图 3.11）。

与应力张量一样，地震矩张量也可以分解为沿着相互垂直的特征向量的特征值。人们提出了各种想要将矩张量分解为基本组成成分的方法（Jost and Herrmann，1989）。这些分解方法通常利用矩张量的特征值，它们按大小排序为

$$M_1 \geqslant M_2 \geqslant M_3 \tag{3.60}$$

相应的特征向量 e_1、e_2 和 e_3，分别定义了 t（张拉）、b（中性）和 p（压缩）的主应变轴（Vavrycuk，2015）。

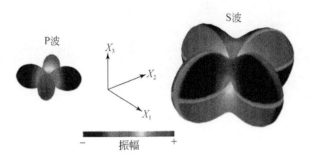

图 3.11　$M_{12} = M_{21} = 1$ 的双力偶源的 P 波和 S 波辐射模式的透视图

颜色表示振幅，P 波向外为正，S 波的 x_3 方向分量向上为正。P 波有两个互为正交的节面，

而 S 波有互为垂直的节点轴。

通过将矩张量分解为对应于特定破裂机制的基本矩张量，我们可以深入了解地震源的性质。一般来说，需要三个基函数来完全表示分解后的矩张量。尽管没有唯一的基函数集（Jost and Herrmann，1989），我们普遍使用由各向同性（isotropic，ISO）、双力偶（double couple，DC）和补偿线性矢量偶极（compensated liner-vector dipole，CLVD）的分量给出的基本矩张量（E）来进行矩张量的分解。这些基本矩张量由以下公式给出

$$\boldsymbol{E}_{\mathrm{ISO}} = \begin{bmatrix} 1 & 0 & 0 \\ 0 & 1 & 0 \\ 0 & 0 & 1 \end{bmatrix} \tag{3.61}$$

$$\boldsymbol{E}_{\mathrm{DC}} = \begin{bmatrix} 1 & 0 & 0 \\ 0 & 0 & 0 \\ 0 & 0 & -1 \end{bmatrix} \tag{3.62}$$

$$\boldsymbol{E}_{\mathrm{CLVD}}^{+} = \frac{1}{2} \begin{bmatrix} 2 & 0 & 0 \\ 0 & -1 & 0 \\ 0 & 0 & -1 \end{bmatrix} \tag{3.63}$$

$$\boldsymbol{E}_{\mathrm{CLVD}}^{-} = \frac{1}{2} \begin{bmatrix} 1 & 0 & 0 \\ 0 & 1 & 0 \\ 0 & 0 & -2 \end{bmatrix} \tag{3.64}$$

当 $M_1 + M_3 - 2M_2 \geqslant 0$ 时，我们使用基本形式 $\boldsymbol{E}_{\mathrm{CLVD}}^{+}$，否则使用 $\boldsymbol{E}_{\mathrm{CLVD}}^{-}$（Vavrycuk，2015）。

每一个基本矩张量都有独特的物理意义。ISO 基本矩张量包含破裂过程的体积分量（由于其他基本矩张量的迹为零，显然它们不产生体积分量）。例如，地下爆炸可以用一个正的 ISO 矩张量来表示，而向心聚爆则由一个负极性的 ISO 矩张量给出。ISO 矩张量的辐

射模式是由向各个方向辐射的振幅相等的 P 波组成，没有 S 波的辐射。正如下面所讨论的，DC 基本矩张量由两个正交力偶表示。可以很容易地证明，方程（3.62）中的双力偶基本矩张量的对角线形式，包含两个极性相反（opposite polarity）的正力偶，（旋转后）等同于一个具有两个正交剪切力偶的矩张量。绝大多数地震的震源机制是由双力偶分量主导的。CLVD 力系统最初是作为相变引起的深源地震的机制而提出的（Knopoff and Randall，1970），可以认为是两个不同极性的双力偶破裂的叠加。

一般的矩张量的标量地震矩（M_0）可以用几种方式表示（Vavrycuk，2015）。一种最佳的表示方法（Silver and Jordan，1982）是使用特征值的欧几里得范数（欧式范数）。

$$M_0 = \sqrt{\frac{1}{2}(M_1^2 + M_2^2 + M_3^2)} \tag{3.65}$$

对于一个纯双力偶源，这种表示方法产生的结果与地震矩的标准定义相同。

$$M_0 = \mu A \bar{d} \tag{3.66}$$

其中 μ 是断层的代表性剪切模量，A 是滑移面积，$\bar{d}$ 表示 A 区域的平均同震滑移（净位移）。

3.5.2　双力偶源

正如 Burridge 和 Knopoff（1964）所示，断层上的模式 II 或模式 III 滑移可以用双力偶机制来表示。对于一个纯双力偶机制，矩张量可以写成

$$M_{ij} = \mu A(\hat{d}_i \hat{n}_j + \hat{d}_j \hat{n}_i) \tag{3.67}$$

其中 $\hat{n}$ 是断层平面的单位法线，$\hat{d}$ 是单位滑移向量。例如，对于一个 $\hat{n} = (1, 0, 0)$ 和滑移矢量 $\hat{d} = (0, 1, 0)$ 的垂直断层，矩张量可以写为

$$M = \mu A \begin{bmatrix} 0 & 1 & 0 \\ 1 & 0 & 0 \\ 0 & 0 & 0 \end{bmatrix} \tag{3.68}$$

这使得双力偶震源机制的含义更加清晰。

这种机制的 P 波和 S 波辐射图如图 3.11 所示。这种振幅辐射的表示是使用公式（3.58）和（3.59）中 [ ] 内的项计算出来的。尽管有很强的方向依赖性，但辐射的 S 波的总振幅比 P 波大约 $\left(\dfrac{v_P}{v_S}\right)^3$ 倍。两种波的辐射模式都有明显的四叶形状。对于 P 波，成对的旁瓣被地震节点面（nodal planes）分割开来。节点面是一个平面，在这个平面上的 P 波振幅为零，并且在其两侧有一个极性反转。节面的法线由 $\hat{n}$ 和 $\hat{d}$ 给出。反之，S 波的振幅在节面内达到最大值，而在 $\hat{n}$ 和 $\hat{d}$ 方向有两个节点轴（nodal axes）。

一个双力偶源通常使用三个角度值作为参数表示：走向（$\tilde{\phi}$）、倾角（$\tilde{\delta}$）和滑移角（$\tilde{\lambda}$）。走向是断层平面与地表相交的顺时针角度，从地理上的北向开始测量。采用右手规则，这意味着 $\tilde{\phi}$ 是在沿断层朝右倾斜时测量的。倾角（$\tilde{\delta}$）是地面与断层平面之间的角

度，在垂直于走向的方向测量。滑移角是在断层平面上测量的，定义了滑移矢量与走向之间的角度。更具体地说，滑移矢量显示了上盘相对于断层下盘的运动①。对于倾斜的断层，上盘位于断层之上，如图3.12中的 **H** 所标记。对于垂直断层（大多数走滑断层的情况）来说，上盘是不确定的，滑移矢量测量的是从走向方向观测的右断层块相对于左断层块的运动。如果滑移矢量指向上方，则滑移角为正值，反之则为负值。

归一化的位移向量可以用这些断层参数来表示

$$\hat{d} = (\cos\tilde{\lambda}\cos\tilde{\phi} + \cos\tilde{\delta}\sin\tilde{\lambda}\sin\tilde{\phi})\hat{x}_1$$
$$+ (\cos\tilde{\lambda}\sin\tilde{\phi} - \cos\tilde{\delta}\sin\tilde{\lambda}\cos\tilde{\phi})\hat{x}_2$$
$$- \sin\tilde{\delta}\sin\tilde{\lambda}\hat{x}_3 \tag{3.69}$$

同样地，断层法线可以用走向、倾角和滑移角来表示

$$\hat{n} = -\sin\tilde{\delta}\sin\tilde{\phi}\hat{x}_1 + \sin\tilde{\delta}\cos\tilde{\phi}\hat{x}_2 - \cos\tilde{\delta}\hat{x}_3 \tag{3.70}$$

我们回顾一下，在第2.2节中，安德森（Anderson）根据其中一个主应力为竖直的假设提出了一个分类方案。根据莫尔-库仑破裂准则，最佳的断层平面的法线相对于最小主应力轴的角度为$\tan^{-1}\mu_S$，相对于最大主应力轴的角度为$\pi/2 - \tan^{-1}\mu_S$，其中μ_S是静摩擦系数。如图3.12所示，通过结合这些概念，我们发现对于每一种安德森应力体系，都有一种对应的断层类型。

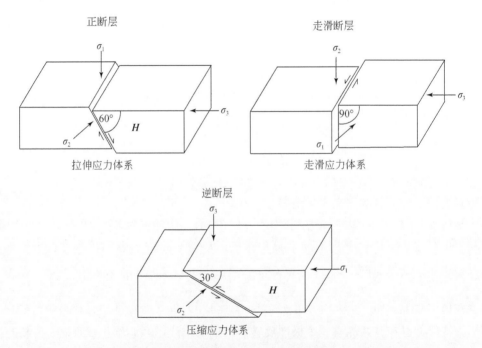

图3.12　根据安德森的分类方法，正、走滑、逆断层与应力机制的关系
对于倾斜的断层，*H* 表示上盘。

---

① 上盘和下盘这两个术语来自采矿，因为许多矿床沿着断层形成，而下盘形成矿廊的底部。

（1）拉伸应力体系←—→正断层
（2）走滑应力体系←—→走滑断层
（3）压缩应力体系←—→逆（冲）断层

表 3.1 总结了这些断层类型中的属性。请注意：①根据滑移角的不同，走滑断层又被分为左旋和右旋；②低角度的逆断层（$\tilde{\delta}<30°$）称为逆冲断层。在右旋走滑断层的情况下，观测者站在一个断层块体上，会观测到对面的块体向右的位移。左旋走滑断层则与之相反。

表 3.1　断层分类

断层种类	应力状态	垂向应力 S_V	倾角① （$\tilde{\delta}$）	滑移角（$\tilde{\lambda}$）
正断层	拉伸	σ_1	60°	−90°
走滑断层	走滑	σ_2	90°	0°②或者180°
逆断层	压缩③	σ_3	30°	90°

①假设 $\mu_S\approx0.6$ 优势断层方向的近似倾角。

②左旋走滑断层的滑移角约为0°，而右旋走滑断层的滑移角约为180°。

③低倾角逆断层（$\tilde{\delta}<30°$）被称为逆冲断层。

双力偶地震可能具有由两种特征断层类型的叠加组成的混合震源机制。根据滑移角，混合机制的分类将"斜向"与主要断层类型的名称相结合；例如，滑移角为20°的双力偶源被归类为左旋斜向逆断层，或更简单地归类为斜向滑动逆断层。其他重要的有关地震的描述性术语包括：

（1）震源中心（focus）：地下断层滑移开始的点。
（2）震源位置（hypocenter）：地震焦点的估计位置。
（3）震中：震源在地表的投影点。
（4）震源深度：震源相对地表面的深度。

双力偶事件的机制通常用一种叫作震源机制图或沙滩球图（或有时用断层面解）来表示。震源机制图是基于震源球的概念，即以震源为中心的单位半径的假想球。采用下半球投影法，即把震源球的下半部分投影到通过震源的水平面上。对于双力偶源来说，上述的 P 波节面将震源球划分为四个区域。一般来说，一旦形成下半球投影，节面与震源球的交汇处就会表现为一个弧形。由节面定义的一些区域被填充（通常为黑色），这样，P 波偏振方向指向远离震源中心的区域［用公式（3.58）确定］被填充。在实践中，可以通过将观测到的 P 波初动投射到震源球上来产生震源机制图；Fowler（2004）对这个过程做了很好的描述。

震源机制图（沙滩球图）的有效性在于它们一目了然地提供了许多有用的属性，包括断层机制类型的基本表示，以及两个断层平面的可能方向（图 3.13）。之前讲过，P 波振幅在相互垂直的节面上为零，其法线由 $\hat{n}$ 和 $\hat{d}$ 给出。法线为 $\hat{d}$ 的节面被称为辅助平面。一般来说，这两个平面仅仅从 P 波初动数据中是无法区分的——必须有一些其他的信息来源，例如关于断层可能走向的先验地质知识，以确定哪个节面是断层平面。一旦确定了节面，主应变轴（矩张量的特征向量）就可以按以下方式确定：

$$\hat{t} = \frac{1}{\sqrt{2}}(\hat{n}+\hat{d}) \quad 拉张轴（Axis\ of\ Tension）$$

$$\hat{b} = \hat{n}×\hat{d} \quad 中性轴（Intermediate\ Axis） \qquad (3.71)$$

$$\hat{p} = \frac{1}{\sqrt{2}}(\hat{n}-\hat{d}) \quad 压缩轴（Axis\ of\ Compression）$$

这些轴与下半球的交点可以在震源机制图中绘制成点。

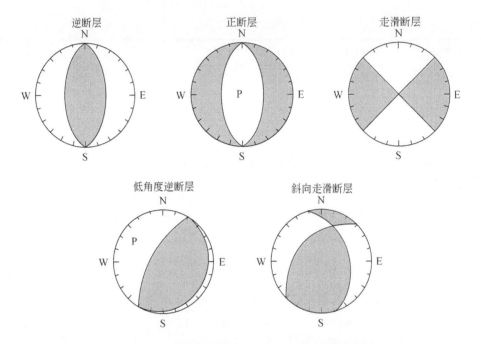

图3.13　各种类型的双力偶源的震源机制（沙滩球）图
改编自美国地质调查局的地震词汇表（https://earthquake.usgs.gov/learn/glossary）。

　　沙滩球图虽然很有用，但有其局限性。对于非双力偶源来说尤其如此，如体积（内爆/爆炸）源和拉伸（模式Ⅰ）破裂。显示震源机制的一个更普遍的方法是显示P波和S波的辐射方向图，如图3.11中双力偶源的例子。

　　上述讨论假设震源位于各向同性的介质中。Vavrycuk（2005）表明，地震发生在各向异性介质中的情况下，地震波辐射更为复杂。纯双力偶机制只发生在断层平面与具有正交或高阶对称性介质的对称平面重合的情况下。在其他情况下，震源机制通常包括非双力偶成分，这将在下一节中讨论。断层面解和滑移矢量的确定需要了解震源附近的弹性刚度张量的全部分量。如果忽略了震源所在介质的各向异性的影响，就会导致在确定断层方向的时候有着5°~10°的误差（Vavrycuk，2005）。

3.5.3　非双力偶源

尽管大多数地震辐射出的波可以很好地用双力偶源表示，但非双力偶源在火山和地热区域中更为常见（Shimizu et al.，1987；Miller et al.，1998；Foulger et al.，2004）。水力压裂诱发的微地震事件也有非双力偶机制的存在（Baig and Urbancic，2010；Fischer and Guest，2011；Eaton et al.，2014d）。例如，由垂直于 x_3 轴的拉伸裂隙产生的模式 I 裂缝可以用以下基本矩张量表示

$$\boldsymbol{E}_T = \begin{bmatrix} \dfrac{1}{\lambda} & 0 & 0 \\ 0 & \dfrac{1}{\lambda} & 0 \\ 0 & 0 & \dfrac{1}{\lambda+2\mu} \end{bmatrix} \tag{3.72}$$

其中 λ 和 μ 代表各向同性弹性介质的拉梅系数。图 3.14 显示了这种类型的震源机制的辐射花样图。

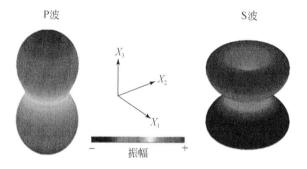

P波　　　　　　　　　　　　S波

X_3

X_2

X_1

—　　振幅　　+

图 3.14　拉伸裂隙源的 P 波和 S 波辐射花样的透视图（$M_{11} = M_{22} = \lambda$，$M_{33} = \lambda+2\mu$）

颜色表示振幅，P 波向外为正，而 S 波的 x_3 分量向上为正。P 波没有节面，而 S 波有一个节面和一个垂直的节点轴。

Vavrycuk（2011）提出了一个关于拉张地震的矩张量的理论，在此描述为剪切–拉张源模型，以避免与拉伸裂隙相混淆。就破裂准则而言，当莫尔圆与格里菲斯（Griffith）标准相切时，就会发生剪切–拉张破裂过程（Fischer and Guest，2011）。剪切–拉张模型与双力偶模型相似，但它有一个额外的自由度，因为位移矢量不再受限于断层平面内。因此，在除了双力偶源的几何参数 φ、δ 和 λ 之外，还引入了一个参数 $\tilde{\alpha}$ 来测量位移矢量与断层面之间的夹角。使用这些参数，断层法线仍由公式（3.57）给出。而位移矢量与双力偶机制不同，可以写成

$$\hat{d} = \bar{d}\left[\,(\cos\tilde{\lambda}\cos\tilde{\varphi}+\cos\tilde{\delta}\sin\tilde{\lambda}\sin\tilde{\varphi})-\sin\tilde{\delta}\sin\tilde{\varphi}\sin\tilde{\alpha}\,\right]\hat{x}_1$$
$$+\bar{d}\left[\,(\cos\tilde{\lambda}\sin\tilde{\varphi}-\cos\tilde{\delta}\sin\tilde{\lambda}\cos\tilde{\varphi})+\sin\tilde{\delta}\cos\tilde{\varphi}\sin\tilde{\alpha}\,\right]\hat{x}_2$$
$$-\bar{d}\left[\,\sin\tilde{\delta}\sin\tilde{\lambda}-\cos\tilde{\delta}\sin\tilde{\alpha}\,\right]\hat{x}_3 \tag{3.73}$$

如果位移有拉张分量，那么公式中 $\tilde{\alpha}$ 是正的；如果位移有拉伸闭合分量，则公式中 $\tilde{\alpha}$

为负。当 $\tilde{\alpha}=0$ 时，剪切-拉张源相当于一个双力偶源；当 $\tilde{\alpha}=90°$ 时，它相当于一个纯粹的拉伸裂隙。剪切-张拉源的矩张量由以下公式给出

$$M_{ij} = \lambda D_{kk}\delta_{ij} + 2\mu D_{ij} \qquad (3.74)$$

其中 λ（不要与断层滑移角相混淆）和 μ 是拉梅系数。对称张量 D 被称为地震势，由以下公式给出

$$D_{ij} = \frac{dA}{2}(\hat{n}_i\hat{d}_j + \hat{d}_i\hat{n}_j) \qquad (3.75)$$

震源机制图也可用于表征非双力偶事件。与双力偶源一样，也是由 P 波初动的下半球投影表示。一般来说，对于非双力偶事件，P 波的节点面不是平面的，导致其模式看起来不一定像一个沙滩球。图 3.15 是一个非双力偶事件震源机制图的例子。如前所述，辐射模式图（如图 3.14）提供了一个更完整的震源机制的表示，因为它还带有 S 波的辐射振幅和偏振方向。

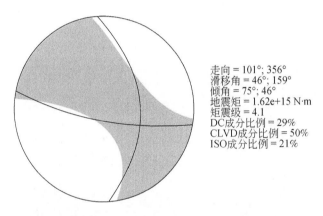

走向 = 101°; 356°
滑移角 = 46°; 159°
倾角 = 75°; 46°
地震矩 = 1.62e+15 N·m
矩震级 = 4.1
DC成分比例 = 29%
CLVD成分比例 = 50%
ISO成分比例 = 21%

图 3.15　非双力偶源的震源机制图

显示了双力偶（DC）、补偿线性矢量偶极（CLVD）和各向同性（ISO）分量的百分比，以及最佳拟合的双力偶节面的走向、倾角和滑移角（Zhang et al.，2016）。阴影区域显示的局部是 P 波初动为正（远离源方向）的震源半球。经Wiley 许可。

Hudson 等（1989）介绍了一种在视觉上直观地表示一般矩张量震源类型的图。震源类型图（或 Hudson 图）是用矩张量的特征值（M_i）投射到参数 u 和 v 上构建的，定义如下：

$$u = -\frac{2}{3}(\bar{M}_1 + \bar{M}_3 - 2\bar{M}_2),$$

$$v = \frac{1}{3}(\bar{M}_1 + \bar{M}_2 + \bar{M}_3) \qquad (3.76)$$

$$\text{当}\ \bar{M}_i = \frac{M_i}{\max(|M_1|,|M_2|,|M_3|)}, \quad i=1,2,3 \qquad (3.77)$$

Hudson（1989）的参数化形成了一个倾斜菱形的震源类型图（图 3.16）；选择这种参数化是为了使地震矩比值的先验概率密度在整个图中是均匀的，这有利于使用不同矩张量的分布产生的等值线图（Baig and Urbancic，2010；Eaton and Forouhideh，2011）。矩张量

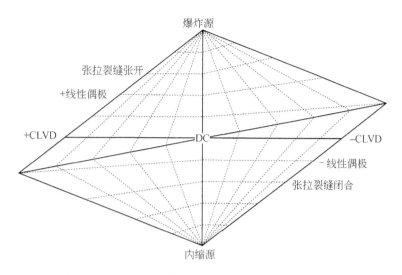

图 3.16　由 Hudson 等（1989 年）提出的震源类型图
DC 表示双力偶，CLVD 表示补偿线性矢量偶极。经 Wiley 许可。

的这种图形表示强调了震源机制的类型；然而，由于独立参数的数量从对称矩张量的六个分量减少到两个参数（u 和 v），必然丢失了一些信息。例如，从 Hudson 图中既不能推断出震级的大小，也不能推断出震源机制的方向信息。图 3.16 显示了具有正负极性的各种基本矩张量的坐标。

3.6　震　级　标　度

地震的震级是非常重要的，它是基于对辐射地震波的观测而对震源大小的一阶估计。虽然统一使用一个震级标度是较理想的，但实际中有许多不同的震级标度被普遍使用。震级标度反映了在不同观测距离、不同地理位置和不同仪器条件下对波场不同组成部分的测量结果（Kanamori，1983）。统一震级标度的困难本质上源于难以用同一标量值充分表示这样一个复杂的时空过程。

查里斯·弗朗西斯·里克特（C. F. Richter）开发了第一个基于仪器的震级标度（Richter，1935），其依据是观测到加利福尼亚的地震随着距离的增加都会出现类似的震幅下降现象。里克特推测，可以根据地震振幅与距离的对数（相对于一个参考事件），制定一个与距离无关的震级量度。他提出的震级标度，现在被称为近震震级（M_L），是基于一个标准的伍德-安德森（Wood-Anderson，WA）地震仪上记录的距离事件 100km 的地面运动峰值振幅。该公式可近似为（Shearer，2009）

$$M_L = \log_{10} A + 2.56 \log_{10} \Delta - 1.67 \tag{3.78}$$

其中，峰值振幅 A 以 μm 为单位，Δ 表示震中距（即观测点与震中的距离），以 km 为单位。这个公式适用于震中距 Δ 在 10～600km 范围内的地震。随后，面波震级被引入，并将其校准到 M_L 上（Gutenberg，1945b）。这个标度适合于用各种类型的仪器测定的在远震距离（$\Delta \geq 1000$km）发生的浅层地震的震级，其公式为

$$M_S = \log_{10}\left(\frac{A}{T}\right) + 1.66\log_{10}\Delta + 3.3 \qquad (3.79)$$

其中，A 是面波的峰值振幅，单位是 μm；T 是测量的波的周期，单位是秒（s）；Δ 是震中距，单位是度（即地球中心到震源和观测点的半径所夹的角度）。此后不久，人们又提出了一个远震体波的震级标度（Gutenberg，1945a），它由以下公式给出

$$m_b = \log_{10}\left(\frac{A}{T}\right) + Q(h,\Delta) \qquad (3.80)$$

其中，h 表示震源深度（单位为公里），Q 是一个经验函数（Shearer，2009）。震级符号的命名惯例是，如果使用体波，震级符号为小写，而如果使用面波，或者测量与震相无关，则为大写 M。

近震震级标度便于快速确定震级，仍然被区域地震台网广泛使用（Yenier，2017）。里克特的近震震级标度是使用当时标准的伍德-安德森地震仪为南加州校准的，需要进行区域校准以考虑其他地区的衰减属性。这种校准的近震震级标度的例子包括加利福尼亚南部（Hutton and Boore，1987）、中部（Bakun and Joyner，1984）和北部（Eaton，1992）、瑞士（Bethmann et al.，2011）、意大利（Di Bona，2016）和加拿大西部（Yenier，2017）等地区。

地震矩是地震规模最明确的标量表示形式。方程（3.65）给出了地震矩的标准形式，但这只限于双力偶源机制，方程（3.76）给出了基于矩张量特征值的更一般的定义。地震矩的国际单位是 N·m，但较早的研究使用了 dyn-cm 单位（1000dyn·cm = 1N·m）。矩震级标度（Kanamori，1977；Hanks and Kanamori，1979）是在地震矩的基础上定义的，用国际单位表示为

$$M_W = \frac{2}{3}\log_{10}M_0 - 6 \qquad (3.81)$$

这个标度在 $M\approx6$ 以下近似等于 M_L。在超过这一限度时，其他的震级标度会在不同震级上限趋于饱和，而 M_W 则不会。

Bohnhoff 等（2010）提出了一个基于 M_W（或地震矩）的地震分级命名方案。表 3.2 中展示了他们分级方案（稍加修改）。该表还提供了其他特征的总结，包括破裂长度、位移和主频率。建议的命名规则采用了国际单位制中的"微（micro）""纳（nano）""皮（pico）""飞（femto）""阿（atto）""仄（zepto）"等前缀，适用于震级相对较低的地震事件，而对于较大的事件则采用地震学的标准术语。由于矩震级与（2/3）$\log_{10}M_0$ 成正比，因此震级分类前缀词对应增加 10^2（两个震级增量），而不同于传统国际单位制中对应增加 10^3（三个数量级）。

表 3.2　事件分级

震级（M_W）	分类	破裂长度	位移	频率	地震矩
8 ~ 10	巨大地震	100 ~ 1000km	4 ~ 40m	0.001 ~ 0.1Hz	1kAk ~ 1MAk[①]
6 ~ 8	大地震	10 ~ 100km	0.4 ~ 4.0m	0.01 ~ 1.0Hz	1Ak ~ 1kAk
4 ~ 6	中等规模地震	1 ~ 10km	4 ~ 40cm	0.1 ~ 10Hz	1mAk ~ 1Ak

续表

震级（M_W）	分类	破裂长度	位移	频率	地震矩
2~4	小地震	0.1~1km	4~40mm	1~100Hz	1μAk~1mAk
0~2	微地震	10~100m	0.4~4.0mm	10~1000Hz	1nAk~1μAk
-2~0	微动	1~10m	40~400μm	0.1~10kHz	1pAk~1nAk
-4到-2	纳震	0.1~1m	4~40μm	1~100kHz	1fAk~1pAk
-6到-4	皮震	1~10cm	0.4~4.0μm	10~1000kHz	1aAk~1fAk
-8到-6	飞震	1~10mm	0.04~0.4μm	1~100MHz	1zAk~1aAk

①Aki（Ak），以 Keiiti Aki 命名，是国际地震学和地球内部物理学协会推荐的地震矩标准单位。$1Ak = 10^{18} N \cdot m$。表格修改自 Bohnhoff 等（2010）。

前缀"微"在文献中被用来指代各种不同的现象和规模。"微地震"一词在传统上指的是 $M<3$ 的地震，为了与 Bohnhoff 等（2010）提出的均匀间隔的震级分级兼容，这个前缀对应的震级应该限制在 0 到 2 的范围内。然而，在关于被动地震方法的工程和应用地球物理学文献中，"微震"一词已被使用了数十年，用于描述震级低于 0 级的地震事件（Albright and Pearson，1982；Maxwell et al.，2010）。为了解决不同用户群体中既定术语的不一致，在本书中，"地震（seism）"这个词只适用于 $M<0$ 的事件，以区别于 $M \geqslant 0$ 的地震（earthquake）。根据这个规则，有着"微"、"纳"、"皮"和"飞"等前缀的地震相关的震级范围比 Bohnhoff 等（2010）提出的方案相应各减少两个震级单位。

表 3.2 所示的分级方法贯穿本书，它采用了 Eaton 等（2016b）的方案，并根据 Bohnhoff 等（2010）的方案进行了修改。命名方法细分如下：

（1）术语"地震（earthquake）"适用于 $M_W>2$ 的事件，有时被认为是有震感的天然地震事件的最低震级。

（2）术语"地震事件（seismic events）"适用于 $M_W<2$ 的震级范围，对应于不太可能在地表有震感的事件。

利用公式（3.65）独立确定地震矩，需要估算破裂区和平均断层位移。余震是地震后发生的事件，其空间分布可以用来估计破裂区。但是，使用余震来确定破裂区时需要谨慎，因为有些余震是由于主震（地震序列中最大的事件）的静态应力变化在近端断层上引发的滑动（King et al.，1994）。通过拟合辐射地震波形（Trifunac，1974；Beresnev，2003；Dettmer et al.，2014）以及通过大地测量数据的反演（Zhang et al.，2011a），破裂带和相关的不确定性也可以通过有限断层反演来确定。

3.7 震源比例关系和谱模型

为了将地震矩或矩震级 M_W，与其他地震参数联系起来，人们提出了各种经验性的比例关系。Kanamori 和 Anderson（1975）对其中一些关系的理论基础进行了综述。为了理解地震标度关系，需要对震源谱有一定了解。从公式（3.45）和（3.46）可知，远场位移场与地震矩和震源时间函数的时间导数的乘积 $M_0 \dot{s}(t)$ 成正比。Haskell（1964）提出了一个震源时间函数，其时间导数由时间的梯形函数表示。如图 3.17 所示，这个形状是由

两个宽度为 τ_r 和 τ_d 的箱形函数卷积得到的，这两个函数分别表示上升时间和破裂时间常数。卷积是一个线性滤波过程，详见附录 B。破裂时间常数包含了对指向性（多普勒效应）的修正，由以下公式给出

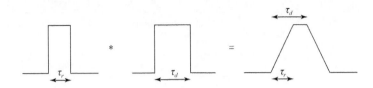

图 3.17　Haskell 断层模型

由持续时间分别为 τ_r 和 τ_d 的两个箱形函数的卷积（用 * 表示）形成。

摘自 P. M. Shearer，Introduction to Seismology，2009。

$$\tau_d = L_r/v_r - (L_r/v_r)\cos\theta_r \tag{3.82}$$

其中 L_r 是破裂的长度，v_r 是破裂速度，θ_r 是台站相对于破裂方向的方位角。对于一个给定的方位角，震源谱可写为

$$|A(\omega)| = \tau_r\tau_d\mathrm{sinc}\left(\omega\frac{\tau_r}{2}\right)\mathrm{sinc}\left(\omega\frac{\tau_d}{2}\right) \tag{3.83}$$

其中 sinc 函数定义为

$$\mathrm{sinc}(x) = \frac{\sin x}{x} \tag{3.84}$$

通过使用 sinc 函数的渐进特性，Haskell 震源谱可以被近似为（Shearer，2009）：

$$\log_{10}|A(\omega)| - G = \begin{cases} \log_{10}M_0, & \omega < \dfrac{2}{\tau_d} \\[2mm] \log_{10}M_0 - \log_{10}\dfrac{\tau_d}{2} - \log_{10}\omega, & \dfrac{2}{\tau_d} \leq \tau \leq \dfrac{2}{\tau_r} \\[2mm] \log_{10}M_0 - \log_{10}\dfrac{\tau_d\tau_r}{4} - 2\log_{10}\omega, & \dfrac{2}{\tau_r} \leq \omega \end{cases} \tag{3.85}$$

其中假定 $\tau_d > \tau_r$，G 表示来自几何扩散和非弹性衰减的振幅衰减。在 $A(\omega)$ 与 ω 的对数图上，这定义了一个三线谱，其中第一段的斜率为零，第二段的斜率为-1，第三段的斜率为-2。拐角频率是斜率发生变化的点，在 $\omega_1 = 2/\tau_d$ 和 $\omega_2 = 2/\tau_r$ 处。在实践中，往往无法识别这两个拐角频率，因此通常根据低频渐近线和高频渐近线的交点来确定一个拐角频率，如图 3.18 所示。

在品质因数为 Q 的衰减介质中的震源谱的更一般的模型是由 Abercrombie（1995）给出的

$$A(\omega) = \frac{A_0 e^{-(\omega t/2Q)}}{\left[1 + (\omega/\omega_c)^{n\gamma}\right]^{\frac{1}{\gamma}}} \tag{3.86}$$

该模型由 Brune（1970）提出（也见 Brune，1971），并由 Madariaga（1976）修改之后，得到了广泛的应用，可表征小的圆形裂缝上的剪切滑动。相应的震源谱中参数为 $Q \to \infty$（即忽略衰减），$n = 2$ 和 $\gamma = 1$。这些参数可以与公式（3.73）一起用于描述模式 I 裂缝拉

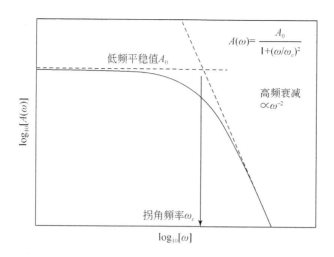

图 3.18　Brune 模型参数与理想化的远场位移谱的关系（对于在圆形裂缝的滑移）
模型频谱由粗曲线显示，不包括非弹性衰减的影响。

伸开裂的震源谱形状（Walter 和 Brune，1993）。Boatwright（1980）提出了另一个有着更尖锐的拐角的震源谱。Abercrombie（1995）发现 Boatwright 的模型与观测的震源谱更匹配。除了 $\gamma=2$，这个模型的参数与 Brune 模型相同。

地震的总辐射能量可以用以下方法估算

$$\log_{10}E=4.8+1.5\,M_W \tag{3.87}$$

其中 E 的单位是焦耳。这个公式意味着每一个单位的矩震级增量对应着增加 30 倍的能量释放。对于 Brune 和 Boatwright 的震源模型，高频衰减的尺度为 ω^{-2}。根据公式（3.74），这大于保证有限辐射能量所需的最小衰减 $\omega^{-3/2}$（Walter 和 Brune，1993）。

对于 Brune 震源模型，地震矩与远场 S 波位移谱的低频平稳值（A_0）的关系是：

$$M_0=\frac{4\pi\rho\,v_S^3A_0r}{R_S},\text{(S 波)} \tag{3.88}$$

其中 $R_S\approx0.63$ 是平均 S 波辐射模式（Boore and Boatwright，1984）。同样地，远场 P 波频谱的低频平稳值由以下公式给出

$$M_0=\frac{4\pi\rho\,v_P^3A_0r}{R_P},\text{(P 波)} \tag{3.89}$$

其中 $R_P\approx0.52$ 是平均 P 波辐射模式（Boore and Boatwright，1984）。在一个记录完整的纯双力偶事件的理想情况下，这两个方程可得到相同的地震力矩值，然而在实践中很少能实现。

假设应力降可以由同震剪切应变乘以 2μ 来近似，那么，对于半径为 a 的圆形断层上的滑移，Brune 模型的应力降由以下公式给出

$$\Delta\tau=\frac{7\,M_0}{16\,a^3} \tag{3.90}$$

在许多假设之下（Beresnev，2001），根据 Brune 模型，震源半径可以用拐角频率估计如下：

$$a = 2.34\, v_S / \omega_c \qquad\qquad\qquad (3.91)$$

图 3.19 基于 Leonard（2010，2014）整理的数据，显示了地震的一些突出的尺度特征。这个对数散点图显示了破裂面积与矩震级的关系，这些地震的破裂面积不是用震源谱的数据估算的，而是利用其他数据，比如余震分布来估算的。虽然有一些离散点，但在对数空间中，分布大致是呈线性的。对于各种不同类型的地震，包括稳定的大陆地区（SCRs），其趋势与 $\Delta\tau$ 在 1～10MPa 的范围内是一致的。这种相对较窄的应力下降范围预示了大范围内地震的自我相似性。这张图还显示了基于 Brune 模型的平均位移 $\bar{d}$，它由（Kanamori and Anderson，1975）给出

$$\bar{d} = \frac{16 a \Delta\tau}{7\pi\mu} \qquad\qquad\qquad (3.92)$$

地震矩/(N-m)

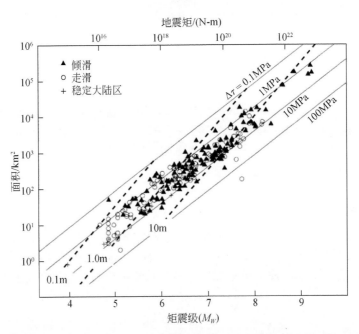

图 3.19　根据 Leonard（2010）和 Leonard（2014）整理的地震数据得到的破裂
面积与矩震级（M_W）或地震矩的关系

等应力降线，$\Delta\tau$（实线）和平均滑移（虚线）是基于 Kanamori 和 Anderson（1975）的圆形断层的比例关系。
大多数地震都在 1～10MPa 的应力降范围内，包括倾滑、走滑和位于稳定大陆区（SCRs）的地震。

3.8　震级分布

人们早就认识到，对于一个特定的地区，一组地震的频度-震级分布通常满足古登堡-里克特（Gutenberg-Richter）关系（Ishimoto and Iida，1939；Gutenberg and Richter，1944）。

$$\log_{10} N = a - bM \qquad\qquad\qquad (3.93)$$

其中 N（M）反映了一个累积分布，是震级 $\geqslant M$ 的地震的总数。参数 a 和 b 分别描述了地

震发生率和震级的相对大小分布。b 参数通常在 $0.8 \sim 1.2$ 的范围内，与断层系统稳定性有关。例如，b 值可以表现出空间和时间的变化，反映出应力、震源深度、地壳非均匀性和孔隙压力的变化（El-Isa and Eaton，2014）。

可以用各种方法来估计一组地震的 b 值。其中最稳健的是 Aki（1965）提出的最大似然法，其中估计的 b 值由以下公式给出

$$\hat{b} = \frac{\log_{10} e}{\bar{M} - M_c} \tag{3.94}$$

其中 $\bar{M}$ 表示 $M \geqslant M_c$ 的平均震级，M_c 是完备性震级——也就是假定对于所研究的区域来说，超过这个震级的所有事件都会被记录，没有遗漏的事件。M_c 可以用非累积震级分布的峰值来估计（Wiemer and Wyss，2000）。对于 N 个事件，$\hat{b}$ 的置信区间是

$$\hat{b}(1 - d_\varepsilon / \sqrt{N}) \leqslant \hat{b} \leqslant \hat{b}(1 + d_\varepsilon / \sqrt{N}) \tag{3.95}$$

其中 $d_\varepsilon = 1.96$ 置信度为 95%（Aki，1965）。

概率密度函数 $f(M)$ 可以作为与地震矩有关的幂律关系（Kagan，2002）。

$$f(M_0) = \beta \, M_c^\beta M^{-1-\beta}, M \geqslant M_c \tag{3.96}$$

其中 $\beta = 2b/3$。基于上述关于比例关系的讨论，可以假设任何断层系统都有一个由有限断层尺寸决定的最大震级。事实上，地震灾害模型通常采用锥形分布，如（Kagan，2010）

$$f_t(M) = \left[\beta + \frac{M}{M_t} \right] M_c^\beta M^{-1-\beta} \exp\left(\frac{M_c - M}{M_t} \right), M_c \leqslant M \leqslant \infty \tag{3.97}$$

其中锥度参数 M_t 用于调整地震矩的上限值。

图 3.20 举例说明了可用于确定微地震监测的震级分布参数的分析。图 3.20（a）显示了基于加拿大阿尔伯塔省中部的微地震实验的地震目录的震级与距离的散点图（Eaton et al.，2014a）。由于地震信号衰减的影响，检测极限和震级完备性极限随距离变化。在第

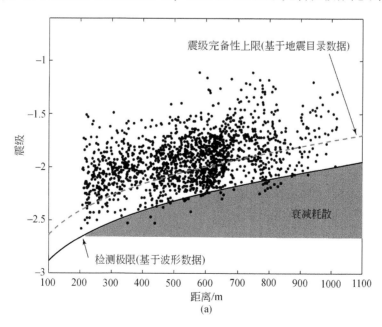

(a)

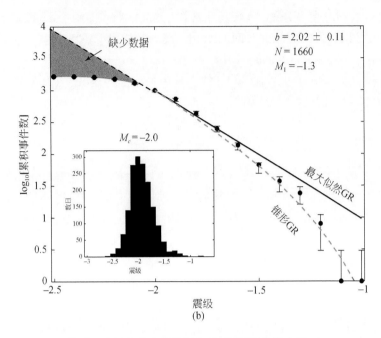

图 3.20　（a）阿尔伯塔省中部的微地震数据集的震级–距离散点图（Eaton et al.，2014a）；
（b）使用最大似然（MLGR）和锥形 Gutenberg-Richter 公式来拟合的数据。
其中完备性震级（M_c）参数是由震级分布的峰值所测量得到的（插图）。引自 Eaton 和
Maghsoudi（2015）。经 EAGE 许可。

5 章将会解释，在设计监测项目时，必须考虑到探测极限随距离的变化。图 3.20（b）显示了该地震目录的频度–震级分布，以及使用 Aki（1965）的最大似然法（maximum likelihood general regression，MLGR）获得的最佳拟合曲线和最佳拟合锥形分布。锥形分布对于这些数据似乎是合理的，因为在接近地震目录的高频极限时，频度–震级分布有明显的弯曲。该目录完备性震级是基于 Wiemer 和 Wyss（2000）的方法得出的震级柱状图（插图）确定的。这种分析让我们得到 $\hat{b} = 2.0$ 和一个与锥形分布相关的 $M_1 = -1.3$（这属于表 3.2 中规定的微震范围）。Eaton 和 Maghsoudi（2015）讨论了更多的细节，包括探测阈值以下的目录不完备所带来的潜在偏差。

3.9 余　震

余震是在一个序列中最大的事件（主震）之后发生的地震事件。余震的发生是一个地震后断层中局部应力松弛的表现。余震序列的时间衰减率，$r_a(t)$，通常与由经验得出的 Omori 定律（Utsu，1961）一致

$$r_a(t) = \frac{k}{(c+t)^p} \tag{3.98}$$

其中参数 c 和 k 因断层系统而异，指数 p 一般在 0.7 ~ 1.5 之间。在考虑余震序列的其他比例特征之后，Shcherbakov 等（2004）提出了 Omori 定律的一般化形式。反之，前震是发

生在主震之前的事件。尽管罕见，但通过反 Omori 定律，前震序列可以记录导致主震的地震加速过程（Jones and Molnar，1979；Helmstetter et al.，2003）

$$r_f(t) = \frac{k}{(t_{MS}-t)^{p'}} \qquad (3.99)$$

其中 t_{MS} 是主震的时间。前震序列在主震之前的几周或几个月内发生，时间尺度比余震短（Helmstetter et al.，2003）。

流行型余震序列（epidemic type aftershock sequence，ETAS）模型是由 Omori 定律衍生出来的一个级联点过程，可用于模拟特定区域内地震序列的时间分布（Ogata et al.，1993）。根据 ETAS 模型，与发生在时间 t_i、震级为 M_i 的第 i 个事件相关的余震发生率可写为

$$r_i(t) = \frac{k}{(c+t-t_i)^p} e^{\alpha(M_i-M_0)} \qquad (3.100)$$

其中 M_0 是序列的最小震级。参数 k、α、c 和 p 是不依赖于 i 的全局参数。地震事件发生的历史由 $H_t = \{ (t_i, M_i); t_i < t \}$ 给出，用于构建条件强度函数，

$$\lambda(t \mid H_t) = v + \sum_{\{i:t_i<t\}} r_i(t) \qquad (3.101)$$

Ogata 等（1993）提出了一种最大似然法，根据一组地震观测数据来估计 ETAS 参数。一旦利用过去的地震确定了 ETAS 参数，ETAS 模型就可以用来研究特定地区断层系统的动态变化。

3.10　本 章 小 结

本章概述了用于描述地震震源和不同类型介质中的辐射波的重要地震学概念。波函数代表运动方程的解，可分为在介质内部传播的体波和在外部表面或附近传播的面波。标量和矢量波势可以用来简化波动方程求解的推导。一些波函数的特点是速度随波矢（或频率）的变化而变化，被称为频散。这导致了相速度和群速度之间的区别。

不同弹性特性和密度的岩石单元之间形成许多界面（或边界）。当波传播到这样的界面时，波的能量被分配到各种散射震相，通常包括反射、透射和模式转换（例如，P→S 模式转换）。对于入射到平面界面的平面波，这个边值问题的解由 Zoeppritz 方程组给出。散射波的传播方向遵从斯涅尔定律。

波在各向异性弹性介质中传播的速度取决于波的偏振和传播方向。方向依赖性习惯上用波面和慢度面来表示，分别描述群速度和相位慢度关系。一般来说，准 S 波（qS）表现出双折射（分裂），这是地震各向异性的一个特有的特征。

非弹性衰减是由能量损失引起的，例如在多孔弹性介质中由相互摩擦或黏性耦合产生的热量就会导致能量损失。地震品质因子（Q）与每个周期内频率相关的能量损失成正比。一个与频率无关的 Q 模型被广泛用于近似非弹性衰减。更普遍的频率依赖性可以用类似的质量–弹簧系统来模拟。

地震矩张量有六个独立的参数，可以表示理想化的震源（作用于介质中某一点的力偶）。当与格林函数结合使用时，地震矩张量可用于模拟一般震源的远场辐射花样。大多

数天然地震都可以很好地近似为双力偶震源，这就使几何震源描述的独立参数数量减少到三个参数（通常这些参数被定义为走向、倾角和滑移角）。非双力偶震源类型包括剪切–张拉地震（它有一个额外的参数 $\tilde{\alpha}$，表示滑移矢量与断层平面之间的角度）、代表着体积的增加或减少的各向同性的震源（如地下爆炸）、拉伸裂缝的张开和补偿线性矢量偶极（CLVD）源。一般的地震矩张量可以分解为三种不同类型震源的组合。

震源大小可以用标量地震矩来量化，$M_0 = \mu A \bar{d}$。我们用各种对数震级标度来描述地震，其中最普遍的震级标度是矩震级 M_w。地震矩和断裂面积的地震尺度关系表明，大多数事件的应力降在 1 至 10MPa 之间。震源谱模型，如 Brune、Boatwright 等提出的模型可用于预测震源谱的形状。一般来说，模拟的位移谱在低频时接近一个与地震矩成正比的渐近值，并在拐角频率以上表现出高频衰减。

天然地震系统的频度–震级关系可以用统计学上的方法来描述，即 Gutenberg-Richter 关系。该关系表明了地震矩和累积地震事件数目之间典型的幂律关系。在对数图上，累积频度–震级分布的斜率称为 b 值，对于活跃的断层系统来说，b 值通常接近于 1。余震的发生率，即地震后发生的事件，遵循一个由 Omori 定律的一般形式给出的经验性的衰减曲线。流行型余震序列（ETAS）模型是由 Omori 定律衍生出来的一个点源级联过程。

3.11　延伸阅读建议

（1）理论地震学的基本概念：Aki 和 Richards（2002）
（2）天然地震学：Stein 和 Wysession（2009）

3.12　习　　题

1. 算出一个旋转算子，将方程（3.62）中的双力偶矩张量的对角线形式转换为具有两个剪切力偶的张量形式。

2. 在 Anderson 的分类方案中，图 3.15 中的双力偶（DC）解代表哪种类型的地震事件？

3. 求解方程（3.25），确定在频率为 10Hz 和 20Hz 的基阶勒夫波速度。（使用一个简单的模型，其上有一个 12m 厚的层，$v_S = 250\text{m/s}$，$\rho = 1800\text{kg/m}^3$，下方是一个半空间，$v_S = 1250\text{m/s}$，$\rho = 2250\text{kg/m}^3$）

4. 假设在 $0 < f < \pi$ 的频段内，相速度由 $v = v_1 + A\cos(f/B)$ 给出。用公式（3.26）求出这个频段内群速度的表达式。

5. 考虑两个各向同性的弹性半空间之间的平面界面：上半空间中 $v_{P1} = 2100\text{m/s}$，$v_{S1} = 1000\text{m/s}$，$\rho_1 = 2200\text{kg/m}^3$，下半空间中 $v_{P2} = 4600\text{m/s}$，$v_{S2} = 2600\text{m/s}$，$\rho_2 = 2200\text{kg/m}^3$。确定入射平面波（P、$S_V$ 和 S_H）在上层介质中的所有临界角。讨论大于临界入射时反射如何影响使用井下微地震阵列的宽方位角记录。

6. 使用 $Q_P = 100500$，$Q_S = 50250$，对于拐角频率为 $f = 5.0\text{Hz}$ 的源，绘制所有 Q 值下 $t = 5\text{s}$ 时的 Brune 和 Boatwright 震源谱。

7. 考虑一个走向为 30°，倾角为 70°，滑移角为 10°的断层。

（1）计算与 $\hat{d}$、$\hat{n}$、$\hat{t}$、$\hat{b}$ 和 $\hat{p}$ 轴对应的向量。

（2）用地理坐标写出完整的矩张量。

（3）以对角线的形式写出完整的矩张量。

8. 一个倾角为 30°的逆断层的破裂区的表面投影是 3km 长，0.25km 宽。断层上的滑移函数可以近似为三个断层段，分别占断层表面面积的 50%、30% 和 20%，每个断裂带内的均匀滑移量分别为 40cm、30cm 和 20cm。假设剪切模量为 $\mu = 10$GPa，地震矩是多少？相应的矩震级大小是多少？

9. 大地震发生后，1 天、4 天和 20 天后，每天记录的余震数量为 80 次、18 次和 3 次。使用公式 3.98（广义的 Omori 定律）估计参数 k、c 和 p。

第4章 应力测量和水力压裂

但是，虽然他被限制在它的外壳里，他却可以了解它的一切秘密。

朱尔斯·维恩（The Steamhouse, Part Ⅱ, 1881）

水力压裂是一种储层增产方法，用于产生岩层中的可渗透通道，从而增强储层介质内部的流体运移（Smith and Shlyapobersky, 2000）。该技术在低渗透非常规油气储层开发中得到了广泛应用，已经对全球油气市场产生了"改变游戏规则"的影响（Montgomery and Smith, 2010）。简单来说，当压裂流体以快于流体渗入地层的速度泵入井筒时，会导致井底的压力逐渐升高。当压力累积超过岩体的抗拉强度，就会产生水力裂缝。水力压裂裂缝网络的起裂和生长通常伴随着岩石的脆性破坏过程，该过程可以用被动地震（微地震）方法进行监测（Maxwell, 2014）。被动地震监测也是诱发地震活动的主要监测手段（Shapiro, 2015），在极少数情况下，诱发地震活动可能是由水力压裂直接引起的（Bao and Eaton, 2016）。

水力压裂数值模拟技术被广泛应用于水力压裂和完井设计（Adachi et al., 2007）。地应力场对水力压裂缝的缝网演化具有一阶控制作用，因此，为了获得有意义的结果，需要建立一个可靠、准确的地应力场模型。本章的第一部分简要概述了确定应力张量中各分量的方法。由于地应力很难直接测量，因此大多数方法都是基于诱导应变观测以及介质本构特性对应力进行间接推断。随后，本章总结了低渗透岩层水力压裂技术的几个重要方面。综上所述，这些概念是理解被动地震监测实际应用的基础，并将在下面的章节中进行介绍。

4.1 如何确定地下应力

地下的原位应力状态为上覆压力、构造应力以及自然和人为因素引起的温度和孔隙压力梯度的复杂叠加（Amadei and Stephansson, 1997）。我们对岩石圈（地球最外层的刚性结构）现今应力场的了解，来自于一系列不同工具的测量结果，包括地震震源机制反演、地球物理测井和实地测量（如井壁崩塌、取岩和小排量注水测试）（Zoback, 1992; Heidbach et al., 2010; Schmitt et al., 2012）。尽管在某些地区（如加拿大西部沉积盆地）已经建立了较准确的区域应力场模型（Bell and Babcock, 1986），但为了充分表征应力场的区域非均质性，获取详细的局部约束是非常有用的。

4.1.1 震源机制反演

如果某个特定地区具有合适的地震事件，可以通过震源机制反演来估计应力张量

（Gephart and Forsyth, 1984；Lund and Slunga, 1999）。开展震源机制反演的基本要求包括：

（1）断层方向需要足够多样化，其标志是一个或多个主应变轴的方向变化范围为30°~45°（Hardebeck and Hauksson, 2001）；

（2）地震事件发生区域的应力场是均一的，即应力场在空间和时间上是不变的（Barth et al., 2016）；

（3）地震震源机制是相互独立的，因此缺乏反映静态应力变化导致的任何动力学相互作用（King et al., 1994）；

（4）对于每个事件，可以通过使用独立约束条件来解决由于两个可能节面造成识别断层面过程中存在的模糊性（Barth et al., 2016）。

另一个关键的基本假设（即 Wallace-Bott 假设）认为，对于所分析的事件集，每个位错向量都平行于对应断层平面上最大剪切应力方向（Wallace, 1951；Bott, 1959）。基于上述条件和假设，该反演问题可表述为一个最小二乘优化问题，通过最小化观测位移矢量和计算位移矢量之间的拟合差来确定应力参数。

一般来说，利用震源机制反演来估计完整的应力张量是一个不适定问题。也就是说，反演结果要么是约束不足（如震源机制反演），要么存在约束过多且不一致的情况。尽管使用地震震源机制不能唯一地确定地应力的大小，但可以可靠获得三个主应力轴的方向、应力状态（挤压、拉张或走滑）和主应力的相对大小比值（Michael, 1984）。由于地震震源机制解容易获得，特别是在板块边界附近，使用地震震源机制反演得到的应力估计值为世界应力地图数据库提供了绝大部分数据记录（Barth et al., 2016）。通过采用合成数据测试，Vavrycuk（2014）发现在真实噪声条件下，需要大约 20 个震源机制解可将反演主应力轴的方向误差减小到5°之内。

4.1.2 交叉偶极子声波测井

交叉偶极子声波测井（Close et al., 2009）是一种声波测井方法，用于确定井筒附近的各向异性剪切波速度结构。该技术的原始数据包括使用装备有声学偶极子的电缆工具串所采集的波形数据。每个偶极子由成对的极性相反的压电传感器组成，它们组合后产生一个定向力（Close et al., 2009）。该定向力能够激发弯曲波模式，即一类沿井筒传播的导波（Schmitt et al., 2012）。与面波类似，井下弯曲波呈现出几何分散特性。因此，这些信号的低频分量对于离井筒较远的速度结构比高频分量要更加敏感。此外，在各向异性介质中，弯曲波像 qS 波一样表现出双折射现象，其特征为包含正交的快偏振和慢偏振方向，该方向取决于弹性刚度张量的各向异性对称性（Schmitt et al., 2012）。"交叉"偶极子是指信号源和接收器都具有相互正交的偶极，这些偶极是专门为同时激发快速和慢速弯曲波模式而设计的。

使用偶极子声波测井来确定地应力包括两个步骤：第一步，对记录的波形进行处理，得到快 qS 和慢 qS 波的慢度值（即速度的倒数）以及快 qS 波的偏振角（Esmersoy et al., 1994）。此外，对于快速和慢速弯曲波模式，还测得了其随波长变化的频散曲线，该模式与快速和慢速 qS 波的偏振方向相同（Schmitt et al., 2012）。第二步，根据观察到的所有波的频散模式以及地震各向异性来估算地应力参数。第二步非常复杂，这是由岩石结构引起的内在地震各向异性与当今偏应力环境引起的地震各向异性叠加在一起导致的（图1.6）。与钻井有关的近井筒应力场的扰动使应力进一步复杂化，这将在下一节讨论。幸运的是有 qS 和弯曲模式频散的诊断模式，可以用来区分这些影响（Boness and Zoback, 2006）。

　　偶极子声波测井是一项可以原位测量地震各向异性的技术，而且可用于约束地应力参数。在有利情况下，如果岩石结构的各向异性效应可以忽略不计或以其他方式加以考虑，可以根据直井井筒中测量的快偏振方向来推断 $\hat{S}_{Hmax}$ 和 $\hat{S}_{Hmin}$ 的方向。此外，地震各向异性的强弱可以提供关于应力相对大小的半定量信息（Schmitt et al., 2012）。

4.1.3　井筒失效机制

　　井筒的存在会强烈干扰原位应力环境，这是由于需要保持受力平衡而使得应力发生了重新分布。当使用柱坐标 (r, θ) 表示时，在以原位单轴应力场 σ_{xx} 表征的各向同性弹性板内，由半径为 a 的圆孔造成的二维应力场扰动可由 Kirsch 方程给出：

$$\sigma_{\theta\theta} = \frac{\sigma_{xx}}{2}\left(1+\frac{a^2}{r^2}\right) - \frac{\sigma_{xx}}{2}\left(1+3\frac{a^2}{r^4}\right)\cos2\theta$$

$$\sigma_{rr} = \frac{\sigma_{xx}}{2}\left(1-\frac{a^2}{r^2}\right) + \frac{\sigma_{xx}}{2}\left(1+\frac{3a^4}{r^4}-\frac{4a^2}{r^2}\right)\cos2\theta, \qquad (4.1)$$

$$\tau_{\theta r} = -\frac{\sigma_{xx}}{2}\left(1-\frac{3a^4}{r^4}+\frac{2a^2}{r^2}\right)\sin2\theta$$

参数 $\sigma_{\theta\theta}$ 和 σ_{rr} 分别表示环向应力和径向应力，而参数 $\tau_{\theta r}$ 表示由原位单轴应力产生的剪切应力（Schmitt et al., 2012）。因此，这种方法限制了应力张量在与井筒轴线正交的平面内的分量。

　　图 4.1 显示了采用 Kirsch 方程计算的空井眼附近的归一化应力分布。值得特别注意的是，在压缩原位应力作用下，平行于单轴应力方向的环向压力处于拉张状态的，其大小等于 σ_{xx}；而在其正交方向上，环向应力是处于压缩状态的，其大小为 $3\sigma_{xx}$。如下文所述，环向应力的各向异性在很大程度上控制了井筒破坏的主要机制，即井壁崩落与钻井引发的拉张裂缝（DITFs），后者可以通过使用钻井泥浆比重来约束最小水平主应力 S_{Hmin}（Zoback et al., 1993）。

　　显然，三维应力的计算公式更加复杂，特别是当井筒的轴线方向与主应力方向不一致时。对此感兴趣的读者请参考 Schmitt 等（2012），其中提供了多种情况下的三维应力方程。此外，如果孔内充满压力为 P 的不可压缩流体，这将产生一个附加的环向应力分量，其计算公式为

$$\sigma_{\theta\theta}^F = -P\frac{a^2}{r^2} \qquad (4.2)$$

其作用是增加单轴应力方向上的拉应力分量（图 4.1）。如果介质是多孔弹性介质，流体

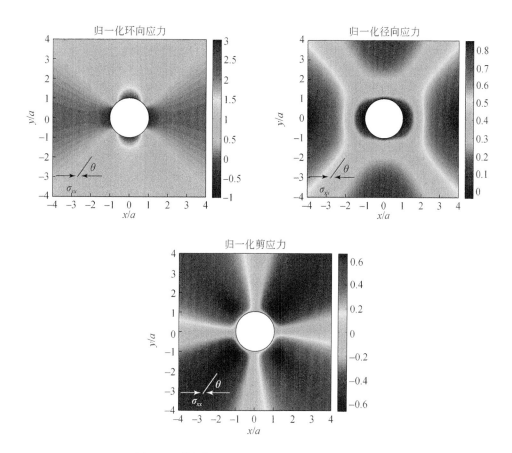

图 4.1　弹性板上半径为 a 的圆孔周围应力分布

图中分别显示了使用 Kirsch 方程［公式（4.1）］计算得到的环向应力 $\sigma_{\theta\theta}$、径向应力 σ_{rr} 和剪切应力 $\tau_{\theta r}$，并根据原位单轴应力 σ_{rr} 的大小进行了归一化。圆柱坐标系统的原点 (r, θ) 位于钻孔中心，θ 为从单轴应力的方向逆时针测量的角度。应力的振幅采用符号惯例进行绘制，其中拉应力方向为负值。

压力的瞬时变化 ΔP，在 $r=a$ 处产生的渗透环应力由以下公式给出

$$\Delta \sigma_{\theta\theta}^{I}(r=a) = -\Delta P(1-\xi) \tag{4.3}$$

其中

$$\xi = \frac{1}{2}\alpha\frac{1-2\nu}{1-\nu} \tag{4.4}$$

在该表达式中，α 是 Biot 系数，ν 是泊松比。

除流体压力的影响外，温度的变化对于井筒中的应力状态也会产生很大影响，记为 $\Delta \sigma_{\theta\theta}^{T}$。考虑到所有这些影响，在 $r=a$ 处所产生的附加环形应力 $\Delta \sigma_{\theta\theta}$ 可表示为（Schmitt et al.，2012）

$$\Delta \sigma_{\theta\theta} = \Delta \sigma_{\theta\theta}^{F} + \Delta \sigma_{\theta\theta}^{T} + \Delta \sigma_{\theta\theta}^{I} \tag{4.5}$$

图 4.2（a）示意性地说明了上述与产生的附加环向应力有关的井筒失效机制。在垂直井筒中，当应力状态超过 Griffith 破坏准则时，会在最大主应力 $\hat{S}_{H\max}$ 方向钻井引发拉伸破

坏。井壁崩塌是比较常见的现象，通常是由于分层机制和剪切破坏造成的，导致（原来为圆形）井筒横截面在最小主应力$\hat{S}_{H\min}$方向出现拉长现象。最大水平主应力（$S_{H\max}$）的大小，可以根据角崩塌宽度θ（图4.2）来估计，使用如下公式计算（Barton et al., 1988）

$$S_{H\max} = \frac{S + \Delta\sigma_{\theta\theta} - S_{H\min}(1-2\cos\theta)}{1+2\cos\theta} \tag{4.6}$$

其中S是无约束抗压强度。该公式所依据的假设条件是（Zoback et al., 2003）：

（1）钻孔的宽度不会随着崩塌过程而改变；

（2）崩塌区域的边缘对应于$\hat{S}_{H\min}$的方位角，在这个方位角上，应力状态与莫尔-库仑破坏包络线相切。

可以使用四臂卡尺工具测量的记录来观测井壁崩落。当卡尺工具被向上拉起时，铰接臂压在井筒壁上来测量井眼拉长的尺寸和方向。Bell和Gough（1979）根据加拿大西部地区的大量卡尺测量结果，开创了使用井壁崩塌数据来确定地应力参数的方法。然而，井径测井由于局限性不能探测钻井诱发的拉伸破坏；也不能用来测量井壁崩塌宽度λ。对于这些测量，除了对裂缝的现场观测外，还可以使用井眼成像测井，它在井筒内提供高分辨率的数字成像能力。基于电学、超声波或者光学成像原理，存在各种类型的图像记录。如图4.2所示，从圆柱形井筒中得到的图像通常被压扁，需要使用解压程序进行查看。

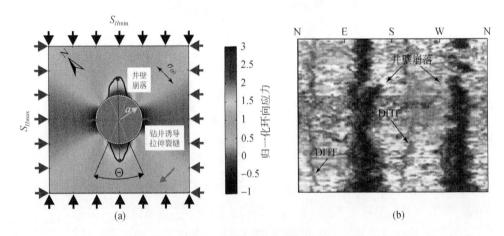

图4.2　（a）井壁崩落和钻井诱导拉伸裂缝（DITF）与半径为a的井筒周围产生的环向应力$\sigma_{\theta\theta}$关系示意图。角向崩塌宽度由λ表示

引自Tectonophysics, Vol 580, Douglas R. Schmitt, Claire A. Currie 和 Lei Zhang, Crustal stress determination from boreholes and rock cores: Fundamental principles, Pages 1-26, copyright 2012, with permission from Elsevier。（b）井眼图像数据显示了井壁崩塌和DITF的空间观测结果。图中还给出了地理上的北（N）、东（E）、南（S）和西（W）方向。引自 International Journal of Rock Mechanics & Mining Sciences, Vol 40, M. D. Zoback et al., Determination of stress orientation and magnitude in deep wells, Pages 1049-1076, copyright 2003, 经 Elsevier 许可使用。

4.1.4　诊断性压裂注入试验

诊断性裂缝注入试验（diagnostic fracture-injection tests, DFITs）是在水力压裂之前进

行的小排量注入测试（图4.3），旨在获得重要的原位应力和渗透率信息。相同或者类似的程序有时也被称为迷你压裂或者延长漏失测试。根据 Nguyen 和 Cramer（2013）所述，DFIT 基本流程包括：

（1）地表泵入作业开始以恒定的速率注入流体，导致井底压力增加。深度为 z 的井底压力是由射孔摩擦力、流体–泥浆摩擦力、井筒摩擦力、静水压力以及测量的地表注入压力数据计算得到的（Brown et al., 2000）。

（2）一旦达到地层破裂压力（P_B），水力压裂就开始了。这通常可以在地面上通过井口压力的突然下降来识别。

（3）流体以恒定速率持续注入，直到达到稳态压力条件。稳态条件下井底压力代表裂缝扩展压力（P_F）。

（4）流体注入停止，井被关闭，导致井底压力迅速下降到瞬时关井压力值（instantaneous shut-in pressure，ISIP）。

（5）当压力下降到裂缝闭合压力（fracture-closure pressure，FCP）时，关井压力可被监测到。有很多方法可以利用压力下降曲线来估算 FCP；White 等（2002）推荐使用切线交叉法（图4.3）。净压力 P_{net} 是 PF 和 FCP 之间的差值，提供了摩擦压降和裂缝顶端阻力传播的衡量标准（Smith and Shlyapobersky, 2000）。Potocki（2012）使用了另一种净压力的定义，即 ISIP 和 FCP 之差，他们认为反映了远端裂缝刺激的复杂性。

（6）在储层主导的压力体系中，在关井后的一段时间内需要继续对压力进行监测。

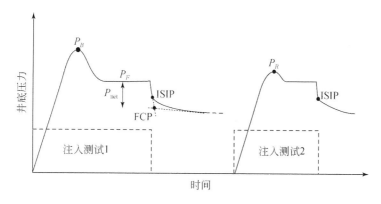

图 4.3 延长漏失实验中两个注入阶段的理想化压力曲线

第一段等同于 DFIT，图中虚线框表示注入窗口。使用了以下缩写：P_B 地层破裂压力；P_F 裂缝扩展压力；ISIP 瞬时关井压力；FCP 裂缝闭合压力；P_{net} 净压力；P_R 残余压力。

DFIT 流程与科学钻探项目中使用的延长漏失试验（extended-leakoff test，XLOT）的第一个注入阶段相同；但是 XLOT 通常包括重复注入阶段，旨在减少获取参数的不确定性（White et al., 2002）。如图4.3所示，随后的 XLOT 阶段还可以估算出残余压力（P_R）和残余抗拉强度（T_R）。

利用 DFIT 分析可以确定各种应力和储层参数。FCP 为最小主应力 σ_3 的大小提供了现有的最佳近似。根据 Anderson 的断层分类，σ_3 在走滑和正断应力系统下相当于 S_{Hmin}，而在逆冲断裂系统中相当于 S_v。一旦在 DFIT 过程中达到 FCP 裂缝就会闭合，闭合期间压力持续下降与流体漏失到储层中有关（Nguyen and Cramer，2013）。闭合后的应力下降曲线可用于评估多个储层参数，例如，孔隙压力和储层传导性（即渗透率和厚度的乘积），以及与裂缝表面的小凸凹体逐渐失效有关的裂缝闭合动力学（Martin et al.，2012）。

在正断和走滑应力系统中，尽管 S_{Hmax} 比 S_{Hmin} 的不确定性要大得多，但仍可以根据 XLOT 观测值来估计 S_{Hmax}（Schmitt et al.，2012）。该计算利用了水力压裂破裂方程（Schmitt and Zoback，1993），其表达式为

$$P_B \simeq 3 S_{Hmin} - S_{Hmax} + T_0 - P \tag{4.7}$$

其中 T_0 为岩石的初始抗拉强度，P 是孔隙压力。破裂压力 P_B 和最小主应力 $S_{Hmin} \simeq FCP$ 是根据压力曲线测得的。如果残余压力 P_R 可以用 XLOT 分析法确定（如图 4.3 所示），那么岩石拉伸强度可以通过下式得到（Schmitt et al.，2012）

$$T_0 \simeq P_B - P_R \tag{4.8}$$

这意味着最大水平主应力可以用如下参数来表示，这些参数至少在原则上可以通过 XLOT 分析来测量：

$$S_{Hmax} \simeq 3 S_{Hmin} - P_R - P \tag{4.9}$$

4.1.5　套心

套心应力分析（Leeman，1968）是一种确定地下完整的、原位应力张量的方法。该方法是通过将应变测量单元安装在一个小直径的导向孔中来进行，该导向孔是在大直径井筒的底部同心钻出的（Sjöberg et al.，2003）。通过套心（用更大直径的钻头重新钻进），将包含应变单元的环形空间与主介质的应力场隔离，在重新达到平衡之前和平衡期间观测其变形情况。然后，根据重新校准后的应变张量的观测值，对环境应力场进行反向计算。套心主要用于采矿和土木工程的地下开口设计，主要是为了获得有关当地应力状态的信息，而不是为了测量构造应力（Reinecker et al.，2016）。

套心的理论基础来自于井筒周围应力状态的闭合解（Leeman，1968）。在确定应力过程中假定取样区域是一个均匀的线性弹性固体，因此可以采用广义胡克定律。对于各向同性、横向各向同性（TI）和正交介质（Hakala et al.，2003），人们已经开发了相应的解析方法。对于各向同性材料，所需的两个弹性参数（杨氏模量和泊松比）可以用应变单元导孔中提取的岩心来确定。对于 TI（五个独立测量值）和正交（八个独立测量值）介质，还需要进行额外的弹性参数测量才能获得应力状态，包括在倾斜井筒中提取岩心。通过对一组紧密测量获得的应力值进行平均，从而减小测量误差（Sjöberg et al.，2003）。由于浅层应力的不稳定性，世界应力地图项目不包括任何深度小于 100m 的套心测量数据（Reinecker et al.，2016）。

4.1.6　简化数学模型

在许多情况下，某一特定区域的应力测量是不充分或者是不可用的。在这种情况下，可能需要用数学模型来估算应力。本节将讨论一些常用的应力计算模型，以及其基本假设

和适用范围。

人们通常使用一个简化模型来计算垂向主应力 S_V。在深度 z 处，S_V 可以使用测量的密度值来计算，例如根据测井曲线，通过对上覆地层的重量进行积分来计算，

$$S_V(z) = \int_0^z g\rho(z')\mathrm{d}z' \tag{4.10}$$

其中 ρ（z）是密度，$g \approx 9.8 \mathrm{m/s^2}$ 为地球表面重力加速度。尽管该方法通常被视为直接计算，而非模型，但这个表达式中隐含着一个假设，即没有长期的抗弯强度可以支撑上覆载荷。对大面积区域求平均，这是一个合理的假设，已被观察到的地球岩石圈处于区域均衡状态这一现象所证实。然而，在较小的范围内，垂直应力具有非均质性；例如，在一个地下矿井中，上覆岩层的重量是通过将荷载转移到周围岩体来局部承重的。

应力的突然变化提供了关于地壳内可持续应力存在空间和时间尺度非均质性的线索。同震应力下降就是一个例子。通过图 3.19 可以看出，高达 10MPa 的应力降并不罕见；在浅层地震的情况下，这种程度的应力下降可以代表 S_V 的一个重要部分。类似地，大地震的长度尺度（表 3.2）给出了一个空间尺度，在该尺度上，准静态偏离公式（4.10）可能是持续的。在没有直接测量结果的情况下，这个公式还是为特定深度处的垂向应力提供了最好的计算模型。

接下来考虑水平应力模型。Zoback 等（2003）认为，由式（2.17）～（2.19）及应力多边形（图 2.11）代表的临界应力状态提供了一个最小与最大有效应力之比的上限，即 σ_1'/σ_3'。应用这个条件需要孔隙压力、Biot 系数、摩擦系数和应力体系的先验信息。基于 4.10 式中的 S_V，对于正断层系统，这种方法基于式（2.17）设置 $S_{H\min}$ 的下限或基于式（2.19）设置 $S_{H\max}$ 的上限。在走滑断裂系统中，S_V 是中间主应力，不满足临界应力条件 [式（2.18）]。因此，对于走滑断裂体系，需要其他的约束条件。

作为这种应力模拟方法的一个例子，Roche 和 Van der Baan（2015）开发了一个走滑断层体系下的分层应力模型。为了确定随深度变化的应力场，他们用以下方法计算有效垂向应力（见第 2.2 节）

$$S_V'(z) = \bar{\rho}gz - P(z) \tag{4.11}$$

其中 $\bar{\rho}$ 是平均密度值，孔隙压力由线性深度梯度 k 定义，

$$P(z) = zk \tag{4.12}$$

Roche 和 Van der Baan（2015）通过使用走滑断裂系统下的无黏性、临界压力地壳条件初始化水平应力，

$$\left[\frac{S_{H\max}'(z) - S_{H\min}'(z)}{2}\right]\sqrt{1+\mu_s^2} - \mu\left[\frac{S_{H\max}(z) + S_{H\min}(z)}{2}\right] = 0 \tag{4.13}$$

他们假设摩擦系数 $\mu_s = 0.7$，并进一步假设 S_V' 是两个水平应力的平均值，

$$\left[\frac{S_{H\max}'(z) + S_{H\min}'(z)}{2}\right] = S_V'(z) \tag{4.14}$$

测井数据提供了 v_P、v_S 和 ρ 的深度曲线，这些数据通过以下公式用来计算杨氏模量（E）和泊松比（μ），

$$\mu = \rho v_S^2 \ ; \ \lambda = \rho - 2\mu \ ; \ E = \frac{\mu(3\lambda + 2\mu)}{\mu + \lambda} \ ; \ \nu = \frac{\lambda}{2(\mu + \lambda)} \tag{4.15}$$

Roche 和 Van der Baan（2015）利用测井曲线给出的 ρ、E 和 ν 构建了一个分层弹性模型。然后利用离散元方法数值化获得分层应力值（图 4.4）。在该方法中，在模型区域两侧分别采用方程组（4.13）和（4.14）的应力解作为边界条件，在层间界面采用焊接边界条件。对孔隙压力梯度的各种试验值重复这一过程。如图 4.4 所示，该位置的测量值 S_{Hmin}（Bell 和 Bachu，2003）与静水孔隙压力梯度的计算结果相吻合，静水孔隙压力梯度一般由 $k = 10\mathrm{kPa/m}$ 给出。

由此产生的模型（图 4.4）包含具有高偏应力的地层，这些地层很可能在流体注入过程中对破坏过程产生强烈的局部影响（Roche and Van der Baan，2015）。对于分层介质，该模型表明力学特性较高的层表现为相对较高的杨氏模量，并承担了整个应力负荷不成比例的份额。

应该注意的是，虽然使用测井数据来计算弹性模量以计算应力这一方法很普遍，但仍有很多不确定性因素。例如，在声波测井使用的频率下（1～50kHz），流体饱和地层中的测量值代表非排水模量（Kalahara，1996）。此外，在该频率范围内，测井得出的模量可能无法准确代表静态模量（Ong et al.，2016）。最终，测井仪测量的是波沿井的传播速度（通常是垂直的），如果介质是各向异性的，它只提供了一个弹性本构关系的不完整表示形式。

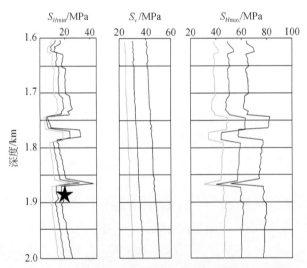

图 4.4　基于加拿大西部水力压裂研究的应力分层模型

该模型假设处于临界应力状态，给出了由于岩性强度的变化而产生的水平应力的分层变化。灰色曲线表示一系列孔隙压力，从无流体（浅灰色）到静水（深灰色）。星形代表一个校准点，其中 S_{Hmin} 是独立测量的。修改自 Roche 和 Van der Baan（2015）。经 Wiley 许可转载。

另一个广泛使用的有效水平应力模型，被称为单轴弹性应变（UES）（Kalahara，1996），由以下公式给出

$$S'_{Hmin} = \frac{\nu}{1-\nu} S'_V = K_0 S'_V \tag{4.16}$$

其中 $S'_V = S_V - \alpha P$ 是有效垂向应力，α 是 Biot 系数（通常假设约等于 1），K_0 称为静止时的地压系数（Thiercelin and Roegiers，2000）。该模型仅在正断层应力体系内有效，其中 $S_{Hmax} \simeq S_{Hmin}$。这个模型的名称描述了一个假设的构成模型：将各向同性的岩石样本从地下的原位应力状态恢复到非约束状态所产生的弹性形变，其中应力和孔隙压力都降低至零，所产生的弹性变形将导致单轴垂向应变 E_V，但水平应变可以忽略不计［图 4.5（a）］。一个限制更少的模型称为广义应变模型，类似于 UES 近似，但包括一个额外的恒定构造应力项 S_T。

$$S'_{Hmin} = \frac{\nu}{1-\nu} S'_V + S_T \tag{4.17}$$

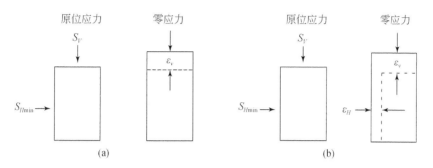

图 4.5　几个近似的原位应力的应变特性
(a) 单轴弹性应变（UES）模型。(b) 广义应变模型，其中包括恒定构造应力项。
修改自 Kalahara (1996)，经岩石物理学家和测井分析家协会许可使用。

其中

$$S_T = \frac{2\mu}{1-\nu}(\varepsilon_H + v \varepsilon_h) \tag{4.18}$$

对于该模型，各向同性的岩石样品释放应力而产生的弹性变形，如上所述，将在最大水平应力方向产生水平应变 ε_H，在最小水平应力方向产生 ε_h［图 4.5（b）］，其中 $\varepsilon_H \geqslant \varepsilon_h$。根据该模型，水平应力由以下几项给出

$$S'_{Hmax} = \frac{\nu}{1-\nu} S'_V + \frac{2\mu}{1-\nu}(\varepsilon_H + \nu \varepsilon_h) \tag{4.19}$$

和

$$S'_{Hmin} = \frac{\nu}{1-\nu} S'_V + \frac{2\mu}{1-\nu}(\nu \varepsilon_H + \varepsilon_h) \tag{4.20}$$

　　根据类似的思路，存在着更多复杂应力模型。例如 Warpinski（1989）开发了一个黏弹性应力模型，可与盆地的应变历史相匹配。Kalahara（1996）讨论了包括非弹性和热效应的模型。

4.2　水　力　压　裂

　　水力压裂是在加压条件下将工程流体注入岩层的过程，以加强井筒和储层之间的连通性，为流体流动创造一个可渗透通道。水力压裂技术是关键的赋能技术，有助于让低渗透

含油气岩石释放出大量的非常规石油和天然气资源。尽管该方法自 1947 年起就已投入商业使用，但在过去几十年里，水力压裂技术在非常规石油和天然气开发中才得到广泛的应用。这导致了石油和天然气产量的快速增长，特别是随着水平井钻井中大规模多级水力压裂技术（multi-stage hydraulic fracturing，MSHF）的出现（Dusseault and McLennan，2011）。如果不使用水力压裂技术，致密砂岩气、煤层气以及页岩气等资源将在很大程度上得不到有效开发（Speight，2016）。因此，水力压裂法是重塑全球石油和天然气市场的一项"颠覆性技术"的典型例子（King，2012）。

在其基准情况中，考虑到将全球变暖控制在 2℃ 以内的政策变化，国际能源署预测到 2040 年全世界的能源使用将增长 30%，其主要由化石燃料提供（EIA，2015）。在这种情况下，页岩气资源被认为是一种潜在的替代能源，可以用来替代温室气体（GHG）排放较高的煤炭资源。尽管如此，关于水力压裂的监管和使用还是引发了公众的激烈辩论。例如 Vengosh 等（2014）总结了页岩气开发给水资源带来的四个潜在风险。尽管这些风险与水力压裂工艺没有直接关系，但值得在更广泛的背景下提及。这些风险包括：

（1）逃逸气体对浅层水的污染；

（2）溢出或泄露对地表水和浅层地下水的污染；

（3）在处置或泄露地点附近的土壤或河流沉积物中积累有毒和放射性元素；

（4）将大量水用于大规模水力压裂作业，可能会导致水资源短缺或者与其他用水目的冲突。

另外，人们对页岩气开发的温室气体排放水平也非常关注（Allen et al.，2013）。然而，本书所涉及的最重要的环境问题是在水力压裂过程中（Bao and Eaton，2016）或通过其他类型的流体注入，如盐水回注（Ellsworth，2013），所引起的断层活化的风险。这方面将在第 9 章中讨论。

图 4.6 是包含多级水力压裂段的一口水平井的示意图。这口井从地表以近似垂直的方向钻进，直到接近目标层的深度。井的底部也被称为建井段，其沿着弯曲的井轨迹从垂直

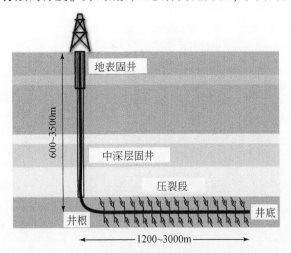

图 4.6　水平井筒多级水力压裂完井组成部分示意图

方向进入一个大致水平的倾斜段。横向井段所处的地层区间被称为着陆区。井的横向部分通常沿方位角钻出超过 2 公里的距离，该方向大致沿 S_{Hmin}，以产生横向裂缝，从而最大限度地扩大储层接触面积（Dusseault and MLennan，2011）。完井过程分多个区间进行，称为压裂段。钻井结束后，金属套管被固结在井筒中以保持稳定性，用以隔离流体并控制井压。水泥套管用于储层之上，以起到密封作用；但有时也用在储层中，这取决于完井方式。套管直径随着深度的增加而减少，其最大直径部分靠近地表，以避免污染饮用水。

水力压裂被认为是一种完井方法，在设备、人员和时间方面与钻井过程完全不同。一般来说，用于水力压裂的设备（Brown et al.，2000）包括（图 4.7）：

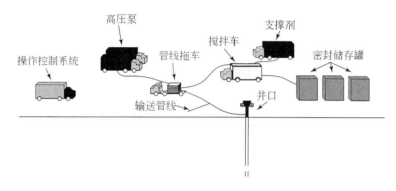

图 4.7　用于水力压裂的设备类型示意图

（1）用于支撑剂、添加剂和初级压裂液的密封和/或输送系统；

（2）用于将添加剂和支撑剂与压裂液进行连续混合的混合设备，以形成具有所需成分的泥浆；

（3）高压泵，它们同步运行以提供必要的压力和流量；

（4）操作控制系统，包括一个工作监测单元和各种类型的传感器；

（5）用于管理返排液的系统。

很多用于低渗透油气资源（包括页岩气、致密油和富含液体的储层）的水力压裂作业都使用滑溜水作为主要压裂液。这种液体主要由淡水组成，采用表面活性剂和减阻剂作为添加剂，以降低表面张力和泵送阻力。其他常见的添加剂有杀菌剂和阻垢剂，前者可以阻止微生物因流体注入而在储层内生长，后者可以减少可能增加系统内流动阻力的沉积物（King，2012）。其他类型的压裂液包括含有氮气或二氧化碳等气体的通电泡沫或使用瓜胶等胶凝剂的凝胶型液体（Barati and Liang，2014）。非滑溜水压裂液通常价格更贵，但它们可能更适合有膨胀黏土的敏感地层，或可以更好控制注入流体的动态黏度。在某些情况下，可以采用混合方法，即在接近压裂结束时加入胶凝剂（Constien et al.，2000）。压裂液类型对诱发的微地震事件特征和分布具有较大影响（Duhault，2012）。

支撑剂材料，例如砂或陶瓷珠，与压裂液以不同的浓度混合形成泥浆。注入支撑剂的目的是确保在抽油机压力释放后，裂缝保持开放。如果不使用支撑剂裂缝将会关闭，导致几乎没有任何剩余的裂缝渗透性，除非是裂缝的自我支撑情况（Brown and Bruhn，1998；

Dusseault and McLennan, 2011)①。理想的支撑剂特性是高强度、抗压、抗腐蚀和低密度，以减少支撑剂材料在裂缝底部的重力沉降（EPA, 2004）。此外，可用性和低成本也是重要的实际考虑因素。最符合这些特点的材料包括硅砂、树脂涂层砂和人造陶瓷珠。将支撑剂混入泥浆中将大大增加压裂液的动态黏度（Constien et al., 2000）。

　　支撑剂的特点是具有一系列的大小不同的颗粒。在实践中，支撑剂颗粒大小的制定参照美国石油学会（API）的筛子尺寸参考表（表4.1）。例如，被设计为20/40目的支撑剂代表了名义上的粒度分布，其中大约90%的支撑剂混合物将通过20目的筛子（850μm），但将留在40目的筛子上（425μm）。其他常见的API支撑剂名称包括30/50目、16/30目、12/18目和16/20目，尽管对于任一给定的目名称，中值颗粒直径（median partical diameter, MPD）可能有很大差异（Schubarth and Milton-Tayler, 2004）。一般来说，由直径较大的支撑剂产生的支撑剂组具有较高的渗透性，但不太适合于"脏"地层，因为这些地层会有细小颗粒迁移②到裂缝中（Constien et al., 2000）。

表 4.1　API 筛子设计尺寸

US 筛子编号	孔径
12	1.7mm
16	1.18mm
18	1.0mm
20	850μm
30	1600μm
40	425μm
50	300μm
70	212μm
140	106μm

数据来源：API（2014）

　　测量用于监测和控制水力压裂的参数包括压力、注入速率、流体密度、温度、PH值和黏度（Brown et al., 2000）。流体压力传感器测量的是应变计的变形，其变形是对管线中压力的反应。井下压力是主要诊断参数，可以测量或利用观测到的地表压力进行计算。注入速率可以用多种方式测量，包括测量泵旋转速度的泵冲程计数器。与其他类型的速率传感器相比，这些传感器的优点是不受泥浆中支撑剂的影响。密度测量是基于吸收值，使用放射源和管道另一侧的伽马射线计数器。所有这些传感器都向控制系统实时提供关键数据，以便即刻发现问题并采取适当措施。

　　完井操作可在钻井结束后立即实施，然而实际中通常要推迟很长时间（几周或更长时间）。在水平井的水力压裂过程中，各压裂段依次从井底部（侧向的远端）开始，向井根部方向推进（图4.6）。图4.8显示了一个单段水力压裂作业的代表性施工曲线（包括地

---

① 由于裂缝表面的凸起物并列，可能会发生自我支撑作用。
② 在返排或生产过程中，由于拖曳力的作用，细小颗粒在储层内的运输。

表施工压力、注入速率和支撑剂浓度）的例子。尽管该图中的压力曲线与图4.3中的DFIT曲线类似，但在实际中由于各种原因，水力压裂过程中测得的压力曲线通常更为复杂，包括含支撑剂泥浆的不同流变特性（Gulrajani and Nolte，2000），以及由于水力压裂段的高速注入，导致注入点的复杂湍流过程（Tary et al.，2014a）。然而，与理想化的DFIT压力曲线一样，图4.8中的地表施工压力曲线在地层破裂处显示出一个明显压力峰值，随后下降到一个大致稳定的数值，标志着裂缝扩展压力。本例中的注入速率在破裂后保持在4m³/min左右，而支撑剂的浓度则逐步增加。最初注入的没有任何支撑剂的压裂液被称为前置液，用于开启裂缝并为随后的支撑剂投放创造体积。需要注意避免过快地增加支撑剂的浓度，因为这可能造成堵塞，使流体无法持续注入裂缝，并导致突然的压力上升。该现象被称为脱砂，并且可能是支撑剂浆液桥或支撑剂因流体滤失而脱水等过程引起的（Gulrajani and Nolte，2000）。

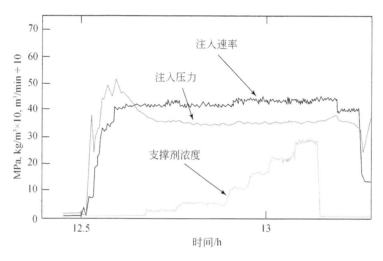

图4.8 单段水力压裂作业的代表性压裂施工曲线（修改自Caffagni等，2016）
注意压力增大直到达到破裂压力之后，注入压力稳定在一个稳态值，该值决定了裂缝扩展的压力。一旦裂缝开启，注入速率几乎保持不变。在这个阶段，支撑剂的浓度以阶梯式的方式增大。需要注意的是在第13.5个小时，压力的增加与裸眼完井的下一个压裂段的开始有关。经牛津大学出版社许可使用。

特定完井作业中使用的水力压裂方法的细节取决于井的设计方案，例如完井段是否有套管。不同的完井设计对于微地震监测项目的数据采集、处理和解释都有重要影响。下一节将介绍几种类型的完井方式。

完井方法与压裂方案

在储层使用油井套管取决于完井方法的选择。对于在整个目标区有套管和水泥的井筒，采用的是"射孔-桥塞"方法，这需要在套管上打孔，以便让压裂液进入地层（图4.9）。为了完成该项任务，需要设置一个塞子，以便与井筒的已完成部分建立压力隔离。然后，部署带有定型炸药的射孔枪并发射，以在套管、水泥和岩石中形成弹道通道。射孔通道的初始方向由井筒圆周上的射孔角度模式所决定，即所谓的射孔相位。例如，180°相位意味着在截然相反的方向上射孔，如果事先知道应力状态，这是很有用的（Smith and Montgomery，2015）。为了促使水力裂缝从多个起始点扩展，射孔通常分为两至八个射孔簇，并沿压裂段均匀分布（Ajaya et al.，2013）。

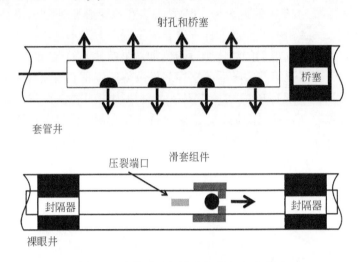

图 4.9　套管式和裸眼式完井方法示意图

对于套管井来说，通常采用定型炸药在套管上进行射孔，为加压流体进入地层提供出口。对于裸眼井筒，可以使用滑套组件，其中一个工程球被泵入一个衬管内。当球体在滑套组件上就位后，封隔器之间的隔离井段内形成流体压力，直到裂缝被打开，使加压流体进入地层。

为了减少由于近井筒应力扰动的影响而造成的近井筒弯曲[①]，射孔通道最好能延伸到地层中，并至少有 2.5 倍井径（Smith and Montgomery，2015）。射孔枪的穿透深度是装药量大小和特性、井筒中的流体压力和目标地层力学特性的函数（Halleck，2000）。由于射孔的位置和时间是已知的，在微地震处理过程中，射孔信号可用于速度模型的校准。

在目标段没有套管的井筒中进行的水力压裂被称为裸眼完井。在这种情况下，采用裸眼井封隔器对井筒各段之间的压力进行分割。使用配备有可打开端口的滑套，从而能够在特定段内进行压裂作业（King，2012）。与将压裂缝开启限制在射孔处的射孔-桥塞完井法相比，这种方法能够使压裂液利用地层中先存的裂缝及弱面（Reynolds et al.，2012）。图 4.9 展示了一种特殊的裸眼完井方法，该方法使用金属球体以激活端口打开滑套。这种"落球"方法使用不同大小的工程球体，如最小的球体用于距离井口最远的压裂段，此后逐渐使用更大的球体。球体被泵送到一个衬管中，直到它在一个滑套组件中就位（图 4.10）。这使得压力在井筒的压力隔离段内累积起来。在达到设计压力后，将打开端口并开始压裂。一般来说，裸眼完井比射孔-桥塞完井进行得更迅速，因为在各阶段之间不需要部署射孔枪。在这种情况下，即使没有用于速度模型校准的射孔枪，但已经有文献记载了一种诊断性的套筒开启信号（Maxwell and Parker，2012），可为速度模型的校准提供另

----

① 弯曲性可定义为扭曲和转折的实际路径长度与裂缝穿越的净距离的比率。

一种信号。

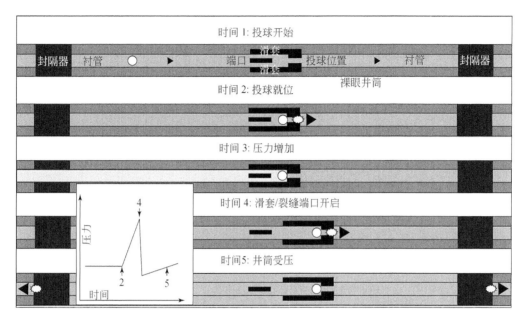

图 4.10 滑套机械过程的组成部分（修改自 Maxwell and Parker，2012）

在时刻 1，球体通过衬管被泵入套管。当球体在时刻 2 就位时，压力开始增加，当压力达到设计的阈值时，
压裂缝开启，允许压裂液进入开放井筒的填料区间内地层。插图显示了源头处压力脉冲的预期形状。

为优化水力压裂的效果，人们已经评估了各种压裂液、支撑剂类型和施工方式（King，2012）。有一种方法称为短周期重复压裂（short interval re-injection，SIR）施工法，使用经过修改的注入方案，其中包含三个阶段（Kent et al.，2017）。对于 SIR 施工的每个阶段，该方案包括①一个典型的水力压裂段；②一个被称为浸泡阶段的关井期，大约几个小时；③在同一区域内第二个水力压裂段注入流体。浸泡阶段会伴随着流体滤失到地层内（详见下文）。第三个阶段（再注入）往往伴随着微震活动率的增加（Inamdar et al.，2010），这可能是由于天然裂缝的内聚力损失导致的（Kent et al.，2017）。

非常规资源开发的水平井钻采和完井通常是在一个井平台上进行的，很多水平井在该平台完钻。与使用单水平井资源开发相比，多水平井平台的方法导致整体环境破坏的减少，此外，在建造道路、管道和其他基础设施方面也具有更高的效率。目前的趋势是将横向井筒并排设置，无论是在水平面还是垂向上，所谓的"堆叠"非常规油气储层例如 Midland 盆地 Wolfcamp 页岩（Flumerfelt，2015）。然而 Warpinski 等（2014）研究表明，即使对于单个射孔的情况，临近水力裂缝的应力干扰可以抑制一些压裂裂缝的生长。

目前，人们已经制定了多种完井方案用于成对的平行侧向井筒排列，图 4.11 概述了其中的一些方法。为了最大限度地提高储层的产油量，最理想的情况是裂缝一起延伸到几乎（但不完全）接触的位置。同步水力压裂法是从两口井的井底一直进行到根部，采用两口井同时注入的方式。在完井过程中，相邻井压裂裂缝产生的裂缝尖端应力可能会促进每口井压裂裂缝的扩展。另一种方法，即拉链式压裂法，采用顺序施工方案。Nagel 等（2014）提出了一种改良的拉链作业法。Nagel 等使用数值模拟方法，考虑了原位地应力和

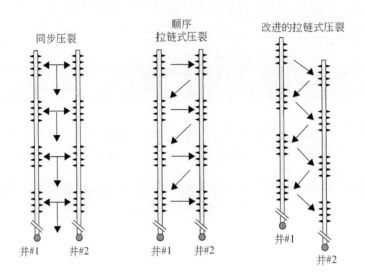

图 4.11　多口井完井方案

经石油工程师协会许可，引自 Nagel 等（2014）。

井身结构，并认为与同步或标准拉链完井方法相比，该改良方法的结果更好。

下一节概述了用于水力压裂模拟的各种分析和数值方法，这部分内容是基于建立在第2.1.1 节对线性弹性断裂力学（LEFM）的介绍性讨论的基础上。

4.3　水力裂缝的数值模型

水力压裂完井项目的主要设计目标是优化与储层接触的支撑裂缝网络的表面积。裂缝模型的另一个用途是基于应力剖面来理解裂缝高度-扩展特征（图 4.4）。模型校准可以通过匹配关井压力，或通过使用微震监测等裂缝诊断工具来进行（Maxwell，2014）。

暂不考虑近井筒应力环境中的弯曲等复杂情况，根据经典断裂力学预测，均匀介质中的水力裂缝应具有对称的双翼几何结构，如图 4.12 所示。为了使破裂能量最小化，压裂缝应沿垂直于最小主应力的方向开启。在最小主应力为水平方向的情况下（对应于正断层或走滑断层系统），水力裂缝应沿垂直方向。在平面上，水力裂缝将平行于最大水平主应力方向延伸。在最小主应力方向是垂直的情况下，对应于逆冲断层系统，裂缝可能是水平的。这有时被称为饼状缝，可能发生在很浅的深度。

通过考虑水力压裂的一些经典渐进解可以获得一些启示。例如，在平面应变近似中，固定高度 h_f 的水力裂缝的最大宽度（w）可由以下公式给出（Sneddon and Elliot，1946）。

$$w = \frac{2\,P_{\mathrm{net}}h_f}{E'} \tag{4.21}$$

其中 E' 是平面应变模量，由 Mack 和 Warpinski（2000）给出，

$$E' = \frac{E}{1-\nu^2} \tag{4.22}$$

在上述表达式中，E 和 ν 分别是介质的杨氏模量和泊松比。平面应变近似是指对某一轴线

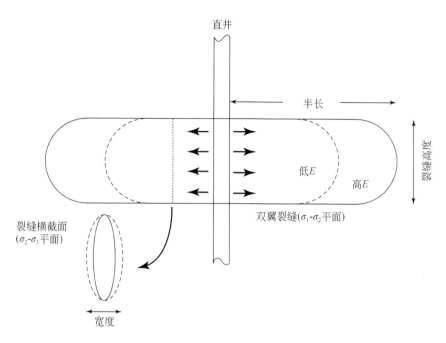

图4.12 双侧水力压裂扩展一般模型

图中显示了杨氏模量（E）的影响。对于给定的流体注入体积，具有较高杨氏模量的介质中的
水力裂缝长度更大、宽度更小。

（在此情况下是最小主应力方向）的法向应变为零，这样，垂直于该轴线的平面在变形前是相互平行的，在变形后仍保持平行。如果裂缝长度远大于其高度，就很接近于这种情况。

在这种近似情况下，Perkins 和 Kern（1961）提出了适用于水力裂缝的解析表达式，其高度增长受到层序地层上层和下层的高应力限制（参见图4.4）。假设裂缝韧性和滤失可以忽略，对于黏度为 η 的牛顿流体，下式给出了长度为 L 的裂缝净压力（Mack and Warpinski，2000）

$$P_{\text{net}} = \left[\frac{16\eta\, q_i E'^3}{\pi\, h_f^4} L \right]^{1/4} \tag{4.23}$$

其中 q_i 是注入速率。替代 P_{net} 后得出以下公式

$$w(x) = 3 \left[\frac{\eta\, q_i (L-x)}{E'} \right]^{1/4} \tag{4.24}$$

可以看到通过增大材料的杨氏模量或减小泊松比来增加平面应变模量（E'），将减少裂缝宽度，如图4.12所示。对于固定的流体体积，裂缝长度会随着 E' 的增大而增大。反之，E' 的减小会增大裂缝宽度并减少长度。

在这个模型中，Nordgren（1972）增加了流体滤失和流体在裂缝中储集体的变化。这个综合模型被称为 Perkins-Kern-Nordgren（PKN）二维裂缝模型。在裂缝面的某一位置 x，流体滤失速度 u_L 由以下基本模型给出，

$$u_L(\boldsymbol{x}) = \frac{C_L}{\sqrt{t-t'(\boldsymbol{x})}} \qquad (4.25)$$

其中 C_L 为滤失系数，t' 是裂缝在 $\boldsymbol{x}$ 处的开启时间。通过应用质量平衡条件，

$$q_i = q_f + q_L \qquad (4.26)$$

其中 q_f 和 q_L 分别为进入裂缝和滤失到地层的流体流量，PKN 模型的裂缝面面积可以近似为如下时间的函数（Mack and Warpinski，2000）

$$A_f = \frac{q_i t}{\bar{w} + 2\,C_L\sqrt{2t}} \qquad (4.27)$$

其中 $\bar{w}$ 是平均裂缝宽度。

　　Khristianovich-Geertsma-de Klerk 裂缝模型提供了一个基于不同假设的二维非对称解，它为高度远大于长度的裂缝提供了一个很好的近似解。特别是 KGD 模型假定裂缝宽度相对于裂缝高度是恒定的，这意味着在顶部或者底部边界发生滑动。除了裂缝顶端的干区域外，压力假设为恒定的。此外，裂缝韧性的 LEFM 方法被应用于裂缝尖端。对于 KGD 模型，裂缝宽度可以用 P_{net} 表示为

$$w = \frac{4L\,P_{\text{net}}}{E'} \qquad (4.28)$$

一个计算裂缝宽度的 KGD 近似解由下式给出（Geertsma and De Klerk，1969），

$$L \approx \frac{1}{2\pi h_f C_L} q_i \sqrt{t} \qquad (4.29)$$

其极限值为

$$\alpha = \frac{8\,C_L\sqrt{\pi t}}{\pi w + 8\,S_p} \gg 1 \qquad (4.30)$$

其中 S_p 表示喷出的液体损失。PKN 和 KGD 裂缝模型均是二维模型，即裂缝高度参数是固定的。因此，这两个经典模型都是高度受限的平面应变近似，对裂缝宽度的变化做出了不同的假设。

　　基于储层多相流渗流和分离过程，Settari（1985）建立了更为完整的水力裂缝流体滤失非线性模型。该模型表明，被驱替的储层流体特性（包括流体可压缩性）起着重要的作用。图 4.13 解释了两种不同类型储层中经典水力裂缝模型的应力和滤失效应（Cipolla et al.，2011）。在这两种情况下，在均匀弹性介质中，水力压裂产生的裂缝尖端的剪切、压缩和拉伸应力模式与之前讨论的 I 型裂缝模型一致（图 2.4）。然而，在中等渗透性（$\kappa \geqslant 10^{-17}\,\text{m}^2 \sim 0.01\text{mD}$）的充满不可压缩流体（即油或水）的多孔弹性介质情况下，滤失引起的压力变化比充满气体的储层压力变化扩展得离水力裂缝更远。正如第 8 章所阐述的，这些差异对不同类型储层的微地震解释有着重要影响。

　　储层中天然裂缝的存在使问题进一步复杂化。为了进行数值模拟，天然裂缝有时用离散的裂缝网络来表示。在地下，水力裂缝系统将沿着阻力最小的路径扩展。因此，由于天然裂缝的力学非均质性，预计会产生比上述简单模型更加复杂的水力裂缝系统。例如，Dusseault 和 McLennan（2011 年）强调了早期裂缝的作用，这些裂缝是低渗透岩石中的普遍特征，对裂缝扩张区内渗透率的提高以及支撑剂泵入储层都具有重要意义。

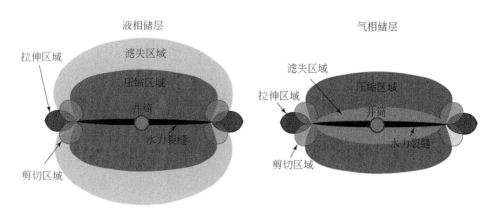

图 4.13　储层可压缩性对滤失和压力影响示意图

裂缝周围的应力模式包括裂缝旁边的压缩区域，以及裂缝尖端附近的拉伸和剪切应力集中的区域。水力裂缝的流体滤失是一个非线性滤失过程。它受到多孔弹性介质中流体压缩性影响。一个具有相对不可压缩液相（油或水）和中等渗透率（$\kappa \geqslant 0.01\mathrm{mD}$）的储层，预计会比低渗透率的气藏具有更大的滤失区域。修改自 Cipolla 等（2011），经石油工程师协会许可使用。

如图 4.14 所示，模拟实际储层介质中水力裂缝系统发育需要考虑的地质力学因素包括（Dusseault and McLennan，2011）：

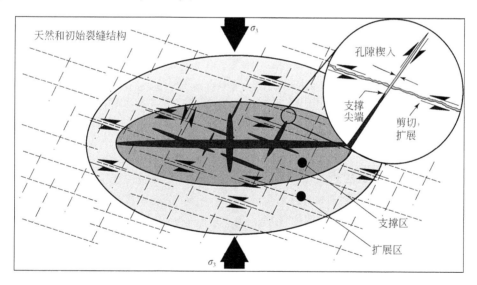

图 4.14　水力裂缝与先存裂缝结构的相互作用

裂缝扩展区渗透性增强，这是通过块状驱替、孔隙楔入以及剪切驱替导致的自支撑作用实现的。支撑剂被限制在比扩展区更小的区域内，为水力裂缝和储层的周围部分提供了一个水力传导连接。修改自 Dusseault and McLennan（2011）。经作者许可使用。

（1）天然裂缝结构（包括初始裂缝）对水力压裂周围的扩展区域的巨大影响。

（2）裂缝扩展区的渗透性增强，源于如块状驱替、孔隙楔入以及跨越裂缝和垫层的剪切驱替等可导致自支撑效应的过程。

（3）将支撑剂限制在比扩展区更小的区域内，其范围由支撑剂颗粒大小和载体（裂缝）流体的特性决定。

为了扩展均匀弹性介质的经典半解析方法，从而捕获介质的复杂性，需要使用数值模拟方法。这些方法的原理如图 4.15 所示，可以分为几个不同的类别，为其中块状参数模型提供了一个简单的时间步长方法，通过使用几个控制点对裂缝前缘进行参数化，它保留了经典模型的一般特征。在每个时间步中，这些控制点被连接起来产生一个连续的裂缝面，这是通过用诸如同心椭圆的几何形状来实现的。在每一个时间步中，裂缝的生长由数值化的流体压力梯度所驱动。三维模型使用基于单元的数值模拟方案，通过将裂缝划分为多段来考虑压力梯度（Mack and Warpinski，2000），与 PKN 和 KGD 等高度约束的模型不同，每段的宽度和平衡高度是独立计算得到的。

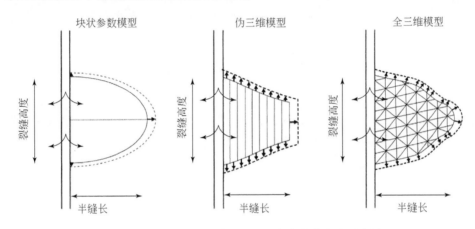

图 4.15　用于模拟水力裂缝生长的各类数值方法示意图
按复杂程度和计算要求递增排列。块状参数模型采用基于裂缝前缘插值的有效时间步长方法，只需少量控制点。
伪三维模型将裂缝分成若干段或单元，其中平衡高度和裂缝宽度是独立确定的。

全三维模型将基本微分方程离散化，以获得数值解，并能适应更普遍的介质非均质性，但计算成本更高。弧形箭头表示液体注入，而小箭头表示裂缝生长增量。全三维数值方案是基于各种方法来分解基本微分方程系统的。有限差分法、有限元法和离散元法都对计算网格的性质有不同的约束，具有明显的优点和缺点。就连续力学方法而言，有限差分方法是可以直接实现的，但通常受限于固定的规则网格，而有限元方法的优势是可以使用更灵活和通用的元素，但代价是需要额外的计算开销来跟踪各个元素。离散元方法可以定义元素之间几乎无限的相互作用类型（如块或粒子），但由于自由度大，这可能导致运行时间过长（Dusseault and McLennan，2011）。

Munjiza 等（1995）首次提出了一种混合交互式耦合的方法，将有限元和离散元方法结合起来，形成了有限–离散元方法（finite-discrete element method，FDEM）。这种方法将计算任务分为适用于连续体的任务和适用于裂缝的任务，前者获得有限元解，后者则使用离散元法。因此，当介质发生弹性变形时，完整材料的行为用有限元建模，而当超过材料强度时，裂缝开启产生不连续的块状物，其相互作用采用离散元方法表示。非线性弹性断裂力学原理（Barenblatt，1962）被用于模拟新裂缝的发育。图 4.16 说明了如何在 FDEM

框架内对介质进行离散化（AbuAisha et al.，2017）。

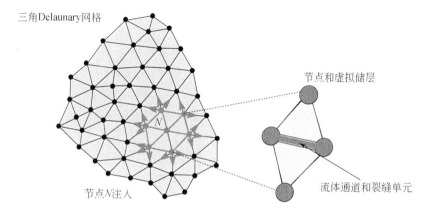

三角Delaunary网格

节点和虚拟储层

节点*N*注入

流体通道和裂缝单元

图 4.16　Example 介质参数化的例子

用于混合有限–离散元方法（FDEM），其中数值模拟被分割成不同任务。完整介质的连续建模是使用三角形 Delaunay 网格。一旦裂缝形成，流体通道和裂缝单元就由不同的元素表示。修改自 Journal of Petroleum Science and Engineering，Vol 154，AbuAisha，M.，Eaton，D. W.，Priest，J.，和 Wong，R.，Hydro- mechanically coupled FDEM framework to investigate near- wellbore hydraulic fracturing in homogeneous and fractured rock formations，Pages 100-113，copyright 2017，经 Elsevier 允许使用。

　　目前大多数水力压裂的数值模拟方法都包括支撑剂运移的数值模型，如 Unwin 和 Hammond（1995）。支撑剂运移过程包括重型支撑剂颗粒的沉降和/或支持剂在裂缝通道内的对流运输。Kern 等（1959）是最早认识到这些过程导致垂直裂缝底部沉淀的支撑剂材料层形成和演变的学者之一。早期的研究工作表明，这些过程因支撑剂桥接而变得复杂，如果裂缝宽度减小到支撑剂直径的两倍以下，就会发生桥接（Daneshy，1978）。此外，支撑剂的沉降被流体滤失所延缓，而流体滤失的作用是增加裂缝内的支撑剂浓度（Daneshy，1978）。

　　支撑剂运移的经典数值模型假定支撑剂颗粒以 Stoke 定律给出的终端速度在充满流体的裂缝中沉降（Gadde et al.，2004），

$$v_{S}=\frac{g\Delta\rho\,d^2}{18\eta} \tag{4.31}$$

其中v_S表示单个颗粒的 Stoke 设定速率，$\Delta\rho$ 是支撑剂与悬浮液之间的密度差，d 是支撑剂颗粒直径，$g\approx9.8\,\mathrm{m/s^2}$是重力加速度，$\eta$ 是流体的动态黏度。由于该表达式只对低雷诺数（$R_e<2$）有效，Gadde 等（2004）开发了一种方法，针对 $R_e\geqslant2$ 的情况对流体湍流效应进行了修正。实验建模的新进展，包括使用 3D 打印制造复杂的模型（Ray et al.，2017），正在帮助克服现有模拟支撑剂运移方法的已知局限（Warpinski et al.，2009）。

4.4　返排和流动机制

　　返排是在水力压裂作业后进行的，目的是最大限度地回收注入的流体，以避免压裂液阻碍生产，同时从裂缝中除去最少的支撑剂（Brown et al.，2000）。返排的设计参数（如

时间和速率等），对诱导水力裂缝网络的传导性有很大影响。正如上文提到的 SIR 方法，流体浸泡期可能会以与时间有关的方式降低天然裂缝的内聚力。此外，为了防止返排过程中支撑剂的运移，需要关闭裂缝（Brown et al.，2000）。

多级水力压裂（MSHF）的有效性可以通过多种方式进行评估，这些方法均是基于对返排及生产阶段的流速和/或压力的测量和分析来实现（Clarkson et al.，2014）。这些方法能够确定流动机制的特征，并估算水力裂缝参数，如裂缝半长和传导率。流动机制是指随着时间的推移，流体通过水力裂缝和储层流体流向油井的特征模式，需要识别何种模型适合于分析。

流动机制是通过流线的几何形状来区分，可以通过其独特的压力特征来识别（Ehlig-Economides and Economides，2000）。图 4.17 说明了 MSHF 后随时间推移发生的流态的理论顺序。在很短的缝内流动期之后，主要的流态是流入水力裂缝的线性流动，然后是拟稳态期，随后是裂缝区域的外部流动（Clarkson et al.，2014）。这些是返排后的流态。对于返排期，在地层流体突破到裂缝之前，会出现一系列缝内流态（首先是瞬时径向流，随后是裂缝线性流，然后是裂缝耗竭）。返排时通常观察到的最后一种流动状态是线性流，如图 4.17 所示。

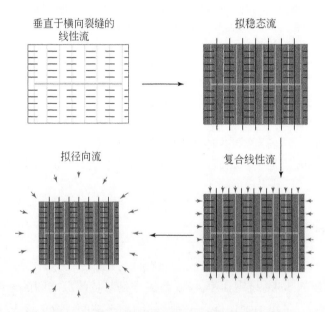

图 4.17　页岩中多级压裂水平井的推测流态序列
修改自 Clarkson 和 Williams-Kovacs（2013a），经石油工程协会许可使用。

线性流的特点是储层内的平行流线。假定一个简单水力压裂模型，在低渗透储层中产生一组对称的传导裂缝，在相对较早的时刻建立了一个瞬时流态，表现为流入裂缝的线性流动（图 4.17）。通过绘制压力与时间平方根的关系图，可以用速率-瞬态分析法来分析线性流态（Ehlig-Economides and Economides，2000）。在生产过程中，这种流动机制通过拟稳态流过渡到复合线性流，在这种流动机制中形成了大致正交的流出模式。这些流态的出现和持续时间取决于裂缝间距、长度、井距和地层渗透性。例如，如果井距太近，将不会看到复合线性流动或拟径向流。流态演变的最后一个阶段是拟径向流动；就储层建模而言，这是由流线汇聚到一个区域而不是单一井筒汇聚定义的。对径向流的分析可用于量化收敛流动平面内的渗透率（Ehlig-Economides and Economides，2000）。

返排分析因为多相流而变得复杂，因为多相流将裂缝和储层流体混合在一起。目前正在研究的新方法是基于早期返排期间的速率–瞬态分析（Clarkson and Williams- Kovacs，2013b）。这种方法可以快速估计裂缝半长，这是储层模拟的一个关键参数，该方法独立于其他方法（如被动地震监测），并可视为对其他方法的补充。

4.5 本 章 小 结

水力压裂技术是一项变革性的技术，它释放了大量的非常规石油和天然气储量。水力压裂的监测方法，包括被动地震监测，对于优化设计以及解决环境问题都很重要。

对于地下应力场的认识对模拟水力压裂和了解诱发地震非常重要。当连续介质中存在一个充满液体的井筒时，会对近场应力环境产生强烈扰动。这些应力扰动可以使用 Kirsch 方程来模拟，表现为平行于 $\hat{S}_{Hmin}$ 方向的井眼破裂和 $\hat{S}_{Hmax}$ 方向的钻井诱发拉伸破坏（DITF）。井筒崩落已被广泛测量，并为区域应力模型提供了重要数据。Kirsch 方程为原位地应力测定的过套心法提供了基础。

对小排量注入数据的解释，包括诊断性裂缝注入试验（DFITs）或扩展滤失试验（XLOTs），是确定 S_{Hmin} 大小的最有效方法，它被认为与裂缝封闭压力（FCP）相当。这些分析还提供了有关介质的应力环境和渗透性的大量信息。

在原位地应力数据不完整的地区，可以采用一些简单的数学模型来近似估计应力状态。垂直应力（S_v）的深度曲线可以用测井获得的密度数据来计算。然后，水平主应力可以用一些简化的假设进行近似计算。单轴弹性应变（UES）方法给出了 S_{Hmin} 和 S_v 之间的简单关系，并被广泛使用，但这种方法严格来说只在 $S_{Hmax} \simeq S_{Hmin}$ 的正断应力体制下有效。一种更通用的方法，称为广义应变模型，将假定的构造应力纳入计算。另一种方法假设地壳处于临界应力状态，并将其与先验信息（如应力体系和应力比）相结合，以估计完整的应力场。

水力压裂是一种完井方法，通过在高于破裂压力的情况下注入大量液体来提高储层的渗透性。大多数水力压裂作业是沿着水平井筒分多个压裂段实施的。对于相邻井制定了多种施工计划和方案，如拉链式压裂法，即在两口平行井之间交替压裂。压裂液以含有支撑剂和其他添加剂的泥浆形式注入地下，其中支撑剂的使用确保了裂缝在压裂井返排后保持开启。有几种不同的完井方法得到了广泛的应用，例如射孔-桥塞法是在套管井内进行的，而滑套法是在裸眼井内进行的。这些差异对于校准用于微地震事件定位的速度模型非常重要。在压裂过程中，对施工压力、速率、支撑剂浓度和其他参数进行监测，这些泵注数据曲线对微地震解释非常宝贵。

我们对水力压裂缝扩展的基本认识来自于线性弹性压裂力学理论。水力压裂缝生长的数值模拟是设计过程中的一个关键部分。采用半解析解的经典方法，如 PKN 模型（适用于相对于其高度长度更长的裂缝）或 KGD 模型（适用于高度远大于长度的裂缝），预测为简单的双翼水力裂缝。然而，已经确定的是，水力裂缝与天然裂缝以及力学和应力非均质性相互作用，产生的裂缝模式往往很复杂。该非均质性可以通过使用块状参数模型、伪三维模型和全三维方法，基于不同的近似程度进行处理。一些混合数值模拟方法结合了连续体方法和离散方法。

注入的液体在水力压裂作业完成后被返排回地面。通过分析返排和早期生产阶段的流速和/或压力，可以对水力压裂作业的有效性进行正面分析。这些观测结果可视为是对被动地震监测的补充，可用于推断流动机制以及水力压裂参数，如裂缝半长和传导率。

4.6 延伸阅读材料

（1）《确定地壳应力方法的简明回顾》：Schmitt 等（2012）
（2）《储层改造的权威性汇编》：Economides 和 Nolte（2000）
（3）《水力压裂方法白皮书摘要》（附录中）：EPA（2004）
（4）《水力压裂计算机模拟方法综述》：Adachi 等（2007）

4.7 习 题

1. $S_{H\min}=44.0$MPa 是根据延长滤失试验（XLOT）观察到的断裂闭合压力（FCP）估算的。

（1）使用公式（4.6）来估计 $S_{H\max}$，忽略产生的环向应力 $\Delta\sigma_{\theta\theta}$，并假设 $\Delta\Theta$（角断裂宽度）$=20°$ 和 S（非约束抗压强度）$=150$MPa。

（2）如果 $P_R=49$MPa，用这个 $S_{H\max}$ 的估计值来估计孔隙压力 P。

（3）为什么在逆断层环境下无法推断出 $S_{H\max}$？

2. 使用与第 2 章问题 3 相同的密度和孔隙压力梯度模型，并假设采用广义应变模型，计算有效主应力 S'_V、$S'_{H\max}$ 和 $S'_{H\min}$。给定 Biot 参数 $\alpha=0.5$，构造应变 $\varepsilon_H=10^{-3}$ 和 $\varepsilon_h=10^{-4}$，以及剪切模量 $\mu=10$GPa。假设是泊松固体（$\nu=0.25$）。这种方法有时被称为机械地球模型。

3. 假定裂缝的高度固定为 $h_f=30$m，假设采用 Perkins-Kern-Nordgren（PKN）模型，在时间 $t=30$ 分钟时，给定恒定的注入速度 $q_i=8$m³/min，动态黏度 $\eta=10^{-3}$Pa·s，平均裂缝宽度（或孔径）为 2mm。假设介质的杨氏模量 $E=20$GPa，泊松比 $\nu=0.3$，滤失系数 $C_L=0.002$m/s$^{1/2}$。请计算以下参数：

（1）断裂面积与时间的关系，$A_f(t)$。

（2）断裂长度，对于一个简单的矩形截面的断裂情况。

（3）净压力 P_{net}［公式（4.23）］。

（4）用公式（4.24）计算 $x=0.5L$ 处的断裂宽度（也称为断裂孔径）。将其与上面给出的假定平均宽度进行比较。

4. 使用 Khristianovich-Geertsma-de Klerk（KGD）模型和上一问题中给出的参数来计算以下内容：

（1）断裂长度（L）。

（2）净压力［使用公式（4.28）］。

5. 根据斯托克定律［公式（4.31）］，使用问题 3 中给出的动态黏度计算支撑剂的最终沉降速度。假设 20/40 网眼在 90% 概率下的最大颗粒直径，支撑剂颗粒和流体之间的密度差为 1500kg/m^3。

6. 液压注入能量由 $E = \int_{t1}^{t2} PR \mathrm{d}t$ 给出，其中 P 是注入压力，R 是注入速度。对于恒定的井底注入压力 $P = 50\text{MPa}$ 和均匀的注入速度 $R = 8\text{m}^3/\text{min}$，计算从 $t_1 = 0$ 到 $t_2 = 30$ 分钟的总水力注入能量。用公式（3.87）计算地震的震级与等效辐射的地震能量。

第二部分

被动地震监测的应用

在科学研究中最令人兴奋的、真正驱动创新发现的话语不是"我发现了!"而是"这有点意思……"

伊萨克·阿西莫夫(Usenet discussion forum,1987)

第5章　被动地震数据采集

通过监测，你可以获得许多有用信息。

约吉·贝拉（John Wiley and Sons，2008）

被动地震监测利用对自然发生的地震信号或人为的"机会震源"① 的观测，来表征地下目标区域内的结构、特性和动态过程。类似的信息可以从主动地震方法中收集到，其中受控源，比如埋藏的炸药，可用于产生发震时刻和位置均精确已知的震源波场。被动监测的优点是节省了部署震源的工作量和费用，但缺点是无法事先知道震源的精确发震时刻和位置。

被动地震监测有许多实际应用。微地震监测是石油工业中用于监测和诊断水力压裂（Warpinski，2009；Maxwell et al.，2010；Van der Baan et al.，2013）、提高采收率（McGillivray，2005）、储层描述（Maxwell and Urbancic，2001）和套管完整性（Smith et al.，2010）的关键技术。类似的方法在更大的区域范围内用于监测诱发地震活动，并应用于包括石油（Raleigh et al.，1976；Suckale，2010）和地热（Majer et al.，2007）产业在内的各个领域。微地震监测阵列对于地下矿井的安全生产也很重要，它们被广泛用于监测断层活动和岩爆（Gibowicz and Kijko，1994）。此外，基于背景噪声干涉法的被动地震方法已被研发用于地下成像（Artman，2006；Wapenaar and Fokkenema，2006）。

采集系统监测地震波场各分量的能力随着检波器的布设方式、灵敏度和带宽而变化（Zimmer，2011；Maxwell，2014）。不同震级的地震会产生不同频率成分的信号，因此，被动地震监测系统的类型取决于工业应用和相关地震信号特征。监测系统是为记录特定频率范围的信号而设计的，涵盖与应用相关的主要频率成分，如图5.1所示。这些系统可以是永久性或临时性的，具体可以分为以下几类：

（1）实验室声发射系统；

（2）微地震监测系统；

（3）区域短周期地震台网；

（4）宽带地震台网；

（5）长周期全球地震台网。

微地震监测系统通常用于观测和分析距离在几公里范围内、震级小于零级的事件。这些系统通常使用地震检波器——一种可以实现被动记录地震动信号的低成本装置，主频大多在5Hz或更高。区域地震台网用于监测特定地理区域内的地震活动，通常距离小于1400km，其中地震记录以地壳–地幔边界的相互作用为主（Lay and Wallace，1995）。这些台网主要用于记录小到中等地震，这些地震通常会在短周期带宽（short-period bandwidth）

---

① 指独立于监测程序之外的地震震源，如水力压裂产生的地下震动（Duncan，2005）。

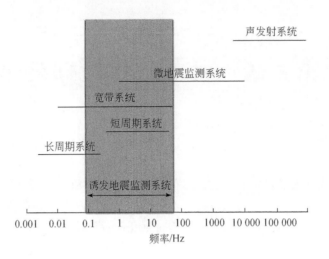

图 5.1　被动地震监测系统的频率范围

修改自 Urbancic 和 Wuestefeld（2013）。

（频率≥1Hz）内产生强信号。长周期地震台网适合记录远震[①]面波和地球的简正振型。从历史上看，短周期和长周期仪器之间的区别是在 0.15Hz 的全局频段峰值两侧的高信噪比（signal-to-noise ratio，S/N）频段（Webb，2002）。宽频地震仪是可以同时覆盖短周期和长周期仪器的复杂仪器，可为零级以上的诱发地震提供全频段带宽的覆盖（图 5.1）。

　　本章首先回顾了微地震监测系统的发展历史，特别强调了适用于水力压裂监测（hydraulic-fracture monitoring，HFM）的系统。其次，讨论了各种类型地震检波器的特点，以及不同监测网络/阵列布设方式的特征。随后，考虑各种随机和相干噪声源，以及可以用于降低和削弱噪声的方法。接下来，考虑使用诸如射孔枪（弹）或串弹之类的校准源。这些信号对于改进和验证实现准确地震定位所需的速度模型非常重要。最后，回顾了监测设计优化的各种方法。

5.1　微地震监测简史

　　在此前数十年发展的基础上，微地震方法大约在 2000 年开始被广泛应用于石油工业领域的水力压裂监测（Maxwell et al.，2010）。这里重点介绍一些开创性的项目。最早的水力压裂微震监测试验或许是由美国橡树岭国家实验室完成的，该试验是在位于地下 300m 处用于埋藏放射性废弃物的页岩中进行的（McClain，1971）。实验使用经过染色和掺杂示踪剂的水泥浆在水平裂缝中永久硬化[②]。裂缝范围可通过圈定钻井确定，但过高的钻井成本推动了遥感方法的发展，例如可以提供可靠裂缝成像能力的微地震监测。第一次压裂实验的地震事件由当时新安装的距离注入点 1.5 公里的地震仪记录到。从 1967 年到 1970 年

---

① "远震"一词指来自 3000km 之外震源的地震记录（Lay and Wallace，1995）。

② 根据 4.3 节所述，水力裂缝垂直于最小主应力方向，在较浅的 300m 深度垂直应力为最小主应力，所以这里的裂缝为水平裂缝。

的后续测试为继续开发微地震监测方法提供了有力支撑（McClain，1971）。

石油行业首次相关的水力压裂监测试验由 El Paso 天然气公司于 1973 年在新墨西哥州的 San Juan 盆地和 1974 年在怀俄明州的 Green 河流域盆地进行（Power et al.，1976）。通过联合井下和地面检波器，在注水期间和注水之后均观察到与裂缝相关的信号。然而，这些测试的结果不能区分是在形成新的水力裂缝系统，还是在将流体注入现有的天然裂缝中（Power et al.，1976）。

美国洛斯阿拉莫斯国家实验室开发了一种带有主频 10Hz 的多分量检波器的井下工具（图 5.2）。这种井下工具是后续持续技术开发的产品原型，它于 1976 年至 1979 年在一系列试验中部署，这些测试是新墨西哥州 Fenton Hill 干热岩（hot dry rock，HDR）实验的一部分（Albright and Pearson，1982）。该工具总共监测了三次水力压裂试验和一次循环试验。观测结果表明，一旦注入流体体积到达临界值，就会产生大量微地震信号。在水力压裂试验期间，微地震事件的位置较为集中，勾勒出垂直的平面裂缝形状，而在循环试验期间，在前寒武纪基岩节理中观测到的微地震活动更为分散（Albright and Pearson，1982）。因为通常沉积岩的地震波衰减比 Fenton Hill 的结晶岩大很多，前述工作的结果表明上述结

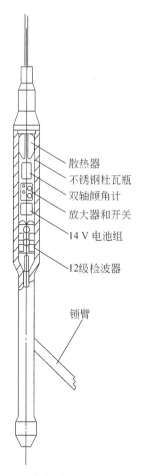

散热器
不锈钢杜瓦瓶
双轴倾角计
放大器和开关
14 V 电池组
12 级检波器
锁臂

图 5.2　1976 年至 1979 年间 Los Alamos 国家实验室在 Fenton Hill HDR 项目中使用的井下工具示意图
该工具为深井微地震监测技术的持续发展提供了产品原型。引自 Albright 和 Pearson（1982），经 SPE 许可。

论若要应用于沉积岩则需非常谨慎。在接下来的几年里，被动地震方法被测试和开发用于监测加利福尼亚 Geysers 的地热开发作业（Maje and McEvilly，1979；Denlinger and Bufe，1982；Eberhart-Phillips and Oppenheimer，1984）。

1983 年至 1996 年的多点水力压裂诊断（M-site）项目提供了一套关键的低渗透砂岩压裂诊断测试。M-site 项目是由天然气研究所和美国能源部在科罗拉多州 Piceance 盆地进行的（Warpinski，1998）。该项目使用两个井下加速度计阵列进行微地震观测，辅以测斜仪和与水力裂缝相交的钻井。微地震数据显示了裂缝发育受限、推断的裂缝面积与建模结果有很大的差异、以及裂缝复杂性的证据（包括次级裂缝和 T 形裂缝）。补充观测结果发现了多束水力裂缝，以及水力压强会沿着裂缝长度大幅度降低等大量的其他信息（Warpinski，1998）。

1997 年，一个由施工单位和服务提供商组成的联盟在得克萨斯州东部的 Carthage Cotton Valley 气田的一口垂直井中监测了六段水力压裂作业（Walker，1997）。该气田的主要产气层位于多层硅质岩中的低渗透砂岩。Rutledge 和 Phillips（2003）通过使用插值函数对记录的数据进行上采样，并使用互相关法重新拾取震相，获得了精确的震源位置。提高定位精度之后的微地震事件分布图像可解释为砂岩中孤立的天然裂缝上存在模式 II（走滑型）破坏的激活，从而限制了裂缝高度的增长。据推断，该储层中的天然裂缝控制着微地震事件的分布，其走向与预期的水力裂缝方向接近平行（Rutledge and Phillips，2003）。此后，许多研究中采用 Cotton Valley 的数据集作为开发和测试微地震方法的基准。

从 Fenton Hill、Piceance 盆地和 Cotton Valley 项目中汲取的经验教训为得克萨斯州 Barnett 地区的微地震监测的初步应用奠定了基础（Maxwell，2002）。Barnett 页岩是一种天然裂缝性储层，其中微地震监测为复杂裂缝网络的激活提供了确凿的证据——这与 4.3 节中讨论的水力裂缝增长理论模型的预期相反。通过先后采用井下监测系统及其他数据采集方式，微地震方法在 Barnett 页岩中的成功应用推动了该技术的显著进步及广泛使用（Maxwell，2010）。在接下来几年中地表和近地表微地震采集方式的兴起证明了大范围布设地震检波器阵列的有效性（Duncan，2005；Robein，2009）。如下一节所述，这开启了多种不同检波器布设方式应用于微地震监测的新阶段（图 5.3）。

5.2　检波器布设

自微地震监测方法诞生以来，已经形成了一系列不同的检波器布设方式（图 5.3）。不同采集方法的发展得益于针对地面与井下监测系统理论敏感性的严格讨论（Maxwell，2014）。例如，部署在深井中的检波器远离强地表噪声源，具有较短的射线路径，从而减少了非弹性衰减的影响。因此，单道波形比在地表记录的波形具有更高的信噪比，通常能够检测到较弱的事件。另一方面，在地表布设检波器比在深井井筒中布设要方便得多，因此有利于使用更多的检波器。这种灵活性使得我们可以通过波形叠加实现更好的信噪比增强，同时为事件监测和震源描述提供更有利的监测范围。如果监测目标只是监测异常的诱发地震，那么探测微弱事件的能力可能是次要因素，而检波器带宽才是最重要的。最后，在沼泽地等环境中，近地表的地震衰减特别大，不利于高保真记录，这催生了地面与浅井阵列联合监测手段。检波器布设的选择取决于各种因素，如观测井的可用性、地表条件等。如第 6、7 和 9 章所阐述的，原始微地震数据处理方法的选择取决于用于数据采集的检波器布设方式。

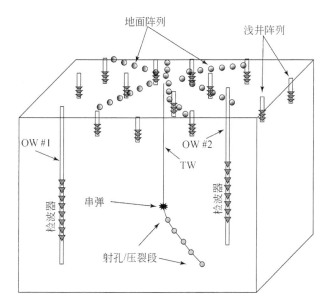

图 5.3　水力裂缝监测的微地震采集方式

TW 为作业井，OW 为观测井。经作者许可，修改自 Akram（2014）。

5.2.1　深井阵列

深井阵列是指检波器部署在距离注水区域相对较近（数百米）的井筒中，这些检波器通常是安装在类似于图 5.2 中井下工具原型的多分量地震检波器，并且可以使用多种方案安装，如图 5.4 所示。如第 3.23 节所述，在某些情况下检波器阵列位于地震波传播的近场范围，这可能会给信号分析造成异常复杂的情况。

临时检波器阵列通常安装在钢套管井筒中的电缆上。在这种情况下，需要将检波器吊舱夹在套管上，例如机械臂或磁铁。图 5.5 显示了使用一种电缆系统的井下阵列安装的例子。该阵列正在被起重机安装到加拿大西部的一个垂直观测井中。或者，可以使用连续油管输送系统①安装检波器阵列。对于任何临时部署方案，夹紧力应至少是工具重量的 15 倍，以确保充分耦合（Maxwell，2014）。耦合对于降低噪声和确保信号保真度②非常重要。在实践中，一个阵列中使用的检波器数量从 8 到 36 级不等，检波器间距通常为数十米，具体取决于检波器串的设计。

如图 5.3 所示，多口井同时观测可有效降低定位的不确定性，但仅限于被多个检波器

---

① 连续油管是指柔性金属管道，通常直径为 2.5～8.3cm，由大型卷筒卷入井筒。
② 这里，信号保真度意味着整个检波器阵列的信号一致性和没有信号失真。

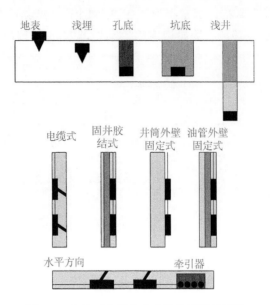

图 5.4　在地面和深井中安装检波器的场景

修改自 Maxwell（2014）。经 SEG 许可转自 Microseismic Imaging of Hydraulic Fracture：
Improved Engineering of Unconventional Shale Reservoirs（S. Maxwell，2014）。

图 5.5　卡尔加里大学井下检波器阵列的安装

该阵列使用了一种由 Engineering Seismology Group 设计的电缆系统。安装期间的工作
环境要求很高，安全操作是至关重要的。图片来自 Drew Chorney，经允许使用。

阵列良好记录的事件。多个观测井的使用也为井中微地震观测的矩张量反演（moment-tensor inversion，MTI）带来了显著优势，因为单个垂直观测井的阵列覆盖范围不足以反演完整的矩张量（Vavrycuk，2007）。如果数据仅来自单个观测井，在所有地震事件具有相同震源机制的假设下，就有可能为一组事件估计一个复合震源机制（Rutledge and Phillips，2003）。对于来自多个观测井的单一事件或来自单个观测井的复合事件的矩张量反演，一个必要条件是震源—接收器布设方式能够保证足够大的立体角采样，以使反演问题得到可靠求解（Eaton and Forouhideh，2011）。

　　井中检波器阵列也可以永久安装在套管外面和/或用水泥固定到井筒中。例如，Bell 等（2000）描述了安装在 Oman 南部 Athel 地层内生产套管外面的永久地震检波器阵列，该地层需要进行大规模的水力压裂增产以实现经济开采。永久安装可保证检波器与周围介质充分耦合，并有助于延时数据采集以研究地下的时间变化。然而，井中永久性阵列的一个缺点是无法修理或更换出现故障的检波器。由于腐蚀和长时间暴露于高温都可能损坏元器件，所以检波器元器件故障在大多数储层的现场生产环境中并不少见。

　　在永久或临时井下微地震阵列的电缆部署过程中，由于电缆不可避免地扭转，工具会发生扭曲。除了工具组件包含陀螺仪装置的极少数情况下，检波器串中每个检波器的净旋转量是未知的。对于安装在垂直井筒中的标准三轴地震检波器，尽管垂直地震检波器在部署后具有已知的方位并且水平地震检波器具有已知的水平倾角，但水平地震检波器的方位角是未知的。因此，井下微地震数据的处理包括确定检波器方向这一步骤。在具有倾斜轨迹的井筒中，需要进行井测将电缆深度转换到地理坐标中。由于需要多次坐标旋转操作，在斜井筒中地震检波器方向的转换相应地更加复杂。

　　由于新钻一口专用微地震观测井的成本高，因此通常将井中检波器阵列安装到现有井中。一种方案是将井下阵列部署到附近的井中。这种情况在重新开发的成熟油气田中比较常见，其中早期的垂直井被水平井取代以进行水力压裂增产（Reynolds，2012）。如果将现有生产井用作观测井，则可能需要安装桥塞以隔离储层作业区域与检波器阵列。这通常意味着检波器阵列位于施工深度上方的次优垂直位置。另外，可以通过在压裂井中安装微地震检波器以节省钻新井的成本，但是缺点是在水力压裂作业过程中噪音会非常大，以至于安装的检波器只能用于压裂作业后观测微地震（Maxwell，2014）。

　　含多口水平井的钻井平台的特性使得利用多口相邻水平井进行监测变得越来越普遍，但缺少足够靠近作业区域以实现可靠微地震监测的垂直井。在这种情况下，可以使用牵引装置将井下阵列安装到水平井中（图 5.4）。Maxwell 和 Le Calvez（2010）讨论了在水平井与垂直井中安装微地震监测阵列的利弊。水平阵列由于接近作业区域可能会提高监测的灵敏度，而垂直阵列通常有更高的微地震定位精度，特别是对于作业区域外的地震事件。可以在监测前开展数值模拟来评估不同监测方式。

　　监测系统的传递函数特性，包括采样率、增益和灵敏度设置以及系统的极点和零点（见附录 B），确定了将原始记录数据转换为单位 m/s 的系统的动态范围[①]。完成转换后，就可以根据震源的初步位置估算震级（震源定位方法将在下一章讨论）。震级–距离散点图为井中微地震监测提供了一种有用的质量控制（qualitycontrol，QC）工具（Cipolla et al.，2011；Zimmer，2011），可用于说明单个井中监测阵列的已知检测距离偏差。图 5.6 显示了一个震级–距离散点图的例子。

　　由于几何扩散和非弹性衰减导致地震波振幅损失，这意味着最弱的微地震事件只能在最近的观测距离被检测到。图 5.6 中显示了两条极限检测震级的理论参考曲线。标记为 M_C 的曲线近似于完备震级随距离的变化（第 3.8 节）。计算该曲线的第一步是确定信号检测

---

　　① 动态范围是能接收的最大和最小信号的比值（Sheriff，1991）。

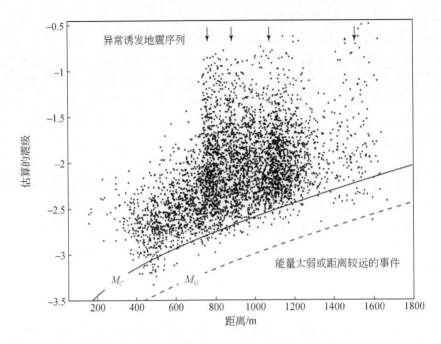

图 5.6　Horn River 盆地水力压裂完井作业的震级–距离散点图（Eaton et al.，2014）
估算的完备震级（M_C）和可探测震级（M_D）的曲线使用 $Q=200$ 计算。

图中垂直地震事件带指示与断层活化有关的异常诱发地震活动序列。

概率为 90% 的平均振幅水平，记为 A_{90}。这个检测水平取决于原始数据的信噪比以及检测方法，具体讨论可参考 Schorlemmer 和 Woessner（2008）。接下来，通过结合方程（3.73）和（3.76），可得到使用 P 波计算的距离震源 r 处的地震矩为

$$M_0^P = A_{90}r\,\frac{4\pi\rho\,v_P^3}{R_P}e^{\frac{\pi f_0 r}{v_P Q_P}} \tag{5.1}$$

其中 $R_P \approx 0.52$ 是 P 波平均辐射花样（Boore and Boatwright，1984），f_0 是信号的主频率，v_P 和 Q_P 是 P 波平均速度和质量因子。类似地，使用 S 波计算的地震矩可以写为

$$M_0^S = A_{90}r\,\frac{4\pi\rho\,v_S^3}{R_S}e^{\frac{\pi f_0 r}{v_S Q_S}} \tag{5.2}$$

其中 $R_P \approx 0.63$ 是 S 波平均辐射花样（Boore and Boatwright，1984），v_S 和 Q_S 是 S 波平均速度和质量因子。对于给定的距离，通过求解方程（5.1）和（5.2），然后由下式计算出 M_C 值

$$M_C = \frac{2}{3}\log_{10}(\max\{M_0^P, M_0^S\}) - 6 \tag{5.3}$$

　　同样，图 5.6 中的 M_D 曲线显示了使用相同方法确定的检测极限，但平均振幅水平只有 10% 的检测概率。这种随距离变化的检测极限在解释井中监测微地震事件（Cipolla et al.，2011）以及分析震级分布时（Eaton and Maghsoudi，2015）是一个重要的考虑因素。

5.2.2　地面和浅井阵列

　　地面微地震监测阵列不受上述讨论的距离–检测偏差类型因素的影响。此外，在没有

合适的观测井或储层温度超过井下工具串耐热性的区域，地面阵列还具有其他实际优势（Maxwell，2014）。一种地面阵列的设计是将检波器以井平台为中心沿径向直线布设（图5.7），类似于车轮的辐条（Duncan and Eisner，2010；Chambers，2010）。地面阵列孔径/范围（总直径）应约为目标深度的两倍（Duncan and Eisner，2010）。对于给定数量的检波器，这种布设方式实现了沿井平台径向的最大可能空间采样，这能最有效地压制由高压泵、搅拌机等产生的近地表噪声。

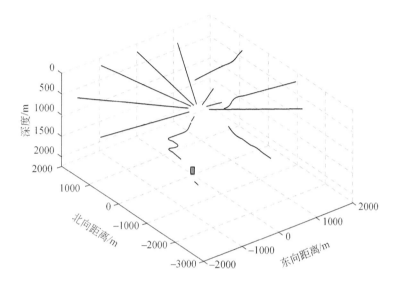

图 5.7　以地面星形阵列为例，检波器主要沿着以井平台为圆心的径向布设
修改自 Eisner 等（2010）。版权归 John Wiley & Sons, Inc. 所有。

一般来说，检波器阵列有以下布设目标（Pap，1983）：

（1）抑制相干噪声，尤其是地滚波，一种在低速覆盖层内的瑞利波，它在陆地地震记录中产生强烈的线性相干噪声模式（Xia et al.，1999）。

（2）通过叠加（求和）多道记录以提高信噪比（S/N）；对于 n 道记录，假设每道波形信号相同，这会将含随机背景噪声的信号的 S/N 提高 $\sqrt{n}$。

（3）防止空间混叠，空间混叠是指当连续数据通过以大于原始数据中最短波长的一半的空间间隔 Δx 进行采样并离散时出现的频谱假象。换句话说，如果连续数据的频域波数（波长的倒数）高于奈奎斯特波数（Nyquist wavenum-ber），即 $k_N = \dfrac{1}{2\Delta x}$（见图 5.8），就会出现混叠。

线性阵列由一组间距相等、灵敏性一致的检波器组成。基于天线理论，对于距离间隔 Δx 的 n 个检波器组成的线性阵列，其振幅响应可以写为（Pap，1983）

$$A(k_x) = \frac{1}{n} \left| \frac{\sin(\pi\, k_x n\Delta x)}{\sin(\pi\, k_x \Delta x)} \right|, \tag{5.4}$$

其中 $k_x = \dfrac{1}{\lambda_A}$ 表示空间波数，λ_A 是沿 x 方向测量的视波长。在图 5.8 中绘制了 $n = 10$ 的线性

阵列的滤波器响应。该响应以分贝（dB）为单位绘制，分贝代表两个数值之间比值的对数度量，这里定义为

$$A(k_x)\,[\,dB\,] = 20\,\log_{10}\left(\frac{A}{A_{max}}\right) \tag{5.5}$$

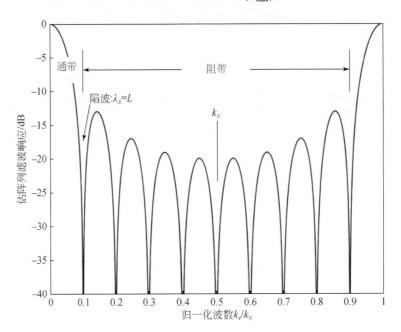

图 5.8　含 10 个检波器的线性阵列的空间滤波响应图
阵列可以用来压制不需要的地面噪声。详情见正文。

　　基于该公式作进一步分析，增加 6dB 对应于振幅增加一倍，而增加 20dB 表示振幅增加 10 倍，增加 60dB 相当于 1000 倍。

　　如图 5.8 所示，该滤波器在 $\lambda_A = L$ 处包含一个陷波，其中 $L = n\Delta x$ 称为有效阵列长度。这个陷波标志着从滤波器通带到阻带之间的过渡。这意味着在有效长度 L 的线性阵列上记录的波形叠加将衰减波长为 λ_A 的波。因此，可以使用有效长度近似等于地滚波波长的线性地震检波器阵列来压制波长在 10～160m 地滚波（Xia et al.，1999）。在地面微地震采集中，已通过采用块状阵列设计将阵列概念推广到二维（Pandolfi et al.，2013；Roux et al.，2014）。此设计使用部署在小区域（补丁状或块状）内的地震检波器密集阵列。在每个块状区域内产生叠加道集，相对于随机噪声，实现了 $\sqrt{n}$ 的 S/N 提升，还提供了全向阵列过滤功能。这种方法在地表条件无法实现整个地面监测系统所需的覆盖范围时有实际优势。

　　另一种降低近地表噪声的策略是在穿透低速覆盖层下方的浅井中部署检波器。覆盖层的厚度是变化的，导致波散射效应，并且通常以异常高的衰减为特征（Snelling and Taylor，2013）。因此，信号在覆盖层中的衰减和散射是导致从深处微地震震源到地表的整个路径中信号损失的最主要因素。图 5.9 是一个浅井检波器布设方案的示例。该阵列包含 151 口钻到覆盖层底部的浅井，并在底部用水泥固定安装了 10Hz 主频的三分量地震检波器。该阵列用于加拿大西北部 Horn River 的一个大型井场的微地震监测（Snelling and

Taylor，2013）。由于非常规油气藏通常具有较长的开发周期，安装永久性浅井筒阵列可为长期监测提供良好的投资回报（Zhang et al.，2011b）。

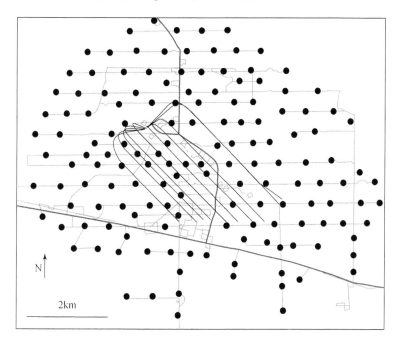

图5.9 加拿大西北部 Horn River 盆地的浅井阵列

监测井平台有 10 口水平井（黑色线条），位于 Horn River 组的 3 个地层。图中原点所示为由 151 个检波器组成的微地震监测阵列，占地 40km^2，沿着地震分割线（细灰色线）安装。较粗的灰色线条表示道路。修改自 Snelling 和 Taylor（2013）。

5.2.3 区域地震台网

在经历过诱发地震的地区，监管机构、工业界和学术界已通过安装或扩展区域地震台网来应对后续可能的诱发地震。对于以前地震台网覆盖稀疏的但近期地震活动开始出现的区域尤其如此，以前静止的稳定大陆区域可能就是这样。例如，通过合并早期的加拿大阿尔伯塔省遥测地震台网（Eaton，2014），阿尔伯塔省地质调查局于 2013 年组建了阿尔伯塔区域地震研究台网（Schultz and Stern，2015），以回应各界对诱发地震活动的担忧。同样，为了提高对加拿大不列颠哥伦比亚省东北部（northeastern british columbia，NEBC）非常规资源开发地区诱发地震活动的认识，不列颠哥伦比亚省地震研究联盟于 2012 年成立。作为一个公共和私营部门合作的弥补信息差距的组织，该联盟在 NEBC 安装了一个区域地震网络，以补充加拿大国家地震台网（CNSN）的稀疏覆盖，从而提供更统一的监测灵敏度和定位准确性（Mahani et al.，2016）。

加拿大西部监测诱发地震活动的区域地震台网覆盖范围最近不断增长。在该地区安装新台站的原因有几个：①提高工业活动地区的监测能力；②获取有非常规资源开发前景区域的基线地震活动数据。大约在 2009 年该地区地震活动开始时，该地区唯一的地震台站是位于 Fort Nelson （FNBB） 的 CNSN 宽频带台站，该地区的背景地震活动很少（Farahbod，2015b）。在 Tatoo、Etsho 和 Cariboo 等开发区 （以及其他地区） 报道了流体注入诱发地震活动的初步结果之后 （BCOGC，2012，2014），加装了 8 个地震台作为 NEBC 区域地震台网的一部分。2016 年，Yukon 地区地质调查局将地震台网的覆盖范围扩大到 Liard 盆地北部，预计该区域未来可能进行非常规资源开发活动，因为在该地区的密西西比至泥盆纪页岩中发现了相当大的资源潜力 （Ross and Bustin，2008；National Energy Board，2016）。当前的监测网络为 Horn River 和 Liard 盆地当前和未来开发区域提供了相对均匀的覆盖。

与大多数微地震采集系统不同的是，这些地震台网的数据通常是几乎实时地传输到数据中心，并且大多数原始波形数据都是可以免费获取的。Eaton 等 （2005） 介绍了便携式宽频地震台网的典型仪器和台站设计。

5.3　背景模型构建和校正

为了利用观测波场确定震源的可靠位置，需要准确的介质背景模型，包括 （但不限于） 速度模型。背景模型需要包含足够的信息来解释 qP 和 qS 波从震源区域传播到检波器阵列的基本特征，包括表现在观测波形的任何衰减和各向异性效应。尽管背景模型的建立主要是一项数据处理任务，但由于记录校准源对于实现模型改进和验证的重要性，因此这里对背景模型建立过程进行简要介绍。对于射孔、串弹和滑套开启信号等各种校准源的详细介绍如下。

初始背景模型通常使用测井信息构建。测井信息必须至少涵盖一个地震活动区域向上延伸到地表的整体区域 （即不仅局限于目标区域的深度范围）。如有可能，应使用作业井的测井数据；对于井下监测，观测井的数据也应该用于描述作业井和观测井之间的横向非均质性。如有必要，可以使用附近井的测井信息代替作业井或观测井，其中 “附近” 的具体范围取决于现场作业区域的横向非均质的程度。虽然有些地区地层平坦且连续，10km 外的测井信息都是可用的，但在其他构造复杂的地区，需要更近的测井信息进行约束。在典型测井技术中，声波测井是相对标准的，可以基于声波传播时间简单反演得到 P 波速度。另一方面，S 波测井不太常见，这意味着可能需要一些其他方法，例如基于其他井的 v_P/v_S 测量值的统计分析。如 4.1.2 节所述，如果可以使用交叉偶极子测井，则可以确定快、慢 qS 波速度。总之，当缺少足够的先验信息时，一个精简的水平层状速度模型通常是最好的初始模型。

校准源

利用校准源优化初始速度模型对于获得可靠和准确的震源位置至关重要。校准源是已知位置的震源；一般使用迭代方法进行速度模型校正，这些信号的震源位置可使用第 6 章和第 7 章中描述的方法进行计算。给定校准源的已知位置，通过计算出的震源位置与已知位置的拟合进行背景模型 （必要时包括各向异性参数） 的迭代反演。

对于使用桥塞–射孔联作技术（第4.2.1节）的水力压裂完井，已知位置的射孔枪可用作校准源。图5.10显示了典型微地震事件和使用深井阵列记录的射孔事件的波形和时频图①的对比（Eaton，2014d）。微地震事件表现出明显的P波和S波震相，信号带宽约20Hz到500Hz。相比之下，射孔事件缺乏清晰的S波，但具有明显的P波，其带宽延伸到近1000Hz。对于图5.10中的微地震事件S波振幅几乎是P波振幅的10倍，这与双力偶震源机制的辐射花样一致；相反，对于射孔事件来说，强P波和弱（或不存在）S波与各向同性（爆炸）震源机制一致。与大多数监测实验一样，射孔事件的起始时间太不精确，不能直接进行速度测量。虽然已经研发了特殊的射孔计时程序（Warpinski，2005b），但在实际中并不常用。

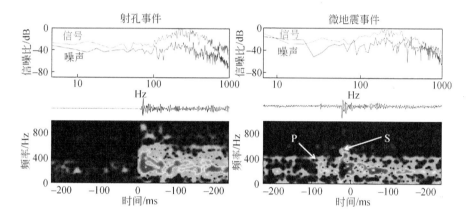

图5.10 不列颠哥伦比亚省东北部 Montney 地带水力压裂监测项目中
代表性射孔枪和微地震事件的时频谱对比（Eaton et al.，2014d）

上方图片为信号和噪声振幅谱。下方图片为垂直分量波形和使用短时傅里叶变换获得的相应频谱。经SEG许可使用。

射孔枪对于使用滑动套管系统的裸眼完井是不可用的，但滑套打开事件的波形可用于速度模型校正（Maxwell and Parker，2012）。图5.11显示了加拿大阿尔伯塔省中部微地震监测项目中一个具有代表性的滑套打开事件（Eaton et al.，2014c）。如下一章所述，图5.11中的三分量记录已旋转到以射线为中心的坐标系，这样可实现P波和S波信号的有效分离。正如（Maxwell and Parker，2012）所描述的那样，由于仪器的机械作用（图4.10），滑套打开事件的特点是在不到一秒的时间内出现多个离散信号。在上述例子中，所有三个震相都具有相似的振幅，但在其他有些情况下，第一个信号振幅最高（Maxwell and Parker，2012）。由于P和S波初至清晰，并且井筒中滑动套管组件的位置是已知的，因此这些事件是很好的校准源。

在某些情况下，射孔和滑套打开事件都无法使用，例如射孔信号太弱而无法被检测到。此外，一些水力压裂方法，例如水力喷射增产方法（Sur jaatmadja et al.，2008），不会产生任何可用的校准信号。在这种情况下，可选择在井中布设一个或多个串弹（图5.3）。串弹是放置在井筒中以产生脉冲源的地震雷管。除了位置已知之外，串弹的另一个

---

① 时频分析的讨论见附录 B。

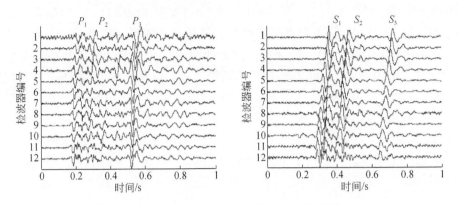

图 5.11　阿尔伯塔省中部水力压裂监测项目的滑套打开事件波形
显示了三次 P 波和 S 波的震相特征。波形经过单道归一化并旋转成正交水平分量。

优点是可以更方便地确定精确的激发时间。

　　如前所述，对于井中监测，检波器串中水平分量方向通常是未知的。因此，校准源除了用于校准速度模型，还可用于确定地震检波器的水平方向，具体方法见第 6 章。如果没有地下校准源，则已知位置的地面震源也可用于确定地震检波器的水平方向。当没有任何可用的校准源时，可假设每个压裂段的第一个微地震事件与注水点相吻合。由于这种方法无法验证，因此只能将其视为"最后的方案"。

5.4　监测设计注意事项

5.4.1　检波器类型

　　地震检波器是一种运动敏感型检波器，它使用弹簧–质量–阻尼系统将地面运动转换为与地面速度成比例的电信号（Knapp and Steeples，1986）。地震检波器的基本设计是在线圈内部放置一块磁铁。磁铁固定在检波器外壳上，而线圈和质量块通过弹簧惯性隔离，这样磁铁和线圈之间的相对运动就会产生法拉第感应定律所描述的电动势。三分量地震检波器具有三个方向相互正交的元件。地震检波器的固有频率由下式给出

$$f_0 = \frac{1}{2\pi}\sqrt{k/M} \tag{5.6}$$

其中 k 是弹簧常数，M 是质量。尽管可以使用较低频率的地震检波器，但大多数常规地震检波器的固有频率为 10Hz 或更高。地震检波器的速度传递函数[①]可以写成（Wielandt，2002）

$$H_g(f) = S_g \frac{(f/f_0)^2}{-(f/f_0)^2 + 2i\,\lambda_g f/f_0 + 1} \tag{5.7}$$

---

① 将系统的输出和输入联系起来的数学函数，见附录 B。

其中S_g为检波器灵敏度，单位为 V/m/s，λ_g是检波器阻尼因子。地震检波器的灵敏度与弹簧常数和线圈电阻R_c相关 (Knapp and Steeples，1986)

$$S_g = k\sqrt{R_c} \tag{5.8}$$

从公式 (5.7) 可知，对于无阻尼地震检波器 ($\lambda_g=0$)，在$f=f_0$时与系统的谐波共振相关的传递函数存在奇点。这不是一个理想的特性，所以在实践中地震检波器总是有阻尼的。对于临界阻尼地震检波器，$\lambda_g=1/\sqrt{2}$ (Wielandt，2002)。地震检波器通常用于远高于固有频率的地震波信号监测，在这种情况下检波器的响应曲线是平坦的。

地震仪是一种电容式力平衡装置。这种类型的装置使用质量-弹簧系统，但不是测量弹簧的伸长率，而是施加一个补偿力以保持质量块在中心位置 (Wielandt，2002)。通过测量补偿力的强度来获得地震仪的输出。通过质量-弹簧系统调整反馈回路的电阻和电容参数，可以设计一个频率响应覆盖所需信号带宽的地震仪 (图 5.1)。对于具有 N 个零点 (表示为a_j) 和 M 个极点 (表示为p_j) 的地震仪，传递函数可以写为

$$H_s(f) = S_s \frac{\prod_{j=1}^{N}(s-a_j)}{\prod_{j=1}^{M}(s-p_j)} \tag{5.9}$$

其中 $s \equiv 2\pi i f$ 和S_s是整体灵敏度因子，通常表示为各种中间参数 (例如增益校正) 的乘积。图 5.12 比较了宽频带地震仪 (Trillium 240) 和地震检波器 (SM-24 10Hz) 的响应。

还有其他几种类型的检波器也可用于被动地震监测。加速度计通过使用具有质量的压电陶瓷检波器来提供压力以产生电压，从而对地面的瞬时加速度产生响应 (Knapp and Steeples，1986)。力平衡加速度计，如地震仪，使用力平衡反馈原理，但有一个电阻反馈电路，使得输出电压与加速度 (而不是速度) 成正比 (Wielandt，2002)。

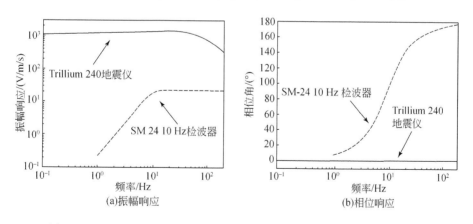

图 5.12 Trillium 240 宽频带地震仪和 SM-24 10Hz 检波器的频率响应曲线

分布式声学传感 (DAS) 是一种新兴技术，其中光纤同时作为信号传输介质和检波器 (Daley et al.，2013)。DAS 系统基于相干光时域反射法，即相干光的短激光脉冲沿光纤传输 (Molenaar et al.，2012)。地下介质振动导致沿光纤产生应变，并可以通过反向散射光波检测到该应变，然后使用解调单元对这些波进行分析并达到 1~10m 的空间分辨率。尽

管已发表的结果显示 DAS 系统监测数据的噪声水平比地震检波器阵列更高，但该技术正在迅速发展，并在完井过程被动监测中显示出巨大潜力（Molenaar et al.，2012）。

5.4.2　噪声

噪声可以定义为地面运动记录中所有非信号的不必要成分。信号的概念取决于具体的应用，但通常被理解为符合概念模型的记录波形部分，例如相干反射波能量（Kumar and Ahmed，2011）。被动地震监测依赖于检测背景噪声之上的有效信号，这些有效信号的幅度相对于噪声在某些频段可能会超过 60dB（Webb，2002）。

这里介绍几种常见的噪声类型。人文噪声是由人类活动产生的，例如制造和其他工业运营及交通引起的振动，通常在 1~35Hz 的频带内（Boese et al.，2015）。如前所述，在进行水力压裂作业的井场，高压泵、搅拌机和车辆会产生强烈的振动，从而产生从井场向外辐射的高振幅面波。例如，图 5.13 显示了图 5.9 中浅井阵列噪声水平的计算结果。该图是使用均方根（RMS）振幅值 $\bar{u}_{RMS}$ 构建的，它是一种平均值，可由如下公式计算

$$\bar{u}_{RMS} = \sqrt{\frac{\sum_{i=1}^{N} u_i^2}{N}} \tag{5.10}$$

其中 u_i，$i=1$，2，3，…，N 是输入序列。图 5.13 所示的噪声水平是针对没有已知的地震活动的 24 小时的时间窗口计算的。由于车辆通行，在通往图片中心位置的井场以及北边第二个井场的道路区域的噪声水平最高。根据地震数据已知沿着掩埋在地下的全新世通道存在厚厚的沉积物，也观测到了略高的噪声水平（Snelling and Taylor，2013）。这和预期相符，因为在任何松软或异常厚的土壤区域通常会出现较高的噪声水平（Building Seismic Safety Council，2003）。

在与人文噪声相近的频带内，风也是背景噪声的一个重要来源。风噪声通常通过植物和树木的根系耦合到地面。风噪声的振幅随着深度的增加而迅速减小（Carter et al.，1991），这符合使用浅井阵列设计来提高信噪比的思路。与人文噪声一样，风噪声在震源的时间尺度（秒级）上实际上是比较随机的。随机噪声可以根据频率响应分为各种类别。例如，白色随机噪对所有频率具有相同的强度，而粉色随机噪声的强度与 $1/f$ 成正比。因此，粉色噪声在较低频率处强度更大。

Peterson（1993）通过分析全球 75 个数字地震台站的噪声记录，为这些台站制定了一套标准噪声模型，称为新高噪声模型（new high noise model，NHNM）和新低噪声模型（new low noise model，NLNM）。NBC2 台站介于 0.3s 至 70s 周期范围内测得的噪声水平落在高低噪声极限内，这意味着与世界各地的其他台站相比，该站的噪声强度处于平均水平。图 5.14 显示 NBC2 台站背景噪声计算结果（图 5.9）。图中噪声以功率谱密度（PSD）图表示，它是噪声自相关函数相对于振幅的傅里叶变换（Peterson，1993）。

图 5.14 中的噪声频谱在大约 6s 的周期内包含一个显著的噪声峰值。这就是所谓的微地震噪声峰值，它是由世界海洋中的波浪干扰引起的（Webb，2002）。如前所述，该噪声峰值是一种全球性现象，历史上据此将地震学分为短周期和长周期观测带（Webb，2002）。

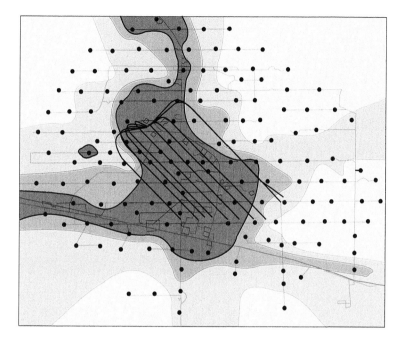

图 5.13　图 5.9 所示的浅井阵列的均方根（root mean square，RMS）噪声水平
深灰色代表高噪声水平，浅灰色代表低噪声水平。一般来说，最高的噪音水平出现在设施和道路附近。
噪声水平的小幅增加与全新世近地表通道的位置有关。修改自 Snelling 和 Taylor（2013）。

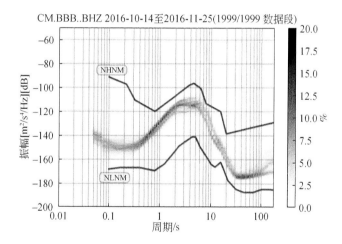

图 5.14　地震噪声模型 NLNM 和 NHNM（Peterson，1993），与 CNSN 台网 BBB 台站连续 40 天的
噪声功率谱密度（PSD）进行比较。

5.5　监测设计优化

　　一般来说，被动地震监测的首要设计目标是优化微地震事件的检测，同时最大限度地减小震源位置的误差（Maurer et al.，2010；Grechka，2010；Zimmer，2011）。为了优化设

计，研究者已提出了各种方法和指标来评估地震监测阵列的性能。这里讨论其中一些方法。

Mayrer 等（2010）提出了影响监测设计优化的名义成本-效益关系，如图 5.15 所示。在渐近极限范围内，该图传达的概念是：

（1）在收集任何数据之前就会有固定成本，如设备的运输，因此这部分成本在实现任何监测效益之前就已产生。

（2）最终，对于任何监测设计，都存在一个效益递减点。趋近效益递减点意味着此时获取更多的数据主要是增加观测的冗余，而不会贡献新的独立信息。

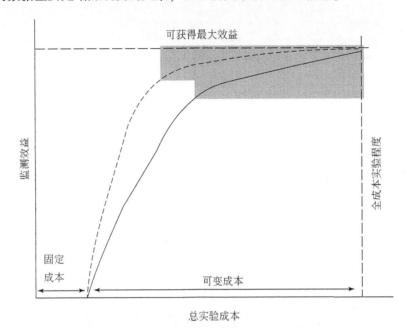

图 5.15　监测设计优化的名义成本-效益关系示意图

阴影区域表示效益递减。虚线为优化设计，实线为标准设计。引自 Maurer 等（2010），并经 SEG 许可。

根据该模型，可以预估监测优化设计的投资回报，从而在特定监测成本下达到更高的效益，或在相同的效益下投入更少的成本。该示意图还表明优化后的监测方案在效益递减点比普通方案能获得更多的收益。

Martakis 等（2006）建议使用棋盘测试优化被动地震观测获得的层析成像模型。棋盘测试是一种敏感性分析的标准测试，通过规则网格上已知异常（扰动）的输入模型的预期响应进行分析。合成数据由给定的实际检波器位置和棋盘模型作为输入的正演模拟生成，然后利用该合成数据进行反演。再将反演结果与输入棋盘模型进行比较，以评估检波器阵列的分辨能力。图 5.16 展示了一种评估震源定位不确定性的棋盘测试方法，涉及四种不同的检波器布设方式，包括：（a）目标区上方的单个垂直观测井；（b）覆盖目标区的三口垂直观测井；（c）目标区内的一个水平井；（d）一个包含两条交叉测线的地面阵列。该模型包含 12 个微地震震源点。对于图中灰色圆圈表示的每个事件点，通过在 P 波和 S 波中分别添加 ±2ms 和 ±4ms 的均匀随机拾取误差，以及 ±15° 的均匀随机方位角误差后反演

获得 100 个定位结果。这种方法可对依赖于监测阵列形态和震源位置的定位不确定性进行
评估。单井监测对于最近的事件表现最好，定位不确定性随着距离的增加而增加。在假设
所有三个井中阵列都能采集到所有的微地震事件的前提下，定位误差将更加均匀，但这在
实际应用中是不现实的。在水平井的情况下，事件分布向模型边界处发散。最后，地面阵
列在整个区域上响应相对均匀，但事件发散程度更大。这主要归咎于该阵列的传播路径长
度比其他监测方式大得多。此外，这里显示的计算结果是基于走时的方法，而许多处理地
面监测数据的算法使用的是第 7 章描述的成像方法。

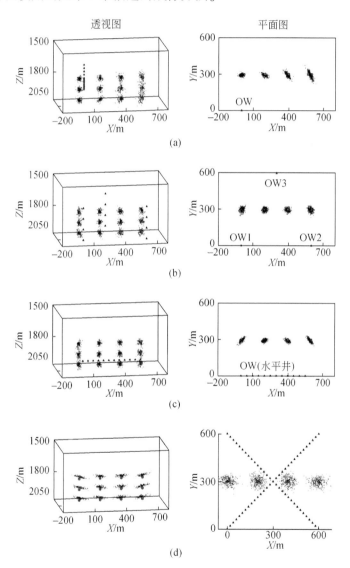

图 5.16　棋盘测试法评估检波器阵列形态对微地震事件定位的影响

考虑四种检波器布设方式：（a）位于目标区域上方的单个垂直观测井（OW）；（b）覆盖目标区的三口垂直观测井；
（c）目标区内的水平观测井；（d）含两条交叉测线的地面阵列。

Peters 和 Crosson（1972）描述了一种称为预测分析的统计方法，并将其应用于估算地面密集地震台网的震源定位误差。传统的误差分析方法是假设输入的参数存在随机误差，然后采用最小二乘法进行反演。预测分析能够在不进行反演的情况下确定误差。

Grechka（2010）提出了基于 Fréchet 导数矩阵的监测设计优化问题，该矩阵是走时函数关于模型参数（位置坐标 x、y 和 z）的偏导数矩阵。Grechka（2010）展示了如何将奇异值分解（singular-value decomposition，SVD）（一种用于分析线性反演问题的解的方法（Press et al.，2007）应用于 Fréchet 导数矩阵来比较各种监测设计。

Rabinowitz 和 Steinberg（1990）使用称为 D 最优性准则的类似方法考虑了地震台网选址优化的问题。该准则要求 det（A^TA）的值最大化，其中 A 是 Fréchet 导数矩阵，使得该值最大化的台站分布称为 D 最优布设。他们的研究表明，对于特定的震源，D 最优布设必须将所有台站放置在围绕震中的同心圆上，每个圆上的台站彼此间距相等。

Eaton 和 Forouhideh（2011）考虑了矩张量反演的监测网络设计问题。广义逆矩阵的条件数为反演的稳定性提供了一个简单的衡量标准。Eaton 和 Forouhideh（2011）表明条件数与检波器阵列所对应的立体角大致成反比关系（图 5.17）。立体角是用于三维几何的角度度量。它的是单位是球面度（sr），是弧度的三维等效值。对于整个球体，立体角为 $4\pi sr$。

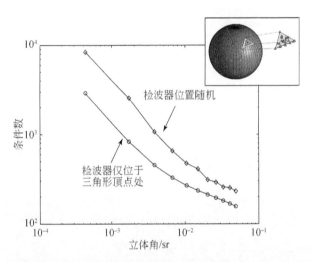

图 5.17　矩张量反演的条件数与三角形块状监测阵列所对应的立体角的关系图
上面的曲线显示了 20 个随机位置的检波器加上顶点上的三个接收器的结果。下面的曲线表示检波器仅位于顶点时的结果。一般情况下，条件数随立体角的增大而减小。修改自 Eaton 和 Forouhideh（2011），经 SEG 许可。

如本章前文所述，完备震级（M_C）定义为超过 90% 检测概率的事件的震级，它提供了另一种地震台网性能的衡量标准（Schultz and Stern，2015）。虽然 Mc 通常是基于后验地震目录数据确定的（Woessner and Wiemer，2005；Schorlemmer and Woessner，2008），但该参数也可通过使用简化形式的地震台网模拟评估方法（SNES）进行地震台网设计优化（Biryukov，2016）。本研究使用 Atkinson（2014）等提出的地面运动预测方程（GMPE）计算在距离 R 处具有周期 T 的地面运动的伪加速度振幅（PSA）：

$$\log_{10} PSA_T = C_T + 1.45M - \log_{10} Z(R) - \gamma_T R \qquad (5.11)$$

其中 C_T 是校准常数，γ_T 是非弹性衰减系数，$Z(R)$ 是几何衰减，由下式给出：

$$\log_{10} Z(R) = \begin{cases} 1.3\log_{10}R & R \leqslant 50 \\ 1.3\log_{10}50 + 0.5\log_{10}R/10 & R > 50 \end{cases} \qquad (5.12)$$

在这些表达式中，R 的单位是 km，PSA 的单位是 cm/s²。对于中小型地震事件，使用 $T=0.3s$ 的典型周期（Atkinson et al., 2014）。单个台站检测的标准是，在 $T=0.3s$ 时由式（5.11）和式（5.12）计算出的 PSA 至少比图 5.14 中计算出的 PSA 大十倍。当不少于四个台站均满足这个检测标准时，则可以认为检测到了有效事件。

图 5.18 显示了从 3km 到 20km 不同震源深度的 SNES 计算结果。地面监测阵列为一个包含 8 个台站的简单 D 最优网络。对于浅震源深度（3km），完备震级从区域中心（$M_C = -0.08$）到区域边缘（$M_C > 0.31$）发生显著变化。这种变化程度随着震源深度的增加而减小，因为对于更深的事件，震源到不同台站的距离差别更小。图 5.19 显示了在震源定位所需的不同数量台站条件下 SNES 的计算结果。

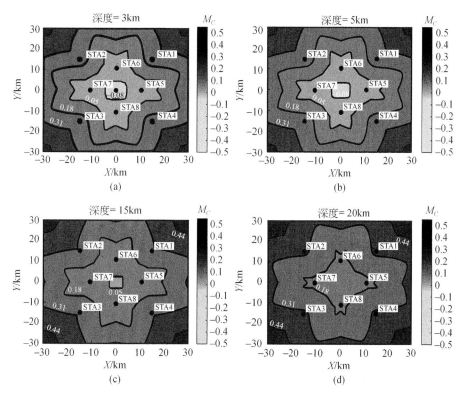

图 5.18   完备震级 M_C 分布随地震震源深度的变化

注意低 M_C 值向区域对称中心的明显收缩。引自 Biryukov（2016），经作者许可。

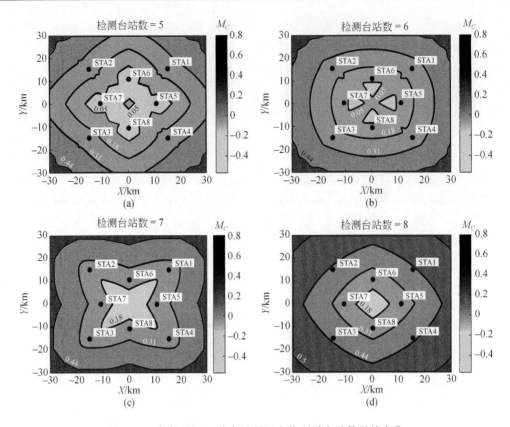

图 5.19　完备震级 M_C 分布随震源定位所需台站数量的变化

引自 Biryukov（2016），经作者许可。

5.6　本 章 小 结

在 20 世纪 70 年代至 90 年代期间，随着新墨西哥州 Fenton Hill 的干热岩（HDR）实验（Albright and Pearson，1982）、科罗拉多州 Piceance 盆地的 M- Site 项目（Warpinski et al.，1998）和得克萨斯州的 Cotton Valley 实验的进行（Walker，1997；Rutledge and Phillips，2003），为采用微地震方法进行水力裂缝监测（HFM）奠定了科学和工程基础。从这些早期研究中汲取的经验促成了得克萨斯州 Barnett 储层微地震监测最初的大规模商业成功（Maxwell et al.，2002）。

目前，在 HFM 中使用了许多不同的检波器布设方式。深井监测的主要目的是将检波器安装在压裂作业区附近，以尽量降低信号衰减和地面噪声的影响。深井阵列通常使用部署在一个或多个观测井中的 8 ~ 36 级多分量地震检波器。地面阵列通常使用大量沿着以井平台为中心的径向排列的检波器，以便通过线性阵列叠加来优化降噪效果。整个阵列直径通常设计为目标深度的两倍左右（Duncan and Eisner，2010）。在有些情况下，地面监测还采用块状阵列设计，可以对地面噪声进行二维阵列过滤（Pandolfi et al.，2013；Roux et al.，2014）。在浅井阵列中，检波器安装在覆盖层下方，这大大降低了地面噪声以及近地表环境高衰减的影响。区域地震台网使用地震仪而不是地震检波器，是为了获得适合于分析震级大于零级的地震的仪器响应。

用于被动地震监测的检波器具有特定的频率响应。地震检波器是一种使用弹簧质量系统的运动敏感型检波器。地震仪是一种电容式力平衡装置。传统上，地震仪器根据约0.15Hz 的全球微地震噪声峰值频率分为短周期和长周期两类。其他类型的被动地震监测仪器包括加速度计和分布式声学传感（distributed acoustic sensing，DAS）系统。检波器的仪器响应可以完全通过灵敏度以及传递函数的极点和零点来表征。

被动地震数据处理所需的背景模型需要根据已知位置的震源进行校正。校准源包括射孔事件、串弹和滑套打开事件。除了 P 波和 S 波速度模型，背景模型还可能包括密度、各向异性和衰减参数。

不同来源的随机或相干噪声对微地震记录都有不利影响。合理布设检波器可以减轻人文噪声和风噪声。新高噪声模型（new high noise model，NHNM）和新低噪声模型（new low noise model，NLNM）是参考噪声谱，由 Peterson（1993）根据全球 75 个数字台站的噪声记录求得。

有多种监测设计优化的方法。棋盘测试在网格状震源的数据中添加各种噪声后进行反演，并根据反演震源位置的分散程度来评估定位不确定性（Martakis et al.，2006）。其他优化方法包括将奇异值分解（singular value decomposition，SVD）应用于 Fréchet 导数矩阵（Grechka，2010）、广义逆矩阵的条件数（Eaton and Forouhideh，2011）和阵列设计的 D 最优准则（Rabinowitz and Steinberg，1990）。

5.7　延伸阅读建议

（1）《微地震监测设计和仪器》：Maxwell（2014）
（2）《地震台网设计和仪器》：Lee 等（2002）

5.8　习　　题

1. 利用公式（5.1）~（5.3）估计可定位事件的最小震级，距离 $r=500$m，频率$f_0=15$Hz。首先计算地震矩，假设 10% 检测概率（A_0）的振幅为 0.1μm；然后使用公式（5.3）计算相应的矩震级。使用以下参数：$v_S=2000$m/s，$v_P=4000$m/s，$\rho=2500$kg/m³，$Q_P=200$ 和 $Q_S=100$。

2. 利用公式（5.4）设计一个线性检波器阵列，其中第一个陷波抑制水平传播的波，例如频率$f_0=10$Hz 和水平视速度为 500m/s 的地滚波。

3. 假设 10Hz 检波器的质量块为 100g。

（1）弹簧常数 k 是多少？

（2）假设地震检波器具有临界阻尼并且灵敏度为$S_g=1$，那么在 2Hz 和 20Hz 时传递函数的幅度和相位是多少？

4. 地震仪的灵敏度为 1000V/m/s，在 +/−4.4Hz 处有两个极点，在 0Hz 处有两个零点。计算 2Hz 和 20Hz 时仪器响应的幅度和相位。

5. 考虑一个包含四个地震台站的地面监测阵列,分别位于距离地震事件的北、南、东和西四个方向 3.0km 的位置,震源位于 4000m 深度。假设介质是均质且各向同性的,速度为 V。

(1) 计算旅行时间的 Fréchet 导数矩阵,$A_{ij} = \dfrac{\partial t_i}{\partial x_j}$。这里,$i$ 表示台站编号,$j = 1$,2,3 表示震源的 x、y 和 z 位置的指标。

(2) 计算行列式 $\det(A^T A)$,即监测设计 D 最优准则的基础。

第6章 井下微地震处理

> 每天反复做的事情造就了我们，因此，优秀不是一种行为，而是一种习惯。
>
> 亚里士多德（Aristotle），由杜兰特（Durant）转述（引自 The Story of Philosophy，1926）

井下微地震数据不同于地表和近地表记录，因为检波器通常安装在相对靠近压裂区的位置。这一特点既有利，也有弊。由于靠近震源区，并且避开了高衰减的近地表地层，通常可以获得不易被检测到的微地震事件的高保真波形；但是，由于压裂区附近的深井数量有限，这意味着采集系统的布设较难满足理想情况。在多数情况下，使用单一的垂直观测井就成为了次优的选择，但这的确达到了事半功倍的效果。

利用井下微地震数据确定震源位置涉及 P 波和 S 波初至到时的拾取及质量控制（quality control，QC）[①]，拾取的初至到时可用于计算震源距离，以及基于波形偏振的反方位角估算。如果使用多口观测井，还需要对不同井的观测数据进行关联（Warpinski et al.，2005a）。虽然地方或区域地震台网使用的震源定位方法也需要拾取 P 波和 S 波初至，但与微地震监测相比存在明显差异。在大多数地区，地震台网布设在地表，因此，能够对震源球进行更大范围的采样。而井下微地震定位技术更加接近于单一地震台站的震源定位方法（Roberts et al.，1989；Farahbod et al.，2015b）。

微地震数据处理的目的是把对微地震波场的连续记录转换为对微地震事件位置、震级以及其他震源参数的准确计算。图 6.1 展示了井下微地震监测数据处理的简化流程图。基本的处理过程由两个并行的工作流程组成：

（1）主要工作流程，包括处理波形数据以获得地震事件目录；

（2）次要工作流程，包括计算检波器水平方位，以及建立和检验经过校准的背景速度模型。

该工作流程包含四类输入数据：原始数字波形数据，涵盖采集期间的一个或多个时间窗口；观测系统数据，包含检波器、观测井和压裂井的位置信息；校准数据，通常是原始数据的一部分；以及速度数据，包括测井数据和/或能够描述背景介质的其他信息来源。在确定震源位置和震源特征之前需要对原始微地震时间序列进行信号波形加工（Maxwell，2014）。初始处理步骤包括将场地坐标系转换到固定地理参考坐标系、噪声压制、信号检测、震相拾取以及旋转为射线中心坐标，以获得一系列事件文件。与初始处理工作流程同步进行的是建立一个经过校准的背景速度模型。诸如匹配滤波（Eaton and Caffagni，2015）或子空间检测（Harris，2006）等方法可用于检测可能被遗漏的低信噪比事件。对于这种情况，根据单独确定的模板事件的绝对位置，还可以使用自动化方法来确定低信噪比事件的相对震源位置（Caffagni et al.，2016）。

[①]　此处可能会引起在挑选地震波形上投入大量时间的人的共鸣。

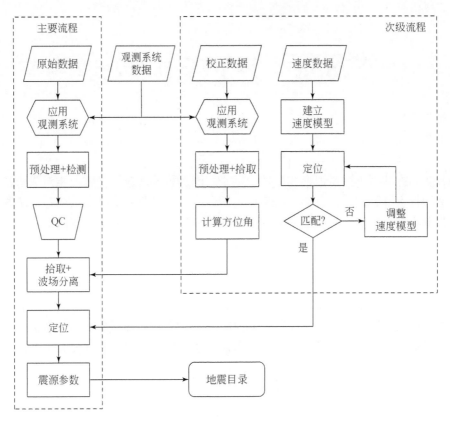

图 6.1　井下微地震数据处理基本工作流程
QC 表示质量控制。

对于水力压裂作业中需要开展实时处理的情况，其基本工作流程与图 6.1 所示流程基本相同——尽管实时处理更加强调的是计算效率，以便对每个步骤进行及时调整。在该情况下，提前建好速度模型是非常重要的。在实际应用中，数据的实时处理既可以在现场进行，也可以远程开展。实时处理作为一种决策工具发挥着重要作用，包括识别完井过程中可能发生的异常诱发地震（将在第 9 章予以介绍）等问题。

本章介绍了井下微地震数据处理流程中的主要步骤，包括从输入数据到最终事件目录的产生，以及一个替代的处理流程，它描述了如何将基于模板的事件检测方法纳入数据处理过程。本章节总结了相关的方法原理和实际应用。当数据处理完毕后，所有事件信息被汇总到一个地震目录中，该目录将与实际注水数据、地质力学模型和其他裂缝监测结果一起，用于评估压裂增产效果。对该过程中所有参数的不确定性评估也是非常重要的一项工作。

6.1　输　入　数　据

水力压裂井下微地震监测的原始数字波形数据通常是按照石油行业使用的反射地震勘探的数据记录格式进行存储的，而不是为连续波形数据设计的格式。尽管目前已建立了完善的地震台网数据交换标准，但微地震数据尚无标准化格式，附录 C 中介绍了几种常见的数据格式。一般地，常用的数据格式无法在单个文件中包含较长的时间窗口。因此，原始微地震数据通常存储在较短的数据文件中（如 1 分钟），这些文件通过组织和拼接以产生连续的时间序列。

观测系统数据包括观测井、压裂井、检波器阵列和射孔点的所有位置和井斜数据，以及关于压裂进度和目标地层的信息。这些位置信息通常采用通用横墨卡托（universal transverse mercator，UTM）投影。使用通用横墨卡托投影数据时需要注意，使用不同的投影椭球（NAD27、NAD83 等）会产生数十米左右的位置误差。加拿大勘探地球物理学家协会编写的《关于水力压裂微地震监测标准提交成果的指导意见》中总结了观测系统数据的最低要求。

模型校准数据包括射事件、滑套打开事件、校准炮、地表震源等校准震源的波形、位置和（近似）时间信息。如下文所述，这些数据将主要用于两个方面：确定井下检波器阵列的水平分量方位和校准速度背景模型。

速度数据通常来自测井测量结果。如前一章所述，理想情况下观测井和压裂井的数据都应用于建立模型。一般地，背景速度模型并不仅局限于 P 波和 S 波速度，还包括衰减和各向异性参数。除了测井数据，地震反射和折射数据也可以提供关于模型的有用信息。

6.2　坐标系统和变换

在数据处理过程中，需要首先建立观测系统并获得其位置信息，如注入点位置、检波器位置和方位等等。三分量检波器能够记录相互正交的三个方向上的地表质点运动速度。这三个方向组成了一个小的（局部）坐标系统，其中一个坐标轴表示为 $\hat{\zeta}(x)$，其方向沿着井筒的轴线方向，另外两个坐标轴分别表示为 $\hat{\psi_1}(x)$ 和 $\hat{\psi_2}(x)$，位于与井筒近似正交的平面内（图 6.2）。在观测井是垂直井的情况下，$\hat{\zeta}(x)$ 的方向总是垂直的，而 $\hat{\psi_1}(x)$ 和 $\hat{\psi_2}(x)$ 则沿水平方向；然而，很多情况观测井并非垂直，而是倾斜的。另外，$\hat{\psi_1}$ 和 $\hat{\psi_2}$ 的单位向量的方位角通常是未知的，这是因在检波器在下井过程中，连接检波器的缆线不可避免地会发生扭曲，从而造成检波器发生旋转。因此，除了极少数的情况会在检波器中安装具有定向功能的特殊装置（如陀螺仪）以外，其他情况下有必要采用校准震源来对确定检波器的水平方向。

在进一步处理之前，首先需要进行坐标变换，以便将测得的地表运动速度数据转换到地理坐标系统下，即东向–北向–垂直的坐标系统（图 6.2）。每个检波器的缆线深度（即沿井筒的距离）是在安装过程中测得的，并且考虑了电缆拉伸的小幅修正。一般地，每个井筒在完钻后都需要进行井斜测量，根据井斜测量数据可将缆线深度转换为地理坐标 $\{x_1, x_2, x_3\}$ 或东向、北向坐标和高程。由于 $\hat{\zeta}(x)$ 分量总是沿着井筒的轴线方向，因此也可以通过井斜测量结果获得。

在进行任何旋转操作或处理之前，需要对数据进行预处理（或预加工）（Maxwell，2014；Akram and Eaton，2016b）。该处理步骤通常包括对单个分量减去其平均值来去除直

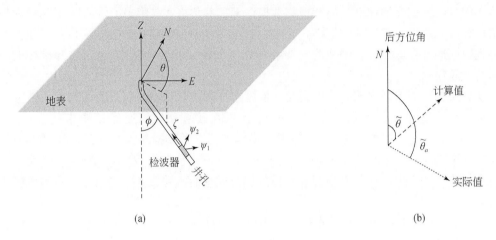

图 6.2　监测井为斜井情况下的坐标系统和检波器三个分量的方位（用角度 θ 和 ϕ 表示）

图中的参考坐标系为地理坐标系（即东向–北向–垂向）。（a）三分量检波器的 $\hat{\zeta}$ 分量方向沿井筒轴线方向，另外两个分量（$\hat{\psi}_1$ 和 $\hat{\psi}_2$）则位于垂直于井筒的平面内。检波器在安装过程中由于电缆发生扭转，$\hat{\psi}_1$ 和 $\hat{\psi}_2$ 分量的方向通常是未知的。除非有专门的仪器（如陀螺仪）可以测量得到 $\hat{\psi}_1$ 和 $\hat{\psi}_2$ 的方向，否则需要采用校准震源来确定。（b）估算的事件反方位角方向与真实事件方向的平面示意图。

流漂移，需要注意该直流漂移的幅值可能会比实际波形振幅更大。另外，还需要进行趋势去除，以及通过去除虚假的高振幅尖脉冲以及对短时间内的缺失数据进行插值来实现数据的"去毛刺"处理（Tapley and Tull，1992）。

　　预处理结束后，需要逐级地使用不同旋转算子对笛卡儿坐标系进行转换（详见方框1.1）。如果井筒既不是垂直的也不是水平的，则首先需要进行初始变换，即绕水平轴（例如北方向）进行旋转，以考虑井筒的倾斜方向。旋转后的坐标轴分别表示为 $\hat{h}_1(x)$、$\hat{h}_2(x)$ 和 $\hat{z}$，其中两个新的水平轴 $\hat{h}_1$ 和 $\hat{h}_2$ 的方向未知，并且在每个检波器的位置均不同，本书称之为中间参考坐标系。在观测井垂直的情况下，原始数据即在该参考系内获得的，因而无须进行第一次坐标转换。

　　接下来一步是绕垂直轴向旋转坐标系，以便将每个检波器都旋转到统一的北–南方向和东–西方向。要执行这一步骤，首先需要确定 $\hat{h}_1$ 和 $\hat{h}_2$ 轴的方位角。这可以通过使用位置已知的校准震源的 P 波初至波形进行偏振分析来获得，或者使用 S 波波形数据（较少使用）（Eisner et al.，2009a）。为了简单起见，本书只介绍使用 P 波初至计算方位角的方法。

　　图 6.3 展示了一种偏振分析的方法。De Meersman 等（2006）发展了一种半自动的方法，它使用的是噪声加权的解析方法（详见附录 B），这里对该方法进行简要介绍。首先，根据拾取的初至到时选择 P 波震相所在的时间窗口。时间窗口的长度如图 6.3 中的黑色线段所示，其中包含了 1～2 个波形脉冲周期。接下来画出每个检波器的振动矢端图，振动矢端图即为地表质点运动轨迹的两个正交分量的交会图。图 6.3 展示了示例波形水平和垂直方向的矢端图。如第三章所述，在弹性介质中，由平面体波传播引起的质点运动轨迹是线性的，且可以用克里斯托弗（Christoffel）矩阵的特征向量表示。对于各向同性介质中的

P波，质点运动方向垂直于波前，且平行于射线方向；对于各向同性介质中 S 波，质点运动轨迹则位于波前所在平面内。对于各向异性介质，体波的偏振轨迹仍然被认为是线性的，但可能与各向同性介质中射线路径的几何关系存在差异。另外，在剪切波发生分裂的情况下，若两个 qS 波到达时间间隔小于半波长，快、慢剪切波之间的干涉会导致质点发生椭圆运动（Silver and Chan，1991）。

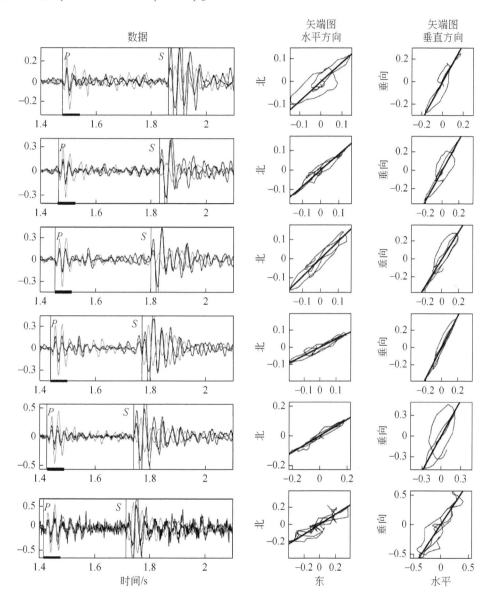

图 6.3　使用半自动方法对三分量数据进行偏振分析

左图显示了某井下检波器阵列的三分量波形，检波器的编号由上至下分别为 1 到 6。右图显示了 P 波到时之后 60ms 时窗内（时窗位置由左图 P 波初至下方的粗横线标出）数据的矢端图，图中粗实线表示 P 波偏振矢量的方向。引自 De Meersman 等（2006），经 SEG 许可使用。

通过构建波形协方差矩阵，可以得到选定时间窗口内最佳拟合的线性偏振矢量，协方差矩阵的定义如下

$$C = \begin{bmatrix} C_{11} & C_{12} & C_{13} \\ C_{21} & C_{22} & C_{23} \\ C_{31} & C_{32} & C_{33} \end{bmatrix} \tag{6.1}$$

C 的元素为已经过预处理并转换到中间参考坐标系的地表质点运动三分量数据的方差和协方差。对于包含 N 个样点的时间窗，协方差矩阵中的元素可由下式计算得到（Jurkevics，1988）

$$C_{jk} = \frac{1}{N} \sum_{i=1}^{N} u_{ij} u_{ik} \tag{6.2}$$

其中 u_{ij} 表示该时间窗内第 j 分量的第 i 个采样点。C 的三组特征向量分别对应于偏振椭球的三个主轴，其对应的特征值则表示主轴的长度（Jurkevics，1988）。理论上，完全线性偏振运动只有一个非零的特征值，而二维椭圆偏振运动则具有两个非零特征值。在实际情况中，协方差矩阵 C 的三个特征值 $\lambda_k (k = 1，2，3)$ 一般均为非零特征值，因此，质点的运动轨迹呈三维椭球状（Jurkevics，1988）。在包含随机噪声的情况下，可以利用协方差矩阵最大特征值对应的特征向量对线性偏振运动的方向进行大致估计。

令 $\hat{\gamma}_{ij}$ 表示波形协方差矩阵特征值 λ_j（特征值大小满足 $\lambda_1 \geq \lambda_2 \geq \lambda_3$）所对应的单位特征向量的第 i 个分量，则视偏振方位角 $\tilde{\theta}_a$ 大小由下式给出

$$\tilde{\theta}_a = \arctan[\hat{\gamma}_{11} sign(\hat{\gamma}_{31})，\hat{\gamma}_{21} sign(\hat{\gamma}_{31})] \tag{6.3}$$

式中通过采用垂直分量的符号来消除方位角存在的 180° 的不确定性。信号偏振倾角 $\tilde{\phi}_a$ 可由下式给出

$$\tilde{\phi}_a = \cos^{-1} \hat{\gamma}_{31} \tag{6.4}$$

只要求得 P 波的视偏振方位角，或者得到 S 波的反方位角（Eisner et al.，2009a），就可以从中间参考坐标系转换到地理坐标系。对于每个检波器，该转换过程可以通过旋转 $(\tilde{\theta} - \tilde{\theta}_a)$ 的角度实现 [图 6.2（b）]，其中 $\tilde{\theta}$ 为检波器到校准震源的反方位角。如果有多个校准震源，则可取其平均值。

上文提到，最后一步坐标旋转变换需要确定真实的反方位角。一般地，如果背景速度模型是已知的（尽管这种情况极少见），则可以通过采用射线追踪方法求得反方位角和/或偏振方向。在实际应用中人们通常采用一种更简单的方法，该方法假设速度模型可以近似地认为是由各向同性的地层组成的水平层状模型，在该假设条件下，反方位角可由下式计算得到

$$\tilde{\theta} = \arctan(x_c - x_r，y_c - y_r) \tag{6.5}$$

其中 $\{x_c，y_c\}$ 为校准震源的东向-北向地理位置坐标，$\{x_r，y_r\}$ 为检波器的位置坐标。另一个需要考虑的因素是检波器的极性。例如 $\hat{z}$ 分量的正振幅值是对应于向上还是向下的地表运动？此类极性信息可在安装设备过程中凭借经验使用所谓的"抽头"测试获得。

通过前文的论述，读者需要注意的是：

（1）将原始数据转换到适当的地理参考坐标系时需要非常谨慎；

（2）每一步处理中误差的传播都会引入方位角的不确定性，进而影响事件位置的不确定性（Feroz and Van der Baan，2013）。

6.3　事件检测与到时拾取

微地震事件检测是数据处理流程中的关键一步。从理论上讲，事件检测可以看作是对一组观测数据中是否存在微地震信号的二元假设检验（Van Trees，1968；Harris，2006），该检验将在包含信号与仅包含噪声这两组假设之间进行判断。

大多数水力压裂监测工作可以得到包含数百乃至数千个微地震事件的目录。鉴于微地震事件的多样性、典型的低信噪比事件以及可能被误认为是微地震事件的其他相干信号的存在，使用自动化处理程序代替人工交互式拾取具有非常重要的实用价值。自动化处理除了能够减轻人工拾取带来的繁重工作量外，还具有很好的稳定性和可重复性。本书将介绍几种常用的自动事件检测和到时拾取的算法。读者如想了解更多方法或查阅相关文献综述，请参阅 Akram 和 Eaton（2016b）。

尽管学术界针对微地震事件检测和到时拾取这两项任务研发了相似的算法，但将这两项工作分开进行往往效率更高。在图 6.1 所示的井下微地震处理工作流程中，事件检测、交互式质量控制和到时拾取是按照顺序一步一步进行的。一般地，检测和挑选可用于进一步处理的微地震事件的过程可能是非常耗时的。把这一过程拆分成几步进行的一个重要原因是为了避免拾取非微地震事件（如噪声事件和井筒波，详见第五章）的初至到时带来的额外工作量。特别是井筒波，对于自动化处理来说是一个比较麻烦的问题，因为它的波形重复性较好，并且具有较高的振幅和信噪比（St-Onge and Eaton，2011）。然而由于井筒波的到时呈现出明显线性规律，并且其视速度等于水中声波速度（约 1500m/s），因此可以很容易被识别出来。

在实际应用中，在对连续波形数据进行事件检测或到时拾取之前，采用边缘保持平滑滤波器（Luo et al.，2002）和/或带通滤波器进行预处理可能会对事件检测具有一定帮助。这些滤波器的基本原理均是通过去除信号主频带以外的频率成分来提高信噪比。如果采用带通滤波器进行滤波，推荐的做法是在滤波之前对数据进行备份，同时使用的滤波器应具有最小相位响应（详见附录 B），以保证拾取的到时不受因吉布斯现象导致的前兆旁瓣所影响（Maxwell，2014）。

6.3.1　单检波器方法

本书首先介绍使用单个检波器数据的方法，该检波器可能包含一个或多个分量的数据。长-短时窗平均值比（short term average/long term average，STA/LTA）方法（Earle and Shearer，1994）是目前使用最广泛的、简单而且稳定的事件识别方法。对于某个时间序列 u 的第 i 个数据采样点，其短时窗平均值和长时窗平均值的定义式如下（Akram and

Eaton，2016b），

$$\text{STA}_i(\boldsymbol{u}) = \frac{1}{N_S} \sum_{j=1}^{i+N_S-1} CF_j(\boldsymbol{u}) \tag{6.6}$$

和

$$\text{LTA}_i(\boldsymbol{u}) = \frac{1}{N_L} \sum_{j=i-N_L+1}^{i} CF_j(\boldsymbol{u}) \tag{6.7}$$

其中N_L、N_S分别表示长、短时窗内的采样点数目；$CF_j(\boldsymbol{u})$ 为特征函数，它描述了时窗内信号振幅或能量的大小。第 i 个采样点的 STA/LTA 比值即为

$$\text{STA/LTA}_i(N_S, N_L) = \frac{STA_i}{LTA_i} \tag{6.8}$$

STA/LTA 方法除了作为一种稳定的信号检测方法外，还可以描述信号的信噪比随时间的变化情况（Akram and Eaton，2016b）。如图 6.4 所示，我们可以以 STA/LTA 比值是否超过规定阈值作为检测信号的一个简单标准。根据两个时窗所描述的信号的不同特征可知，短时窗的位置应位于长时窗之前。另外，为了保证这两个时窗的数据平均值之间的统计独立性，最好避免短时窗与长时窗发生重叠（Taylor et al.，2010）。相较于使用 STA/LTA 函数的最大值（其对应时刻为 $t=t_{max}$），采用t_{max}之前 STA/LTA 函数最大导数对应时刻作为初至到时更加准确（Akram and Eaton，2016b）。

图 6.4 展示了一个单分量波形的例子，其特征函数由均方根（RMS）振幅表示［式（5.10）］。对于多分量数据，也可以使用其他特征函数。例如，为了压制随机噪声提高信噪比，Saari（1991）使用三分量波形振幅乘积的绝对值作为特征函数；而 Oye 和 Roth（2003）则通过对三分量波形的绝对振幅进行叠加求和来计算特征函数。

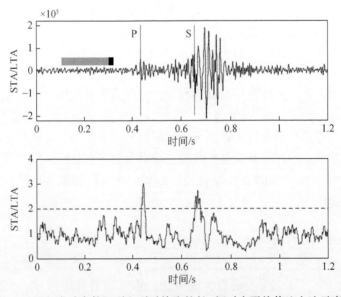

图 6.4　用于自动事件识别和到时拾取的长-短时窗平均值比方法示意图

上图显示了某个微地震事件的垂直分量波形，其中灰色和黑色方框分别表示用于计算长时窗平均值（LTA）和短时窗平均值（STA）的时窗长度。下图显示了长-短时窗平均值比计算结果（使用的窗口长度分别为 0.1s 和 0.0125s），其中 P 波和 S 波的到时可通过将阈值设置为 2.0 得到。

除了特征函数的选择，STA/LTA 方法的效果还取决于 N_S、N_L 和检测阈值这三个参数的取值。Akram 和 Eaton（2016b）建议使用波形脉冲周期的 2~3 倍作为短时窗的长度，而长时窗的长度为短时窗长度的 5~10 倍。检测阈值的选取与实际数据有关，其大小因数据信噪比的不同而异。因此，作者建议在进行处理批量前首先使用一小部分数据进行测试，以确定合适的阈值大小。STA/LTA 方法具有稳定、快速的特点，并且能够同时进行事件检测和到时拾取（Akram and Eaton，2016b），因此非常适合微地震实时监测。

Li 等（2014）提出了一种基于四阶统计矩的单分量特征函数，称为峰度。对于包含 N 个采样点的一段波形 $\boldsymbol{u}$，其峰度值可由下式计算

$$K_i(\boldsymbol{u}) = \frac{\sum_{j_1(i)}^{j_1(i)+N-1} (u_j - \bar{u}_i)^4}{N \sigma_i^4} \tag{6.9}$$

其中 $\bar{u}_i$ 为平均值

$$\bar{u}_i = \frac{\sum_{j_1(i)}^{j_1(i)+N-1} u_j}{N} \tag{6.10}$$

σ_i^2 为方差

$$\sigma_i^2 = \frac{\sum_{j_1(i)}^{j_1(i)+N-1} (u_j - \bar{u}_i)}{N} \tag{6.11}$$

与 STA/LTA 方法的原理类似，参数 N 对于短时窗（N_S）或长时窗（N_L）分别被赋予不同的值。对于前面的（短）时窗，$j_1(i)$ 的求和指数等于 i，而对于后面的（长）时窗，$j_1(i)$ 的求和指数等于 $i-N$。本书称此类信号检测方法为 STK/LTK 方法，其中 STK/LTK 的计算公式如下

$$\text{STK/LTK}_i(N_S, N_L, \epsilon) = \frac{\text{STK}_i}{\text{LTK}_i + \epsilon} \tag{6.12}$$

其中 ϵ 为一个较小的实数，它的作用是为了保证计算结果的稳定性（Li et al.，2014）。峰度本质上是对概率分布中的"拖尾"效应（即产生异常值的倾向）的度量（Westfall，2014）。如果背景噪声是满足高斯概率分布的随机噪声，则该噪声的标准峰度值为 3，因此，使用 STK/LTK 检测信号相当于搜索具有明显不同（非高斯）峰度特征的信号（Li et al.，2014）。该方法中的长、短时窗长度以及检测阈值的选取与前面介绍的 STA/LTA 方法类似。

STA/LTA 和 STK/LTK 方法是众多基于单道数据事件检测方法中的两种（Akram and Eaton，2016b）。然而，在实际中仅在一个或少数几个检波器上检测到的信号可能不会用于进一步处理，因此，需要借助自动化程序对疑似的微地震事件进行筛选。这些自动化程序通常是基于根据实际数据制定的检测标准，如在规定的时间窗口内检测到信号的最少检波器数目。另外，质量控制和后续处理操作（如拾取到时）也仅限于符合检测标准的疑似微地震事件。

本书介绍的最后一种单道事件检测方法是赤池信息量准则（Akaike information criterion，AIC）方法，该方法的原理借鉴了 20 世纪 70 年代提出的基于自回归的统计模型

（Akaike，1998）。与峰度方法类似，AIC 方法在检测信号和拾取到时时同样假设观测到的波形由一系列具有不同统计特性的数据片段组合而成（Oye and Roth，2003；St- Onge，2011）。这里，一个简单的例子是考虑包含两段不同数据的一组时间序列，分别代表噪声和信号。对于时间序列 $\boldsymbol{u}$ 的第 k 个采样点，其 AIC 值可以由下式计算得到

$$\mathrm{AIC}_k(\boldsymbol{u}) = (k-M)\log(\sigma_1^2) + (N-M-k)\log(\sigma_2^2) + C \tag{6.13}$$

其中，N 为数据采样点数，M 为自回归模型的阶数，C 为常数（Zhang et al.，2003）。此外，σ_1^2 和 σ_2^2 是无法采用自回归模型解释的两段信号（第 k 个样本之前和之后）的方差（St- Onge，2011）。上式中 M 的值可以使用噪声数据以及试错法来进行确定（Akram and Eaton，2016b）。如果 $M \ll N$，则式（6.13）可近似为

$$\mathrm{AIC}_k(\boldsymbol{u}) \simeq k\log(var\{u(1,k)\}) + (N-k-1)\log(var\{u(k+1,N)\}) \tag{6.14}$$

上式即为用于拾取到时的 AIC 值的计算公式。AIC 最小值对应的时刻代表了两个离散平稳信号之间的最优分界线（Akram and Eaton，2016b），可视为地震波的初至到时。

图 6.5 展示了采用 AIC 方法分析图 6.4 中测试波形的示例，可以看到拾取的到时与 AIC 函数的局部最小值吻合较好，并且早于使用 STA/LTA 方法获得的到时（图 6.4）。由此可知，AIC 方法能够提供更加准确的信号到达时间，可以用于确定事件位置（Oye and Roth，2003）。尽管如此，在很多情况下，AIC 函数中可能存在多个局部最小值，导致信号的初至不容易确定。正是由于该原因，AIC 方法通常与交互式质量控制（quality control，QC）一起，用于半自动处理。

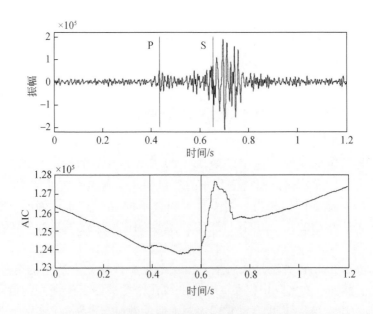

图 6.5　用于半自动到时拾取的赤池信息量准则方法

上图显示了与图 6.4（a）相同的波形。下图显示了计算得到的赤池信息量准则时间序列，其中 P 波和 S 波的到时由该曲线的局部最小值的位置给出。

6.3.2　多检波器方法

本书下面将介绍多检波器方法，其基本原理是利用检波器阵列接收到的微地震信号的波形相似性来进行自动到时拾取和/或优化已提取的到时。此类方法（Irving et al.，2007；De Meersman et al.，2009；Akram and Eaton，2016a）通常是基于信号互相关技术，该技术可以定量描述两个信号之间相似性，并确定其中一个信号相对于另一个信号的延迟时间。假设两个离散时间序列 a 和 b，其互相关函数值可由下式计算得到

$$\phi_j^{ab} = \sum_{i=-\infty}^{\infty} a_i b_{i+j}, \ -\infty < j < \infty \tag{6.15}$$

类似地，a 的自相关函数为

$$\phi_j^{aa} = \sum_{i=-\infty}^{\infty} a_i \, a_{i+j} \tag{6.16}$$

a 和 b 的归一化互相关函数可由下式得到

$$\widetilde{\phi}_j^{ab} = \frac{\phi_j^{ab}}{\sqrt{\phi_0^{aa}\phi_0^{bb}}} \tag{6.17}$$

其中ϕ_0^{aa}和ϕ_0^{bb}分别为 a 和 b 的零延迟（即$j=0$）自相关函数值。这里对互相关函数进行归一化有助于定量描述两个信号之间的相似性，例如互相关函数值为+1表示两个信号是相同的（即完全相关）；反之，互相关函数值为–1表示两个信号的极性相反，即反向相关。

利用互相关技术来优化初至到时，其原理是基于一个简单的模型，即记录到的地震波形可视为信号与噪声的叠加。根据该模型，对于包含一个微地震事件的 M 道记录，其中第 k 道地震记录$u_k(t)$ 可以表示为

$$u_k(t) = \alpha_k s(t) + n_k(t) \tag{6.18}$$

其中α_k为复振幅因子，描述了不同检波器在震源辐射花样、衰减和井筒耦合方面的差异，$n_k(t)$ 为第 k 个检波器记录到的噪声，并且假设不同检波器记录到的噪声是互不相关。

基于上述简单模型，可以根据与参考道的互相关运算采用不同方法来确定各道之间的延迟时间（Bagaini，2005）。这些方法的基本原则是，与两个时间序列互相关函数的最大值相对应的延迟时间代表了能够使信号对齐的最佳时移量。Irving 等（2007）提出了一种迭代方法用于拾取单分量主动源井间数据的初至到时。在对信号进行预处理时，他们使用了信号的最大振幅对输入波形进行归一化。Irving 等（2007）的方法首先选取波形记录中信噪比最高的一道作为参考道，利用互相关得到各道的初始到时。在随后的迭代过程中，将每一道记录按照已拾取的到时进行对齐，再通过叠加获得新的参考道。通过将上述过程不断重复，直到结果最终收敛。

De Meersman 等（2009）曾采用类似的方法对三分量被动源地震数据的初至时进行优化。他们所使用的方法原理如图 6.6 所示，图中展示的例子为单一微地震事件的 P 波波形。最左侧一列显示了未经优化的三分量波形的初始到时。与 Irving 等（2007）的方法不同，De Meersman 等（2009）方法中第一次迭代所使用的参考道是通过采用初始到时对三

分量波形进行对齐和叠加获得的。在进行叠加之前，还采用噪声记录的振幅对各道进行了归一化处理。在每一步迭代中，最佳的时移量由三分量互相关估算得到，由此产生新的参考道。在本例中，利用互相关对波形进行对齐后，P 波的叠加效果会有明显的提高。通过将上述过程进行不断迭代，可以使时移量减小至零。该方法可同时用于优化 P 波和 S 波的初至到时，且试验表明经过三次或更少次数迭代即可达到收敛。

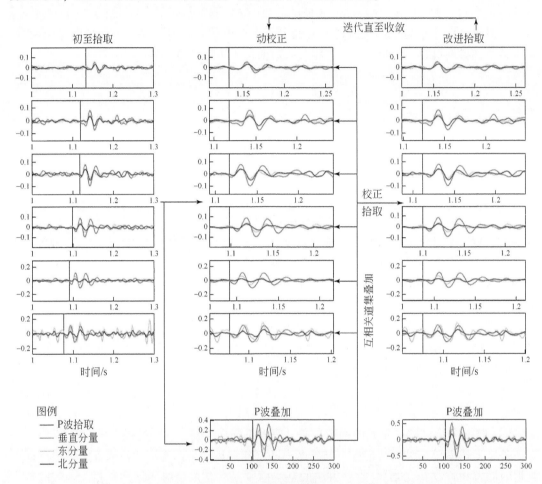

图 6.6　使用北海地区的井下被动源地震数据展示迭代互相关方法的流程

首先采用初始到时对三分量波形进行对齐和叠加，然后通过计算各道与叠加道的互相关对拾取到时进行调整。重复该过程直至计算的到时校正量收敛到一个很小的值。引自 De Meersman 等（2009），经 SEG 许可使用。

6.3.3　波场分离

P 波和 S 波的分辨率对于井下微地震数据处理至关重要。如何能够从观测到的地震波形中分离出 P 波和 S 波长期以来一直受到学者们的关注（Dankbaar，1985）。受到自由表面的影响，对于地表检波器阵列的观测数据，波场分离是一个十分复杂的过程（Eaton，1989），但是对于井下观测系统远离发生明显变化的界面的情况，理论上可以通过将观测数据转换到射线中心坐标从而实现波场分离。

对于一个置于各向异性弹性连续介质中的检波器，其射线中心坐标的定义如图 6.7 所示。如 3.2.1 节所述，对于在均匀各向异性介质中传播的平面波，存在可由开尔文−克里斯托弗（Kelvin-Christoffel）矩阵的特征向量所代表的三个相互正交的偏振向量。这三个向量与 qP 波波前法线的关系如图 6.7 所示（用粗箭头表示）。对于弱各向异性介质，单位向量$\hat{\gamma}_P$的方向可认为与 P 波的射线路径近似平行（Thomsen，1986）。如 1.3 节所述，单位向量$\hat{\gamma}_{S1}$和$\hat{\gamma}_{S2}$可根据介质各向异性的对称性来确定。如果介质是各向同性的，那么射线中心坐标轴将与 P 波波前平行，且与波前处于同一平面内，而S_H轴则为水平。

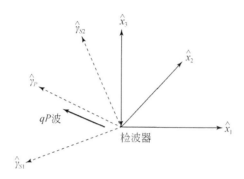

图 6.7　射线中心坐标系 $\{\hat{\gamma}_{S1}，\hat{\gamma}_{S2}，\hat{\gamma}_P\}$ 与地理坐标系 $\{\hat{x}_1，\hat{x}_2，\hat{x}_3\}$ 关系示意图

在实际应用中，我们可以采用一种经验方法来确定射线中心坐标，该方法是基于 6.2 节中介绍的偏振分析方法。前人研究（Caffagni et al.，2016；Akram and Eaton，2016a；Van der Baan et al.，2016）采用的波场分离方法假设检波器布设在均匀介质内，其主要步骤如下：

（1）对于每一道数据，首先在快 S 波（qS₁）附近选取一个长度为 100ms 的时窗（时窗起始时间为拾取的 S 波初至到时），提取该时窗内的三分量数据。由于 S 波通常比 P 波具有更高的信噪比，因此，我们首先使用 S 波数据建立射线中心坐标系。

（2）采用 6.2 节中的协方差矩阵方法求得 qS₁ 波的最优线性偏振方向，得到该方向上的单位向量$\hat{\gamma}_{S1}$。

（3）以 P 波初至到时作为时窗起点截取数据，采用与前两步相同的方法求得 qP 波的偏振方向，选取偏振椭球长轴方向的单位向量近似作为$\hat{\gamma}_P$。

（4）如果从波形中能够清楚地识别出 qS₂ 波，则可以采用相同方法确定$\hat{\gamma}_{S2}$的单位向量；否则，可以通过计算$\hat{\gamma}_P \times \hat{\gamma}_{S1}$来近似确定$\hat{\gamma}_{S2}$。

（5）通过将三分量数据投影到射线中心坐标系即可获得分离后的波场［例如，每一道数据中的 qS₁ 波可以根据 $u(t) \cdot \hat{\gamma}_{S1}$ 近似求得］。

人们提出了许多定性指标可以用来评估上述方法的结果。在实际应用中，采用这种方式获得的经验射线中心坐标往往并非是相互正交的。该非正交性受到多种观测因素影响，包括噪声的存在、检波器耦合不充分、介质局部非均质性引起的散射、初至到时拾取误差等。尽管如此，通过衡量$\hat{\gamma}_{S1}$和$\hat{\gamma}_P$之间的正交程度仍可用于评估波场分离的有效性。另外，对于两个距离较近（相对于波长）的检波器，其射线中心坐标轴方向发生明显变化与均匀介质的假设是相悖的，因此，可以根据推断出的各道坐标轴方向的变化情况来判断结果是否可靠。最后，波场分离的有效性还可以根据分离后的震相残留情况来判断。如果在 P 波时窗内几乎没有 S 波残留，则表明已成功实现二者的分离，反之亦然。

图 6.8 展示了进行波场分离后的一个微地震事件波形，其中深色的数据道为投影到 $\hat{\gamma}_P$ 轴上的波形，即近似表示 qP 波波场；两条浅色数据道分别为投影到 $\hat{\gamma}_{S1}$ 和 $\hat{\gamma}_{S2}$ 轴上的波形，近似表示 qS_1 和 qS_2 波波场。通过仔细观察发现，分离后的波场中并未观察到明显的其他类型震相，表明已成功进行波场分离。

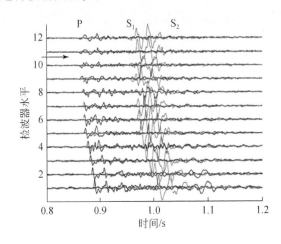

图 6.8　井下检波器记录到的微地震事件波形

该事件波形已转换到射线中心坐标系，箭头表示存在 qP 波极性反转的波形。

图 6.8 中的箭头所指示的波形其 qP 波发生了极性反转，该现象可能与震源机制的节面有关（参见图 3.11）。一般地，对于双力偶震源，按照不同方位角辐射出的 P 波能量大多比 S 波的能量弱，造成低信噪比微地震事件的 P 波初至往往无法清楚识别，此类事件也被称为单震相事件。

6.3.4　匹配滤波和子空间检测

如 6.3.2 节所述，利用互相关技术进行初至到时拾取和优化是利用了该方法可以获得两个相似信号的时间延迟，另外，互相关技术还能够在不考虑两个信号之间时差的情况下测量其相似程度。匹配滤波（matched filtering，MF）正是基于互相关的这些特征发展而来，通过采用模板事件（也称"父事件"）来识别更多的事件，因此，该方法也被认为是一项功能更加强大的事件检测的技术（Van Trees，1968）。匹配滤波对于检测与模板事件存在相似波形特征的弱信噪比事件十分有效，而较高的波形相似性意味着检测到的事件（或"子事件"）具有与模板事件相近的震源机制和位置。

在最近的一些研究中，匹配滤波已被广泛用于检测实际地震事件（Van der Elst et al.，2013；Goertz-Allmann et al.，2014；Skoumal et al.，2015b）。在这些研究中，模板事件是通过已建立的地震目录获得的，并且具有较高的信噪比。在实际应用时，通过计算模板事件与原始连续记录的互相关，从而寻找到与模板相似的信号。为了获得事件，通常还需要设置一个互相关函数的阈值。

在之前的研究中，人们主要利用匹配滤波处理地表检波器阵列的观测数据。Caffagni等（2016）发展了一种适用于井下微地震数据的匹配滤波方法。该方法采用一个叠加互相关函数（stacked cross-correlation function，SCCF）来对事件进行识别，而该叠加互相关函数可由波束成形技术（即一类对波形进行时移–求和的技术）得到（Ingate et al.，1985）。该方法的另一个创新之处是可以同时且自动获得子事件震源的相对位置（即相对于父事件的绝对震源位置）。某水力压裂监测实际案例表明，采用该方法获得的事件数量相较于最初的事件数量提高了近四倍，该结果对于研究事件的成簇模式以及确定储层改造范围均具有重要的帮助作用（Eaton and Caffagni，2015）。

Caffagni等（2016）提出的匹配滤波方法的基本流程如图6.9所示。在采用模板事件计算互相关之前，首先要在保证信号偏振特征不被破坏的情况下，使用一种类似自动增益控制（automatic gain control，AGC，常用于反射地震数据处理）（Yilmaz，2001）的三分量数据归一化方法对原始的连续数据进行预处理。对于给定的检波器，预处理过程使用一个调制函数对三分量数据进行归一化，该调制函数的定义式如下

$$A_M(t) = A_E(t) * \Delta(t, t_\Delta) \tag{6.19}$$

其中 $*$ 表示卷积，$A_E(t)$ 为数据的振幅包络（详见附录 B），$\Delta(t, t_\Delta)$ 为持续时间 t_Δ 的三角算子。若 t_Δ 的取值等于 5 倍的波形脉冲时长，则相比于归一化互相关，该方法可以在不影响信号偏振特征的情况下提高对弱事件的识别能力（Caffagni et al.，2016）。事件检测采用的叠加互相关函数 S_C 的定义式如下，

$$S_C(t) = \sum_{i=1}^{3} \sum_{j=1}^{N} \phi_j^i(t) \tag{6.20}$$

其中 N 为检波器的数量，$\phi_j^i(t)$ 为模板信号的第 i 分量波形与第 j 个检波器的第 i 分量波形的互相关函数。式（6.20）本质上是一个多分量互相关函数，为了表示得更加简洁，这里略去了用于表示两个时间序列的上标。由于在求和过程中使用的是互相关函数而非波形，可以认为这里也隐含了波束成形方法的原理。为了更好地理解这一点，设想两个具有延迟时间 t_Δ 的相同事件被一组检波器阵列记录到。尽管不同检波器上的事件到时是不同的（可由检波器阵列的到时差表示），但互相关函数 $\phi_{ij}(t)$ 的峰值在 Δt 处是对齐的，因此，互相关函数的峰值可以通过叠加求和显著提高，该过程不需要进行时移操作或测量时差。与其他事件检测方法类似，该方法也是通过判断互相关是否超过人为规定的阈值来识别事件。

图6.10展示了我们使用合成数据来进行事件检测的过程。原始输入数据由12道地震记录构成，其中每道包含3个事件。第一个事件作为模板事件的参考信号，将该事件按照一定比例缩放后置于其后2s处，从而产生一个新的事件。另外，在第一个事件之后的1s还存在另一个具有较高振幅的非匹配事件。尽管该事件的时差规律和P、S波振幅特征与模板事件存在显著不同，但二者的波形仍具有较高相似性，因此，采用常规的匹配滤波方法容易发生错误检测。如图6.10所示，通过采用式（6.19）中的振幅调制函数对输入数

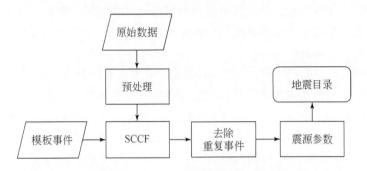

图6.9 使用匹配滤波对井下微地震数据进行事件识别的工作流程

据进行归一化处理，并计算式（6.20）中的叠加互相关函数，可以有效避免错误事件的出现。

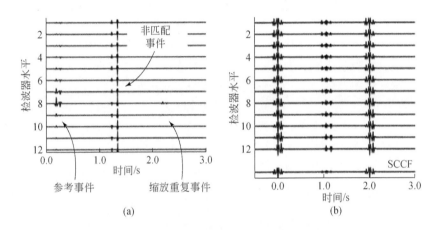

图6.10 基于叠加互相关函数（SCCF）的匹配滤波方法示意图

（a）合成地震波形，该合成数据由一个参考地震事件、一个与参考事件相似但波形振幅较低的重复事件和一个与参考事件不匹配的高振幅事件组成。（b）单道互相关函数和叠加互相关函数（图中最后一道为叠加互相关函数）。修改自Caffagni等（2016），经Oxford University Press许可使用。

图6.11展示了Eaton和Caffagni（2015）的研究中一个具有代表性的模板事件和三个相关子事件的波形，该研究使用的数据为加拿大西部一个水力压裂监测项目的井下微地震数据。图中的模板事件［图6.11（a）］是采用常规的单检波器方法获得的，其震级为-1.95。三个子事件的震级范围为-2.55～-2.37。通过仔细观察发现这些事件中部分检波器数据具有较高的波形相似性，例如图6.11（b）和6.11（c）中事件的第12级检波器级均在ψ_1分量（图6.2）上具有较强的S波。另外，这些子事件的波形也存在着较明显的差异，这可能反映了它们震源过程的不同。例如，图6.11（b）中的子事件似乎存在两个初至，表明可能存在两个连续快速发生的事件。图6.11（d）中的子事件与其他事件不同，它没有明显可见的S波。该结果表明此类方法具有较强的事件检测能力，获得的子事件虽然与父事件具有相似的特征，但二者并非完全相同。

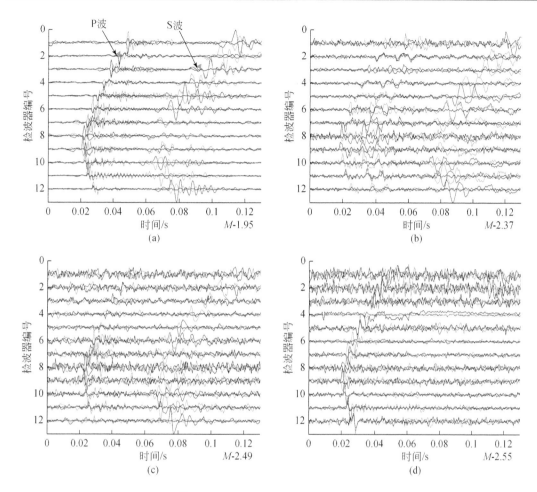

图 6.11　使用匹配滤波检测到的模板事件和子事件波形

(a) 为模板事件（即父事件），(b) ~ (d) 为采用父事件检测到的子事件，这里所有事件的波形均为未经滤波的波形。图中所有检波器数据均已经过归一化处理，得到震级结果如图右下角所示。修改自 Eaton 和 Caffagni（2015），经 Oxford University Press 许可使用。

　　在实际应用中，使用多个模板事件往往会检测到重复的事件，即单个子事件可能与多个父事件相匹配。因此，去除重复的子事件是匹配滤波工作流程中的一个重要步骤（图 6.9）。重复的事件可以根据其发震时刻近似进行自动判断。另外，由于每个父-子事件对均对应于叠加互相关函数 S_c 中的一个峰值，因此，可以通过保留 S_c 值最高的子事件来删除其他重复的子事件。

　　Caffagni 等（2016）发展了一种无须拾取到时便可确定子事件相对位置的方法。该方法的流程概括如下：

　　（1）将子事件的波形投影到其父事件的射线中心坐标系，以便分离 qP 和 qS 波波形。

　　（2）使用迭代波束成形方法进行加权叠加，此过程本质上是在以父事件为中心的区域内根据走时表进行遍历搜索（走时表中包含每个检波器的理论计算 qP 和 qS 波到时）。

　　（3）利用父事件的 qP 波到时对子事件的 qP 波进行对齐；然后，对搜索区域内的每个节点，利用该节点的理论到时与搜索区域中心（即父事件震源）的理论到时之差再次对 qP 波进行移动。采用相同的方法对 qS 波也进行对齐。

（4）根据用户自定义的不同类型地震波的权重对波形进行叠加，获得单一波束成形叠加值。我们认为具有最高叠加振幅的节点即为最优的震源位置。但如果该节点位于搜索网格的边缘，则丢弃该事件。

（5）对于单个垂直观测井的情况，还需要增加一个处理步骤。在该情况下，我们采用二维柱坐标系来表示（其坐标原点位于井口），并基于震源深度和距离观测井的径向距离对网格节点位置进行参数化。确定最优网格节点的方法与上述步骤相同，但搜索过程是在父震源附近的一个较小的角度范围内进行旋转搜索。根据获得的最优旋转角以及二维柱坐标下的最优网格节点即可计算得到震源位置。

子空间检测是一种比匹配滤波更加通用的，可以从含噪声观测数据中检测出事件的方法，它将要检测的信号表示为一组正交基波形的线性组合（Harris，2006）。该方法通过将观测数据映射到一个子空间内，而该子空间可视作包含一组来自特定震源的不同信号的集合。奇异值分解（singular-value decomposition，SVD）是一种广义的矩阵特征值分解方法，利用该方法可获得用于描述上述信号集合主要特征的一组正交表示项（Barrett and Beroza，2014）。子空间检测的检测统计量可表示为投影向量的平方范数与原始数据向量的平方范数之比，其取值范围为 0 ~ 1（Harris，2006）。与匹配滤波类似，当该统计量的值超过了规定的阈值即认为检测到事件。

相较于匹配滤波，子空间检测因其可以提高计算效率而得到广泛应用。另外，该方法也可以减少用于完全表征地震序列所需的模板事件的数量（Benz et al.，2015）。Song 等（2014）将子空间检测方法应用于双井微地震监测，极大地提高了对微地震事件的检测能力，同时提高了有效观测距离。Benz 等（2015）使用该方法分析了俄克拉何马州 Guthrie 附近的诱发地震活动，在为期 7 个月的观测时间内每天都能够可靠地监测到数百次的地震事件。Barrett 和 Beroza（2014）发展了一种经验方法，该方法使用叠加波形及其时间导数作为基函数，其原因是它们与奇异值分解得到的前两个基函数十分相似。他们将该经验子空间方法应用于 2003 年 Big Bear M_{W}5.0 级地震序列研究，发现该方法比匹配滤波具有更大的优势，尤其是在识别波形重叠的地震事件方面。以上这些研究证明了子空间检测是一类有效且功能强大的事件检测方法。

6.4　震　源　定　位

一般来说，用于井下微地震监测的震源定位方法包括两类（Maxwell，2014），其中第一类方法较为常见，它通过反演地震波的走时（也称旅行时），同时结合矢端图分析获得的地震事件反方位角信息来确定震源位置。第二类方法又称相干扫描，即采用波束成形或相似度加权叠加方法（Eaton et al.，2011）来确定事件的位置。与上一节介绍的求取子事件相对位置的方法类似，相干扫描法在实际操作时也无须拾取地震波到时，因此较适合于实时微地震数据处理。与此方法相关的一些其他定位方法，如逆时偏移，近年来也逐渐受到学者们的欢迎。本节将重点介绍上述第一类方法，即基于走时反演的定位方法。相干扫描和逆时偏移常用于处理地表或浅地表阵列的监测数据，相关内容将在第七章中介绍。

目前，所有的震源定位方法都依赖于准确的背景速度模型，所以背景速度模型的建立是图 6.1 所示的次要工作流程中的重要一步。为了验证速度模型可靠性，需要采用某种算法来获得校准事件的震源位置，而该算法通常与用于定位事件的方法相同。在本节中我们将首先介绍定位方法，在下一节中将介绍如何构建背景速度模型。另外，震源位置和速度模型可以通过进行联合反演同时得到（Zhang et al.，2009；Tian et al.，2017），但为了简单起见，本节将主要介绍图 6.1 所示的处理流程。

我们首先考虑检波器阵列布设在单个垂直井中的情况，对于该情况存在如图 6.12 所示的柱对称性。到目前为止，我们已经介绍了多种初至到时的拾取方法以及基于 qP 波初至的矢端图来确定反方位角的方法。对于一个包含 N 个拾取到时 $\tilde{t}_i$ 和 M 个事件反方位角 $\tilde{\theta}_j$ 的微地震事件，其最佳拟合震源位置可以通过最小化如下目标函数 E_0 来确定，

$$E_0 = \sum_{i=1}^{N} (t_i(\boldsymbol{m}) - \tilde{t}_i)^2 + w \sum_{j=1}^{M} (\theta_j(\boldsymbol{m}) - \tilde{\theta}_j)^2 \qquad (6.21)$$

其中 t_i 和 θ_j 分别表示理论计算得到的到时和反方位角；w 为权重因子，它控制着拟合到时与拟合反方位角的相对权重。为了确定该权重因子的大小，常用的方法是通过计算到时的不确定性与反方位角不确定性的比值来确定（Maxwell，2014）。式（6.21）中待求解的参数向量为 $\boldsymbol{m} = \{x, y, z, \tilde{\tau}\}$，其中包括了地震的震源位置坐标和发震时间 $\tilde{\tau}$。

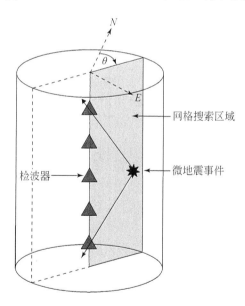

图 6.12 单个垂直观测井在柱对称情况下的网格搜索区域示意图
修改自 Jones 等（2014），经 Wiley 许可使用。

Maxwell（2014）总结了目前已提出的用于震源定位的各类目标函数。考虑到垂直井固有的柱对称性，震源定位问题可简化为两个主要步骤。第一步是通过最小化如下目标函数来获得柱坐标系 $\{\rho, z\}$ 下的二维震源位置，

$$E_\rho = \sum_{i=1}^{N} (\Delta t_i - \Delta \tilde{t}_i)^2 \tag{6.22}$$

其中 $\Delta t_i = (t_S - t_P)_i$ 表示第 i 个检波器的理论 qS 和 qP 波的到时差，$\Delta \tilde{t}_i$ 表示实际观测到时差。这里使用 qS-qP 到时差而非绝对到时，其作用是可以消除发震时间 $\tilde{\tau}$ 的影响，从而减少待求解参数的数量。Pike（2014）利用射线追踪计算理论的 qP 和 qS 波到时，并采用针对二维网格的穷举搜索法获得式（6.22）的解。Jones 等（2010）使用 Geiger 方法来计算震源位置，该方法的原理是基于第 9 章中介绍的经典最小二乘法。通过计算广义逆矩阵 [式（9.6）]，Geiger 方法可根据初始震源参数获得最终解。假如拾取到时的误差服从正态分布，则可通过计算模型参数的方差 [式（9.7）] 来表示特定置信度水平下的解的误差。该置信度区间可以表示拾取到时的不确定性，但无法代表速度模型的不确定性。

接下来一步是确定事件的反方位角，即从检波器到震源的方向。如前文所述，反方位角可以根据 qP 波的质点运动轨迹采用协方差矩阵方法确定。对于最简单的情况，即在垂直井和水平各向同性介质的情况下，不同检波器的反方位角几乎是相同的。因此，原则上可通过计算所有检波器的反方位角的平均值作为震源方位角的估计值，其方差可用于表示反方位角的不确定性。该方法面临的一个问题是估算的反方位角可能存在 180° 的误差，这是由于协方差矩阵法仅能获得偏振椭球的主轴方向，而无法提供波形的极性信息。由于 qP 波的极性未知，因此波形的初动方向可能是朝向震源的，亦或是背离震源。

为了消除这一方向误差，一种方法是利用关于震源位置的先验信息来确定反方位角。Jones 等（2010）发展了一种基于数据驱动的方法，通过使用两个或多个检波器及其记录到的 qP 波的偏振倾角来确定。从本质上讲，该方法主要原理是：由震源发出的地震波射线在朝向震源的方向上会逐渐汇聚，而在其相反的方向上则逐渐发散。Jones 等（2010）还提出了一种统计 t 检验方法用于计算震源方向的置信度。

通过采用上述两个步骤，即可确定在柱坐标 $\{\rho, z, \varphi\}$ 下的震源位置及其不确定度；之后，通过坐标转换即可获得笛卡儿坐标系下的震源位置。然而，这种坐标转换方法存在的一个重要问题是反方位角的不确定度会导致震源位置的不确定度随着与井的距离的增大而增大，这一点也可以通过图 5.16 中观测系统设计测试结果看出。

Jones 等（2014）采用 Monte Carlo 模拟进行研究发现，当使用式（6.22）中的 S-P 时间差来计算震源位置时，初至到时或背景速度模型中存在的较小误差可能会导致震源深度产生较大的误差。在震源定位中常见的一种假象是地震事件往往聚集在速度发生突变的界面附近。为了提高定位精度，他们提出了两种不同的方法。一种方法是采用式（6.21）作为目标函数来拟合绝对到时数据，而不使用时间差。这种方法使得观测数据的数量增加了一倍，但需要确定的模型参数的数量也从三个增加到了四个。Jones 等（2014）还提出了一种基于波前几何特征方法，称为等距离时间法（equal distance time，EDT）。该方法通过选取到时曲面相交最多的点作为实际震源位置。

如果观测系统包含多口井，则震源位置对于事件反方位角的依赖性以及由此产生的与检波器距离相关的不确定性会得到一定的改善（Maxwell，2014）。对于两个或多个观测井记录的事件，由于观测系统能够较好地覆盖震源，仅使用到时数据即可准确确定震源的位置。然而在绝大部分情况下，只有少数能量较强的地震事件可以被多井观测系统较好的记录下来，而大部分的弱事件只能被最近的观测井记录到。

Castellanos 和 Van der Baan（2013）展示了一个在深部地下采矿作业中使用多井检波器阵列的观测数据定位微地震事件的实例。由于观测系统的布设范围较为有利，本例使用了双差重定位方法（Castellanos and Van der Baan，2013）对初始震源位置进行了优化，提高了定位的精度。双差定位方法的原理可参见 9.2.2 节。

最后，我们总结出的在定位时需要考虑的三个不同但经常容易混淆的概念包括（Maxwell，2014）：

（1）准确性，用于定量化描述估计震源位置与其真实位置的接近程度（用绝对值表示）。速度模型存在系统误差或者忽略模型的各向异性可能会导致不准确的震源位置。

（2）精度，用于定量化描述估计震源位置的分散程度。观测数据的不确定性可能会导致精度降低，这通常与数据信噪比水平有关。

（3）模糊性/非唯一性，指误差曲面的多模态拓扑结构可能导致多个震源位置均能够拟合观测数据。常用的线性化反演方法（如 Geiger 方法）容易使定位结果陷入初始震源位置附近的局部极小值，而全局搜索方法（Lomax et al.，2014）往往更加可靠。

6.5　速度模型确定

为了确定震源位置，需要建立背景速度模型，这也是图 6.1 中次要工作流程的重要组成部分。构建速度模型的基本步骤为：

（1）构建初始速度模型$v_P(x,y,z)$和$v_S(x,y,z)$。通常情况下，初始模型是利用测井数据建立的，并且最好采用压裂井和/或观测井的测井数据。如果测井数据有缺失或可靠性较低，则需要首先建立一个包含岩性的地层模型，然后根据其他信息将其转换为速度模型。

（2）如果可能的话，在建立速度模型时还需要考虑介质各向异性和衰减的影响。在垂直横向各向同性（VTI）、水平横向各向同性（HTI）或倾斜各向同性（TTI）的介质中，相比于给定弹性刚度值，根据介质对称轴方向以及 Thomsen 参数［即$\delta_T(x,y,z)$、$\varepsilon_T(x,y,z)$和$\gamma_T(x,y,z)$］（Thomsen，1986）对v_P和v_S进行增广从而建立速度模型往往更方便。同样地，也可以通过给定品质因子$Q_P(x,y,z)$和$Q_S(x,y,z)$来考虑衰减的影响。

（3）通过使用校准震源的观测数据可对初始速度模型进行校正，校正后模型的可靠性取决于使用该模型是否可以得到准确的校准震源位置。在实际中可以采用不同的方法来对模型进行调整，包括非线性反演或者手动调整模型参数。一般来说，震源定位使用的速度模型具有较大的不确定性，这是因为没有足够的观测数据可以用来唯一地确定该模型。

为了展示速度模型的建立过程，这里我们考虑一个实际的例子。该实例在构建速度模型时采用了一种简化的方法，即忽略各向异性和衰减的影响，并且假设地层是水平层状的。该实例的研究区位于加拿大 Alberta 深盆地（Pike，2014）。在这里，"深盆"一词（Masters，1979）是指加拿大西部前陆盆地内最大厚度为 4.5km 的低渗透率、含气的白垩纪楔形地层。图 6.13 显示了水力压裂水平井和微地震观测系统的位置，其中检波器布设在一口斜井中。水平井主要位于 Spirit River 组 Falher 段的含气页岩层内，其上覆地层主要由页岩、粉砂岩和煤组成（Pike，2014）。该水平井采用水力射流对套管进行射孔从而产生人工裂缝，故没有射孔炮可用于进行速度校正。因此，该研究选择采用导爆索作为校准震源。

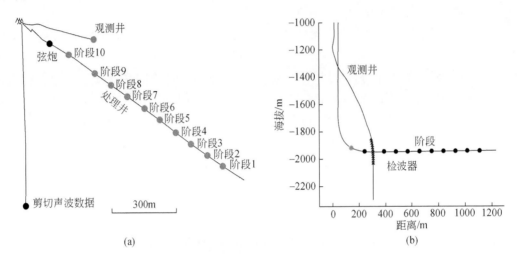

(a)　　　　　　　　　　　　　　　　　　(b)

图 6.13　加拿大 Alberta 深盆地区实际案例分析结果

（a）压裂井和监测井位置平面视图。水力压裂施工在压裂井内分十段进行，其目标层段为白垩纪 Spirit River 组 Falher 段地层。使用第三口井（非压裂井和监测井）的测井数据建立了背景速度模型。右上角插图中的 E 代表 Edmonton，C 代表 Calgary。（b）检波器（三角形）和压裂段（圆点）位置垂向侧视图。修改自 Pike（2014），经作者许可使用。

　　速度模型通常包括 P 波和 S 波速度，但实际上并非所有井都有 S 波测井数据。在本例中，观测井的测井数据在转换为速度后通过采用一个滑动中值滤波器对数据进行了重新采样（采样间隔由最初的 0.1m 提高到 1.0m）。需要注意的是，可以采用多种方法将测井仪器的分辨率提升到地震波长的尺度（Rio et al.，1996；Lindsay and Van Koughnet，2001）。该实例中的观测井无法提供 S 波速度信息，这些信息通常是利用偶极声波测井得到的。为了建立初始速度模型，该实例使用了相邻井的 S 波速度（Pike，2014）。图 6.14 显示了初始模型的速度值，其中的低速层代表煤层，它与周围的碎屑单元在弹性特征上存在显著差异，而这往往会导致较为复杂的地震传播路径及干涉模式。

　　初始速度模型通常是建立在水平层状介质假设上的。在上面实例中的这样的假设是合理的，因为该研究区的沉积单元基本没有发生变形。根据这一假设，通过使用两口井的 γ 测井数据可以识别观测井以及一口相邻井中的相同层位。图 6.15 显示了 v_P 与 v_S 的交会图，其中数据点的颜色表示 γ 射线值（单位为 API）。γ 值较低的点对应于纯净的砂岩，而较高的 γ 值则对应页岩。利用所有测量数据求得的平均 v_P/v_S 比值约为 1.65，根据这一结果发现在煤层段存在着较多异常值（Pike，2014）。

　　上述实例使用了压裂井中的导爆索事件来对速度模型进行校正（图 6.13）。在进行校正时，首先采用初始速度模型计算从导爆索到各个检波器的 P 波和 S 波走时，然后将理论计算的走时与实际观测走时进行比较（如图 6.16 所示）。由于初始速度模型的理论走时与

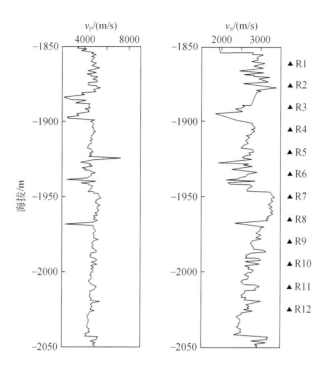

图 6.14　邻井的v_P和v_S测井曲线

这些测井数据与观测井的v_P模型及其他资料一起用以构建初始速度模型。三角形表示检波器的深度
（标记为 R1，…，R12）。修改自 Pike（2014），经作者许可使用。

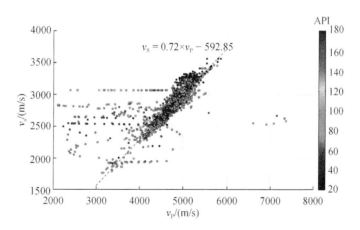

图 6.15　微地震震源深度范围内v_P与v_S的交会图

图中虚线表示二者的最佳拟合结果，数据点的颜色表示伽马射线值（单位为 API，据美国石油协会）。
图中的异常值主要来自煤层段。修改自 Pike（2014），经作者许可使用。

观测走时不一致，因此，需要对速度模型参数进行反复调整以实现较好地拟合观测数据。

最终得到的速度模型在煤层内的v_P/v_S波速比为 1.75，在硅质碎屑沉积层（砂岩和页岩）中v_P/v_S为 1.6。

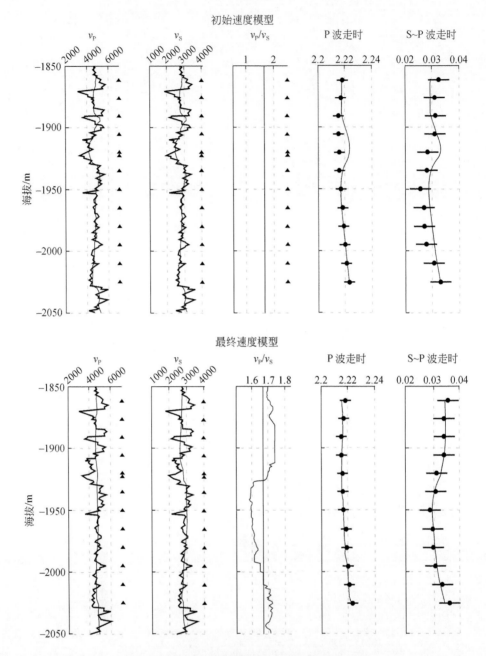

图 6.16　使用校准震源数据对速度模型进行优化

在初始（上图）和最终（下图）速度模型中，原始的v_P和v_S测井曲线用细线表示，而经过重采样和放大的测井曲线用粗线表示。在走时数据图中，实线代表理论计算走时，圆圈代表实际拾取的走时（走时拾取误差用横线表示）。经过优化后，v_P/v_S值在煤层段（用 C 标记）约为 1.75，在硅质碎屑沉积层为 1.6。修改自 Pike（2014），经作者许可使用。

　　使用上述速度校正方法获得的速度模型可用于确定微地震事件的位置。第八章将对定位结果做进一步解释，包括煤层是如何影响地震波在地层中传播的。在本例中，受实际完井过程所限，只有一个校准事件可用。但在其他的实例中，可能具有多个校准震源可用于校正速度模型，特别是对于使用射孔+桥塞完井技术的情况（详见 4.2.1 节）。对于该情况，可在完井过程中不断对速度模型进行更新，以监测因缝网发育造成的速度结构变化（Akram，2014）。

6.6　震　源　参　数

震级是一项基本的地震震源参数，可视为利用观测到的地震波对地震大小的一阶估计。在监测诱发地震方面，作为交通灯系统的判定指标，震级的准确性具有重要意义（详见 9.4 节）。目前研究针对中、大型地震提出了不同的震级标度，并对这些震级标度做出了适当修正。相同的方法也可用于井下微地震数据估算事件的震级，在计算震级时我们通常假设震级校正可以跨越多个数量级从而用于微地震事件。尽管如此，也有研究发现对同一组数据采用不同处理方法获得的震级也可能存在较大差异（Shemeta and Anderson，2010），因此，在对微地震事件信息进行分析之前，需要了解是采用何种方法确定的事件震级。

如 5.1 节所述，Stork 等（2014）利用 Cotton Valley 水力压裂实验记录的井下微地震数据计算了地震矩和矩震级（Walker，1997；Rutledge and Phillips，2003）。图 6.17 展示了他们分析的一个微地震事件波形。如图 6.17（a）所示，地震矩可基于时间域波形数据采用如下公式计算，

$$M_0 = \frac{4\pi\rho v^3 r}{R}\int_{t_1}^{t_2}u(t)\,\mathrm{d}t \tag{6.23}$$

其中 $u(t)$ 为去除仪器响应后的地震波位移记录（详见附录 B）；v 和 R 分别为地震波速度和平均辐射花样幅值，且对于 P 波和 S 波 v 和 R 的取值是不同的。在得到地震矩后，可根据式（3.53）计算事件的矩震级。

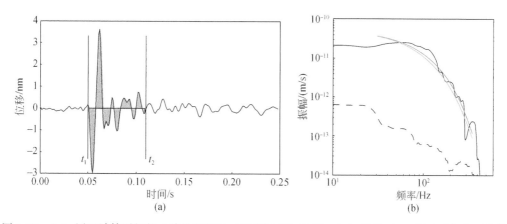

图 6.17　（a）用于计算震级的 S 波地震记录（位移记录）示例。（b）图为（a）所示时窗内 S 波的振幅谱（平滑后），以及 Brune 模型和 Boatwright 模型的最佳拟合结果（二者具有相似的 Ω_0 和 Q 值）。黑色虚线表示噪声频谱。引自 Stork 等（2014）。

如3.7节所述，我们也可以利用位移谱中低频成分的渐近线来估算震级。图6.17（b）显示了使用不同频谱模型对事件频谱进行拟合的结果。这里采用的两个模型（即Brune 和 Boatwright 模型）在低频部分具有较好的一致性，因此，两种方法能够得到相同的震级值。然而，我们发现两个模型的频谱随着频率升高而逐渐发生分离，这对拐角频率的确定会产生一定响应。

Stork 等（2014）比较了使用不同方法和不同假设条件计算得到的震级大小，发现最大震级差可以达到0.6个震级单位。为了降低震级计算的不确定性，他们提出了一系列建议，包括：

（1）在计算辐射花样校正量时需要考虑震源机制解的影响，并且计算所有检波器上的P波和S波辐射花样的平均值；

（2）去除位移谱中的噪声成分；

（3）考虑衰减校正；

（4）取至少四个检波器的计算结果的平均值；

（5）使用信噪比大于3的地震记录进行计算。

其他的震源参数也可以利用井下微地震数据获得，例如频谱参数（Eaton et al., 2014d）和地震矩张量（Baig and Urbancic, 2010）。

6.7　本　章　小　结

微地震数据处理的主要目标是获得包含地震位置、发震时间和震级的目录。整个数据处理流程可分为主要和次要工作流程。主要工作流程包括事件检测、P波和S波到时拾取、波场分离、震源定位和震源参数（如震级）计算等。次要工作流程包括确定检波器方位和建立背景速度模型（该流程可与主要工作流程同时进行），其中速度模型确定是非常重要的一步，因为速度模型的误差会造成震源位置的误差。初始速度模型通常是利用已有的测井数据建立的。另外，还需要使用校准震源来对速度模型进行校正。加拿大西部地区的一个实际案例表明当速度模型中存在低速层（在本例中为煤层）时可能会对数据处理造成一定困难。

微地震事件的位置通常采用笛卡儿坐标表示。对于倾斜的观测井，准确确定检波器方位要格外仔细，这是因为在布设井下检波器时由于线缆发生扭转，造成检波器水平分量在井筒内的方位是未知的。确定检波器方位可以采用协方差矩阵方法对初至P波进行偏振分析获得，即根据偏振椭球的主轴来确定P波的偏振方向。

事件检测可以使用基于单检波器或多检波器的方法进行。目前应用最广的单检波器方法是基于特定时间窗内的长-短时平均值比（STA/LTA）方法，其他的单检波器检测方法还包括基于峰度的STA/LTA方法和赤池信息准则（AIC）方法。多检波器方法则是利用互相关来对已拾取的初至到时进行优化。另外，通过进行波场分离可以检验并提高初至到时的精度，其基本流程就是把检波器记录到的地面运动三分量数据投影到对应于qP、qS$_1$和qS$_2$的射线中心坐标系中。

通过使用匹配滤波和/或子空间检测可以进一步提高事件检测的准确率。匹配滤波通过计算模板事件（即"父"事件）与连续波形数据的互相关，进而寻找到波形中存在的相似"子"事件。对于井下微地震数据，可以采用叠加互相关函数来进行匹配滤波。子空间检测则是一种更加通用的检测方法，该方法可将信号表示为一组正交基波形的组合。

井下微地震事件的震源位置可以通过反演 qP 和 qS 波到时数据获得，该过程还需要结合偏振分析来确定事件相对于检波器的反方位角。最后，通过计算震级、矩张量和频谱参数可用于表征微地震的震源特征。

6.8　延伸阅读材料

（1）《事件识别和初至拾取》：Akram 和 Eaton（2016b）

（2）《子空间检测》：Harris（2006）

（3）《震级和标度关系》：Kanamori 和 Anderson（1975）

6.9　习　　题

1. 假设对于某个微地震事件，记录到其地表振动过程可表示为时间 t（$0<t<T=N\pi$）的函数：

$u_x = a\sin t$

$u_y = b\cos t$

$u_z = 0.$

请根据式（6.1）构建一个协方差矩阵，并证明该矩阵的两个非零特征值与 a 和 b 的大小成正比。

2. 考虑某一包含随机白噪声（其均方根振幅为 A_N）的时间序列，在 $t=0$ 处存在一个单位脉冲。请画出使用长-短时窗平均值比、峰度和赤池信息量准则方法进行信号检测时的特征函数图像。

3. 考虑一套包含薄煤层段的页岩地层（详见第一章问题 4b 中的描述），设页岩密度为 2200kg/m^3，煤的密度为 1800kg/m^3。请确定该岩层的物性参数（v_P 和 v_S，或 VTI 的参数）。

（1）求各层 v_P 和 v_S 的厚度加权平均值。

（2）求各层 v_P 和 v_S 的时间加权平均值。

（3）求各层慢度（速度的倒数）的时间加权平均值。

（4）使用 Backus 平均法计算等效 VTI 介质参数 [见问题 4（2）]。请使用 Thomsen（1986）参数 α、β、γ、δ 和 ϵ 来表征结果。

4. 假设 $v_S = 2500\text{m/s}$，$\rho = 2600\text{kg/m}^3$，$r = 500\text{m}$，使用 Brune 频谱方法计算图 6.17 中事件的震级。

第 7 章　地面和浅井微地震数据处理

事实上，科学的进步很多都体现在成像的优化上。

马丁·查菲（Nobel Lecture，2008）

虽然地面微地震监测与井中监测的目标相同，但数据处理方法却截然不同。对于部署在地面或近地表的采集项目，相对大量的传感器（多达数千个）、较低的信噪比环境和较大的监测范围使得其处理方法通常更类似于主动地震勘探的成像方法，而不是天然地震学的方法（Duncan and Eisner，2010）。为了检测微弱事件，地面微地震监测利用叠加和其他信号处理方法来降低噪声和增强信号相干性。浅井阵列则属于一种井地联合监测方法：这种采集设计可以实现地震波场在较高信噪比环境中更稀疏的空间采样，但总体来看其监测范围和阵列形态与地面阵列几乎相同。

McMechan（1982）为基于地面阵列的震源成像奠定了理论基础，他注意到可以利用地震波场在时间上的反向传播来对震源进行成像。这种将观测到的地震记录作为时间相关的边界值的方法为逆时成像（reverse-time imaging，RTI）提供了基础（Artman et al.，2010）。Kao 和 Shan（2004）提出了一种替代方法，称为震源扫描算法（source-scanning algorithm，SSA）。该方法通过对所有台站理论到时对应的振幅绝对值求和实现震源位置和发震时刻的扫描搜索。SSA 属于一类基于 Kirchhoff 偏移形式的震源成像方法。

从 2004 年开始，水力压裂地面微地震监测技术的出现（Duncan，2005；Lakings et al.，2006）伴随着激烈的技术争论（Eisner et al.，2011b，a）。鉴于当时确定的水力压裂诱发微地震的低震级特征（Warpinski et al.，1998；Maxwell et al.，2002；Rutledge and Phillips，2003），争论焦点是部署在嘈杂地面环境的传感器的极限检测能力。有些研究人员质疑通过叠加实现的信噪比提升存在上限，并认为无论监测阵列如何布设，几何扩散和非弹性衰减造成的振幅损失都是无法克服的[①]，如 Cieslik 和 Artman（2016）。然而，这个观点有误。例如，通过使用地面阵列能精确地检测校准事件（Chambers et al.，2010）以及近地表和井中微地震监测定位结果的一致性（Maxwell et al.，2012）均验证了地面监测阵列的有效性。该问题最终通过一项实验得以解决，该实验同时采用各种传感器布设进行同步监测，包括水平和垂直近储层井下阵列、浅井阵列、地面线型阵列和结合单分量与多分量传感器的二维块状阵列（Peyret et al.，2012）。图 7.1 显示了该实验的一个报告结果，对比了两个较大震级事件实测振幅与基于弹性有限差分波场模拟的振幅随深度变化的趋势（Maxwell et al.，2012）。虽然信噪比从最深接收器位置约 1000dB 降低到地表约 1dB，但在没有叠加的情况下一些微地震事件在地面阵列中仍然是可见的，经过处理后则可以直接关联更多事件（Maxwell et al.，2012）。

---

① 这些论点让人联想到轨道平台天文观测与地面天文观测的灵敏度差异，后者受到地球大气层的模糊作用影响。

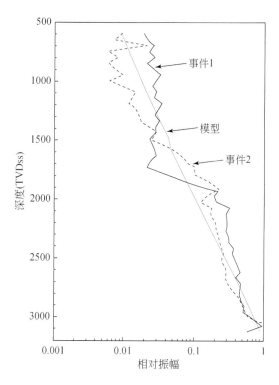

图 7.1　两个较大震级微地震事件振幅从储层深度到地表的变化及其与模拟振幅变化趋势的对比
获 SEG 许可转自 Microseismic Imaging of Hydraulic Fracture: Improved Engineering of Unconventional Shale Reservoirs
(S. Maxwell, 2014)。

　　本章描述了地面和浅井监测阵列的连续微地震记录处理的全波场成像方法的基本理论和应用。有些相关的主题在本书其他章节有详细介绍，此处不再赘述。例如，这里不再讨论近地表监测中的匹配滤波方法（Eisner et al.，2008），因为它与 6.3.4 节中用于井中微地震处理和 9.2.1 节中用于诱发地震的基于模板的方法基本相同。此外，与井中监测一样，地面监测中速度模型的构建也很重要，但前一章中描述的方法也适用于地面监测。

　　本章首先介绍了近地表环境中的地震波放大效应，部分解释了为什么地面监测是可行的。接下来，将介绍适用于地面微地震监测数据的全球尺度地震阵列的波束形成和速度谱分析图。然后，分析了地面微地震处理的基本工作流程，包括基于 Kirchhoff 偏移和逆时成像的弹性成像理论框架。从准确度和精度的角度讨论了成像分辨率和不确定性的要素。最后，本章列举了地面和浅井微地震监测的实例。

7.1　自由表面效应和波的放大作用

　　地震波场放大作用发生在自由地表附近，是导致地面和近地表信号幅度增强的重要因素（Eisner et al.，2011b）。自由表面边界条件是指应力分量沿表面消失的边界条件（Eaton，1989）。这种边界条件的结果是表面可作为近乎理想的反射界面，其中上行 P 和 S 波场产生相移反射和模式转换。在 P 波垂直入射的情况下，下行反射波具有负极性，且上行、下行波场在表面的叠加导致信号幅度加倍。上行弹性波与表面的相互作用类似于声波海面反射，也就是海洋地震数据中众所周知的虚反射"鬼波"（Parkes and Hegna，2011）。对于安装在浅井中的传感器，上行波场和下行波场之间存在时间滞后，导致观测频谱中出现一系列特有的缺口，类似于图 5.7 中的频谱缺口。对于倾斜入射的一般情况，地震波在自由表面的相互叠加作用更加复杂，与 Zoeppritz 方程的平面波反射系数基本一致（Dankbaar，1985）。

图 7.2 显示了观测的地震波场与自由表面的相互作用。图中展示的是由垂直浅井阵列（深度≤27.4m）记录的震级 M_W 1.6 的微地震原始波形数据。该阵列包含位于地表和浅井底部的主频为 15Hz 的三分量（3C）检波器，此外还在 12m、17m 和 22m 深度布设了三个主频为 15Hz 的单分量（垂直）检波器，在地面三分量检波器的相同位置还布设了一个宽带（broadband，BB）地震仪。由于该事件的信号振幅比背景噪声振幅大得多，因此该记录中有效信号之前的噪声基本不可见。上行 P 波和 S 波的微小时差可用于估计该浅井阵列位置的近地表速度。

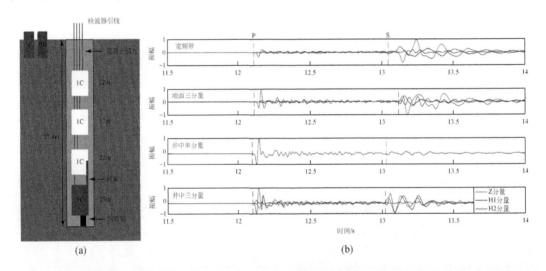

(a)　　　　　　　　　　　　　　　　　(b)

图 7.2　使用浅井检波器阵列、地面三分量（3C）检波器和地面宽频带（BB）地震仪记录的震级
M_W 1.6 微地震波形

(a) 传感器布设。(b) P 波和 S 波波形。垂直单分量（1C）波形来自 22m 深度位置的检波器。注意自由表面
效应产生的放大效应以及地面检波器与宽频地震仪之间的相位和振幅差异。

在地面检波器上，P 波脉冲看起来几乎是对称的；这是由上行入射波和相反极性下行反射 P 波的混叠造成的，两者都是具有近似最小相位特性的不对称脉冲（附录 B）。入射 S 波的主频较低；在深部检波器的（未旋转的）H1 和 H2 水平分量上很明显，但在中间位置垂直单分量检波器中不明显。地面检波器的垂直分量上有明显入射 S 波，可能也是由于自由表面处复杂的波场相互作用。相对于深部检波器，地面检波器监测的 P 波幅度增强了四倍，S 波幅度增强了六倍。如下文所述，这些放大倍数超过了基于自由表面效应预测的幅度近似加倍的情况。由于仪器响应的差异，相比于地震检波器，宽频地震仪监测信号的放大效应较小，并且具有不同的振幅和相位响应。

近地表波场相互作用受到覆盖层的各种影响。覆盖层在大多数沉积盆地中几乎是无处不在的，由具有低 P 波速度（800～1800m/s）、极低 S 波速度（100～400m/s）和高衰减（$Q<50$）的风化物质组成（Park et al.，1999）。例如，在图 7.2 中，所有检波器的地震记录都存在 P 波尾波，它由初至波之后振幅逐渐减小的散射波组成。该尾波部分是由近地表低速波导中捕获的能量以及近地表非均质性（如不规则基岩地形）的散射造成的。此外，根据斯涅尔定律，地表存在的低速层会导致射线弯曲成几乎垂直入射，这意味着在实践中主要用于地面监测阵列的垂直分量检波器非常适合记录入射的 P 波。相对于基岩暴露的地方，低速层的存在还将进一步放大包括信号和噪声在内的所有地面震动幅度（Building Seismic Safety Council，2003）。根据能量守恒定律（3.2.3 节），由于近地表介质速度和密度降低，地震波能量在近地表会得到更多的放大。

7.2　波束成形和速度谱

波束形成是一种用于处理阵列地震数据的时移求和方法（Ingate et al.，1985）。不同接收器的到时（或时差）取决于震源位置、发震时间以及地下速度结构。如果应用的时移可以使每个台站的震相对齐，则相干信号将被放大，同时抑制非相干噪声。

在全球地震学中，波束成形[①]是指对假设入射平面波在特定慢度和后方位角进行时移与求和（Rost and Thomas，2002）。如果慢度和后方位角未知，则可以使用速度谱分析（Davies et al.，1971）选择水平慢度值 p 来估计，它对应于速度谱分析图上的最大叠加振幅

$$V(t,p) = \frac{1}{M}\sum_{i=1}^{M} u_i(t-\tau_i) \tag{7.1}$$

其中 $u_i(t)$ 是台站 i 的地震记录，$\tau_i(p)$ 是相对走时，M 表示阵列中台站的数量。这种简单的波形叠加方法对于远震震相（即在大于 3000km 的震源–检波器距离处观察到的震相）是有效的，因为此时脉冲形状在阵列孔径范围内是相对不变的。类似的表达式也可以用来估计后方位角（Rost and Thomas，2002）。

非线性速度谱分析方法可用于提高远震阵列处理的分辨率。由于这些方法可用于地面和近地表微地震数据处理，因此在此简要讨论。例如，N 次方根方法（McFadden et al.，1986）（$N=2$，3，4，…）可用于提高分辨能力。这是通过对数据样本绝对值的 N 次方根求和来计算的，同时保留原始波形幅值的符号（极性）：

$$V'(t,p) = \frac{1}{M}\sum_{i=1}^{M} |u_i(t-\tau_i)|^{1/N}\mathrm{sign}\{u_i(t)\} \tag{7.2}$$

N 次方根速度谱 $V_N(t,p)$ 是通过取 N 次方获得的，同时再次保留每个数据样本的符号：

$$V_N(t,p) = |V'_N(t,p)|^N\mathrm{sign}\{V'_N(t,p)\} \tag{7.3}$$

N 次方根过程对于分析微弱信号很有用，但它会导致波形失真（Rost and Thomas，2002）。

速度谱分析的另一个非线性改进是相位加权叠加（phase-weighted stack，PWS）方法

[①]　在被动地震监测文献中，波束形成这一术语有时泛指任何基于阵列的波场相干扫描方法。

（Schimmel and Paulssen，1997）。该方法使用复信号分析的瞬时相位 $\varphi(t)$（附录 B）。对于一组 M 个信号，可以使用瞬时相位定义叠加函数，

$$c(t) = \frac{1}{M} \left| \sum_{j=1}^{M} e^{i\varphi_j(t)} \right| \tag{7.4}$$

它定义了一个表示叠加一致性度量的参数 $c(t)$（参见下面的讨论）。对于一组理想的信号，该参数的最大值是单位一，而对于完全不相干的叠加该值是零。为了降低噪声和检测微弱的相干信号，PWS 方法可以与速度谱分析相结合，如下所示：

$$V_{\text{PWS}(t,p)} = \frac{1}{M} \sum_{j=1}^{M} u_j(t - \tau_j) \left| c(t - \tau_j) \right|^v \tag{7.5}$$

其中相干滤波器的锐度由指数 v 控制。类似的叠加一致性度量是相似度，可以定义为（Neidell and Taner，1971）

$$S_c(t) = \frac{\left[\sum_{j=1}^{M} u_j(t) \right]^2}{\sum_{j=1}^{M} u_j(t)^2} \tag{7.6}$$

相似度由 M 个数据样本总和的平方与这些样本平方的总和的比值确定。与前面的相干性参数一样，相似度也在 $0 \leqslant S_c \leqslant 1$ 的范围内，相似度值为单位一也对应着理想的信号相干性。

7.3　基本处理工作流程

下面是地面微地震数据处理基本流程（P. M. Duncan，pers. comm.，2017），提供了处理连续记录的基本步骤和框架，可用于地面和浅井监测的微地震事件检测和定位。

（1）数据格式化和删除仪器响应；

（2）噪声信号编辑；

（3）数据预处理；

（4）速度分析（校准）；

（5）检波器静校正；

（6）震源机制估计；

（7）震源成像和事件检测。

如第 5 章和附录 B 所述，此工作流程第一步中的仪器响应校正使用了传感器的传递函数，从而将记录的信号转换为地面运动单位。用原始记录信号除以标量校正项 ξ_c，可以得到近似的仪器响应缩放系数，

$$\xi_c = S_i 10^{g_a/20} \tag{7.7}$$

其中 S_i 是传感器的灵敏度，单位为 V/m/s，g_a 是数字化仪使用的放大器增益设置（以 dB 为单位）。这种比例校正为传递函数"平坦"（见图 5.13）的频率处的完整仪器响应提供了合理的近似值，例如远高于检波器自然频率的频率成分。第二步中的信号编辑过程用于去除包含高振幅噪声的记录，例如车辆驶过台站的瞬态噪声。

第三步可以使用各种数据预处理技术。通常，应用带通滤波器来筛选地震记录的有用（最高信噪比）带宽。振幅归一化和频谱均衡也可用于改进叠加（波束形成）过程。使用

先验信息（例如测井数据）构建背景速度模型的方法与第 6 章中描述的方法相同。速度分析是改进和验证速度模型的环节，以优化理论走时（差）与观测时差的拟合。在这种情况下，各向异性的影响在较大偏移距位置可能是很明显的，其中旅行时（差）可能会偏离预测的各向同性介质的走时曲线（Tsvankin and Thomsen，1994）。

　　检波器位置的可变时移会对波束形成的图像产生负面影响。这些时移是由随空间变化的覆盖层厚度和与速度相耦合的地表地形引起的。校正这些时移的运动学效应的一种简化方法是使用静校正。这种类型的校正被广泛用于处理勘探地震数据，例如 Cary 和 Eaton（1993）。在勘探地震学中，与动校正不同，静校正中的“静”表示校正量不随时间变化。静校正可以作为简单的时移应用于地震记录，以避免将近地表复杂性直接引入到速度模型。正如 Chambers 等（2010）所述，短波长静校正量会导致波场不相干从而降低波束叠加的有效性，而长波长静校正量会导致事件定位的偏差。

　　精心设计的地面和浅井阵列通常可以充分覆盖震源，从而能够可靠地反演较大震级微地震的震源机制（Eaton and Forouhideh，2011）。事实上，震源机制反演还可以直接与震源定位合并形成联合反演（Zhebel and Eisner，2014）。

　　震源成像和事件检测步骤可以说是处理流程中最重要的环节，将在下一节中详细阐述。该步骤也可以使用第 6 章中描述的其他替代处理方法，包括联合绝对和相对定位的匹配滤波和/或子空间检测方法。本章最后的案例研究重点介绍了处理流程的其他方面，特别是检波器静校正和震源机制反演，涵盖了地面和浅井微地震监测实例。

7.4　弹　性　成　像

　　首先，考虑一般各向异性弹性介质的 Kirchhoff-Helmholtz 公式（Pao and Varatharajulu，1976），它描述了弹性动力学中的基本表示定理（Aki and Richards，2002）。在一般各向异性介质中[①]，位于闭合曲面 $\sum$ 内部的位置 x' 处的点 P 处的地震波场的第 m 个位移分量（图 7.3）由下式给出

$$u_m(x') = \int_{\Sigma} \hat{n}_j c_{ijkl} [u_i(x) G_{lm,k}(x'|x) - G_{lm}(x'|x) u_{l,k}(x)] \mathrm{d}\sum \tag{7.8}$$

其中 $\hat{\boldsymbol{n}}(x)$ 是表面 $\sum$ 的法向量，$G_{lm}(\omega, x'|x)$（ω 表示角频率）表示弹性动力学格林函数，用于描述点源 x' 在 x 处的位移。此外，$G_{jm}(\omega, x'|x)$ 是下面方程的解

$$c_{ijkl}(x') G_{lm,ik} - \rho(x') \omega^2 G_{jm} = -\delta_{jm} \delta(x'-x) \tag{7.9}$$

其中 δ_{jm} 是克罗内克 Delta 函数，$\delta(x'-x)$ 是狄拉克 Delta 函数。方程（7.8）中的面积分可以理解为对惠更斯原理的解释，表示 $\sum$ 上的每个点都辐射出一个二次波场，该二次波场通过弹性动力学格林函数 $G(\omega, x'|x)$ 传播到内部点 x' 处（Pao and Varatharajulu，1976）。这个公式提供了强大的成像理论框架：它表明在地下区域内部任何点的弹性波场，原则上

---

　　① 严格来说，方程（7.8）中的 Kirchhoff-Helmholtz 公式假设 Σ 内部有一个无源区域；因此，为了简单起见，我们谨慎地将震源识别为高振幅的局部区域。

都可以通过在任意边界表面周围测量的波场及其法向导数的加权积分来完全重建。

由于可以自由选择任意的边界表面，我们不妨将其表示为由两部分组成的下半球，如图 7.3 所示。图中 $\sum_1$ 表示进行波场测量的水平表面的圆形区域，而 $\sum_2$ 代表与水平表面连接封闭的下半球表面。当 $\sum_2$ 的半径趋于∞，索末菲辐射条件认为这部分表面的波场对整个波场求和/积分的贡献可以忽略不计。结合索末菲辐射条件，式 7.8 中的积分面积减少到半空间的上表面，而不是完整的边界表面。

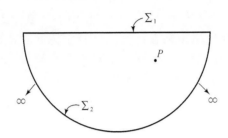

图 7.3　由 $\sum_1$ 和 $\sum_2$ 两部分组成的半球面 $\sum$ 的索末菲辐射条件

该条件表明，当 $\sum_2$ 的半径趋于∞时，$\sum_2$ 部分波场贡献趋于零。该条件与弹性 Kirchhoff-Helmholtz 公式［公式 (7.8)］一起可用于计算地下点 P 处的波场。

因此，有必要介绍 Kirchhoff 偏移。Kirchhoff 偏移是 Schneider（1978）最早提出的，现在已经是反射地震数据的通用处理方法，其理论基础是基于声学介质的 Kirchhoff-Helmoltz 公式，并利用合适的 Green 函数消除了表面测量 u 的法向导数。该方法可从零偏移波场 $\psi(x, \omega)$ 的积分获得偏移图像 $\psi_m(x', \omega)$（Carter and Frazer，1984）

$$\psi_m(x',\omega) = 2 \int_{\Sigma} \psi(x,\omega)\, \partial_n G d\sum \tag{7.10}$$

其中 x 代表 $\sum(z=0)$ 上的位置。通过使用格林函数的射线理论形式，Kirchhoff 偏移可以表示为沿走时曲线的加权积分。Kirchhoff 偏移还可以等效表示为每个数据点到穿过散射体的等时面（恒定走时面）的加权反投影（Esmersoy and Miller，1989）。

第二种等效表示被用于建立一类震源成像的 Kirchhoff 方法（Kao and Shan，2004；Chambers et al.，2010；Pesicek et al.，2014；Chambers et al.，2014；Hansen and Schmandt，2015；Vlček et al.，2016；Trojanowski and Eisner，2017），而这类方法的基本原理正是 Kirchhoff-Helmoltz 公式。这些方法在目标区域内定义了潜在震源位置的网格。反投影过程可以表示为使用成像函数 $F(x, t)$ 的广义波束形成，

$$F(x,t) = \sum_{k=1}^{N} R_P^k(t + \tau_P^k(x)) + R_S^k(t + \tau_S^k(x)) \tag{7.11}$$

其中 $R_P^k(t)$ 和 $R_S^k(t)$ 是 P 波和 S 波的特征函数，它们是从第 k 个接收器处观察到的波场导出的，而 $\tau_P^k(x)$ 和 $\tau_S^k(x)$ 是 P 波和 S 波从 x 到第 k 个检波器位置走时（或时差）。下文介绍了各种类型的特征函数。震源检测过程是在满足检测阈值的图像函数中拾取局部最大值。从这个意义上说，用于事件检测和震源定位的波场成像算法可以被描述为"先定位，

后拾取",而井下微地震处理的过程可以被描述为"先拾取,后定位"。根据检测理论
(Johnson and Dudgeon,1992)可以将震源检测过程公式化,即使用最大似然方法在零假设
H_0 = 无事件和 H_1 = 有事件之间进行选择(Thornton and Mueller,2013)。

反投影公式存在许多变体。例如,为了简单起见,许多已发表的算法只考虑一种类型
的波。或者,为了补偿理论走时中的误差,Pesicek 等(2014)使用以理论走时为中心的
$2M$ 大小时窗对应的幅值总和

$$F(x,t) = \sum_{k=1}^{N} \left\{ \sum_{m=-M}^{M} R_P^k(t + \tau_P^k(x) + m\delta t) + R_S^k(t + \tau_S^k(x) + m\delta t) \right\} \tag{7.12}$$

特征函数的最简单形式是波场本身,

$$R_P^k(t) = R_S^k(t) = u_k(t) \tag{7.13}$$

将原始波场直接代入成像公式便是经典的绕射叠加算法。与上面讨论的远震波束形成
方法不同,这种简单的方法受到不同检波器波形不相干性的影响,因为这种不相干性会干
扰叠加过程。影响叠加的干扰因素包括不同的路径效应以及由于震源辐射花样导致的极性
变化(第3.5.1 节)。Schisselé 和 Meunier(2009)以及 Chambers 等(2014)指出由于忽
略了震源辐射花样的影响,这种叠加方法可能会生成一个复杂的震源图像,并可能在震源
处形成零点,无法实现准确的震源成像。解决这个问题的一个简单方法是使用波场幅值的
绝对值,这便是 Kao 和 Shan(2004)提出的震源扫描算法。该方法可避免震源位置正、
负振幅值相加所造成的相消干涉,但并不是总能取得较好的效果(Trojanowski and Eisner,
2017)。基于波形包络的叠加(Liang et al.,2009)也是基于类似的思想,其特征函数是观
测到的地震波形振幅的包络(第6.3.4 节)。

另一种类型的特征函数是第 6.3.1 节中讨论的 STA/LTA 函数。Hansen 和 Schmandt
(2015)将事件检测与反投影算法相结合,并应用于 Mount St. Helens 火山被动地震监测实
验中的微地震定位。Chambers 等(2010)将绕射路径的相似性 [式(7.6)]用作特征函
数。Trojanowski 和 Eisner(2017)比较了几种不同的特征函数,并基于震源辐射花样已知
假设给出了极性的加权相乘方案。研究表明考虑了震源辐射花样的方法在检测微弱事件方
面具有较好的性能。Chambers 等(2014)研发了一组特征函数的权重系数,可用于同时
确定震源矩张量和震源位置。

公式(7.11)或(7.12)中用于构造震源图像函数的广义波束形成与基于局部最大
值(或更复杂的最大似然方法)的事件拾取的组合方法称为相干扫描。图 7.4 显示了说明
相干扫描过程的简单例子。前三个子图显示了一组合成波形,均为对称坐标原点布设的五
个检波器的波形。其中,第 j 个合成轨迹 $s_j(t)$ 是通过将时延脉冲与简单震源子波卷积生
成的,

$$s_j(t) = w(t) * \delta(t-\tau_j) \tag{7.14}$$

其中 $\delta(t-\tau)$ 是狄拉克 Delta 函数,$\omega(t)$ 采用 Ricker 子波,$\tau_j(r)$ 为速度为 V 的均匀各向
同性介质中距离震源 r 处的走时,

$$\tau_j(r) = \frac{r_j}{V} \tag{7.15}$$

Ricker 子波是高斯函数的二阶导数,通常用于计算简单的合成地震记录;它在时间域

具有以下函数形式:

$$w(t) = (1-2\pi^2 f_M^2 t^2) e^{-\pi^2 f_M^2 t^2} \tag{7.16}$$

其中 f_M 是子波峰值频率。在图 7.4 中，前两个子图显示了错误试验震源位置对应的时差校正后的波形。对于子图 1，试验震源位置高于真实位置，并往负 x 方向横向偏移。时差校正不准，导致各道存在时间残差。对于子图 2，试验震源位置高于真实位置，因此时差仍然校正不准。对于子图 3，试验震源位于真实位置，时差校正后波形拉平对齐。右下方子图显示了使用振幅包络作为特征函数获得的震源图像函数，峰值幅度对应于正确的震源位置。

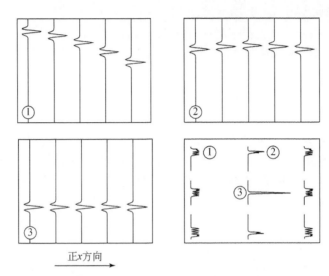

正x方向

图 7.4　基于地面微地震数据进行事件检测的相干扫描过程的示意图

子图①、②和③显示了对试验震源位置应用时差校正后的合成波形。子图①和②显示了测试震源位置错误的情况，而子图③的试验震源位置与实际震源重合。波形包络叠加结果显示在右下方的子图中。

Kirchhoff 类偏移的另一种方法是通过已知速度模型对观测的地震记录进行反向传播数值模拟。这种方法最初由 McMechan（1982）提出，并由 Gajewski 和 Tessmer（2005）使用 Fink（1999）的逆时方法进一步发展。Artman 等（2010）通过引入具有物理意义的弹性成像条件进一步扩展了这种逆时成像方法。

逆时建模方法的概念简单直接：它需要将观测到的地震记录进行时间反转，并将其作为检波器位置的震源波场。根据 Artman 等（2010），外推方向定义为 z，那么深度方向传播使用如下递归传播公式

$$\psi'(k_x, z+\Delta z, \omega) = \psi'(k_x, z, \omega) e^{-i\Delta z k_z} \tag{7.17}$$

Δz 是深度采样间隔，ψ' 表示时间反转波场，指数项表示向下传播算子。此外

$$k_z = \sqrt{\omega^2 s^2 - k_x^2} \tag{7.18}$$

是垂直波数，其中 s（z）是介质慢度，k_x 表示水平波数。由方程（7.17）定义的递归波场外推过程的初始化条件是 $\psi'(k_x, 0, \omega)$，这是时间反转数据，$[u(x,-t)]_z=0$ 的二维傅里叶变换。

本质上，逆时成像方法是通过聚集来自每个检波器的传播波场生成叠加的逆时图像。如下文所述，通过在震源位置的聚焦波场来识别和定位震源。该过程在计算上比 Kirchhoff 类方法更高效，但正如 Chambers 等（2014）所指出的，它不能像 Kirchhoff 类方法那样灵活地使用特征函数。此外，上述逆时成像方法要求在规则网格上对数据进行采样，这意味着通常需要对数据进行插值，因此可能并不适用于所有监测阵列。

7.4.1　成像条件

偏移成像方法的一个关键是成像条件，即从偏移成像结果中提取震源的条件。对于 Kirchhoff 类方法，成像条件要么是满足用户定义的阈值准则的图像函数的局部最大值，要么是旨在减少误报检测的最大似然检验。对于逆时成像方法，Artman 等（2010）提出使用波场随时间累积的零延迟自相关。公式为

$$\psi_m(x,t) = \text{FFT}^{-1}\left[\sum_\omega \psi'(k_x,z,\omega)\psi'(k_x,z,\omega)^*\right] \tag{7.19}$$

ψ_m 是偏移图像，* 表示复共轭。之所以选择这种成像条件，是因为零延迟自相关的大值表明事件的存在，而且削弱了波形的复杂性。这种方法只确定了震源的空间坐标，而通过选择处理的时窗，可以粗略估计震源激发时间。

7.4.2　分辨率和不确定性

虽然分辨率和不确定性这两个概念关系密切，但它们的含义并不相同（Thornton，2012）。在偏移成像中，分辨率指的是区分两个相距很近的事件的能力，因此与聚焦震源图像的大小和形状有关。分辨率取决于记录阵列的孔径以及数据的带宽。数据带宽很重要，因为主频波长对应于震源脉冲的测量宽度，并决定了分辨率极限。阵列孔径的作用源于天线理论，即使用较大的监测孔径可以获得更好的理论分辨率。在实践中，监测阵列的直径通常为目标深度的两倍。

如 6.4 节所述，影响定位不确定性的因素包括准确度、精度和非唯一性。精度量化了给定数据集或假设的地球介质模型固有的实验不确定性。例如，来自随机误差的不确定性被称为随机不确定性，来自希腊语的 aleo，意思是骰子的滚动（Der Kiureghian and Ditlevsen，2009）。这是报告和论文中通常强调的不确定性类型。另一方面，准确性量化了估计事件位置与真实位置的接近程度，并与模型假设的有效性有关。例如，如果背景模型不正确，它可能会导致多次测试事件的分布非常接近，其特点是精度高但准确性不足。这种不确定性被称为认知不确定性（epistemic uncertainty），来自希腊语 episteme，意思是知识。

Eisner 等（2010）假设不同检波器上的误差不相关且服从高斯分布，基于随机不确定性研发了一个简单概率模型。由于假设每个参数和每个检波器的概率分布是独立的，因此这种方法可以得到观测数据的概率密度函数

$$p(t_P,t_S) = N e^{-\sum_R (\tilde{t}_P - t_P)^2/(2\sigma_P^2)} e^{-\sum_R (\tilde{t}_S - t_S)^2/(2\sigma_S^2)} \tag{7.20}$$

其中，$\tilde{t}_P$ 和 $\tilde{t}_S$ 是观测的到达时间，t_P 和 t_S 是理论的到达时间，σ_P 和 σ_S 是 P 和 S 初至拾

取的高斯分布的标准差。使用归一化常数 N 确保所有可能位置的概率积分等于 1 （Eisner et al.，2010）。

　　Eisner 等 （2009b） 使用了类似的概率模型来比较三种情况下的位置不确定性：单一垂直井的井下监测、双观测井的井下监测和检波器面状分布的地面微地震监测。分析结果汇总在表 7.1 中。一般来说，在覆盖范围足够的区域内（考虑第六章中讨论的距离偏差），如果检波器阵列的深度范围覆盖了目标区域，井下监测可以提供更好的深度分辨率。使用双井监测可以增加覆盖区域的空间范围，但如果存在包含两个垂直或水平观测井的对称平面，双井监测也会导致假象①。另一方面，使用地面或浅地表阵列通常会产生更均匀的横向分辨率，即使存在速度模型不确定性的情况下也非常稳定。

表 7.1　不同数据采集条件下的定位不确定性总结

监测阵列形态	垂直位置	水平位置	速度模型的敏感性
单一垂直井	一般情况下为数十米	径向不确定性低，方位角确定性数十米	所有空间坐标均受影响（垂直和水平）
双监测井阵列	速度模型良好条件下类似于单一井下监测阵列	显著依赖于相对于对称平面的位置	非常敏感并在对称平面附近产生假象
地面或浅地表阵列	通常是数十到数百米	在任何方向上都没有特定的偏差，通常是数十米	垂直位置非常敏感，水平位置非常稳定

　　还有其他可用于评估定位不确定性和非唯一性的方法。Thornton 和 Mueller （2013） 使用数值建模方法来评估随机噪声的影响，先将高斯随机噪声添加到合成数据中，再使用波束形成方法进行定位测试。结果表明，信噪比是影响分辨率和定位不确定性的关键因素。Pesicek 等 （2014） 采用两种标准的统计检验（bootstrap 和 jackknife）来比较基于模板事件检测的双差重定位和使用 Kirchhoff 类方法的震源成像的定位不确定性。他们发现这两种方法的位置不确定性是相当的，但波形成像方法在不同台站分布形态情况下更稳定。

7.5　实际案例

　　下面的实际案例研究强调了前面讨论的一些技术要点以及基本处理流程的重要环节。图 7.5 显示了 Chambers 等 （2010） 的一个现场数据示例，说明了定位不确定性的概念。该例子是射孔枪信号，由于该事件具有已知的震源位置，因此可以对定位不确定性进行评估。由于使用地面监测阵列，成像的垂直分辨率低于水平分辨率，这也符合预期。根据 Kirchhoff 理论，最佳分辨率要求检波器完全覆盖目标区域。

　　正如上面在基本处理工作流中所概述的，检波器静校正的应用对于优化速度模型和确保震源能量聚焦非常重要。图 7.6 显示了一个射孔枪信号的例子。

　　图 7.7 显示了浅井阵列布设示例。该项目的被动地震数据被称为 Tony Creek Dual Mi-

① 如果一个或两个观测井倾斜，则不太可能出现对称平面。

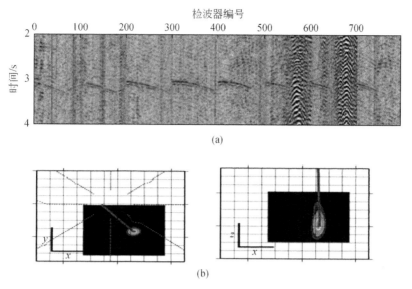

图 7.5　波束形成过程的现场数据示例

（a）射孔事件的原始波形记录。（b）射孔事件的波束形成叠加密度图。左图：平面图，显示地震
检波器的地面布设方式。右：截面图。引自 Chambers 等（2010），经 Wiley 许可。

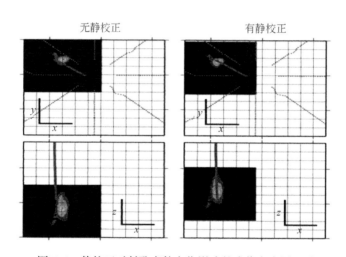

图 7.6　静校正对射孔事件定位影响的成像密度图显示

在不应用静校正的情况下，射孔事件位置在平面图（上图）和截面图（下图）中都位于井筒之外。应用静校正后，
射孔事件定位在正确的位置。网格线的间距为 152.4m。引自 Chambers 等（2010），经 Wiley 许可。

croseismic Experiment（ToC2ME），是卡尔加里大学于 2016 年 10 月至 11 月采集的。采集时每个站点均使用六通道 OYO GSX-3 数字化仪，采样速率为 2ms。连续数据被格式化为 SEG-2 文件，单个文件记录长度为 60s。

　　图 7.8 显示了一个 60s 记录的例子。该记录包含五个在原始数据就可识别的事件，这在水力压裂监测中是不常见的，因为通常大多数事件的能量都很弱，在没有波束形成处理的情况下肉眼无法识别（Chambers et al.，2010；Maxwell et al.，2012）。

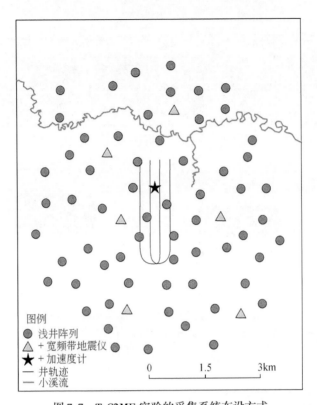

图 7.7　ToC2ME 实验的采集系统布设方式

三角形表示同时存在宽频带地震仪和浅井阵列。安装在浅井的地震检波器阵列布设如图 7.1（a）所示。
修改自 Igonin 和 Eaton（2017）。

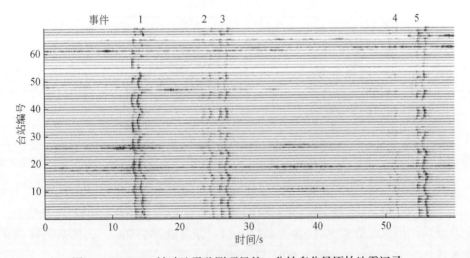

图 7.8　ToC2ME 被动地震监测项目的一分钟多分量原始地震记录

监测阵列布设如图 7.7 所示。该数据记录包含五个易于辨别的诱发事件，这是不常见的，因为大多数基于地面阵列检测到的事件在原始数据中是不可见的（Chambers et al.，2010）。P 波震相在垂直分量上很明显，而 S 波震相在水平分量上最容易辨别。

　　每个事件的特征是一个明显的 P 波震相和一个明显的 S 波震相，分别主要出现在垂直分量和两个水平分量。从不同检波器的到达时间可以明显看出时差，但由于浅井阵列台站的位置及其编号的关系，到时没有显示出简单的连续性规律。即使根据原始记录中 P 波节点平面的大概位置也可以推断出，事件 1 与其他事件具有不同的震源机制。

　　如前所述，与井下监测相比，使用大孔径地面阵列的一个优势是可以通过直接测量 P 波初至极性可靠地反演震源机制。震源机制信息可以用于设计相干扫描方法特征函数的极性权重系数，从而显著提高震源的成像分辨率（Trojanowski and Eisner，2017）。例如，图 7.9 显示了 2016 年 11 月 10 日的一个 $M_w1.6$ 事件的 P 波极性，该事件具有明显的走滑型震源机制。

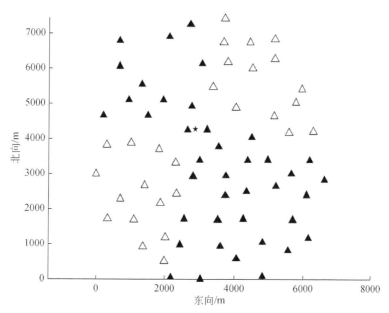

图 7.9　ToC2ME 浅井阵列记录的 2016 年 11 月 10 日的一个 $M_w1.6$ 微地震的 P 波初动极性
实心三角形表示正极性初动，空心三角形表示负极性初动。星号显示推断的震中位置。极性分布表明该事件具有
近似南北和东西走向节面的走滑型震源机制。

　　需要特别注意的是，尽管在视觉上非常相似，但从地面或近地表记录导出的初动极性图（如图 7.9）并不直接等同于 3.5.2 节中讨论的震源机制沙滩球。具体来说，震源机制沙滩球是基于 P 波初动极性的下半球投影，而这类初动极性图显示的是位于震源之上的水平面上的极性。因此，在精确确定节面和其他参数之前，需要将观测结果投影到下半球。

7.6　本章小结

　　地面或近地表传感器记录的地面震动受到自由地表边界条件和低速覆盖层的强烈影响。这些因素导致上行波场能量在地表处被放大，也引入了近地表散射和模式转换带来的复杂性。与深井记录相比，这种地面环境条件下的记录信噪比更低，但可以通过使用大量传感器的波形叠加进行补偿。

波束形成是一种时移叠加过程，可根据时差特征将波形对齐拉平，从而对事件进行定位和描述。该方法的非线性变体，如 N 次方根叠加、相位加权叠加和相似性加权叠加，均可用于增强信噪比。

地面和浅井被动地震资料的基本处理流程包括仪器响应校正、数据预处理、速度分析、静校正、震源机制反演和震源弹性成像。实际上，地面阵列或浅井阵列的微地震处理通常采用"先定位后拾取"的方法，而深井阵列的震源定位方法则采用与天然地震学类似的方法（即先拾取后定位）。

震源弹性成像的波场向下外推方法有多种，包括逆时成像和 Kirchhoff 类偏移。本章基于特征函数的使用介绍了一个灵活的 Kirchhoff 偏移框架。成像问题也可基于逆时建模过程进行建立。该方法的一个关键环节是应用成像条件，该条件用于从偏移成像结果中提取震源位置。

地面和浅井监测的分辨率取决于阵列的几何形态和数据带宽。影响震源定位不确定性的重要因素包括精度、准确性和非唯一性，这些可以用随机不确定性和认知不确定性的概念来表示。实际案例说明了本章所涵盖的一些实际因素，包括静校正和基于 P 波初动极性的震源机制反演。

7.7　延伸阅读建议

本章介绍了利用地面和浅井阵列记录进行被动地震数据处理的理论和实践框架。其中有些相关主题的更多资料推荐参考下列文献：

（1）《阵列处理方法和波束形成技术》：Rost 和 Thomas（2002）

（2）《地震成像方法和成像条件》：Claerbout（1985）

（3）《随机不确定性和认知不确定性》：Der Kiureghian 和 Ditlevsen（2009）

7.8　习　　题

1. 原始微地震数据需要转换成速度单位。如果背景噪声落在 ±0.2 原始振幅单位的范围内，那么在灵敏度为 $Si=85.8V/m/s$、放大器增益为 $g_a=72dB$ 的情况下，位移的相应范围是多少（m/s）？

2. 考虑图 7.2（a）所示的浅井台站。给定已知深度和三个单分量（从上往下）检波器波形的 P 波到时为 2.451s、2.455s、2.459s，以及底部三分量检波器的 P 波到时为 2.465s。近表面 P 波速度是多少？该值是否在预期的近地表纵波速度范围内？

3. 考虑图 7.7 中的浅地表阵列。如果在东部水平井 3.0km 深处进行水力压裂，并使用三分量检波器记录所产生的微地震事件，您预期在哪些分量上记录 P 波，在哪些分量中记录 S 波？接下来，考虑一个发生在阵列西北方向的阵列深度边界之外的事件。那么，您预期在哪些分量上看到主要的 P 波和 S 波振动？假设近地表松散层的 v_P 和 v_S 远小于下伏层的速度。

4. 绘制问题 3 中两种情况的波前图。如果检波器按与中心井的距离重新排序，您如何描述两种情况下的时差？

第8章 微地震解释

当你清楚你要说什么，就可以很自然地说出来。

刘易斯·卡罗尔（Alice's Adventures in Wonderland，1865）

解释是一门在数据中发现意义的科学。微地震监测的主要目的是深入了解地下脆性变形过程的性质和程度。被动地震监测有许多应用，包括增强型地热系统的压裂改造监测和矿山安全监测。本章的重点是与水力压裂相关的 $M_w<0$ 诱发微地震活动的被动地震监测，尽管解释工作流程也可适用于包括地热开发监测等更广范围的被动地震监测。对于 $M_w \geqslant 0$ 诱发地震活动的数据解释是下一章的主题。在水力压裂中，开展微地震监测通常有以下目的：

（1）监测裂缝网络扩展；

（2）估算油藏内改造区域的空间范围；

（3）表征压裂裂缝网络的复杂性；

（4）诊断完井过程中潜在的施工问题。

在更先进的微地震解释方法研发方面仍具有相当大的研究潜力，如量化应力状态、离散裂缝网络成像、时移监测研究、了解可能的慢滑移过程和储层特征，包括相分析。

本章介绍了一种系统的微地震解释方法。这种方法的指导思想是，对任何实验数据的解释都应该是可重复的、由监测数据驱动的，并且在最大程度上是定量的。作为该方法的一部分，应给出测量物理量的不确定性，以及描述如何获得不确定性的元数据。本章提出的解释流程建立在四个关键概念之上：

（1）属性。根据 Taner（2001），属性是通过直接测量或基于逻辑或经验的推理从监测数据中得出的物理特征。有两种不同的属性类型：测量的和推断的（间接的）。测量属性的例子包括微地震群的长度和估计改造体积（ESV）的尺寸；推断属性的例子包括裂缝长度和 SRV。

（2）方法。方法是用来解释微地震数据的工具。本章讨论的方法包括确定点集的凸包或最小包络椭球，以及微地震相分析（MFA）等。

（3）应用。分为基于可视化或基于模型的微地震数据应用（Cipolla et al.，2012）。基于可视化的应用例子包括 SRV 估计（Mayerhofer et al.，2010）和微地震耗竭描绘（MDD）（Dohmen et al.，2017）。基于模型的应用包括构建离散裂缝网络（Virues et al.，2016）和基于微地震观测的支撑剂注入裂缝成像（McKenna，2014）。

（4）验证。使用不同的技术验证基于微地震观测得到的直接的或推断的属性特征（Warpinski and Wolhart，2016）。

本章首先概述了基于上述概念的微地震解释工作流程。然后，依次考虑工作流程的各个要素，即数据预处理、事件属性、聚类分析、聚类和全局属性以及应用案例。本章最后简要介绍了一些常见的解释误区。

8.1　解释工作流程

针对微地震数据的系统解释，提出了以下基本工作流程：

(1) 数据预处理，以减小监测数据不一致和偏差的影响；

(2) 确定事件属性及其相关不确定性；

(3) 属性驱动的事件聚类；

(4) 确定事件聚类和全局属性；

(5) 微地震解释在实现特定工程目标中的应用。

解释工作流程的输入通常是事件目录，它包含从微地震数据处理中获得的事件及相应属性的列表，例如震源位置、发震时间、震级和其他震源参数。在进行定量解释之前，需要对这些数据进行预处理，以确保结果不受监测系统偏差的影响。然后可以从原始波形数据或事件目录中获得许多有用的附加属性，这些属性通常在数据处理环节无法获得。当获得一组完整的属性（以及相关的不确定度）后，就可以应用特定的属性驱动聚类方法对具有相似特征的事件进行分组。对于多级水力压裂，基于压裂段数的时间分组是事件聚类的一个简单例子。然后，可以从事件聚类中提取属性的统计学参数，如平均值、标准差或分形维数。解释工作流程的最后一步涉及微地震解释的应用和验证，以实现特定的工程目标。在大多数情况下，最有效的结果是将微地震数据与其他来源的独立数据进行整合。下面将逐一介绍解释工作流程中的每个步骤。

8.2　数据预处理

与解释任何类型的地球物理遥感数据一样，必须谨慎对待数据集相关的固有不确定性、局限性和缺陷。如图8.1所示，微地震事件通常聚集成具有一定空间展布的事件云。这是水力压裂期间记录的微地震数据的典型例子（Eaton et al., 2014c）。在本例中，一共有两口作业井，每口井中均有12个压裂段。基于垂直观测井中含12级三分量检波器的阵列进行微地震监测。每个压裂段采用不同颜色表示，每段压裂期间的微地震事件用相应的颜色表示。压裂施工持续了两天多，每口井都是按从井底（南端，两口井水平间距最大处）到井根部的顺序进行压裂。如 Eaton 等（2014c）所述，该数据集有体现天然裂缝网络激活的证据。

获得的微地震事件空间分布总有些发散，其中一些源于震源位置的不确定性，而并不是裂缝系统的几何形态造成的。此外，不同的采集方法对事件空间分布产生不同特征的偏差。正如 Cipolla 等（2011）所讨论的，垂直观测井中的微地震监测对检波器阵列附近发生的事件更敏感。另一方面，如第7章所述，地面微地震监测通常在震源深度方面具有更大的不确定性（Eisner et al., 2009b），这在很大程度上取决于数据信噪比的随机不确定性（Thornton and Mueller, 2013）和对速度模型的认知不确定性。

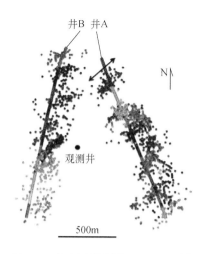

图 8.1　水力压裂监测（HFM）示例

这些微地震数据来自 Hoadley 实验，该实验对象是加拿大西部的两口裸眼井，通过部署在垂直观测井中的 12 级井下检波器阵列进行监测（Eaton et al., 2014c）。压裂段显示为沿水平井路径的不同颜色。每段对应的微地震事件用相同颜色表示。从微地震活动推断出的典型属性包括裂缝尺寸和方向，如 A 井一个事件簇附近的双箭头所示。

图 8.2 说明了从井中微地震监测中对事件分布进行标准化的过程（Cipolla et al., 2011）。由于井中微地震观测的固有监测偏差（参见图 5.6），该数据预处理步骤去除（或过滤）观测到的震级低于用户确定阈值的事件。该步骤确保了每个事件簇的属性的一致性，这些属性与观测井的距离无关。截断震级是一个元数据的例子，应将其作为解释的一部分。类似的处理程序可以应用于地面微地震监测，如截断信噪比。

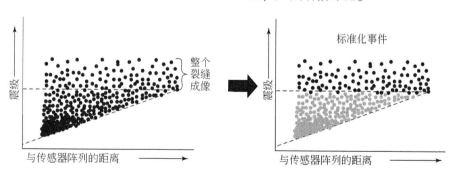

图 8.2　井中微地震监测的数据预处理，通过删除低于用户确定的阈值幅度（由虚线指示）的事件来标准化目录

此步骤确保事件簇属性的一致性，且和与井中检波器阵列的距离无关。经 SPE 许可，据 Cipolla et al.（2011）修改。

8.3　事件属性

应用预处理后，解释工作流程的下一步是确定事件属性，事件属性是事件的定量特征，可作为聚类的基础。表 8.1 给出了基本事件属性的列表；这并非详尽无遗，而是说明可用于支持解释的事件属性类型的指南。这些属性大多是在数据处理过程中获得的（第 6 章和第 7 章），并存储在事件目录中。

表 8.1　事件属性

属性	类别①	类型	元数据
预注水标志	M	逻辑标志	说明
注水期间标志	M	逻辑标志	说明
注水后标志	M	逻辑标志	说明
压裂段	M	整数	说明
日期	M	文本	年/月/日
儒略日期	M	整数	年
事件开始时间	M	标量	单位和时区②
激发时间	I	标量	单位、时区和方法
事件位置	M	向量	单位和地图投影
震级	M	标量	震级类型和方法
地震矩	M	标量	单位和谱模型
角频率	M	标量	单位和谱模型
应力降	I	标量	单位和谱模型
地震矩张量	M	张量	单位和方法
双力偶（double couple, DC）%	M	标量	方法
补偿线性矢量偶极（CLVD）%	M	标量	方法

①M=measured（测量）I=inferred（推测）。
②强烈建议使用世界协调时间（UTC）。

其中一些属性，如震源特征（应力降、矩张量）被视为高级处理属性（Cipolla et al.，2011）。这种区分是随意的，因为哪些属性被认为是高级属性取决于该领域的技术成熟度。这里的主要判定标准不依赖于具体的应用，而是取决于属性是应用于单个事件或一组事件。本书前几章讨论了获取这些属性的基本原则和方法。

8.4　聚类分析

聚类依赖于观测数据的属性，是许多学科中数据分析的基本工具。聚类可以定义为将观测结果无监督分类为多组（簇）（Jain et al.，1999）。例如，微地震事件的聚类已被用于提取微地震云中的更多细节信息（例如 Moriya et al.，2003）。

现有的聚类技术种类繁多（Jain et al.，1999）。大多数方法可归为凝聚法或分裂法。凝聚聚类是一种自下而上的方法，最初将每个事件分为一个单独的聚类，然后合并聚类，直到满足停止合并的准则。相反，分裂聚类算法从将所有观测数据分组为一个聚类开始，并执行分裂，直到满足停止分裂的准则。这两种方法都已应用于被动地震数据。

微地震事件最简单和最常见的聚类方式是基于压裂段的分组，即如果事件发生在给定压裂段开始后和结束之前的指定时间窗口内（或在之后的短暂时间窗口内），则将它们分为一组。在聚类分析的术语中，这种方法被称为一元方法。根据压裂段进行分类的方法通常非常有效，特别是对于射孔-桥塞等井眼完井，因为这些井段之间的间隔时间很长。然而，图 8.1 显示了这种简单方法的一个明显缺点。例如，双箭头旁边井 A 附近的一组事件位于可识别的局部空间区域内，但该区域包含来自两个压裂段的事件。从图中还可以明显看到其他相互重叠的压裂段，反映出该水力压裂方案中几乎连续的裸眼完井方式（图 8.3）。

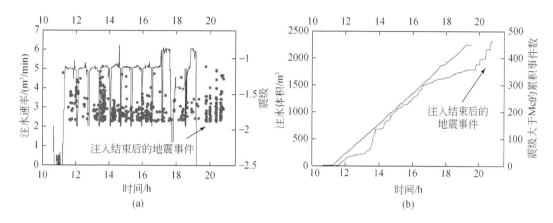

图 8.3 诱发微地震与流体注入参数的比较

（a）图 8.1 中水平井 A 对应的 12 个压裂段的震级大于完备震级的微地震事件和注水速率。各压裂段被短暂的较低注水速率间隔开。（b）累积注水量和震级大于完备震级的微地震事件的数量。转自 Maghsoudi 等（2016），经 Wiley 许可。版权归 AGU 2016 所有。

如图 8.4 所示，Eaton 和 Caffagni（2015）讨论了另一个与聚类相关的压裂段之间有时间重叠的例子。在该研究中，使用了模板匹配滤波方法（第 6.3.4 节）来获得更完整的事件集。图 8.4 显示了压裂方案的前四个阶段。在裸眼井中采用滑套工艺，因此连续压裂段之间的时间间隔相对较短。第一阶段开始后很快的高压标志着初始地层破裂，伴随着微地震响应。然而，在第二阶段开始时没有地震响应。相反，在第三阶段开始时观察到地震活动水平的增加。从第三阶段到第四阶段重复着同样的模式。Eaton 和 Caffagni（2015）以及 Caffagini 等（2016）认为，以观测到的地震活动率的局部极小值为标志的时间窗口进行聚类比简单地根据压裂段数对事件进行分类更有效。图 8.4 底部显示了微地震群的解释时间窗口。

目前发展了几种不同的聚类方案可供使用，所有这些方案都基于由事件属性（包括压裂段编号）定义的某种相似性度量。例如，Skoumal 等（2015b）使用了一种基于观测波形的时间和频谱特征的分层聚类算法，以便将使用模板方法检测到的事件分组为不同的聚类，并称之为事件集群/簇。Eaton 等（2014b）讨论了 k-means 算法的使用，这是一种分裂式聚类方法，通过使用两阶段迭代算法最小化事件到中心距离的欧式范数（E）划分事件分布（Seber，2009）。Vasudevan 等（2010）在有向图论中应用了异常过程的复现定义，以对板块内部地震活动模式进行聚类分析。Maghsoudi 等（2016）使用相同的方法对图 8.1 和图 8.3 中的数据集进行时空聚类分析，揭示了聚类中的重要关系。最终，在空间和

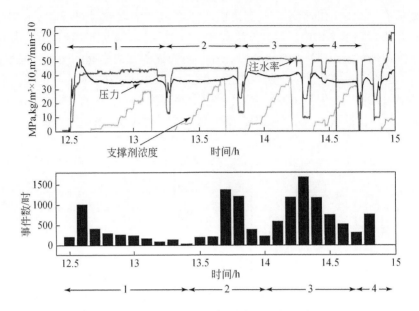

图 8.4 压力曲线（上图）与基于模板匹配滤波分析的地震活动率（下图）之间的比较

显示裸眼完井的微地震事件时间聚类。四个压裂阶段 1～4 由图顶部的箭头表示。由于各段之间的时间间隔很短，微地震活动表现出从一个压裂阶段到下一个压裂阶段的时间重叠特征。然而，微地震按时间聚类的集群是由图底部的数字区分。修改自 Caffagni 等（2016），经牛津大学出版社许可。

时间上聚焦的一组事件被归类为单个集群还是多个集群，将影响对结果的解释。对工程分析来讲，按压裂段分类不一定是最佳选择，而使用临时的方法进行聚类分析是主观的、难以记录、容易出错且不太可能重复的。为推动微地震监测数据集更加稳定，数据驱动且客观的聚类算法的研发，仍需要进一步的研究。

8.5 解 释 方 法

一旦确定了事件簇，无论是通过基于压裂段的归类还是通过使用更复杂的方法，都可以确定事件簇的集合属性。这些集群属性中的一些可以聚合以表征整个数据集的全局属性。表 8.2 提供了微地震观测的集群或全局属性的部分列表。Eaton 等（2014b）和 Rafiq 等（2016）更详细地讨论了其中许多属性。

表 8.2 集群和全局属性

属性	类别[①]	类型	元数据
集群长度	M	标量	单位和方法
集群高度	M	标量	单位和方法
集群方位	M	标量	单位和方法
集群时长	M	标量	单位和方法
裂缝长度	I	标量	单位和方法

续表

属性	类别[①]	类型	元数据
裂缝高度	I	标量	单位和方法
裂缝方位	I	标量	单位和方法
支撑裂缝长度	I	标量	单位和方法
裂缝孔径	I	标量	单位和方法
裂缝复杂度	I	类别[②]	描述性的理论
估计改造体积	M	标量	单位和方法
储层改造体积	I	标量	单位和方法
平均震级	M	标量	震级类型
震级方差	M	张量	震级类型
平均应力降	M	标量	单位和谱模型
应力降方差	M	标量	单位和谱模型
平均 DC%	M	标量	方法
平均 CLVD%	M	标量	方法
b 值	M	标量	方法
D 值	M	标量	方法
净地震矩	M	标量	单位
地震矩密度[③]	M	标量	单位
最大力矩率	M	标量	单位
瞬态变化[④]	M	标量	单位和方法
视渗透率	I	标量	单位和方法

①M = measured（测量）I = inferred（推测）。
②见图 8.5。
③按集群体积归一化的净地震矩。
④集群开始时一定时间窗口内的净地震矩与整个集群的净地震矩之比。

我们现在将考虑用于确定其中一些属性的几种特定方法。微地震观测的最基本的解释性参数是微地震云的尺寸和方位角（Maxwell，2014）。这种解释隐含的一个假设是微地震云能够可靠地表征水力裂缝网络的尺寸。Warpinski 和 Wolhart（2016）对试图验证这一假设的研究进行了全面回顾，并依据不多的可用数据集得出结论：高质量微地震观测数据是支持这种假设的。特别是，从微地震群的测量方位角推断出的裂缝方位角与独立观测结果一致，如裂缝钻穿和邻井的"裂缝沟通"。此外，从微地震活动观察到的断裂长度与独立观测结果之间的一致性表明，至少有一些微地震发生在断裂尖端附近（Warpinski and Wolhart，2016）。同样，推断的裂缝高度有助于评估压裂区域外裂缝发育的可能性。外部裂缝发育是应该尽量避免的，原因有很多：它落在目标储层之外，因此不利于油气生产；此外，它还可能沟通供给饮用水的地下水或导致地质灾害（Fisher and Warpinski，2012）。

虽然看似简单，但有许多细微差别需要考虑以保证这些属性测量结果的准确性和可重复性。重要的一点是用于进行聚类分析的方法，特别是关于如何处理异常值的方法。为了提取方位角和裂缝长度，可以使用一种基于线性规划（Welzl，1991）计算最小包络椭球体的方法。然后，事件簇的长度和方位角由椭球体的长轴唯一确定。Rich 和 Ammerman（2010）讨论了应力各向异性的影响，并表明当水平应力各向异性较低时，预计会出现复杂的椭球体体积。

8.5.1　估计改造体积

储层（或岩石）改造体积（stimulated- reservoir/rock volume，SRV）是指通过改造形成的裂缝网络实现渗透率增强的有效储层体积。Fisher 等（2002）和 Maxwell 等（2002）发表了关于这一主题的早期研究，他们的工作记录了 Barnett 页岩中大型裂缝网络的形成，从而提出了如图 8.5 所示裂缝复杂度的概念。这些研究还强调了水力压裂作业尺度与生产响应之间的初步关系。这随后形成了生产数据、压裂液注入体积和从微地震数据中观测的 SRV 之间的经验关系。Mayerhofer 等（2010）将估计的 SRV 与微地震点云的尺寸联系起来，总体概念如图 8.6 所示。然而有证据表明，在预测储层产能方面，使用微地震点云直接表征 SRV 并没有普适性（Cipolla and Wallace，2014）。SRV 的校正比较复杂，原因包括：①观测偏差，②微地震事件定位的不确定性，③对诱发微地震活动和支撑裂缝网络两者空间关系的地质力学理解不完善。

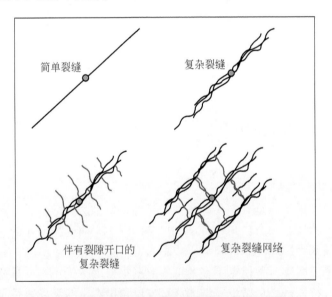

图 8.5　由微地震数据推断的裂缝复杂度的一般类别
压裂注水点由灰色圆圈表示。转载自 Warpinski 等（2009），经 SPE 许可。

由于从微地震数据得出的 SRV 的地质力学应用存在不确定性，由连续微地震点云界定的解释地下体积的首选替代术语是预估改造体积（ESV）。方框 8.1 概述了体积计算的一种客观、定量的方法，即凸包（convex hull）法。该技术借鉴了计算几何领域的方法，为微地震点云提供了独特的最小体积估计。图 8.7 使用 Hoadley 实验（图 8.1）的 A 井中用双向箭头标记的聚类数据，阐述了考虑观测井偏差的 ESV 计算方法。在这个案例中，观

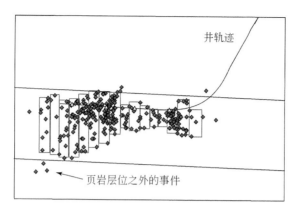

图 8.6　基于微地震数据计算裂缝高度以估算储层改造体积（SRV）

据 Mayerhofer 等（2010）修改，经 SPE 许可。

测井位于压裂井的西侧，随着距离的增加，微地震事件减少。观测偏差的产生是因为地震波振幅随远离震源距离的增加而减小。因此，距离观测井更远的事件更难探测。通过将每个观测到的微地震事件与一个虚拟镜像点配对，该偏差源可以被简单地处理并加入到点云中［图 8.7（b）］。然后，可以采用体积凸包算法计算原始点云或经过偏差校正后的点云对应的 ESV，如图 8.7（c）所示。与第 4 章中描述的半解析地质力学模型一致，该方法的基础是假设水力裂缝具有对称的双翼几何形状。

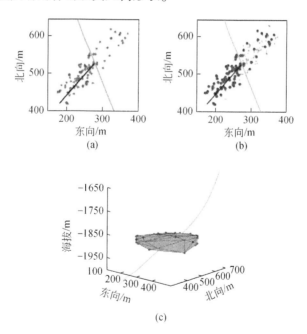

图 8.7　以图 8.1 中双向箭头指示的微地震群为例计算估计改造体积（ESV）的凸包方法

（a）观测的微地震活动的平面视图。距离是相对于观测井而言的。灰线表示作业井轨迹，黑线表示震源的最佳拟合直线。（b）增强的微地震点云分布，添加了镜像事件（用加号表示）。（c）由（b）中微地震事件点云求取的凸包。

　　ESV 计算需要考虑的另一个重要因素是观测事件震源定位的不确定性。如图 8.8 所示，可以用一种简单的方法解释由该因素引起的体积不确定性。在本例中，每个微地震事件都有一个报告的定位不确定性，该不确定性包括背景速度模型、传感器阵列的几何结构和旅行时拾取误差造成的不确定性（Maxwell, 2009）。ESV 的上限可以通过生成膨胀型微地震点云分布来获得，方法是改变点云中的每个事件点的位置使其远离注入点，且远离的距离近似等于该事件的定位不确定性。位移方向从注入点指向事件点。相反，ESV 的下限可以通过生成合成收缩型微地震点来获得，其中每个事件点向注入点移动定位不确定性大小的距离。该方法提供了一种地震改造体积不确定性定量和客观的度量，或许对储层建模有直接价值。

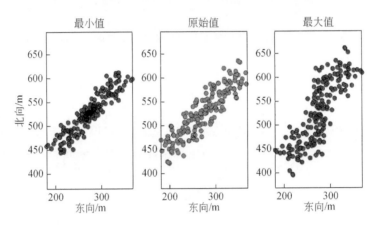

图 8.8　使用凸包方法计算估计改造体积（ESV）不确定性的方法

中间子图显示的原始聚类是图 8.7（b）中增强的微地震点云。包围该点云的凸包体积为 $7.70 \times 10^5 \mathrm{m}^3$。最小 ESV（$6.13 \times 10^5 \mathrm{m}^3$）是通过将增强组中的每个震源移向注入点后计算获得的，而最大 ESV（$1.41 \times 10^6 \mathrm{m}^3$）是通过将震源远离注入点后计算获得的。在这两种情况下，震源移动的距离都取决于定位不确定性。

方框 8.1　凸　包　法

　　凸包被定义为包含点云中所有点的最小凸集（Barber et al., 1996）。该体积由多组三个点创建的包含三角形表面的镶嵌凸体组成，而 quickhull 算法（Barber et al., 1996）能够快速计算凸包体积。图 8.7（c）给出了使用微地震点集生成的凸包示例。通俗地说，凸包可以看作是围绕点云外部的收缩包裹表面。相比之下，Mayerhofer 等（2010）使用特别的分组方法，结合微地震数据的裂缝高度估计 SRV（图 8.3）。其他常用方法包括通过微地震事件的三维密度场测量用户定义的阈值内的体积，或者利用简单的几何形状（例如矩形棱柱）对选取的微地震事件子集进行拟合。由于这些方法往往需要用户选择定性参数，因此不清楚使用这些不同方法获得的 SRV 估计之间可能存在什么定量关系。在实践中，使用 quickhull 方法具有一些理想的特征：（1）它对于给定的点云是唯一的，以及（2）它提供了一个固有的保守体积估计，因为它是包含所有点的最小凸体积。

8.5.2　震级–频度分布和分形维数

一般地，从微地震目录中得到的震级–频度分布可以用 Gutenberg-Richter 关系来描述：

$$\log_{10} N = a - bM \tag{8.1}$$

其中 N 是震级 $\geqslant M$ 的事件数量。该关系的斜率称为 b 值，是地震目录中大、小地震事件相对丰度的度量。第 3.8 节中讨论了从事件目录中估计 b 及其统计不确定性的方法。一般而言，大多数孕震断层系统产生的地震活动的特征是 b 值接近于 1（例如 El Isa and Eaton，2014）。这种关系的对数形式意味着，震级每增加一个单位（假设 $b=1$），地震的数目就会减少为原来的十分之一。然而，根据地震的能量尺度关系，矩震级每增加 1 个单位意味着能量增加 30 倍［见公式（3.74）］。当用地震矩表示时，Gutenberg-Richter 关系采用幂律的形式[①]，意味着潜在破裂过程的尺度不变性。

Bak 和 Tang（1989）将地震的尺度不变性与自组织临界性（self-organized criticality，SOC）的概念联系起来，他们表明 Gutenberg-Richter 关系可以解释为断层系统的临界行为。术语"自组织"意味着动态系统自然地演化到临界状态，几乎或完全不依赖于初始条件（Bak et al.，1988）。除了地震外，一个经典的例子就是一个不断增长的颗粒状物料堆，其坡度会逐渐向一个与物料性质有关的稳定角度发展。加入单个颗粒不太可能破坏物料堆的稳定性，但它可能会引发任何规模的崩塌。地壳处于临界应力状态的概念（Townend and Zoback，2000）是另一个自组织临界性行为的例子。

对于天然地震活动性，b 值被认为取决于地震断层状态（Schorlemmer et al.，2005），更一般地，取决于地应力状态及其时间变化（El-Isa and Eaton，2014）。因此，由于其作为潜在的诊断参数，人们非常重视表征和绘制与注入诱发地震活动相关的 b 值。分形维数 D 是另一个潜在的诊断参数，用于表征震源的空间分布（Grob and Van der Baan，2011）。对于点云，分形维数有以下取值：

（1）$D=0$ 为单点；

（2）$D \sim 1$ 为一组共线点；

（3）$D \sim 2$ 为一组共面点；

（4）$D \sim 3$ 为球体内均匀分布的点。

在应用这些典型分布来解释微地震点云的 D 值时，一定要注意由于事件位置的不确定性而导致的位置分散。例如，在存在位置不确定性引起的事件分散时，本质上共面的事件分布的 D 值可能大于 2。

对于一组点，可以使用 Grassberger 和 Procaccia（1983）的相关积分方法估计 D 参数。第一步是确定相关积分 $C_F(r)$，由下式给出

$$C_F(r) = \frac{2}{N_p(N_p - 1)(N_k(r))} \tag{8.2}$$

其中 N_p 是集群内事件的总数，$N_R(r)$ 是被距离 $<r$ 隔开的事件对的数量。对于分形分布，

[①]　幂律分布的其他典型例子包括月球陨石坑的直径、个人净资产和科学论文的引用次数；参见 Newman（2005）。

相关积分的特征是关于 r 的幂律关系，

$$C_F(r) \propto r^D \tag{8.3}$$

使用这种方法，分形维数可以由 C 对 r 的对数图的斜率估计。

　　D 值提供了一个简单的标量度量，可用于监测事件几何分布的变化。此外，一些地震统计模型预测了 D 和 b 之间的线性关系（Hirata，1989）。如果可以对特定区域验证这种关系，那么测量其中一个参数就足以表征它们两个，而且测量两个参数存在统计冗余。Grob 和 Van der Baan（2011）讨论了这些相互关联的关系，并在图 8.9 中总结了不同地震断层状态下的关系。

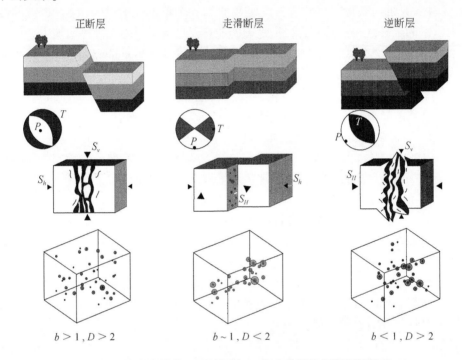

图 8.9　地应力状态、震源机制、b 和 D 参数之间的预测关系

P 和 T 分别表示压应力和张应力轴［公式（3.58）］。就 Anderson 断层体系而言，拉伸体系与正断层和更大比例的小震级事件有关；走滑状态与 b 值接近于 1 的平面特征相关；压应力状态与逆断层和较高比例的大震级事件有关。引自 Grob 和 Van der Baan（2011）。经 SEG 许可。

　　与天然地震活动性形成鲜明对比的是，水力压裂过程中记录的微地震目录的 b 值通常接近 2（Eaton et al.，2014a）。b 值突然下降到 ~1 被认为是水力压裂过程中断层激活的标志（Maxwell et al.，2009；Kratz et al.，2012）。为了深入了解 b 值变化的潜在原因，Eaton 和 Maghsoudi（2015）考虑了多种可能解释压裂作业过程中异常高的 b 值的情况，包括：

　　（1）仪器响应不正确；

　　（2）某些目录中的事件太少，无法获得统计意义上可靠的 b 值；

　　（3）具有不同 b 值的两个或多个不同事件集群丛集的叠加；

　　（4）由于使用高频传感器（即传统的地震检波器），导致震级饱和；

　　（5）震级–频度分布表现出优势分布。

Eaton 和 Maghsoudi（2015）利用包含监测偏差、仪器响应和噪声特性的实际影响的随机合成事件目录，证伪了除最后一个假设外的所有假设。实际上，地震断层系统的有限维意味着地震的尺度不变性最终会在非常大的震级上失效。这一行为由公式（3.84）中的锥形/截断 Gutenberg-Richter 公式表示，其特征是在震级–频度分布接近上限时发生倒转。基于锥形分布，使用接近上限的小范围震级估计 b 值，将产生异常大的 b 值。Eaton 和 Maghsoudi（2015）认为可以将 $b \geqslant 1$ 的微地震目录解释为接近其震级上限的表现。这意味着，断层系统的激活会产生超过这个震级上限的事件，从而恢复系统的自然尺度不变性。Eaton 等（2014a）也得出了类似的结论，他们将微地震活动的优势尺度解释为层控裂缝网络激活，其中层控裂缝网络是一种终止于水平层理边界的垂直裂缝网络。

8.5.3 微地震相分析

通过借鉴地震地层学的成熟方法（Mitchum et al.，1977），Rafiq 等（2016）引入了微地震相分析（microseismic-facies analysis）的概念，用于描述一种系统的、基于相的微地震解释方法。微地震相是一种可以从微地震活动中提取出的具有独特经验特征的岩体。微地震相分析的目的是突出油藏内部微妙的地层细节、构造变形、裂缝方向和应力分区。

该方法利用表 8.2 中列出的微地震事件簇的一套属性，以便对经验关系进行统计探索，并阐明微地震事件点云内的精细结构。通过推断出的簇间关系，可以根据微地震响应将非常规储层划分为不同的相单元。通过结合微地震相解释与其他类型的数据，如三维地震数据和来自测井的区域构造和地层构造，可以为非常规储层模型提供重要认识。

图 8.10 说明了如何利用微地震属性空间中的数据聚类来定义微地震相。该图显示了两个属性的关系图：聚类方位角和地震矩释放速率。在加拿大西部的研究区，$S_{H\max}$ 的方向接近 45°（Heidbach et al.，2010），因此对于简单 I 型裂缝，聚类方位角与预期方向平行对齐。地震矩释放速率表征了微地震活动的强度。沿 B 井的微地震事件簇似乎具有相对均匀的地震矩释放速率，小于 0.4GJ/h。相比之下，A 井中整齐排列的 I 型裂缝对应的事件簇具有明显更高的地震矩释放速率。图中两口井表现出明显不同的特征趋势，这可能体现了具有不同地质力学响应的储层相的特征差异。此外，不同的响应也可能与这两口水平井不同的方位角有关（图 8.1）。

通过对图 8.1 中事件点的空间分组来识别相，形成了 A 到 E 共五个相单元的分类。每个相单元对应微地震事件位置如图 8.11 的三维地震图像所示，其中微地震事件的颜色是基于图 8.10 所示的微地震相分析方法进行划分的。该图中地震背景图像描述了最正的曲率属性（Rafiq et al.，2016）。该属性是从偏移的三维地震数据体中选取储层顶部的反射层位的时间曲面获得的，该储层单元是白垩纪 Mannville 组海绿石砂岩段。在将双程走时转换为深度后，可以通过二次多项式拟合的经验曲面确定反射曲率（Roberts，2001）

$$z(x,y) = ax^2 + by^2 + cxy + dx + ey + f \qquad (8.4)$$

平均曲率由下式给出

$$k_{\text{mean}} = \frac{[a(1+e^2) + b(1+d^2) - cde]}{(1+d^2+e^2)^{3/2}} \qquad (8.5)$$

高斯曲率由下式给出

$$k_{\text{Gauss}} = \frac{4ab - c^2}{(1 + d^2 + e^2)^2} \tag{8.6}$$

最大曲率由这两个参数的组合给出，

$$k_1 = k_{\text{mean}} + (k_{\text{mean}}^2 - k_{\text{Gauss}})^{1/2} \tag{8.7}$$

k_1 值较高的区域可能预示着小断层、其他局部构造或地层变形（Rafiq et al., 2016）。以高相对曲率异常为标志的准线性特征，从图 8.11 的西南角附近延伸到西北角，与障壁

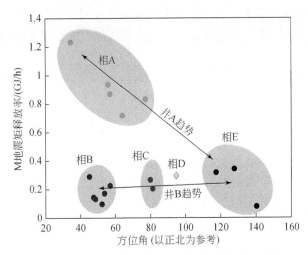

图 8.10　由图 8.1 中所示的 Hoadley 井中微地震数据集测量获得的两个微地震属性
（力矩释放和簇方位角）的关系图

每个点代表一个事件簇的平均值。如图所示，事件簇的分组加上趋势分析是推断微地震相的基础。

引自 Rafiq 等（2016），经 SEG 许可。

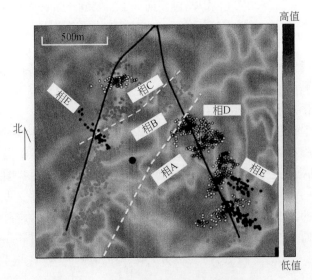

图 8.11　三维地震数据的最大曲率属性

与 Hoadley 实验的微地震活动重叠显示。东北–西南趋势的异常平行于障壁复合体的走向。

微地震事件的符号表示相，如图 8.10 所示。修改自 Rafiq 等（2016），经 SEG 许可。

复合体的沉积轴平行（Hayes et al., 1994）。该特征还与利用区域测井信息识别的弯折/逆断层相吻合（Rafiq et al., 2016）。微地震相 B 似乎与该特征相关，并与北面的相 C 和南面的相 A 并列。E 相与构造走向和区域 S_{Hmax} 方向成大角度。Rafiq 等（2016）将该微地震相解释为受重新激活的天然裂缝网络控制的事件。综上所述，通过在微地震属性空间中聚类获得的微地震相（图 8.10）是相干的，并且与三维地震属性分析相关。该分析的认识有助于描述复杂的非常规储层，并强调了将微地震数据与其他补充数据进行综合分析的重要性。

8.6　震源机制研究

如第 3 章所述，可以采用多种不同的方法来表征微地震震源，包括：

（1）全矩张量解；

（2）分解矩张量解，表示为双偶、补偿线性矢量偶极子（CLVD）和各向同性（爆炸/内爆）分量的线性组合；

（3）双力偶震源机制，通常表示为沙滩球图；

（4）谱参数，如角频率（f_c）、Brune 震源半径和同震应力降（$\Delta\tau$）。

地震矩张量为地震震源提供了一种理想化的数学表示，即用连续介质中同时作用于某一点的力偶表征震源。矩张量是 3×3 的对称张量，可以由六个独立的分量完全表征。大多数天然地震都可以用双力偶震源机制很好地表示，它只需要三个独立的分量。这些分量通常用断层平面的走向、倾角以及滑动矢量的方向（滑移角）来确定。从本质上说，矩张量描述了 P 波和 S 波振幅辐射花样，其中有双力偶事件（图 3.12）、张拉裂缝开启事件（图 3.14）、爆炸事件（无 S 波的均匀各向同性 P 波辐射）等特征模式。有多种方法来解释地震矩张量信息，包括将矩张量分解为反映剪切滑移（即双力偶，DC）和非 DC 机制的分量，包括表示张拉裂缝开启的 I 型破裂。

图 8.12 显示了水力压裂过程中矩张量反演的震源机制（Baig and Urbancic, 2010）。Hudson 震源类型图显示了估算的压裂期间的事件震源机制。这种类型的图是一种方便、直观的显示方式，可以将地震源的类型投影到一个倾斜的菱形网格上（见图 3.16）。爆炸、内爆、张拉裂缝开启（tensile crack opening, TCO）和张拉裂缝闭合（tensile crack closure, TCC）、CLVD 和线性矢量偶极子（liner-vector dipole, LVD）等震源类型的网格坐标在图上标出。双力偶机制位于菱形图案中心的原点处。该图显示了压裂作业过程中四个时间窗口的情况，所选时间窗口如泵曲线中灰色阴影矩形所示。例如，图 8.12 左上方的子图显示了从 150s 开始的时间窗口，此时垫剂注入完成，支撑剂开始混合到泥浆中。Hudson 震源类型图的主要优点之一是投影具有等面积特征，这意味着事件密度可以用颜色–密度 Hudson 图显示出来。在最早的时间窗口中，矩张量分析揭示了大量事件位于靠近张拉裂缝开启机制的参数空间中。随着压裂的进行，大部分事件转移到拉伸裂纹闭合（TCC）位置。这些地震事件活动的顺序可以解释为裂缝在注入液体时的开启和关闭。Baig 和 Urbancic（2010）报告称，对于这个双井井下监测项目，反演的条件数很小（< 30），这意味着反演过程在数值上是稳定的，因此不会导致噪声过度放大造成的假象

（Vavryčuk，2007；Eaton and Forouhideh，2011）。

　　然而，还有几个重要的注意事项值得讨论。首先，矩张量、速度模型和震源位置之间存在明显的相互制约关系。因此，使用不正确的速度模型或震源位置得到的最佳拟合震源矩张量解将与真实解不同。Warpinski 和 Wolhart（2016）强调目前缺乏对矩张量解的验证，并且通过引用一些研究证明了压裂过程中地震辐射能量只是水力压裂输入能量中微不足道的一部分（Maxwell and Cipolla，2011；Boroumand and Eaton，2012），也证明微地震事件破裂过程和裂缝地质力学之间的物理联系是微弱的。对矩张量解的解释也有一定的模糊性。例如，无法通过单独的双力偶解（或段层面解）确定两个节面中哪个是真正的断层平面。这些问题将在本章的解释误区部分进行讨论。

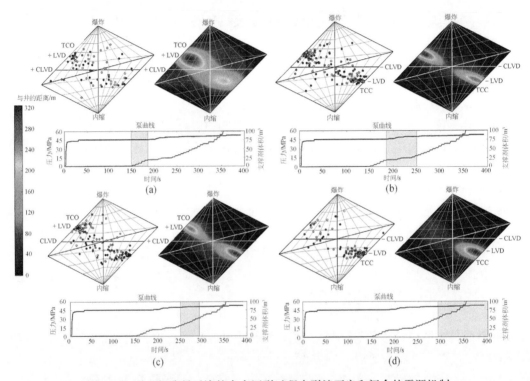

图 8.12　基于矩张量反演的水力压裂过程中裂缝开启和闭合的震源机制

（a）显示 Hudson 震源类型的散点图（左）和密度等值线图（右）。图中包含下方显示压力和支撑剂体积的泵曲线中灰色区域代表的时间窗口内发生的事件。大多数事件都集中在张拉裂缝开启（TCO）机制附近。子图（b）~（d）包含压裂阶段后续时间窗口的类似图表。

随着压裂作业的进行，震源机制向图右下部分的张拉裂缝闭合（TCC）机制转变。经 SEG 许可，
修改自 Baig 和 Urbancic（2010）。

　　如第 7 章所述，地面和浅井微地震监测通常具有足够的监测孔径，可以直接稳定地反演基于纵波初动极性的震源机制（虽然不是完整的矩张量）。有些研究强调了两种不同但是内部一致的震源机制（Detring and Williams-Stroud，2012；Snelling et al.，2013）：一种事件集群的特征是不常见的倾滑机制，具有垂直和水平的节面；而第二种特征是走滑机制。有些研究证实了走滑事件的方向和机制与压裂作业储层下方断层系统激活的机制一

致，而另一些研究已经为另一种事件集群提出了一种层理滑移模型（Rutledge et al.，2013；Stanek and Eisner，2013；Tan and Engelder，2016）。模型如图 8.13 所示。根据该模型，尽管垂直张拉裂缝开启通常是一个无震过程，但随着裂缝的打开，沿层理面的滑移可以产生侧向位移。

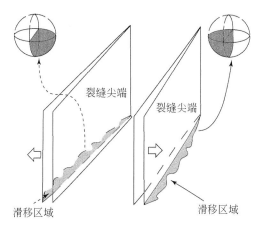

图 8.13　水力裂缝开启期间的层理平行滑动会产生双线性分布的微地震事件

引自 Tan 和 Engelder（2016）。经 SEG 许可。

假定层理面上的地震滑动会产生如图 8.13 所示的震源机制。滑移面可能位于水力裂缝的顶部、底部或交接处（Tan and Engelder，2016）。这一机制非常重要，因为它表明层理滑移事件与水力裂缝的开启直接相关。此外，双线性分布的微地震事件可以圈定 SRV 的完整范围（Tan and Engelder，2016）。通过分析岩心数据中记录的新鲜滑移面，有可能进一步研究该模型（Soltanzadeh et al.，2015；Glover et al.，2015）。这些特征可解释为在自然变形的作用下沿着水平弱面发育的滑动面。

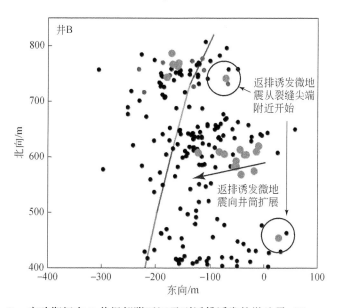

图 8.14　Hoadley 实验期间在 B 井根部附近记录到返排诱发的微地震（Eaton et al.，2014c）

黑色显示的事件发生在水力压裂过程中。大箭头显示了一组返排诱发事件的扩展。

压裂液返排过程中有时会监测到微地震事件。图 8.14 显示了 Eaton 等（2014c）记录的返排过程中的微地震活动。该研究表明，在返排过程中压力突然下降与一系列微地震事件相吻合。返排诱发事件始于微地震事件簇的远端，并与返排压力的突然下降在时间上相关（Eaton et al., 2014c）。在返排过程中监测到的事件在裂缝尖端附近开始，以一种逆行的方式返回井筒。回顾裂缝闭合会产生与 TCO 机制相反的负极性，结合监测到的微地震特征（包括振幅比 S/P<5）表明，这些事件可能记录了伴随返排应力下降的裂缝闭合。如果是这样，监测到的裂缝闭合现象表明这些区域的裂缝没有吸收足够保持裂缝开启的支撑剂。

8.6.1 波形模拟

以往的方法都侧重于基于可视化的解释。现在我们来看一些基于模型的解释的例子。波传播的模拟可以非常有效地帮助理解不同震源矩张量在特定监测阵列的波场响应特征。图 8.15 显示了使用有限差分法计算的两种不同类型震源的数值模拟。有限差分法是一种用差分方程代替连续微分方程的数值求解方法（Virieux, 1986）。这里采用的是基于 Boyd（2006）改进后的方法，以实现任意矩张量震源的模拟。图 8.15（a）显示了在 1950m 深度的层理滑移震源的二维有限差分模拟，使用距离震源 400m、位于 1600m 到 2000m 深度的垂直传感器阵列记录。速度模型是一个各向同性的水平分层模型，由图 8.1 中的观测井测井曲线的 1m 步长的中值滤波得到。有限差分模拟结果表明，在约 1800m 以上可以分辨出 P 波震相，但在该深度以下，由于水平节面的影响，P 波震相较弱或没有，这可以从记录左下角的辐射花样图中看出来。注意，当深度大于 1700m 时，P-S 的转换是增强的。由于地层模型存在大量岩性界面，这种情况是符合预期的。对于图 8.15（a）中的双力偶震源机制，S 波震相能量在所有深度位置都较强。

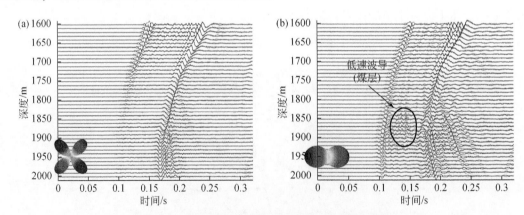

图 8.15 剪切和张拉机制的二维有限差分波场模拟
（a）层理面剪切滑移机制。（b）张拉裂缝开启（TCO）机制。
地质模型和地震检波器阵列基于 Hoadley 实验。震源辐射花样显示在每个子图的左下方。低速煤层产生波导，
这对于激发更强 P 波的 TCO 机制更为明显。

图 8.15（b）显示了一个类似的合成记录，对应具有垂直张拉裂缝开启（TCO）的震源机制。在这种情况下，P 波的振幅比在双力偶震源模拟的更强。Eaton 等（2014d）表

M	$1d$	$7d$	$28d$
0	48	346	1329
1	4	28	110
2	0	2	9
3	0	0	1

2. 下表显示了 10 个共面事件的位置。由 (x', y', z') 表示的位置包含噪声，而由 (x, y, z) 表示的是无噪声的。使用式（8.2）计算这两组事件的 D 值。这对于地震位置不确定性影响 D 值计算有什么启示？

x	y	z	x'	y'	z'
162	451	759	158	465	919
794	84	525	772	78	613
311	229	502	331	216	309
529	913	1637	551	909	1928
166	152	314	165	132	588
602	826	1542	601	807	1741
263	538	941	255	560	852
654	996	1824	674	1019	1685
689	78	464	683	82	376
748	443	1041	729	421	1070

3. 在线材料中的补充表 1 包含了一系列事件的位置、时间和量级，这些事件可以采用不同方法归类为不同集群。讨论可用于对这些事件进行聚类的各种方法。

4. 对于问题 3 中的列表事件：

（1）做一个 $r-t$ 图确定视扩散率；

（2）评估表 8.2 中列出的属性。

5. 使用式 8.7 确定以下解析式定义的曲面的最大曲率。

（1）半径为 a 的球面

（2）由 $z = x^2/a^2 + y^2/b^2$ 定义的抛物面。

请注意，通过查阅初等微分几何教科书，找到高斯曲率（kGauss）和平均曲率（kmean）的参数表达式，可以大大简化计算。

第 9 章　诱　发　地　震

对数图是魔鬼的诡计。

查尔斯·F. 里克特（引自 Earthquake Information Bulletin，1980）

　　本书中使用的"诱发地震"一词特指与人类活动有明显关联的地震事件。具有引发有感地震潜力的人类活动包括：矿产开采（Gibowicz and Kijko，1994）、隧道挖掘（Husen et al.，2013）、水库蓄水（Simpson et al.，1988）、地热资源开发（Breede et al.，1988）、地下爆破（Massé，1981）以及地下流体注采等（National Research Council，2013）。在这些诱发地震的成因中，本章将重点讨论与能源开发相关的流体注入诱发地震，包括深层地下盐水处置（SWD）、非常规油气储层和增强型地热系统（EGS）的水力压裂作业（HF）。这三类诱发地震虽然发生在不同的环境中，并且源自不同的工业应用场景，但它们背后的物理机制大致相同。

　　本章的内容建立在前面几章的基础上，特别是前四章所讨论的基本理论。在本章中，我们将首先回顾一些基本概念，包括部分关键性术语的定义。之后将介绍关于流体注入诱发地震研究方面的一些开创性工作，这些工作也形成了目前人们对此类地震活动的基本认识，包括诱发地震与天然地震的区分标准等。接下来，本章还将采用流体/应力系统分析方法来探讨诱发地震产生的必要条件，例如发震断层的动态滑移是如何成核的。另外，本章还将介绍用于观测和研究诱发地震的一些地震学工具，及其在深层盐水处置、水力压裂和地热开发等不同应用场景的实际案例。本章最后还介绍了用于诱发地震风险评估和灾害防控的方法，并简要论述了其具有的重大社会效益。

9.1　背　景　知　识

　　为介绍本章内容做准备，我们首先讨论几个重要的语义问题。首先，一些学者使用"诱发"一词来形容由人类活动引起的地震事件，他们认为人类活动导致的断层上的剪应力扰动与背景（未扰动）应力场的剪应力大小相当（McGarr et al.，2002）。参照这一观点，如果人类活动引起的断层上的应力变化量相比背景应力水平来说只占很小的一部分，那么使用"触发"一词似乎更加恰当（Simpson，1986）。这类"触发"事件可用于描述那些容易发生破裂的断层，其破裂成核的时间可能受到人类活动引起的应力变化影响而提前，但事件的震级主要受构造应力的控制（Dahm et al.，2013）。如果按照上述两类定义对地震事件进行区分，其缺点（或难点）是我们必须要确定断层上的背景应力和人类活动引起的应力变化的大小，但这些结果可能具有较大的不确定性（Passarelli et al.，2013）。另外，在地震学界，"触发"一词目前主要指由其他地震产生的动态应力传递所引发的地震事件（Freed，2005）。因此，我们遵照 Rubinstein 和 Mahani（2015）的描述，采用本章开头介绍的诱发地震的简单定义，避免发生混淆。

根据本章开头对诱发地震的定义，在水力压裂作业期间发生的震级小于 0 级的微地震也应被视为属于诱发地震的范畴，尽管此类地震事件的震级很小。但这似乎有悖常理，因为诱发地震通常被视为由人类活动引发的一种不常见且不利的现象；而水力压裂过程中的微地震通常是有用的，它可为水力压裂作业提供一种有效的远程监测手段。因此，为了明确起见，本章将人类活动预期产生的有利地震事件称为作业型诱发地震，而将那些与人类活动预期无关的地震事件称为异常型诱发地震。

9.1.1 开创性研究

目前，针对由流体注入引发的地震活动已有大量研究工作。自从 King Hubbert 和 Rubey（1959）提出有效应力的概念以来，人们意识到孔隙压力对于减小断层上的有效正应力，从而降低断层滑动摩擦阻力起到了至关重要的作用。关于流体注入、孔隙压力和诱发地震之间可能存在联系的最早也是记录最完整的案例之一是 1962 年至 1968 年间发生在美国科罗拉多州丹佛（Denver）附近的一系列地震活动（Healy et al., 1968）。经研究发现，这一系列地震活动与洛基山兵工厂的一个废水处置井有关，大量的化学废液通过该处置井被注入 3.7km 深的结晶基岩中。尽管在废水注入期间发生了大量小震级地震活动，但最大震级的地震（M_w4.85）却发生在注水停止一年多以后（Herrmann et al., 1981）。对于该案例，注水引发断层激活的明确证据包括注水过程和地震发生率在时间上具有高度相关性，以及地震震源在结晶基岩内几乎分布在注水点附近的同一平面内（Healy et al., 1968）。

洛基山兵工厂的观测结果促使 Raleigh 等（1976）于 1969 年至 1974 年间开展了一项试验，旨在测试有效应力假说是否适用于诱发地震。该试验是在科罗拉多州的 Rangely 油田进行的，在试验之前该油田已经进行了十多年的注水作业（目的是进行二次油气开发），并产生了大量小震活动，其最大震级高达 M_L3.1。本次试验通过多次周期性改变注入井中的泵入流体流动方向来提高和降低储层压力，获得的观测数据包括相邻井中的储层压力实测值，以及使用局部地震台网获得的地震事件位置和发震时刻信息。Rangely 油田内断层的摩尔-库伦破裂准则是根据背景应力状态确定的，该背景应力水平是集合多种方法测量获得的，包括微型压裂试验、地震震源机制反演以及来自实验室测得的岩心静摩擦系数（$\mu_s = 0.81$）。此次试验观测到的地震活动的发生和停止模式（图 9.1）与模型预测结果非常吻合，验证了有效应力和摩尔-库伦破裂准则在大尺度上的适用性。

9.1.2 天然地震和诱发地震的区别

Davis 和 Frohlich（1993）建立了一套用于区分诱发地震和天然地震的准则，该准则基于下列几个问题：

（1）这些事件是否是研究区域内首次发生的这类性质的地震？

（2）流体注入和地震活动之间是否具有明确的（时间）相关性？

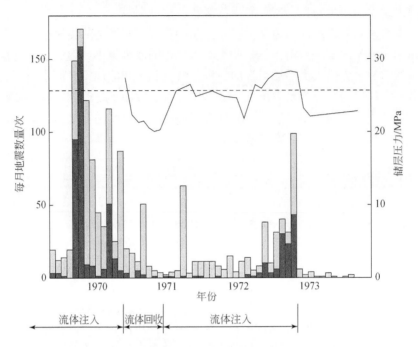

图 9.1　地下储层对孔隙压力变化的地震响应与有效应力和 Mohr-Coulomb 破坏的简单模型非常吻合

图中显示了科罗拉多州 Rangely 油田在超过一个完整的流体注入和抽出作业周期的历史压力数据（黑色实线）和地震频率（条形图）。虚线表示计算的断层激活临界压力。黑色条形图表示注入井 1 公里范围内的地震。经美国科学促进会许可，修改自 Raleigh 等（1976）。

（3）地震震中是否靠近注入井（如 5km 以内）？

（4）在流体注入的目标地层深度附近是否有地震发生？

（5）如果没有发生地震，是否存在某些已知的地质构造引导流体迁移至地震的发生位置？

（6）井底压力的变化是否足以引发地震？

（7）震源处的流体压力（或应力条件）变化是否足以引发地震？

尽管也有许多其他方法可以用来区分诱发地震事件和背景地震活动，但上述准则仍然是十分重要的判断依据（Lamontagne et al.，2015）。

互相关分析（详见附录 B）可以对不同类型信号（如注入量和地震发生率）之间的时间相关性进行定量测量（Schultz et al.，2015a）。Oprsal 和 Eisner（2014）讨论了从两个时间序列中减去平均值以避免互相关计算结果偏差的重要性；而 Telesca（2010）提出了一种基于随机重组测试的方法来计算不同时间序列之间互相关的统计置信度。

Dahm 等（2013）曾提出一套区分诱发、触发和天然地震事件的建议，包括三大模型：

（1）基于物理学原理的概率模型，其中采用了摩尔-库伦破裂准则（详见 2.2.1 节）和速率-状态摩擦流变学理论（详见 2.3.1 节）。该方法需要已知断层的结构和地质力学参数，相较于其他方法其优势在于能够更加深入了解地震发生的潜在物理过程。

（2）基于统计学原理的地震活动性模型，其中 ETAS 模型（详见 3.9 节）可通过对地震数据进行拟合来确定流体注入前天然地震的特征。考虑到 ETAS 模型参数的不确定性,可以根据流体注入后发生的地震活动是否满足天然地震的 ETAS 模型来作为区分诱发地震和天然地震的依据。另外,也可以采用孕震指数(详见下文)等统计方法。

(3)震源参数模型,利用矩张量、震源深度和/或根据震源谱计算得到的其他参数(如应力降)对事件进行分类。举例来说,构造地震矩张量中的非双力偶(non-DC)分量通常较小,因此,具有较大各向同性(ISO)分量的地震不太可能是构造地震。反之则不然,即非双力偶分量的缺乏无法作为推断事件是天然地震的依据(Dahm et al., 2013)。

Cesca 等(2013)采用 Dahm 等(2013)的方法对比了发生在欧洲中部地区的一组天然地震和诱发地震的全矩张量解。他们的研究结果表明,由空洞塌陷和支柱破裂引发的矿震事件具有十分显著的非双力偶分量,但其他类型的诱发地震和天然地震的矩张量结果并没有表现出明显的差异。与此类似,Zhang 等(2016)反演获得了加拿大西部地区的一组诱发地震和天然地震的震源参数(包括全矩张量)。根据他们的分析结果,诱发地震的震源深度普遍比天然地震浅(Zhang et al., 2016)。另外,他们还发现所分析的诱发地震的应力降大小落在构造地震的应力降预期范围内,而这与 Hough(2014)的研究结果截然相反,这意味着诱发地震的应力降可能比构造地震的更低。尽管如此,在解释上述结果时仍需要格外谨慎,因为加拿大东部地区的应力降数值要高于西部地区。因此,发生在东部地区的诱发地震可能具有与西部地区较深天然地震相当的应力降(Atkinson and Assatourians, 2017)。Zhang 等(2016)还发现注水诱发地震具有较显著的非双力偶分量,并认为这些非双力偶分量可能由多种原因产生,例如震源处的脆性破坏导致弹性模量发生变化、多组裂缝相互重叠产生的膨胀缓动或者先存断层的断层面并非平面等。前人研究表明与火山有关的地震活动也具有明显的非双力偶分量,例如由火山口周围的环形断层破裂所引发的地震(Nettles and Ekström, 1998)。Skoumal 等(2015a)认为流体注入诱发地震和天然地震还可以根据地震序列的"丛集性"来区分,这里的"丛集性"是指地震序列中超过某个震级阈值的事件数量与最大震级的比值。他们的研究表明,诱发地震序列往往具有较高的丛集性,这是因为对于一个给定的最大震级,通常包含更多的地震事件。

9.1.3　激活机制

图 9.2 展示了注水诱发地震的三类不同激活机制。第一类机制的典型代表是盐水处置(SWD)诱发地震。在处置盐水时,流体被注入具有高渗透性、横向和纵向上均连续的储集单元,如寒武系和下奥陶系 Arbuckle 组碳酸盐岩地层(Fritz et al., 2012)。如果储集单元与断层是连通的(无论是直接连接还是通过裂缝网络连接),那么因流体注入引起的地层孔隙压力变化可能影响断层的应力状态。需要注意的是,该过程主要依赖的是流体压力的扩散,而非注入流体的运移(Rubinstein and Mahani, 2015)。

图 9.2 中第二类激活机制的代表是油气开采诱发地震(Baranova et al., 1999; Van Thienen-Visser and Breunese, 2015),该激活机制有时也与二次油气开发中的注水作业有关。对于该情况,储层和断层并未直接连通,而根据孔隙弹性理论,断层激活机制与流体抽采或注入引起的大尺度应力变化有关(Segall, 1989)。

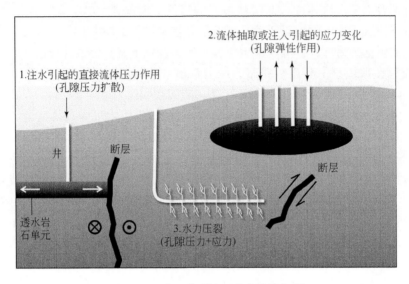

图 9.2　三类流体诱发地震的触发机制

每种情况都要求附近存在一个处于临界应力状态的断层。经加拿大能源技术与创新杂志许可，修改自 Eaton（2016）。

图 9.2 中的第三类机制表明当水力压裂作业（HF）发生在处于临界应力状态的断层附近时（通常为数百米），由此造成孔隙压力和/或孔隙弹性应力变化能够引发断层滑动（Bao and Eaton，2016）。就诱发地震而言，水力压裂与上文提到盐水处置在多个方面存在显著不同。首先，在缺乏天然或人工缝网的情况下，注入井附近地层的低渗透性会阻碍流体或孔隙压力的扩散（Atkinson et al.，2016）。其次，尽管压裂液通常以较高的压力（高于地层破裂压力）注入到地下，但单口压裂井的总注液量仅为数万立方米（Bao and Eaton，2016），这与长期流体注入（通常持续数年）的高流量 II 类井相比依然存在较大差距（Rubinstein and Mahani，2015）。

通过类比常规油气藏的基本模型（包括烃源岩、运移通道、储层和盖层等），流体-系统方法也可用于描述产生诱发地震的耦合过程。该系统的主要组成部分包括：

（1）导致孔隙压力和/或应力变化的诱导因素；

（2）处于起始破裂状态的邻近断层；

（3）从注入源到断层的孔隙压力扩散或应力传递路径。

诱发地震的发生需要同时满足上述三个条件。例如，对盐水处置诱发地震的统计分析结果表明，高流量注入井（大于 50000 立方米/月）比低流量井更可能诱发地震（Weingarten et al.，2015）。另外，研究表明在加拿大西部地区和美国俄亥俄州，仅有较低比例的处置井和压裂井与诱发地震有关，其中在加拿大西部地区该比例仅为 1.4% 和 0.3%（Atkinson et al.，2016），而美国俄亥俄州为 1.5% 和 0.4%（Skoumal et al.，2015a）。据观测，诱发地震对流体注入的敏感性通常表现在分散的有限区域内（Ghofrani and Atkinson，2016），这表明在许多地区缺乏上述一种或多种的必要因素。

孕震指数 $\sum$ 是由 Shapiro 等（2010）提出的用于描述诱发地震对注入流体敏感程度的参数，该参数可由流体净注入量 $V(t)$ 和 Gutenberg-Richter 关系式中的 b 值计算得到

(Dinske and Shapiro，2013)，

$$\sum = \log_{10}N_M(t) - \log_{10}V(t) + bM \tag{9.1}$$

其中$N_M(t)$表示震级大于M的地震数量。孕震指数的原理是裂缝发生破裂的概率与压力增量成正比，这可以基于下列假设来论证（Shapiro et al.，2010）：

（1）压力场由点状注入源产生；

（2）裂缝均匀分布在储层改造区内且裂缝方向是随机的；

（3）裂缝破裂可由在最大值和最小值之间均匀分布的临界压力值表征。

根据以上假设可知，孕震指数是一个与时间无关，但与地点有关的参数，因此，式（9.1）可改写为 Gutenberg-Richter 公式（3.80）的形式，即$a(t) = \sum + \log_{10}V(t)$。

Segall 和 Lu（2015）曾针对多孔弹性介质中的一个恒定流量的点源开展过类似的分析（详见1.5节），在该介质中分布有以速率–状态摩擦流变学进行表征的平行裂缝（详见2.3.1节）。他们的模型提供了关于从注入点到断层的孔隙压力扩散和应力传递路径，以及断层激活的时间变化特征等方面的一些重要认识。对于流量恒为q的点源，其在距离r处产生的孔隙压力场满足式（1.57）（扩散方程），并可采用下式计算得到（Rudnicki，1986）

$$P(\boldsymbol{x},t)=\frac{q}{4\pi\rho_F r}\frac{\eta}{\kappa}erfc\left(\frac{r}{2\sqrt{ct}}\right) \tag{9.2}$$

其中$\boldsymbol{x}$为空间中任意一点相对于注入点源的位置，ρ_F和η分别为流体的密度和动态黏度，κ为介质渗透率，参数c的表达式为（Segall and Lu，2015）

$$c=\frac{\eta}{\kappa}\frac{(\lambda_\mu-\lambda)(\lambda+2\mu)}{\alpha^2(\lambda_\mu+2\mu)} \tag{9.3}$$

其中λ和λ_μ为排水和不排水情况下的 Lamé 常数，μ为岩石骨架的剪切模量，α为 Biot 系数。Rudnicki（1986）还曾得到一个与式（9.2）形式类似的应力场计算公式。

Segall 和 Lu（2015）采用数值模型研究了简单多孔弹性模型的参数敏感性。图9.3展示了从注水开始到$t=5$天的时段内，孔隙压力（$\mu_s P$）与应力（$|\tau|+\mu_s\sigma_n$）对特定模型产生作用的示意图。由该图可知，当距离大于图中两条曲线的交点时，孔隙弹性应力对库仑破裂函数的影响将大于孔隙压力的影响；而当距离小于该交点时，孔隙压力则起到主导作用。虽然本节仅给出了一组特定模型参数的例子，但通常情况下，在较远距离处孔隙弹性应力的作用往往大于孔隙压力（Deng et al.，2016）。

流体注入诱发地震具有的一个显著特点是地震事件在空间和时间上的扩散通常受到一个"触发前缘"的控制（Shapiro，2015）。反之，注水停止后会产生一个"后缘"，这会造成诱发地震活动在时间和空间上的突然终止（Parotidis et al.，2004）。对于持续时间较短的注水过程，这两个面在时–空上是相交的，从而形成一个封闭的区域，其中包含了所有诱发地震事件。

图9.4（a）为根据 Segall 和 Lu（2015）的多孔弹性数值模拟结果得到的诱发地震活动率的距离–时间（r–t）变化图，从该图中可以清楚观察到触发前缘和后缘。在模拟时，Segall 和 Lu（2015）使用了一个流量恒定的注入源，注水时间为$t=0$到$t=15$天。另外，

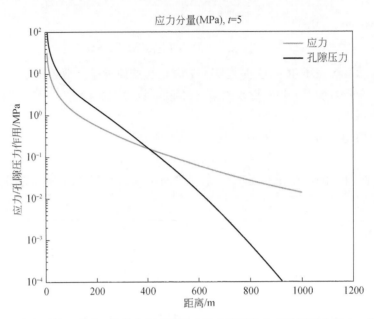

图 9.3　注水开始五天后，在具有恒定流量点注入源的均匀多孔弹性介质中，应力和
孔隙压力对库仑破裂的贡献

介质模型中包含走向垂直于剖面方向、倾角为 60° 的正断层。如图中所示，考虑到孔隙弹性耦合作用，当距离超过
一定范围后，应力的影响会超过孔隙压力的影响。修改自 Segall 和 Lu（2015），经 Wiley 许可使用。

该模拟还基于 Dieterich（1994）提出的本构模型，考虑了速率–状态摩擦作用。触发前缘可令地震活动率急剧升高，而地震活动率的峰值通常出现在注入源的附近区域（小于 200m），并且触发前缘通过后仍能持续数日。由于上述模拟使用了速率–状态本构模型，在注入停止后（即 $t=15$ 天），地震活动率再次出现急剧升高。注水停止后地震活动率的同步升高 [在图 9.4（a）所示时间尺度上] 表明地震主要由孔隙弹性应力引起，而并非孔隙压力扩散。上述现象在其他地区的诱发地震观测中也曾记录到，如巴塞尔地热项目（将在后文讨论）。图 9.4（b）展示了参数 $t_a \equiv a\, \bar{\sigma}/\dot{\tau}$ 取不同值时，在距离注水点 250m 处的地震活动率图，其中 a 为速率–状态摩擦参数（详见 2.3.1 节）。参数 t_a 表示速率–状态衰减时间（Segall and Lu，2015），可由应力扰动量 $\bar{\sigma}$ 和背景应力变化率 $\dot{\tau}$ 来确定。

利用上述数值模拟结果可对地震活动率进行预测，但无法预测诱发地震的震级。预测诱发地震的最大震级是一项十分重要的工作，它对于注入作业前的地震风险评估、抗震减灾，以及面向公众的科普和宣传工作都具有重要作用。目前，人们已提出多种经验方法来预测诱发地震的最大震级。本节将在方格 9.1 中对前人提出的不同最大震级计算方法进行讨论。

上述数值模拟研究工作通过采用较简单的数值模型获得了关于诱发地震的一些重要认识。在实际应用中，通过进行野外观测获得的 r–t 图揭示出的相互作用关系通常更为复杂。图 9.5 展示了加拿大西部某致密砂岩储层内两口裸眼井水力压裂产生的微地震活动的时–空演变过程（Eaton et al.，2014b）。这两口井均包含 12 个压裂段。图 9.5 展示了两口井的综合 r–t 图，该图是按照不同的注水阶段对微地震事件进行分类，并根据每段的起始时间

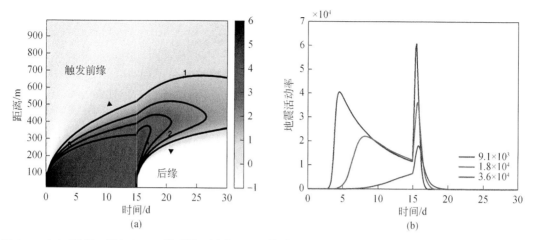

图9.4 （a）距离–时间（r–t）关系图，图中显示了持续15天的恒定流量点注入源的触发前缘、后缘和计算的地震活动率。该模型包含具有速率–状态本构关系的断层，其产状如图9.3所示。色标和等值线代表地震活动率的对数。（b）对于速率–状态特征时间参数 t_a 的不同取值，距离注水点250m位置处的地震活动率。注意关井后地震活动率急剧增加
修改自 Segall 和 Lu（2015），经 Wiley 许可使用。

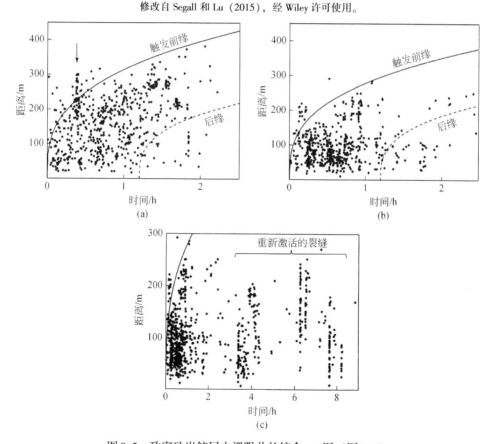

图9.5 致密砂岩储层中裸眼井的综合 r–t 图（图8.1）
图中显示了（a）观测井西侧和（b）东侧水平井的触发前缘和后缘。图（a）中箭头指示了水力压裂过程中裂缝系统的近同步激活现象。（c）东侧井的扩大时间范围；在该情况下，裂缝重新激活现象在水力压裂结束后持续了7.5小时以上。修改自 Eaton 等（2014b）。

对事件簇进行排序得到。图中触发前缘的参数是通过采用 Shapiro 和 Danske（2009）提出的三次抛物线近似方法计算得到的，并假设裂缝区域为球状且有效孔隙度的增加范围为 $2×10^{-7}$（西侧井）、$3×10^{-7}$（东侧井）和 $8×10^{-7}$（两口井，用于计算触发后缘）。由于每段压裂的持续时间不同，触发后缘无法像前缘那样可以清楚分辨。在压裂过程中，裂缝被激活的标志是在一定距离范围内发生的非扩散性且近同步的地震活动，如图 9.5（a）中呈垂直条带状分布的地震事件（用箭头标出）。由图 9.5（c）可知，在水力压裂作业结束后，裂缝活化仍持续了八个多小时。

方框9.1　　注水诱发地震的最大震级

这里将介绍三种不同的估算最大震级的方法以及它们在地震风险管控方面的作用。首先，McGarr（1976）确定了岩石体积变化（例如地下矿产开采引起的体积变化）产生的地震矩极限值，该方法经修改后被用于研究注水诱发地震的震级（McGarr，2014）。从本质上讲，该方法认为地震矩释放量的上限受压力引起的应力变化约束。对于剪切模量为 μ 的介质，诱发地震释放地震矩的上限为

$$M_0^{max} = \mu \Delta V,$$

其中 ΔV 为注入流体的净体积。上式的假设条件包括介质是完全饱和的，且地壳处于初始破裂状态，因此，只需要将压力提高 $\Delta P = \dfrac{\Delta \tau}{2\mu}$ 就足以引起断层滑动，其中 τ 表示地震的应力降。Shapiro 等（2011）曾提出一种几何方法，他们假设诱发地震的破裂区域完全在储层改造范围内，于是把任务简化为估算储层改造体积内的最大潜在滑动面的面积。最后，Van der Elst 等（2016）从统计学的角度认为，最大观测震级（$\hat{M}_{max}$）应是无边界 Gutenberg-Richter 分布中的一组有限样本的预期最大震级，即

$$\hat{M}_{max} = M_c + \frac{1}{b}\log_{10} N$$

其中 N 是 $M \geq M_c$ 的地震数量。如果像大多数研究假设的那样，即诱发地震发生在先存断层上，则诱发地震的最大震级应与同一地区天然地震的最大震级相同（Van der Elst et al.，2016）。

上述三个模型分别对应不同的风险管控方法。McGarr（2014）提出的确定性方法表明可以通过限制流体的净注入量来约束最大震级，而 Shapiro 等（2011）的方法表明最大震级会随时间发生变化，并受微地震事件云的大小控制。最后，Van der Elst 等（2016）使用的假设条件与样本大小有关，这意味着最大震级的最佳估计值是基于观测的地震活动率得到的——可参见 Segall 和 Lu（2015）文章的讨论部分。后两种方法表明开展实时监测对于有效管控地震风险至关重要。

对地震的最大震级进行可靠估计显然有利于定量评估注水诱发地震风险，但是目前人们距离实现这一目标仍然有很长的路要走，最好的解决办法可能是采用基于概率的方法。

9.2 行 业 工 具

诱发地震数据的采集和处理方法与前面章节介绍的地震监测技术基本类似。然而，诱发地震监测的主要目的与其他技术有所不同：水力压裂监测的目的是对水力裂缝进行成像，从而估算储层改造体积（ESV），以及优化完井设计和施工流程（Maxwell，2014）；而诱发地震监测则通常是为了制定法规或措施来降低地震风险。另外，诱发地震监测所使用的仪器与其他监测技术相比也略有不同。尽管普通的地震检波器也可用于监测震级较大的诱发地震事件（图9.6），但诱发地震监测仪器需要具备的一项关键技术是能够接收低频信号从而防止震级饱和现象发生（Eaton and Maghsoudi，2015）。如第5章所述，可用于诱发地震监测的地震仪包括：

（1）能够记录并接收地震辐射出的大部分频率成分的宽频带地震仪；

（2）低频检波器。它虽无法接收所有频率成分的地表震动，但其频带大于传统检波器的频带范围，可以接收表征地震主要特性的频段（即小于10Hz）；

（3）加速度计。它测量的是地面运动的加速度值而非速度值，并且具有与地震检波器和地震仪不同的灵敏度和噪声特性。由于灵敏度不同，加速度计在测量强地面运动时不会产生振幅饱和现象，这一点与宽频带地震仪不同，但是宽频带地震仪对弱地面运动更加敏感。

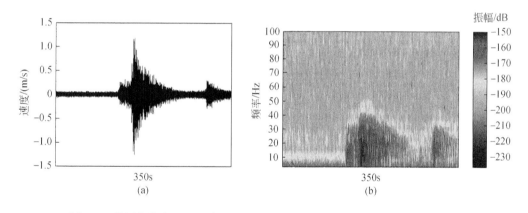

图9.6 使用安装在2km深度处的15Hz检波器记录的区域尺度诱发地震事件

（a）滤波后（10~80Hz）的水平分量波形，其中包含了2013年6月29日发生的$M_L3.1$和$M_L2.8$两次小型地震。（b）未经滤波的时频图。时窗为350s，频谱振幅以1m/s为基准。如Das and Zoback（2013）所述，这些地震事件产生的波形信号与早先提出的长周期–长持续时间（LPLD）事件模型的波形具有较高的相似度。修改自Caffagni等（2014）。

本节将回顾前面介绍的一些数据处理和分析方法，并重点阐述其在诱发地震监测中的应用。这些方法的原理可以参见前面章节的内容，尤其是第3章中介绍的震源表示方法（3.5节）、震级标度（3.6节）、ETAS模型（3.7节），以及第6、第7章的微地震数据处理方法。

9.2.1　事件检测

诱发地震数据处理的第一步是事件检测。在几乎所有实际应用中，海量的监测数据意味着事件自动检测方法是必不可少的。另外，原始监测数据为连续的波形记录，其中包含一些在开展事件检测之前亟需解决的问题，例如由于数据缺失造成的空记录、高振幅噪声事件（"突发事件"）、无效的长周期信号等。

从连续波形记录中检测地震事件的一些常用方法在前面几章中已介绍过，包括长-短时窗平均值比（STA/LTA）算法和 6.2 节中介绍的其他检测方法。这些方法在诱发地震监测中的应用与微地震监测有所不同，这是由于与微地震监测所采用的井下、地表和近地表观测系统相比，诱发地震的监测台站往往更加稀疏。一个典型例子是布设在加拿大西北部 Liard 盆地周围的诱发地震监测台网（图 5.2）。一般来说，台站之间的距离越大，波形的相似度越低，这也给诱发地震检测提出了极大挑战。

使用模板匹配方法检测地震事件已经成为诱发地震监测的一项常规处理手段。该方法的原理（包括匹配滤波和子空间检测）已在 6.2.1 节中进行了详细介绍。图 9.7 展示了如何使用最简单的单道互相关方法（详见附录 B）进行模板匹配，图中所使用的地震监测数据来自阿尔及利亚 In Salah 二氧化碳封存项目（Goertz-Allmann et al., 2014）。该项研究表明即使在有噪声和其他干扰信号存在的情况下，采用模板匹配仍可以检测到与模板事件具有较高相似度的低信噪比（S/N）事件。Zhang 和 Wen（2015）研发了一种匹配定位方法，该方法通过使用叠加互相关函数（SCCFs）来检测地震事件，并在模板事件位置附近搜索其震源位置。该方法的原理与 Caffagni 等（2016）提出的用于井下微地震事件检测的SCCF 方法十分类似。

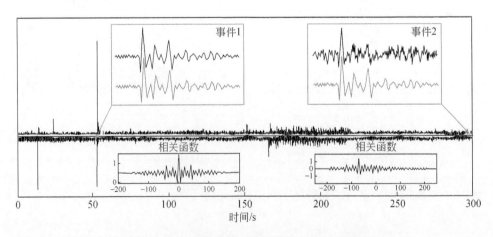

图 9.7　基于模板事件的互相关地震事件检测方法

图中显示了时长为 5 分钟的垂直分量连续记录中检测到的两次地震事件。图中连续波形上方的子图对比了检测到的子事件（黑色）与模板（父）事件（灰色）的波形。其中，事件 1 是模板，而事件 2 是这个时间段内的一个弱事件。两个事件对应的互相关函数如波形下方的子图所示。引自 Goertz-Allmann 等（2014），经许可使用。

对于上述事件检测方法，如何选取模板事件十分关键。一个简单的方法是从初步检测获得的地震事件中选择那些信噪比超过规定阈值的事件。该方法的一个主要缺陷是难以保证初步检测得到的事件能够组成一个包含观测数据集中所有类型事件的完整集合。为了解决模板事件选择的问题，Skoumal 等（2016）研发了一种利用诱发地震的丛集特征进行重复事件检测的高效方法。该方法首先提取出高于信噪比阈值的事件，然后根据事件的频谱和时域特征使用层次聚类算法对它们进行分组。将该方法应用于单个地震台站监测数据的结果表明，此方法对常规方法所获得的地震目录有显著改进（Skoumal et al.，2016）。

另一类具有较好应用前景的方法是"指纹"和相似度阈值（FAST）算法（Yoon et al.，2015）。该方法通过特征提取来构建"波形指纹"，这些"波形指纹"可视为对波形进行压缩后的替代品，其中包含了关键的判别特征。另外，为了降低非相似波形对的计算量，该方法还使用了一种称为局部敏感哈希算法（LSH）的高维近似最近邻搜索技术。通过使用现有的指纹算法，FAST 算法结合计算机视觉技术和大规模数据处理技术来检测相似的波形。通过使用美国加利福尼亚州的地震数据集，研究人员测试了 FAST 方法检测重复地震的效果，结果表明该方法与自相关方法获得的检测结果相近，但其计算效率有了显著提高。

9.2.2　震源定位

用于诱发地震监测和分析的地震定位方法与天然地震的定位方法完全相同，其最终目的都是确定地震震源的位置及其不确定性。地震的位置信息与发震时间、震级一起构成了地震的基本要素。在某些情况下，如果地震位置参考的是地理坐标系和固定时间基（如协调世界时，UTC），则获得的是地震的绝对位置；而如果地震位置参考的是另一个事件的位置，则获得的是地震的相对位置（Lomax et al.，2014）。

与井下微地震监测的震源定位方法原理类似（6.3 节），诱发地震的震源位置通常是通过最小化理论和观测 P 波和 S 波到时的误差来确定。在绝大多数情况下，需要四个或四个以上台站的到时数据才能对地震位置进行准确定位，但对于只有一个地震台站的情况，可以使用单台法（single-station method，SSM）进行定位（Roberts et al.，1989）。例如 Farahbod 等（2015b）使用单台法研究了 Horn River 盆地在大规模页岩气开发前的背景地震活动，他们使用的数据来自研究区内布设在 Fort Nelson 附近的唯一一个地震台站。与井下微地震处理方法类似，单台法使用了直达 P 波的三分量波形数据来计算事件的反方位角和入射角，并通过沿入射 P 波的相反方向反传射线来确定震源位置。通过使用成像条件可以获得射线路径上的某个点，该点的理论计算 S–P 时差与实际观测的 S–P 时差相等，即代表实际的震源位置。

对于具有四个或更多台站观测数据的情况，Geiger（1912）提出了一种迭代最小二乘定位方法，该方法目前已成为区域地震台网确定地震绝对位置时采用的常规定位方法（Lay and Wallace，1995）。在给定速度模型的情况下，该方法将定位问题进行线性化从而建立观测数据（这里观测数据为拾取震相的走时残差 Δd）与模型扰动量的关系，即

$$\Delta d = G \Delta m$$

$$(9.4)$$

其中 $\boldsymbol{m} = [x, y, z, \tilde{\tau}]$，包含了震源位置 x，y，z 和发震时间 $\tilde{\tau}$。矩阵 $\boldsymbol{G}$ 中的元素为观测数据对模型参数的偏导数，

$$G_{ij} = \frac{\partial d_i}{\partial m_j} \tag{9.5}$$

由于实际的定位问题几乎总是超定的（即观测数据的数量多于模型参数），其广义最小二乘解为

$$\Delta \boldsymbol{m} \simeq [\boldsymbol{G}^{\mathrm{T}} \boldsymbol{G}]^{-1} \boldsymbol{G}^{\mathrm{T}} \Delta \boldsymbol{d} \tag{9.6}$$

如果观测数据的误差服从方差为 σ^2 的正态分布，则相应的模型误差可采用下式进行估算，

$$\sigma_m^2 \simeq \boldsymbol{G}^{-1} \sigma^2 [\boldsymbol{G}^{-1}]^{\mathrm{T}} \tag{9.7}$$

Geiger 定位方法及其他线性化方法在确定震源位置最优解及其不确定度时，均受限于地震定位问题的内在非线性（Lomax et al., 2014）。事实上，我们可以采用贝叶斯方法来获得地震位置更加完整的表示方式，即由 $[x, y, z, t]$ 代表的参数空间中所有可能的解的后验概率密度函数（PDF）。Lomax 等（2014）总结了用于计算震源定位问题中概率密度函数的直接全局搜索方法，这些方法对于量化预测和观测到时的拟合度及其与数据的不确定度之间的关系是非常有用的。

图 9.8 展示了一个震源定位概率密度函数的示意图，该图说明对于一个并不是很复杂的模型使用线性化定位方法可能会存在问题。在图 9.8 所示实例中，模型存在一个速度突变边界（即边界两侧的地震波速存在较大差异）。利用该模型，使用线性化定位方法得到的解可能会陷入目标函数的局部极小值，该极小值位于速度突变边界的另一侧。对于该情况，利用式（9.7）计算得到的定位不确定度是没有意义的，而使用全局搜索方法则总能找到最大似然意义下的震源位置。上述现象在研究水力压裂诱发地震时经常能够遇到，这是由于在水力压裂的目标层附近往往存在速度差异较大的界面。

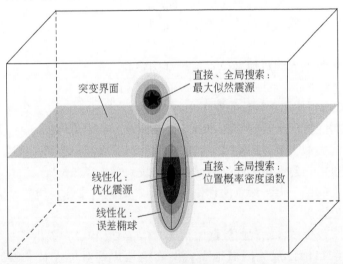

图 9.8　由于低速和高速介质之间存在突变界面造成存在两个局部极大值的震源概率密度函数（PDF）示意图

在该情况下，直接全局搜索结果能正确定位到全局最大值，而线性化方法可能无法得到全局最大值。

修改自 Lomax 等（2014），经许可使用。

下面介绍双差定位方法（hypoDD），它是由 Waldhauser 和 Ellsworth（2000）开发的用于计算准确的地震相对位置的方法。双差定位算法利用震源到检波器相似的射线路径来消除由速度模型不确定性引起的定位误差。该算法要求地震事件之间的间隔要远小于从震源到台站的射线路径长度，并且小于介质中速度异常体的尺寸（Waldhauser，2001）。另外，地震台网对震源区良好的方位角覆盖也非常重要（Ma and Eaton，2011）。双差定位算法使用了两类走时差数据，一类是台站对的观测走时差，另一类是根据速度模型计算的理论走时差。对于第 j 个台站观测到的第 i 次地震，走时残差（即观测走时与理论走时的差值）的定义如下，

$$\Delta t_{ij} = t_{ij}^{ob} - t_{ij}^0 \simeq \sum_{l=1}^{4} \frac{\partial t_{ij}}{\partial m_l^i} \Big\|_{m_0^i} \Delta m_l^i \tag{9.8}$$

其中 $\boldsymbol{m}_i = \begin{bmatrix} x, & y, & z, & \tilde{\tau} \end{bmatrix}$ 为第 i 个事件的反演模型参数（包括地震位置和发震时刻），$\boldsymbol{m}_0^i = \begin{bmatrix} x_0, & y_0, & z_0, & \tilde{\tau}_0 \end{bmatrix}$ 表示初始模型参数。与（9.8）式类似，第 k 个站的走时残差为：

$$\Delta t_{ik} = t_{ik}^{ob} - t_{ik}^0 \simeq \sum_{l=1}^{4} \frac{\partial t_{ik}}{\partial m_l^i} \Big\|_{m_0^i} \Delta m_l^i \tag{9.9}$$

将式（9.8）和式（9.9）相减式可得

$$\Delta t_i^{jk} = (t_{ij}^{obs} - t_{ik}^{obs}) - (t_{ij}^0 - t_{ik}^0) \simeq \sum_{l=1}^{4} \left(\frac{\partial t_{ij}}{\partial m_l^i} \Big\|_{m_0^i} - \frac{\partial t_{ik}}{\partial m_l^i} \Big\|_{m_0^i} \right) \Delta m_l^i \tag{9.10}$$

在上式中，对于一个事件对，其待求解的未知变量有 8 个，因此，需要的最少台站数目为 4 个（假设每个台站都能记录到地震事件的 P 波和 S 波）。若令 $G_l^{ij} \equiv \frac{\partial t_{ij}}{\partial m_l^i} \big\|_{m_0}$，则（9.10）式可写成如下矩阵形式：

$$\boldsymbol{GM} = \boldsymbol{T} \tag{9.11}$$

其中 $\boldsymbol{M}$ 为反演模型参数向量（长度为 $4N$，N 为事件数目），$\boldsymbol{T}$ 为利用（9.10）式计算获得的双差数据。

双差定位算法反演的是地震事件的相对位置，因此，在反演前需要已知事件的初始位置。地震事件的初始位置通常采用网格搜索的方法获得，根据这些位置信息可获得用于计算双差数据所需要的理论走时数据。图 9.9 展示了一个通过使用双差定位方法提高事件相对位置精度的实例。

9.2.3 矩张量反演

诱发地震的震源机制通常由 P 波初动极性确定的断层面解表示（Eaton 和 Mahani，2015），或者通过全矩张量反演得到。利用矩张量解可以分析震源机制中的非双偶分量，这将有助于区分天然地震和诱发地震事件（Zhang et al.，2016）。如 3.5.1 节所述，实际地震记录可以采用矩张量的分量（M_{jk}）表示为如下形式，

$$\dot{u}_i(\boldsymbol{x}, t) = M_{jk} \begin{bmatrix} G_{ij,k} * \dot{s}(t) \end{bmatrix} \tag{9.12}$$

上式与式（3.44）的不同之处在于使用了震源时间函数的导数 $\dot{s}(t)$，这是由于地震仪测量

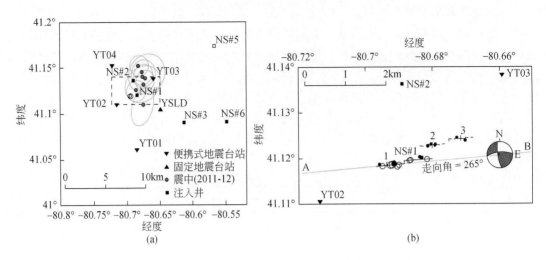

图 9.9　使用双差重定位算法获得的事件精确相对位置

（a）位于 Northstar 1（NS#1）深层注水井附近的 12 个地震事件的位置。椭圆表示 95% 的置信区间。倒三角表示用于定位其中三个事件的地震台站。（b）在图（a）中虚线矩形框标出的区域内，注水井 NS#1 和 NS#2 附近 12 个区域地震事件（圆圈）和 9 个局部地震事件（黑色六边形）的震中位置。图中沙滩球表示该地震序列中最大地震的震源机制解。修改自 Kim（2013），经 Wiley 许可使用。

的是地表运动的速度，而并非位移。但是在实际应用中，我们通常会在数据预处理阶段将速度记录转换为位移记录，同时采用反褶积方法去除仪器响应。在反演矩张量 M 前需要首先计算格林函数，之后，整个反演问题可通过直接全局搜索格林函数的线性组合来求解，反演得到格林函数的最优权重即决定了矩张量的各个元素（Minson and Dreger，2008）。矩张量反演采用的目标函数通常定义为所选震相的波形拟合差。在计算目标函数时还需要采用互相关将观测波形和合成波形进行对齐，并利用波形信噪比进行加权（Steffen et al.，2012；Chen et al.，2015）。这样做的好处是可以降低速度模型的不确定性和/或地震定位误差对反演结果的影响。尽管如此，矩张量解与震源位置之间通常会存在权衡。虽然在反演矩张量时采用的地震位置是单独确定的，但我们往往也会在搜索矩张量过程中将震源深度作为一个自由参数同时进行搜索。

　　图 9.10 展示了加拿大西部地区一个水力压裂诱发地震矩张量解的实例（Wang et al.，2016）。在该例中，利用频率–波数积分法计算获得格林函数（Saikia，1994），然后通过最小化拟合方差来确定最优矩张量解。在进行波形拟合时，研究人员使用了两个频段，其中低频段（0.05 ~ 0.1Hz）有助于获得稳定的矩张量解，而高频段（0.08 ~ 0.4Hz）则可以对解产生更好的约束。该实例中的最佳拟合矩张量解包含了 23% 的以水平 CLVD 为主的非双力偶分量，其断层面解表明本次地震表现为与区域应力场相符的近垂直走滑运动（Wang et al.，2016）。

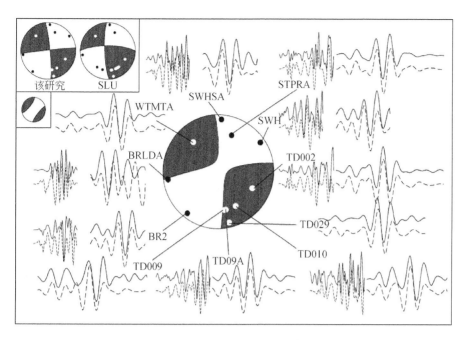

图 9.10 2015 年 6 月 13 日发生在加拿大西部地区一次 M_w 3.9 级的水力压裂（HF）诱发地震事件的矩张量反演结果

图中展示了观测（实线）和合成（虚线）波形的拟合结果，其中使用了两个不同的频带：低频（0.05～0.1Hz，共 11 个台站）和高频（0.08～0.4Hz，共 8 个台站），该事件的全矩张量结果如中间的震源机制示意图所示，左上角为两个双力偶（DC）解。为便于比较，在双力偶解的下方给出了全矩张量中的非双力偶分量。震源机制上的小圆圈表示震源压缩（空心）和扩张（实心）的 P 波初动方向。SLU 指 St. Louis 大学。引自 Wang 等（2016），经 Wiley 许可使用。

9.3 案 例 分 析

本节综述了近年来发生在全球三个重点关注区域因不同类型流体注入引起的诱发地震案例。在欧洲西部地区，研究人员对法国 Soultz-sous-Forêts（Charléty et al.，2007）和瑞士 Basel（Häring et al.，2008）地区的工程地热系统（EGS）开发诱发的地震活动开展了深入研究。在这三个重点关注区域中，欧洲西部地区的构造活动最为强烈，而这往往会掩盖与流体注入有关的地震活动。在该区域内还包括欧洲地区唯一公开发表的水力压裂诱发地震的研究案例，该案例与英国 Preese-Hall 附近的页岩气开采（Clarke et al.，2014）有关。第二个重点关注区域是美国中部地区，该地区包含大量记录完好的盐水处置（SWD）诱发地震的案例，详见 Ellsworth（2013）、Keranen 等（2014）、Weingarten 等（2015）以及 Walsh 和 Zoback（2015）的研究工作。最后，在加拿大西部地区，最新的统计分析结果表明，多级水力压裂（HF）是诱发地震活动的主要原因（Atkinson et al.，2016）。通过对上述地区注水诱发地震进行总结可以比较不同注水过程和不同构造环境下的断层活化响应。

9.3.1　工程地热系统

工程地热系统（Engineered Geothermal System，EGS），又称为增强型地热系统，定义为通过使用流体注入增产的手段在深层低渗透率干热岩中建立的"热交换器"（Breede et al.，2013），其目的是在深部高温地层中产生一个高渗透区域，使得注入的流体可在该区域与地表之间有效循环，从而将捕获的热能转化为电能或用于其他用途。该技术起源于Los Alamos 国家实验室发起的干热岩（HDR）项目（Cummings and Morris，1979）。然而，诱发地震是阻碍 EGS 技术发展的一大障碍，这也是多个地热项目被推迟和取消的重要原因（Majer et al.，2007）。

针对 EGS 开发诱发地震研究最全面的几组案例均位于欧洲西部地区（Evans et al.，2012），其中一个典型案例是位于上莱茵地堑西部的 Soultz-sous-Forêts 地热田，该地区属于伸展构造体系并表现出高地热梯度的特征（Charléty et al.，2007）。Soultz-sous-Forêts 地热项目始于1987 年钻探的一口 2.0km 深井，之后又陆续钻探了四口井，其中三口井达到了位于 4.5 ~ 5.0km 深度的破裂花岗岩层内。所有的井均实施了增产改造，单井注入量为 20000 ~ 40000m³，流速为 2.4 ~ 4.8m³/min（Evans et al.，2012）。与注入压力超过破裂压力的水力压裂不同，Soultz-sous-Forêts 的井底压力只达到了最小主应力的水平（Cornet et al.，2007）。如图 9.11 所示，水力压裂被认为是一种混合机制增产技术（MMS）（McClure and Horne，2013），即可认为是一种流体-力学耦合的过程，在此过程中先存断裂可由拉张（模式Ⅰ）或水力剪切（模式Ⅱ）产生，而新生断裂可由现有的剪切断裂尖端（模式Ⅱ）形成翼状断裂（模式Ⅰ）（Yoon et al.，2014）。渗透率也可通过自支撑的方式来提高（4.2 节），即通过激活先存断裂上的剪切滑动而产生。

在 Soultz-sous-Forêts 地热田的开发过程中，研究人员通过使用地面和井下监测台网对诱发地震活动进行了监测，其中井下检波器阵列记录到了数以万计的地震事件（Dorbath et al.，2009）。监测到的最大震级事件发生在关井期间，这一点符合速率-状态摩擦模型（如图 9.4），其中包括了最大震级为 2.9 级的有感地震。没有证据表明诱发地震的大小受

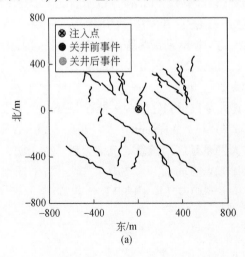

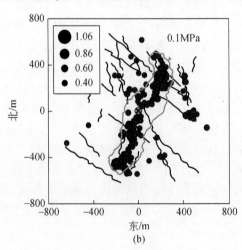

(a)　　　　　　　　　　(b)

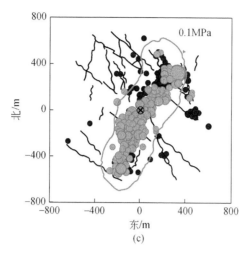

$$(c)$$

图 9.11 离散裂缝网络模型的水力压裂诱发地震模拟结果

(a) 流体注入点位于中心的天然裂缝储层。(b) 关井前已发生过诱发地震（深灰色点）的改造储层。(c) 关井后的地震事件（浅灰色点）。最大水平应力的方向为南北方向。修改自 Geothermics, Vol 52, Arno Zang et al., Analysis of induced seismicity in geothermal reservoirs-An overview, Pages 6-12, copyright 2014。经 Elsevier 和 CETI 期刊许可使用。

注入方式影响（Charléty et al., 2007）。震源机制表现为混合破坏模式，其中含有较高的正断层成分（Charléty et al., 2007）。在一些注入速率和抽采速率平衡的闭环循环试验中没有监测到明显的地震活动，但在其他闭环循环试验中，当注入压力超过临界值时产生了一些小震事件（Evans et al., 2012）。Soultz-sous-Forêts 地热田于 2010 年开始发电，位于该地热田的一座 1.7MW 的地热发电厂于 2016 年 9 月在欧洲地热大会上举行了落成典礼。

瑞士 Basel 附近的深层地热开发项目走了一条截然不同的发展道路。该项目于 1996 年由 Geopower Basel（GPB）财团发起，是首批纯商业目的的工程地热系统项目之一（Giardini, 2009）。Basel 是一个人口超过 700000 的工业中心。就构造背景而言，它位于上莱茵河地堑的东南边缘，与瑞士 Jura 山脉的褶皱和冲断带相交（Deichmann 和 Giardini, 2009）。这座城市历史上多次发生地震，并曾在 1356 年被一次 6.7 级地震所破坏，这也是欧洲中部历史上最大震级的地震（Giardini, 2004）。尽管如此，在靠近人口中心的位置进行地热开发具有显著的经济效益，这是因为同时产生热能与电力带来的利润十分可观（Giardini, 2009）。

位于 Basel 城市郊区的 1 号井钻探深度为 5km，该深度处的岩体温度达到了 190°（Häring et al., 2008）。从 2006 年 12 月 2 日开始，该井共注入了 11570m³ 的水，这些水来自莱茵河附近的海港盆地。如图 9.12 所示，在井口压力为 29.6MPa 的情况下，注入速率增大至 3.3m³/min。当注入压力高于 8MPa 且在更高的流速下时，岩体的耦合流体力学响应产生的混合机制增产作用使得注入效率有明显提升（Häring et al., 2008）。用于监测生产过程中产生地震活动的地震台阵由 6 个深井检波器构成。监测结果表明地震活动在增产作业开始两天后逐渐发生，并随着压力和流速的增大而增多。遵循作业前制定的交通灯协议（见下文），施工方降低了注入速度并关闭了该井。在关井几小时后，发生了一次 M_L 3.4 级地震，此次地震产生的高频震动持续了 1～3s，并发出类似爆炸的巨响（Deichmann and Giardini, 2009）。地面震动产生了轻微的非结构性破坏，如石膏墙上的发丝裂纹（Deichmann and Giardini，2009）。此次M_L3.4诱发地震发生两年后，Basel的深层地热开采项目被取消，这也促使人们制定了更加科学的应急预案及监管措施（Majer et al.，2012）。

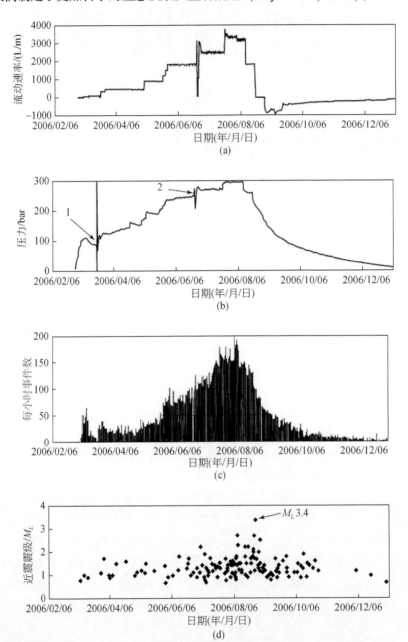

图9.12　Basel 1号井水力压裂改造期间和改造后的注水量及地震数据

图中（a）为注入速率，（b）为井口压力，（c）为触发事件率，（d）瑞士地震调查局（SED）确定的Basel地震事件的震级。在图（b）中，瞬态事件1的发生是由于更换注入泵造成的，瞬态事件2是由于修复泄漏的电缆防喷器造成过。修改自Geothermics，Vol 37，Markus Haring，Ulrich Schanz，Florentin Lander，and Ben Dyer，Characterisation of the Basel-1 enhanced geothermal system，Pages 469-495，copyright 2008。经Elsevier许可使用。

Basel 地热田的经验为工程地热系统诱发地震研究取得了大量新的认识。例如，精确的地震重定位和震源机制研究表明，诱发地震可认为是在先存的破碎带中沿着一系列小的阶梯式断层产生的级联破裂过程（图 9.13）。已获得的地震震源机制解表现为南-北平面上的左旋走滑断层或东-西平面上的右旋走滑断层（Häring et al.，2008）。主震表现为近似垂直的西北西-东南东向断层上的右旋走滑，断层的朝向为相对于区域应力场的优势方向（Deichmann and Giardini，2009）。值得一提的是，在所发生的四个最强的事件中有三个发生在注水停止后的几个月，当时 Basel 1 号井的井底压力已恢复至静水压力（Deichmann and Giardini，2009）。

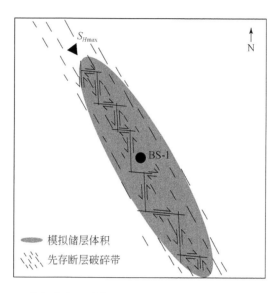

图 9.13　在瑞士 Basel 进行水力压裂作业过程中注入流体与先存破碎带的相互作用示意图

震源机制表明，滑动主要发生在一个阶梯状的断层系统上。BS-1：Basel 1 号井井眼位置。修改自 Geothermics, Vol 37, Markus Haring, Ulrich Schanz, Florentin Lander, and Ben Dyer, Characterisation of the Basel-1 enhanced geothermal system, Pages 469-495, copyright 2008。经 Elsevier 许可使用。

一般地，Basel 的诱发地震活动表现为在增产过程中朝远离井眼方向迁移，这种现象被称为 Kaiser 效应。该效应的模拟结果可由图 9.11 中 0.1 MPa 压力等值线的迁移过程近似表示。Kaiser 效应还表现为 Gutenberg-Richter 关系式中 b 值存在系统性的空间不均一性，即 b 值在地震云的外围表现为明显的低值（表明大震级事件的比例较高）（Bachmann et al.，2012）。

对于其他 EGS 项目诱发的地震活动目前也有较好的监测记录，包括瑞士的圣加仑（St. Gallen）（Edwards et al.，2015）、澳大利亚的库珀（Cooper）盆地（Baisch et al.，2009）和萨尔瓦多（Kwiatek et al.，2014）等地。而在非 EGS 地热田也有许多诱发地震的案例，例如美国加州（California）的 Geysers 地热田（Phillips and Oppenheimer，1984）。另外，利用油气开发技术在沉积盆地进行 EGS 开发也具有良好的前景（Tester et al.，2007），表明在这些地区对诱发地震的监测将会具有更加重要的意义。

9.3.2　盐水处置

统计数据表明，Ⅱ类注入井①中的高排量盐水处置（saltwater disposal，SWD）几乎是造成美国中部地区自2009年以来中小地震发生率显著增加的唯一原因（Weingarten et al.，2015）。发生在该区域内的几次较大的诱发地震事件包括：

（1）Guy-Greenbrier，Arkansas（M_W4.7，2011/02/27）；

（2）Trinidad，Colorado（M_W5.3，2011/08/22）；

（3）Prague，Oklahoma（M_W5.6，2011/11/05）；

（4）Timpson，Texas（M_W4.8，2012/05/17）；

（5）Fairview，Oklahoma（M_W5.1，2016/02/13）；

（6）Pawnee，Oklahoma（M_W5.8，2016/09/03）；

（7）Cushing，Oklahoma（M_W5.0，2016/11/07）.

对于上述每一次地震，其与盐水处置存在因果关系的主要证据包括震源位置靠近注水井，以及地震发生在注水开始之后（Hornbach et al.，2015）。事实上，在受灾最严重的俄克拉荷马州，观测到地震活动率的激增主要集中在某些局部地区，这些地区的盐水处置速率是其他地区的5~10倍（Walsh and Zoback，2015）。通过分析地震活动与美国中部和东部地区注水井数据库的相关性发现，地震活动率的升高主要与注入率相关，而与累计注入量、井口压力以及距基底地层的距离等因素无关；高速注水井（即每月注入量大于50000m³）比低速注水井更可能引发地震（Weingarten et al.，2015）。尽管在俄亥俄（Ohio）州（Kim，2013）和加拿大西部（Schultz et al.，2014）等地区也有盐水处置诱发地震的相关记录，但美国中部地区仍是此类地震发生的典型地区，最早可以追溯到20世纪60年代发生在落基山兵工厂附近的诱发地震活动（Healy et al.，1968）。

盐水处置过程中，只有一小部分处置液来自废弃的压裂液（Rubinstein and Mahani，2015）；更确切地说，大部分处置液为油气开采副产品的含盐地层水（Walsh and Zoback，2015）。在常规油藏开发中经常使用注水方法，然后将返排水重新注入同一地层以维持产量或减缓其下降（Warner，2015）。对于常规油藏来说，诱发地震的问题得以避免是因为上述方法能够使油藏孔隙压力保持或低于其生产前的水平。相比之下，俄克拉荷马州的一些主要非常规油气产区，特别是密西西比（Mississippi）灰岩层，油气开发产生大量的盐水。但由于储层渗透率低，无法再回注同一地层（Oklahoma Produced Water Working Group，2017）。俄克拉荷马州的大多数油井产出的水多于石油，对于这些井来说减少产水量就意味着减少石油产量（Langenbruch and Zoback，2016）。由于返排的地层水盐度高（40000~300000ppm），目前的行业惯例和最具经济效益的解决方法是将返排水注入与可饮用地下水没有接触的地层中（Oklahoma Produced Water Working Group，2017）。就主要非常规油气资源的开发规模而言，这相当于在盆地内大范围将大量流体向更深的地层输送。

---

①　这是美国环境保护局对与油气生产相关的注水井的指定名称（EPA，2017）。

由于具有广阔的分布范围和异常高渗透性，俄克拉荷马州和堪萨斯州的 Arbuckle 组地层（Fritz et al.，2012）以及得克萨斯（Texas）州的 Ellenburger 地层（Hornbach et al.，2015）为盐水处置的主要目标地层。这些地层单元不整合地覆盖在前寒武纪结晶岩层之上，且似乎与基底断层是水力连通的，造成基底断层是大多数地震的发生地（Walsh and Zoback，2015）。图 9.14 显示了为模拟 Arbuckle 地层和下伏基底地壳的孔隙压力扩散而建立的水文模型（Keranen et al.，2014）。该模型中包括 4 口高速注水井和 85 口低速注水井；模拟结果表明孔隙压力扰动主要受高速井影响。地震震源主要集中在孔隙压力迁移前沿的外围，该现象也符合前面讨论的 Kaiser 效应。图 9.14（d）中直方图统计了每个地震震源处计算的孔隙压力增量，由该图可知孔隙压力增加约 0.07MPa 就足以引发断层滑动（Keranen et al.，2014）。如果上述模型是正确的，它提供了一种根据库仑破裂函数（2.4节）定量评估地壳接近破坏程度的方法。

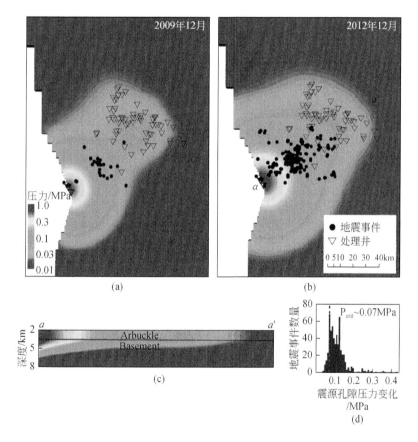

图 9.14 俄克拉荷马州中部远离高速注水井的孔隙压力扰动扩散模型

（a）2009 年 12 月的压力扰动模拟结果，图中还显示了 2008 至 2009 年间的地震活动。（b）2012 年 12 月的压力扰动模拟结果，图中还显示了 2008 至 2012 年间的地震活动。流体扩散率为 2m²/s。最大注入量对应了位于最高压力扰动区内的四口高速井。（c）中垂直剖面显示了 2012 年沿 a-a′ 剖面的孔隙压力扰动模拟结果。在 Arbuckle 组以及最上层的基底地层中具有较强的孔隙压力信号。（d）目录中所有地震震源处的孔隙压力增量直方图，据此推断的地震触发阈值为 0.07MPa。引自 Keranen 等（2014），经美国科学促进会许可使用。

Walsh 和 Zoback（2016）采用最近编制的俄克拉荷马州 26313 个基底断层的数据库（Darold and Holland, 2015），对孔隙压力增加导致断层滑动的条件概率进行了定量风险评估（QRA）。该断层数据库不包括关于断层倾角或摩擦特性的信息，因此，Walsh 和 Zoback（2016）的分析包含对孔隙压力、摩擦系数、断层倾角以及代表应力分量相对大小的参数 ϕ_σ（形式如下式）的不确定性评估，

$$\phi_\sigma = \frac{S_2 - S_3}{S_1 - S_3} \tag{9.13}$$

上式中 S_1、S_2 和 S_3 表示三个主应力的大小。Walsh 和 Zoback（2016）的结果为确定已知断层发生地震的概率提供了依据，原则上也可用于估计地震的最大震级（详见方框 9.1）。通过分析得知，2011 年的 Prague M_W5.6 级地震的发震断层活化可能性相对较大，该断层可认为是 2016 年 Fairview M_W5.1 级地震序列发震断层向东北方向的延伸。而 2016 年的 Pawnee M_W5.8 级地震并没有发生在绘制出的断层上，表明断层数据库并非完整的。

图 9.15 显示了在俄克拉荷马州中西部的一个局部区域内，每个月发生的 $M \geq 3$ 级地震数目与月注水量的比较（Langenbruch and Zoback, 2016）。图中还标出了一些重要的单一地震事件的发生时间，从中可以清楚地看到由余震序列引起的地震率变化。由该图可知月注水量在 2014 年底达到峰值，之后逐渐下降，该现象主要受到全球经济的影响。相应地，$M \geq 3$ 级的地震数量也逐渐下降，并且表现出大于 6 个月的时间延迟。值得注意的是，由于受到多组余震序列的共同影响，这些曲线之间的精确关联性十分复杂[①]。Langenbruch 和 Zoback（2016）利用这些数据校正并更新了在本章前面介绍的基于孕震指数的数值模型。他们将该方法应用于研究区域内的大量注水井，而不是像以前的研究那样应用于单口井，以预测监管机构强制要求的将 Arbuckle 组的盐水处置量减少至 2014 年的 40% 所造成的后果。根据他们的模型，在一年内观测到一次或多次 M 级以上地震的概率 $P_E(M)$ 可以表示为

$$P_E(M) = 1 - \exp(-V_{la} 10^{\Sigma - bM}) \tag{9.14}$$

其中 V_{la} 为超出导致诱发地震校准阈值的年注入量，b 为 Gutenberg-Richter 关系式的斜率。如果能够成功减少注水量，他们的模型预测整体地震活动将在未来几年内恢复到历史水平，但需要注意的是，受余震序列影响的地区地震率的降低可能需要更长的时间。减少返排水注入量的前景可能会因盐水处置替代方案的发展而变得更加明朗，例如脱盐处理后的返排水用于其他工业用途或通过管道运输至水力压裂作业现场以便重复利用（Oklahoma Produced Water Working Group, 2017）。

9.3.3　水力压裂诱发地震

直到最近，人们还普遍认为，与盐水处置及其他类型的成因机制相比，水力压裂（hydraulic fracturing, HF）作业引发破坏性地震的风险相对较小（National Research

---

① 值得研究的是，2016 年发生的大规模诱发地震序列是否与 Basel-1 井注水完成关井期的地震瞬时激增现象类似，是否均可由速率-状态模型（图 9.4）进行预测。

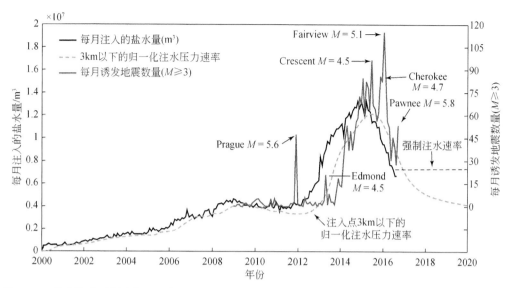

图9.15 俄克拉荷马州中部和西部 Arbuckle 地层每月盐水处置量（SWD）、注入层以下 3km 深度处
的孔隙压力变化率模拟图和诱发地震发生率对比图

地震发生率的峰值主要来自较大地震后的余震序列。地震发生率的变化滞后于注入率变化大概几个月的时间。图中虚
线表示对注水层以下 3km 深度处的由随机裂缝模型计算的归一化压力变化率，其表现出与地震响应类似的滞后现象。

修改自 Langenbruch 和 Zoback（2016），经美国科学促进会许可使用。

Council，2013）。这种观点很大程度上源于从监测的数十万口水力压裂开发井中，只有少数井曾观测到（在 2012 年之前）超过预期压裂诱发微地震的异常地震活动（Ellsworth，2013）。这种观点也反映了与其他类型的注水过程相比，水力压裂注入的流体净体积相对较小（Davies et al.，2013；Rubinstein and Mahani，2015）。

世界上最早报道的水力压裂诱发地震案例之一是 2011 年 4 月 1 日在英国 Blackpool 的 Preese Hall #1 井附近发生的 M_L2.3 级地震，在地震发生时该井正在进行水力压裂作业（Clarke et al.，2014）。此次小型地震被媒体广泛报道，从而导致该井暂停作业长达 18 个月。此次地震的发震断层在地震发生前是未知的，但后来研究人员通过使用三维地震数据并结合此次地震事件的震源参数确定了其发震断层（Clarke et al.，2014）。到 2013 年，已报道的与水力压裂作业具有显著时空相关性的地震活动包括：

（1）2009 年至 2011 年在加拿大西北部的 Horn 河盆地监测到的 38 次小型地震，其震级范围为 M_L2.2~3.8（BCOGC，2012；Farahbod et al.，2015b）；

（2）2011 年在俄克拉荷马州中南部发生的一系列小型诱发地震，包括 16 个 M_L2.0~2.8 的地震（Holland，2013）；

（3）2013 年和 2014 年在俄亥俄州不同地区发生的一系列震级高达 M_L3.0 级的地震事件（Friberg et al.，2014；Skoumal et al.，2015b）。

在多数情况下，那些相对较弱的地震事件是使用基于模板的方法检测到的，然后与水力压裂数据进行关联。

在加拿大西部 Horn 河盆地以外地区，关于水力压裂诱发地震的报告越来越多，这促使研究人员开展了一系列的调查研究工作，其中部分诱发地震案例包括：

（1）2011～2012年发生的60余次地震事件，其最大震级高达$M_L3.0$，研究表明这些地震与泥盆-密西西比纪的Exshaw组地层（相当于Bakken）中由水力压裂导致的一条已知正断层的激活有关（Schultz et al., 2015a）；

（2）从2013年12月开始，在阿尔伯塔省的Fox Creek附近一个之前一直处于地震静默状态的地区发生了一系列地震，研究表明与泥盆纪Duvernay页岩的水力压裂作业有关（Schultz et al., 2015b；Eaton and Mahani, 2015；Schultz et al., 2017）；

（3）从2013年开始，与不列颠哥伦比亚省（British Columbia）东北部三叠纪Montney地层进行的非常规油气开发相关的地震活动急剧增加，包括2013年和2014年发生的231个地震事件，其中193个事件被认为是由水力压裂引发，其震级范围为$M_L2.5～4.4$（BCOGC, 2014；Mahani et al., 2017）。

Atkinson等（2016）开展了一项深入研究，目的是为了确定在加拿大西部沉积盆地（WCSB）与落基山变形前缘平行的454000km^2区域内，地震活动和水力压裂之间是否存在关联性。该研究整理了该区域内12289口水力压裂（HF）井和1236口盐水处置井的数据，以及NRCan国家地震目录中超过完备震级（保守认为$M>3$）的地震数据。水力压裂作业与地震活动关联过程采取的初步筛选标准为如果震中位于注水井周围20km半径内，则该事件-注水井对就被认为是潜在的诱发地震事件。对于水力压裂作业，如果地震发生在水力压裂开始到压裂完成后的三个月内，则认为二者可能存在时间相关性；对于盐水处置作业，如果事件发生在注水开始后的任意时间，则认为二者可能存在时间相关性。如Atkinson等（2016）所述，所有符合初步筛选条件的事件都经过了仔细检查以排除虚假相关性。另外，他们还进行了相应测试以确保关联事件的数量显著高于基于随机猜测的结果。最后，该项研究得出的结论为：65次$M>3$级的地震与39口井的水力压裂有关（与压裂井的关联比例仅为0.3%），33次$M>3$的地震与盐水处置井有关（与处置井的关联比例为1.4%）。在另一项研究中，Skoumal等（2015a）使用波形模板匹配在美国俄亥俄州获得了十分相似的关联比例估计值（与地震活动相关联的水力压裂井和盐水处置井的比例分别为0.4%和1.5%）。

Bao和Eaton（2016）对2015年冬季发生在Fox Creek地区的水力压裂诱发地震进行了为期四个月的详细调查研究。该研究整理了该时间段内Duvernay页岩所有水力压裂井的注水数据，并将历史注水数据与基于模板匹配得到的地震目录进行了比较。在他们研究的水力压裂井平台中，注水量①的范围为约30000m^3到500000m^3。图9.16显示了使用双差定位算法得到的地震震源位置，这些震源位置被投影到穿过两个水平井的横截面上。最大的一次地震（$M_w3.9$）在水力压裂作业结束两周后在结晶基底的顶部附近成核。正如下文所述，该地震的发生促使该地区引入了新的交通灯规则。图9.16中的震源位置显示了两组具有高倾角的地震群，Bao和Eaton（2016）将其解释为一个走滑断层系统的两条边界断层。西侧断层在水力压裂作业结束后持续活化了数月，而远端的东侧断层仅在水力压裂期

---

① 将这些数据与9.3.1节中的工程地热系统的注水量进行比较，对一些已发表的关于水力压裂注水量远小于工程地热系统注水量的观点提出了质疑。另外值得注意的是，2015年Fox Creek Duvernay最大的井平台在两个月内的注水量与流量为50000m^3/月的高速盐水处置井10个月的注水量相当。水力压裂注入数据由Bao和Eaton（2016）提供。

间发生活化。Bao 和 Eaton（2016）认为该断层活化模式是流体加压而不是孔弹应力变化对断层激活作用的一种独特表现形式，并最终导致了持续性震颤的发生（详见图 9.3）。

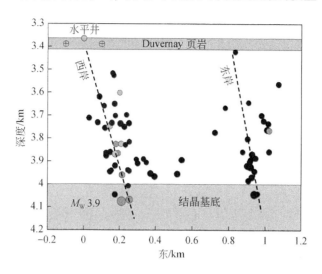

图 9.16　水力压裂引发断层活化的实例

图中呈现的是东西向横截面，包含 2015 年 1 月至 3 月发生的诱发地震事件震源位置。深色符号表示在两口水平井水力压裂作业期间发生的地震事件。浅色符号表示注水停止后两个月内的事件。图中可以清楚发现两条断层，这两条断层在时间上具有截然不同的激活模式。修改自 Bao 和 Eaton（2016），经美国科学促进会许可使用。

随着更多新数据的公开，我们对水力压裂激活断层动力学过程的理解也在不断加深。例如，Deng 等（2016）采用数值模拟方法评估了孔隙压力扰动与孔隙弹性应力变化在 Fox Creek 地区一系列水力压裂诱发地震中的相对贡献。他们的研究表明，相较于由孔隙压力变化引起的库仑应力扰动（ΔCFS），观察到的小震事件分布更加符合与孔隙弹性应力变化相关的库仑应力扰动。考虑到注水点位置和事件之间相对较大的推测距离（>500m），该结果与图 9.16 中东侧断层的瞬态响应以及图 9.3 中 Segall 和 Lu（2015）的简化模型是一致的。在更大的范围内，Farahbod 等（2015a）调查了 2006 年 11 月至 2011 年 12 月期间在不列颠哥伦比亚省东北部 Horn 河盆地的钻井和完井作业期间，多次且近同步的水力压裂作业的累积影响。他们观察到较大的诱发地震事件仅发生在注入总流量大于 150000m³ 的月份。在这些注入量相对较高的月份中，工业生产活动主要集中在约 200km² 的 Etsho 地区（BCOGC，2012）。这表明与水力压裂作业引起的流体和应力变化有关的相互作用在不同的井平台位置处均存在，这与不同注入井之间的相互作用模拟结果十分接近（图 9.14）。

Ghofrani 和 Atkinson（2016）进行了一项统计研究，他们将与 Atkinson 等（2016）研究中相同的区域细分为半径为 10km 的单元。他们使用命中数密度图来获得给定的 314km² 区域内诱发地震活动先验概率的平均估计值（1%～3%）。这项研究的结果证实了前人观测到的发生在盆地范围内的诱发地震活动主要集中在几个小区域内。该地震集中现象带来了一个重要问题：哪些场地特定因素会导致水力压裂诱发地震风险的增加？

Schultz 等（2016）对上述震群空间密集现象提出了一种可能的解释，他们发现加拿大西部沉积盆地的诱发地震群与该地区内广泛分布的古老碳酸盐礁边缘之间具有显著的空间相关性。该空间相关性表明基底断层可能控制着诱发地震模式，因为所讨论的古老碳酸盐礁被认为是在与前寒武纪基底断层相关的古水深高点之上形成的。Brudzinski 等（2016）发现，在两组地层重叠的区域进行钻井，Utica 组地层内水力压裂诱发地震的大量出现与较浅的 Marcellus 组地层内诱发地震的缺乏形成了鲜明对比。Utica 地层位于结晶基底顶部 800m 之内，这表明地震风险可能因接近结晶基底而增加。同样，Eaton 等（2016a）通过分析加拿大西部两组成熟且富含有机质页岩层的孔隙压力数据表明，诱发地震群和高孔隙压力区（即垂直孔隙压力梯度是静水压力梯度两倍的区域）之间存在显著相关性。这种相关性意味着可能由于碳氢化合物生成而产生的超压，可能在某些局部区域导致断层处于临界应力状态。上述针对水力压裂诱发地震地质控制因素的推断是否成立目前仍需更加严格的检验。

9.4　交通灯系统

交通灯系统（traffic light system，TLS）是一类反应控制方法，用于管控水力压裂或工程地热开发中注水诱发地震的风险。一般来说，交通灯系统包含多个由可观测指标确定的离散响应阈值，其中每个阈值都会触发特定操作来降低相应风险（Kao et al.，2016；Trutnevyte and Wiemer，2017）。在实际应用中，交通灯系统需要与具有实时处理功能的专用地震仪阵列配合使用，并通常设置有"绿灯"、"黄灯"和"红灯"条件下的操作规程（Bommer et al.，2006）。自 20 世纪 60 年代被用于落基山兵工厂的泵注试验以来（Ellsworth，2013），该方法一直被有选择地使用。目前，水力压裂的简单交通灯系统设计方法已被不同地区的监管机构所采纳，这些方法均是基于地区震级 M_L 来设置不同的阈值水平，如表 9.1 所示。正如 Eaton 等（2016b）所讨论的那样，不同地区之间的这种设计差异具有潜在的责任影响。Bommer 等（2006）为地热开发引入了更为复杂的交通灯系统，除了考虑公众反应外，还使用了地震动测量数据。

在水力压裂监测方面，目前最严格的交通灯系统是由英国能源和气候变化部在 2013 年建立的（Kao et al.，2016）。该系统采取的管控措施包括要求施工方在完井之前要评估断层的位置并且实时监测地震活动，即使是产生了轻微的震动也要停止压裂作业。"绿灯"条件（即可按计划进行注水）仅适用于没有发生任何 $M_L 0$ 级以上地震的情况。若检测到 $0 \leqslant M_L < 0.5$ 的诱发地震事件，就会触发黄灯，该情况下需谨慎进行注水作业，如降低流速并加强监测。红灯的触发阈值为 $M_L 0.5$，此时要立即暂停注水作业。在美国境内，不同的州采用了不同的阈值，这与当地的地质条件有关，如断层分布、背景地震活动和公众对地震的容忍度等。举例来说，在科罗拉多州如果在地表感觉到诱发地震事件，则要求施工方修改施工方案，或者在有 $M_L \geqslant 4.5$ 的地震发生时暂停施工（Wong et al.，2013）。俄亥俄州在高风险地区周围设立了缓冲区，在这些地区内红灯阈值为 $M_L 1.0$，要求对诱发地震活动进行监测并且制定缓解地震风险的方案。俄克拉荷马州公司委员会确定的重点关注区域包括发生 $M_L 4.0$ 级以上的地震或者两个以上超过 $M_L 3.0$ 级地震的地震群附近 10km 范围的区域。交通灯系统阈值在这些地区是根据具体地点来设置的（Wong et al.，2013）。在加拿大，已有多个省建立了交通灯系统的阈值（Kao et al.，2016）。例如阿尔伯塔省的能源监

管机构要求 Fox Creek 所在的 Kaybob-Duvernay 地区的能源开发商必须建立能够检测注水井 5km 范围内 M_L2.0 级地震事件的监测系统,其交通灯系统的阈值见表 9.1。不列颠哥伦比亚省的石油和天然气委员会已针对地震高风险地区制定了相应的施工许可条件,包括使用加速度地震计进行监测。当有 M_L4.0 级或更大的地震事件发生时,必须暂停注水作业。

表 9.1 交通灯系统[①]

区域	黄灯	红灯
英国	0	0.5
俄亥俄州	0.5	1.0
俄克拉荷马州	$M_L \geqslant 1.8$[②]	3.5
阿尔伯塔省	2.0	4.0
不列颠哥伦比亚省	—	4.0
科罗拉多州	2.5[③]	4.5

①水力压裂诱发地震的广义震级水平(Kao et al., 2016)。
②特定地点的黄灯阈值。
③或任何有感地震。

在一次研究低渗透油气资源开发的交通灯协议的研讨会上,学者们注意到目前水力压裂使用的交通灯系统协议中存在一些缺陷(Kao et al., 2016),包括:

(1)由于缺乏计算 M_L 的统一的标准化方法,导致诱发地震事件震级具有较大不确定性;

(2)缺乏与已报告地震事件造成影响/后果的联系;

(3)需要整合其他实时灾害管控措施。

为解决上述问题,建议采取的方案有综合使用地面震动数据以及标准化震级计算方法。此次研讨会还讨论了其他适应性措施,包括监测可能指示大震级事件成核的地震模式变化过程,例如 b 值降低、地震率升高超过某个阈值,或者在区域应力作用下出现与断层优势滑动方向一致的线状震源分布(Maxwell et al., 2009)。此外,为了将地质和施工风险等因素纳入分析,人们还研发了更为通用的方法,即采用灾害矩阵(Walters et al., 2015)代替简单阈值的方法。然而,这些方法尚需要进一步的研究和测试。

地热开发工程使用的交通灯系统被视为是十分实用的决策和反馈工具,其控制原理是通过及时调整注水作业来避免较大的地面扰动(Gaucher et al., 2015)。通过设计得到的应对方案的目的是采取适当的措施处理那些公众没有感觉到但被监测系统检测到的事件。交通灯系统首次在地热开发中的应用(Bommer et al., 2006)考虑了当地建筑物承受震动的能力,以确定容许的地面运动阈值。Basel 附近的深部地热开采项目采用的交通灯系统将实时震级、峰值地面运动和市民警报电话同时作为系统预警输入(Häring et al., 2008)。尽管该系统最终没能阻止 $M_L > 3$ 地震的发生,但它却可能阻止了更大的地震(Ellsworth, 2013)。

更为普遍的情况是,交通灯系统被整合到地热开发诱发地震预测的三类方法中(图 9.17)(Gaucher et al., 2015)。其中第一种是统计学方法,通常基于 ETAS 模型(3.9

节）使用地震目录数据来描述背景地震和诱发地震活动。第二种是基于物理学原理的方法来模拟注水期间的热–流体–力学过程，该方法可作为预测诱发地震的一种手段。基于物理学原理的方法需要了解有关储层的几何特征以及温度、流体压力和地应力的初始条件，以便应用于各类模型，包括面向岩石基质和面向裂缝的模型。第三种是混合方法，即使用基于物理学的模拟方法来模拟系统演变过程，直到达到初始的失效条件，然后再使用统计学方法。诱发地震预测模型对于校准地热开发的交通灯系统十分重要（Gaucher et al.，2015）。

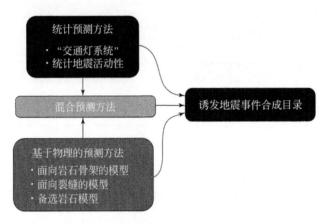

图 9.17   地热开采诱发地震的预测方法

引自 Renewable and Sustainable Energy Reviews，Vol 52，Emmanuel Gaucher et al.，Induced seismicity in geothermal reservoirs：a review of forecasting approaches，Pages 1473-1490，copyright 2015。经 Elsevier 许可使用。

9.5   基于概率的地震危险性评估

基于概率的地震危险性评估（probabilistic seismic hazard analysis，PSHA）是一个为众多设计和工程应用量化地面运动强度的成熟框架（Baker，2008）。自该方法的基本原理首次提出以来（Cornell，1968），PSHA 方法已经得到了极大发展（McGuire，2008）。Atkinson 等（2015）、Petersen 等（2016）和 Petersen 等（2017）均研究了该方法（有时缩写为 PISHA，Gaucher et al.，2015）在分析诱发地震危险性中的最新应用实例。

根据 Baker（2008）的研究，在给定的地区，PSHA 的基本步骤可总结如下：

（1）根据地震目录或断层模型确定能够产生破坏性地面运动的震源区域；

（2）使用特定的假设关系描述每个区域的震级–频度分布特征，如锥形 Gutenberg-Richter 公式（3.8 节）；

（3）根据确定的震源区域确定震源–检波器的距离，如平均震源距离；

（4）使用地面运动预测方程（GMPEs）来预测地面运动强度分布，如峰值地面加速度（PGA）或峰值地面速度（PGV）；

（5）使用概率方法综合分析上述信息以确定地震危险性曲线，该曲线定义为考虑了所有震源贡献的指定地面运动水平的年超出率。

图 9.18 总结了上述步骤，下面将简要阐述这些步骤。

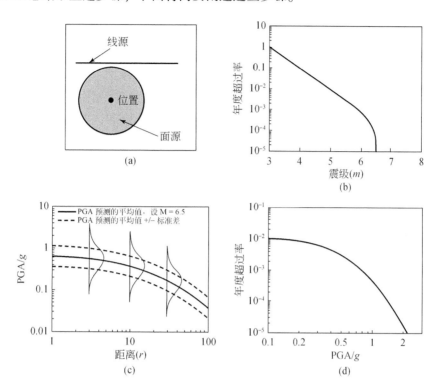

图 9.18　基于概率的地震危险性分析（PSHA）方法工作流程图

（a）确定震源区，如已知断层的线震源或某地震区的面震源。（b）建立震级–频度分布，如基于地震目录的锥形 Gutenberg-Richter 分布（3.8 节）。（c）在确定距离分布的基础上应用地面运动预测方程。（d）综合上述信息计算地震危险性曲线。修改自 Baker（2008），经许可使用。

上述流程中的第一步，即确定震源区域，可以根据专家知识以及对观测到的地震活动进行聚类分析来实现。然后获得每个震源区域的地震目录，对于这些震源区域，使用根据 Gutenberg-Richter 分布得到的地震活动率来对震级–频度分布进行参数化是很方便的。速率参数 a^* 量化了每年 0 级以上地震事件发生的次数，可以写为（Baker，2008）：

$$a^* = \log\left(\frac{N}{T}\right) + bM_c \qquad (9.15)$$

其中，N 为 T 年内观测到的事件数，b 为 Gutenberg-Richter 斜率参数，M_c 为完备震级。如 3.8 节所述，M_c 可以根据非累积震级分布的峰值来确定（Wiemer and Wyss，2000）。原则上，距离分布的确定是对地震位置的空间概率分布进行数值积分的一个简单问题，尽管有一些来自于对断层几何特征和震源深度考量的细微差别（Baker，2008）。地面运动预测方程（GMPEs）需要使用诸如震级、距离、断层机制和震源深度等变量进行参数化，并对观察到的地面运动强度数据进行统计回归得出。Atkinson（2015）给出了一个最近的地面运动预测方程，该方程是专门为在相对较短距离内记录的诱发地震而开发的。通过假设满足泊松分布，每个事件的发生独立于上次发生的时间，其年超标率（r_a）可以用至少一个破坏性地震发生的概率（$P_E(M_{\text{damage}})$）来表示：

$$r_a = -\ln\left[1 - P_E(M_{\text{damage}})\right] \tag{9.16}$$

将传统的 PSHA 方法应用于诱发地震研究的一个主要挑战是诱发地震震源的非平稳性。为了应对这一挑战，Atkinson（2017）展示了如何将 PSHA 与交通灯系统（TLS）相结合，用于制定监测和应对措施。在该措施中如果地震危害超过某个阈值，就会触发相应行动。美国地质调查局研发了一种使用离散时间窗口确定地震活动率的时间域方法。再加上逻辑树方法以及和区域相关的最大震级的估计方法，其中考虑了已知或未知诱发地震活动的震源区（Petersen et al.，2016）。随后，利用 2016 年观测的地震活动又对模型进行了更新和追溯评估（Petersen et al.，2017）[①]。美国地质调查局通过对 0.12g（$1g = 9.8\,\text{m/s}^2$）的峰值地面加速度和 0.10g 的 1Hz（1s）谱加速度的超出概率进行平均来表示地震造成破坏的概率，这些概率被认为是代表破坏性地面震动水平的阈值（Petersen et al.，2016）。这些计算假设美国国家地震减灾计划（NEHRP）的场地等级为 D 级或坚实的土壤条件（on Improved Seismic Safety Provisions and Agency，1997）。2016 年的预测结果表明，美国中部大陆地区均具有较高的地震危险性。2016 年预测的高危地区与实际地震活动存在高度相关性（Petersen et al.，2017），例如在俄克拉荷马州的最高地震危险区域内发生了 21 次 $M_W \geq 4$ 的地震和 3 次 $M_W \geq 5$ 的地震，其中包括了若干破坏性地震；此外，在 Raton 盆地也发生了 2 次 $M_W \geq 4$ 的地震。另一方面，2016 年在得克萨斯州和阿肯色州（Arkansas）州内没有发生 $M_W \geq 2.7$ 的地震，这反映了这些地区的地震危险性等级在 2017 年会有所降低。

最后，本节介绍一个比上述地震危险性计算更为重要的概念——风险 $\tilde{R}$，该参数可以由四个因素进行卷积运算得到（Bommer et al.，2015）：

$$\tilde{R} = \tilde{H} * \tilde{E} * \tilde{F} * \tilde{C} \tag{9.17}$$

其中，$\tilde{H}$ 表示危险性（可由 PSHA 方法获得）；$\tilde{E}$ 表示曝光度，代表由所有基础设施元素构成的环境；$\tilde{F}$ 表示脆弱程度，代表每个元素对于破坏或其他不良后果的敏感性；$\tilde{C}$ 表示后果，反映诸如受到地震不利影响的人数或地震造成的经济影响等指标。

9.6　注水诱发地震的天然类似物

许多诱发地震发生在稳定大陆区域（SCRs）内，这些区域定义为至少自白垩纪以来没有经历过重大构造活动的区域（Johnston et al.，1994）。在稳定大陆区域内的一些天然地震活动与地壳中的流体过程有关，特别是某些地震群。地震群的概念是由 Mogi（1963）提出的，已作为地震序列分类方案的一种。地震群指的是地震活动在时空上的丛集，表现出地震矩释放的逐渐上升和下降，且缺乏明确的主震-余震序列（Ma 和 Eaton，2009）。震群构成了稳定大陆区域内天然地震活动的重要子集（Spičák，2000）；它们偶尔发生，并且被认为是由外力引起的，如升高的流体压力或由于火山过程引起的应力变化（Fischer

---

① 这种方法的一个局限性是，它无法对当前地震不活跃的新开发区域的未来风险进行预测。

et al., 2014）。此外，震群活动还与热液矿床的形成有关，其被认为是大量超压流体注入低渗透率岩石引起的一种特征反应（Cox, 2016）。

震群行为与以主震为主的地震序列之间的关键差异可能源自流体侵入断层带的速率，而不是同震扩容的产生（Cox, 2016）。天然震群常见于活火山地区、板内裂谷带（Ibs-von Seht et al., 2008）和板块转换边界（Roland and McGuire, 2009），但有些也出现在Canadian Shield 等稳定大陆区域内（Ma and Eaton, 2009）。在西 Bohemia-Vogtland 地区，偶发性的震群可能与流体流动或岩浆排出 CO_2 气体（Fischer et al., 2014；Alexandrakis et al., 2014）有关。断裂扩张、流体流动和间歇性断层滑动过程之间的密切联系早已得到学者们的认可（Sibson et al., 1975；Simpson and Richards, 1981；Segall and Rice, 1995）；这种断层阀行为的特点是断层的渗透性会因地震发生而增大，并且震后流体会沿断裂带被排放（Sibson, 1992）。

从天然地震群中取得的认识将有助于解决与注水诱发地震相关的断层带演化和流体/应力系统方面的问题。例如，这可以为解释断层激活机制以及确定流体运移到浅部地层所具有的潜在风险提供帮助。反之，对诱发地震开展研究也有助于更好地理解天然地震群，如西 Bohemia-Vogtland 地区与流体流动或排气有关的偶发性地震活动。

9.7 本 章 小 结

本章开头讨论了诱发地震和触发地震这两个术语的差异。本书使用的"诱发"一词是指与人类活动有关。在落基山兵工厂（Healy et al., 1968）和 Rangely 地区（Raleigh et al., 1976）开展的开创性研究为人们深入认识注水诱发地震和有效应力奠定了基础。

目前，人们已经制定了多种标准来区分诱发地震和天然地震。Davis 和 Frohlich（1993）提出了七个问题来评估一个地震事件是否是诱发的。Dahm 等（2013）推荐了用于区分诱发、触发和天然地震事件的不同方法，包括基于物理学原理的概率模型、基于统计学的地震活动性模型以及震源参数模型三类。Zhang 等（2016）认为可根据震源深度鉴别注水诱发地震和天然地震。Skoumal 等（2015a）发现，若给定地震序列中的最大震级，诱发地震序列要比天然地震序列包含更多的事件（"集群性"）。

本书通过类比油气系统，引入了流体系统框架，包括注入源、运移通道和处于临界应力状态的断层。该框架总结了注水诱发地震发生所需的必要条件。在多孔弹性介质的情况下，除了考虑孔隙压力作用外，还需要考虑弹性应力对库仑破裂准则的贡献。由短期注入源引起的孔隙压力扩散过程表现为具有一个触发前缘和一个触发后缘，其中前者标志着诱发地震的产生，而后者标志着地震停止。

本书介绍了三种不同的方法用于估算诱发地震的最大震级。McGarr（2014）提出了一个与注入流体净体积有关的确定性公式；Shapiro 等（2011）假设诱发地震的破裂区位于储层改造体积内；Van der Elst 等（2016）从统计学的角度指出，最大观测震级是从无限制的 Gutenberg-Richter 分布中抽取的有限样本的预期最大值。

基于模板的方法（包括匹配滤波和子空间检测）正在成为检测微小诱发地震的常规方法。最新研发的检测方法包括重复信号检测器，它可以识别信噪比高于阈值的有效信号，然后使用聚类算法将其分组（Skoumal et al.，2016）；指纹和相似度阈值（FAST）算法（Yoon et al.，2015）使用特征提取来构建波形指纹；另外，还有使用叠加互相关函数的匹配-定位方法（Zhang and Wen，2015）。

地震震源位置的确定可以认为是一个反演问题。传统的线性化求解方法可能会陷入局部最小值。使用直接全局搜索的方法可以避免该问题的出现（Lomax et al.，2014）。更加精确的相对震源位置可以通过使用双差定位算法获得（Waldhauser 和 Ellsworth，2000）。另一个行业工具是矩张量反演，它通过反演观测到的波形数据获得最佳拟合震源机制解。

本章还回顾了几个注水诱发地震的典型案例，包括与增强型地热系统（EGS）、盐水处置（SWD）和水力压裂（HF）有关的诱发地震。本章比较了世界各地对于注水诱发地震风险的监管措施，如基于概率的地震危险性评估方法（PSHA）和交通灯系统（TLS）。PSHA 提供了一个定量的框架，可将地面运动强度纳入工程设计和风险分析过程中。

天然地震群是地震活动的时空丛集，其地震矩释放表现为逐渐上升和下降，并且缺乏任何明确的主-余震序列。一些偶发性地震群可能代表了大量超压流体注入低渗透岩石的特征反应（Cox，2016），可视为注水诱发地震的潜在天然类似物。

9.8　延伸阅读材料

（1）《储层诱发地震》：Talwani（1997）

（2）流体诱发地震的相关参考文献：Nicholson 和 Wesson（1992），Majer 等（2007），Guglielmi 等（2015），Shapiro（2015）和 Grigoli 等（2017）

（3）《PSHA 方法》：Reiter（1991）和 McGuire（2004）

9.9　习　　题

1. 使用 Bao 和 Eaton（2016）论文中的补充数据计算震群 1 和钻井平台 1 的孕震指数（9.1 式），假设 b 值的取值为 1。数据可参见 Bao 和 Eaton（2016）论文中表 S5 和 S7，网址为：

http://science.sciencemag.org/content/suppl/2016/11/16/science.aag2583.DC1

2. 使用以下参数计算由具有恒定流量的点源在均匀多孔弹性介质中产生的孔隙压力增量［式（9.2）］：流量速率 $q/\rho_0 = 10^{-2} \mathrm{m}^3/\mathrm{s}$，动态黏度 $\eta = 10^{-3} \mathrm{Pa \cdot s}$，渗透率 $k = 10^{-15} \mathrm{m}^2$，水力扩散系数 $c = 0.1 \mathrm{m}^2/\mathrm{s}$。计算距离为 $r = 500\mathrm{m}$ 和 $5.0\mathrm{km}$ 处、注入时间为 30 天和 1 年时的孔隙压力。计算过程中请注意单位。

3. 根据问题 1 中震群 1 的地震事件和注水数据，计算并比较使用 McGarr（2014）和 Van der Elst 等（2016）的方法得到的最大震级，计算方法详见如方框 9.1。

4. 假设有两个震源区，距离特定目标区域的距离分别为 20km 和 200km。其中距离较近的震源区的 Gutenberg-Richter 参数为 $a = 5.2$ 和 $b = 1.2$，而距离较远的震源区的参数为 $a = 4.1$ 和 $b = 0.9$。

（1）使用式（5.11）给出的地面运动预测方程（GMPE）以及 Atkinson 等（2014）提供的北美东部地区的参数，计算某个周期为 0.3s，震级为 $M4$ 的地震在两组距离范围内的伪加速度振幅（单位为 cm/s^2）。

（2）计算 50 年内两个地区 $M4$、$M6$ 和 $M8$ 级地震的预期数量。

附录 A 术语词汇简明释义

诱发地震的被动监测是一个高度跨学科的领域，结合了地震学、连续介质力学、断裂力学、地质力学、构造地质学、油藏工程和许多其他学科的内容。因此，陌生的专业术语可能不利于对相关内容的理解。本附录对书中使用的一些专业术语进行了简明的解释。

声学介质：不考虑剪切波或剪切波无法传播的介质，如液体或气体（Sheriff，1991）。勘探地震学中使用的成像方法通常采用声学近似，因此只考虑 P 波传播。

余震：地震序列中最大震级地震（主震）之后发生的地震。它们的震级比主震小，位于距离主震 1~2 个破裂长度的范围内。余震可以持续数周、数月或数年之久。一般来说，主震震级越大，则余震震级越大、数量越多、持续时间越长（USGS，2017）。

各向异性：均匀介质的一个或多个物理特性随测量方向的变化而变化（Winterstein，1990）。一种常见的各向异性是横向各向同性（TI），它是页岩、薄层介质和具有单组裂缝介质的特征；TI 介质有一个无限次旋转轴（对称轴）和该轴垂直平面内的无限个二次旋转对称轴。对称轴可以是垂直的（VTI 介质）、水平的（HTI 介质）或倾斜的（TTI 介质）。另一种常见的形式是正交各向异性，它有三个互相垂直的对称轴，可以由两组裂缝产生，或由分层介质中的一组垂直裂缝产生（图 1.7）。TI 介质可由五个独立的弹性参数来描述，而正交各向异性介质需要九个独立参数进行描述。

异常地震活动：在工程施工过程中，例如水力压裂作业时，通常不会发生却发生了的地震活动（CAPP，2017）。

粗糙度：从字面上看，该词（asperity）与 "roughness（粗糙度）" 表达的含义相同（IRIS，2017）。也指断层上粗糙、凹凸不平的区域。

b 值：描述震级–频度关系的古登堡–里克特（Gutenberg-Richter）公式的斜率，表征地震震级的相对大小分布。大多数地震断层系统的 b 值接近于 1，意味着震级每增加一个量级，对应的地震数量就会减少为原来的十分之一。

尾面：在空间和时间坐标系中，描述地震活动随着流体注入停止而终止的面（Shapiro，2015）。

双折射：入射波分裂成具有不同偏振方向的两个波；也被称为剪切波分裂（Sheriff，1991）。

体波：在弹性介质内部传播的波，如 P 波或 S 波。

钻孔破损：由于井壁受偏应力作用而产生弯曲变形，原本是圆形的钻孔横截面出现变形延伸（Bell 和 Gough，1979）。

脆性变形：由断裂、摩擦滑动或岩粒破碎（cataclasis）导致的变形（Fossen，2016）。

校准震源：用于校准速度模型的冲击性震源。常用的校准震源包括：射孔弹，它是用于穿透井筒套管以使得压裂液流出的特定炸药；串弹，它是放置在井筒中产生冲击性震源的地震引爆器；以及套筒开启事件，它是由用于无套管井水力压裂完井作业的滑动套筒系统产生的多个离散地震信号。

Ⅱ类注入井：由美国环境保护署（EPA）定义为石油和天然气生产有关的液体注入井。注入的液体大多是盐水（brine），在石油和天然气采出的过程中返排至地表。井的类型包括废水注入井、强化开采井和油气储存井（EPA，2017）。

聚类：对观察结果进行无监督的分类（Jain et al.，1999）。包括聚集式聚类：一种自下而上的方法，首先将每个事件分到一个单独的聚类中，然后合并聚类，直到满足分类终止条件；分裂式聚类：将所有的观测值分到一个聚类中，然后进行分裂，直到满足分类终止条件；以及单因素聚类：只使用一个参数进行分类，如阶段数。

完井方法：用于准备生产井的过程，例如水力压裂（HF）。水力压裂作业的类型包括套管井筒的完井，包含灌注和堵塞，而且需要进行射孔作业；以及用于无套管井中的滑套式完井，这是一种使用封隔器和滑套组件进行水力压裂完井的方法（图4.9）。

顺应张量：将应变张量与应力张量联系起来的张量（s_{ijkl}），$E_{ij} = s_{ijkl}\sigma_{kl}$；弹性张量的逆。

条件数：矩阵的最大特征值与最小特征值之比，用作衡量矩阵求逆的稳定性。

本构关系：表征物理量之间的数学关系，它决定了一个特定的材料对所施加外力的响应。它以实验观察或数学推理为基础，而不是基于基本的守恒方程。

协方差矩阵：由两个时间序列的方差和协方差组成的对称矩阵。见公式（6.1）和（6.2）。

蠕变：由于各种微观或原子尺度的机制而发生永久塑性变形的过程（Fossen，2016）。位错蠕变由晶体的错动位移形成，并可能导致晶格优先取向（LPO）相关的地震各向异性。扩散蠕变来自于晶格边界或空位的移动。

临界应力状态：摩擦破裂的原始临界状态，其中优势方向的裂缝或断层与破裂准则包络近似相切。这种状态被认为是由于板块构造力导致的，因而在上地壳中普遍存在（Zoback，2010）。

破坏区：断层周围高密度的脆性变形结构区（Fossen，2016）。

诊断性压裂注入试验（DFIT）：为测量原位应力和/或渗透率而进行的小容量注入试验。延长泄漏试验（XLOT）也采用类似的方法，但还包括重复注入阶段（图4.3）。

扩散：表征一个物理量，如孔隙压力、热量或溶质，从相对高浓度的区域扩散到相对低浓度的区域的物理机制。对于流体注入来说，孔隙弹性介质中孔隙压力的扩散并不会伴随大量流体运移。

废水注入井：Ⅱ类注水井的一种类型，用于注入盐水或与油气生产有关的废弃液体。在美国，废水注入井约占151000口Ⅱ类注入井的20%（EPA，2017）。

离散裂缝网络（DFN）：地质力学模拟中用来表示裂缝网络的数学模型。

频散：相速度对频率（或波长）和/或波数的依赖性。与波长有关的速度敏感性会导致速度相关的频散，被称为几何频散。

双力偶：一种震源机制的数学模型，由两个正交的力偶组成。双力偶模型适用于大多数地震的远场辐射波场。该机制通常使用断层平面的走向、倾角和滑动角（滑移矢量）作为参数。

钻井引起的张性断裂（DITF）：当井周应力进入局部拉伸状态时，在井筒壁上沿最大水平压应力方向形成的裂缝（Zoback，2010）。

韧性变形：应力作用下产生的没有断裂或摩擦滑动的永久变形。韧性变形可由蠕变过程造成。

动态范围：在不改变刻度的情况下，仪器所能记录和读取的最大读数与最小读数的比值（Sheriff，1991），通常以分贝（dB）表示。

地震：断层上的突然滑动，也指由火山、岩浆活动或地球上的其他应力突变产生的地震，以及由此造成的地面震动和激发的地震能量（USGS，2017）。

地震序列：在某一地区发生的一系列地震，且有明确的主震–余震或前震–主震–余震事件特征。

工程（增强）型地热系统（EGS）：利用流体注入改造方法在深层低渗透率干热岩中建立的热交换系统（Breede et al.，2013）。

强化开采井：用于将盐水、水、蒸汽、聚合物或二氧化碳注入含油地层以实现残余油气开采的井（EPA，2017）。在美国，151000 口Ⅱ类井中约有 80% 是强化开采井。

震中：地震震源中心在地表的投影位置（USGS，2017）。

流行型余震序列（ETAS）模型：由大森（Omori）定律推导出来的可用于模拟特定区域地震序列时空演化的模型（Ogata et al.，1993）。

预估改造体积（ESV）：根据地震群的事件点云估算的体积。这与储层改造体积（SRV）有关，即推断出的水力压裂完成后经过压裂改造的储层体积（Mayer-hofer et al.，2010）。

组构：岩石成分如矿物、晶粒、孔隙度、分层、层理界面、岩性界面和裂缝的间距、排列、分布、大小、形状和方位特征（Ajaya et al.，2013）。贯穿性组构是指出现在整个岩体中的一种组构。

破裂准则：描述产生破裂时的应力条件的数学模型。包括摩尔–库伦准则（Mohr-Coulomb）、霍克–布朗准则（Hoek-Brown）和格里菲斯（Griffith）准则等。

断层：地表下两侧岩块发生相对位移的一个不连续体。"地质断层"一词有时也被用来描述在地质历史时期发生位移的表面。

断层机制：描述地震发生的断裂过程，包括断层类型（即正断层、逆断层和走滑断层）和发生断层的破裂面（Majer et al.，2012）。

震源深度：地震震源中心的深度。

震源机制：地震的断层机制的图形表示。通常情况下，它被表示为 P 波初至波极性的下半球投影。也被称为沙滩球或断层平面解。

震源中心：地表下的地震断裂起始点。

前震：在一个序列中的最大震级地震之前发生的相对较小震级的地震，该最大震级地震被称为主震。不是所有的主震都有前震（USGS，2017）。

裂缝：介质中明显的不连续平面。裂缝的类别包括张性裂缝（模式Ⅰ）和剪切裂缝（模式Ⅱ和Ⅲ）。饼状断裂是一种水平断裂，通常沿着层理面发生。

格林函数：以单位脉冲为激励源的微分方程的解（Sheriff，1991）。

地面运动预测方程（GMPE）：预测特定地面运动参数（如峰值地面加速度（PGA）、峰值地震振动速度（PGV）幅值与震级、距离、震源深度和地表条件之间关系的方程（Majer et al.，2012）。

群速度：波场中能量传播的速度。

古登堡–里克特（Gutenberg-Richter）关系：一个描述地震震级–频度关系的经验公式。其形式为 $\log_{10} N = a - bM$，其中 N 是震级大于或等于 M 的地震的数量，a 和 b 是常数。

灾害性：特定地震事件将产生损害或灾害的概率。地震灾害性（$\widetilde{H}$）与危险性（$\widetilde{R}$）的关系由如下风险方程给出：$\widetilde{R} = \widetilde{H} * \widetilde{E} * \widetilde{F} * \widetilde{C}$，其中 $\widetilde{E}$ 表示建筑物等所处的环境，$\widetilde{F}$ 表示建筑物等的抗震性能，$\widetilde{C}$ 表示地震灾害造成的结果（Bommer et al.，2015）。

胡克定律（广义）：应力和应变之间的经验性线性关系，适用于低水平的应变。

惠更斯原理：研究波传播问题的数学模型，即波前的每一点都可以被视为次生源，并且可以从次生波的包络中构建出一个前进的波前（Sheriff，1991）。

水力压裂：以超过岩石破裂压力的力量将压裂液注入岩层。在开发低渗透油气储层时，水力压裂会形成一个裂缝网络，石油或天然气可以通过该网络流向井筒（CCA，2014）。

震源位置：计算的地震震源中心点的空间位置。

成像条件：从偏移成像数据中提取震源信息的准则。

诱发地震：可归因于人类活动的地震事件。可能导致诱发地震的活动包括地热开发、采矿、储层蓄水和地下流体注入与采出。

仪器响应：地震检波器或地震仪等传感器对单位地面运动输入的振幅和相位响应特征。为了估算震级，需要对仪器响应进行校正。

烈度：地震的地面运动对自然或建筑环境的影响。在北美，地震烈度通常使用修正的麦加利（Mercalli）烈度表进行量化。烈度用罗马数字表示，范围从 Ⅰ（几乎无感觉）到 Ⅻ（完全破坏）（USGS，2017）。

等时面：到特定震源、接收器或震源–接收器对的走时相同的空间位置构成的几何曲面。

节理：没有明显的剪切位移的断裂。

凯撒（Kaiser）效应：在周期性加载的情况下，当载荷未超过之前加载的最大载荷时，地震活动很少发生，这是材料和岩石的应力历史记忆的表现（Shapiro and Dinske，2007）。对于一个往外扩张的注入诱发地震云，这种效应可能表现为地震事件聚焦在地震云的外围。

基尔希（Kirsch）方程：一组以恩斯特–古斯塔夫–基尔希（Ernst Gustav Kirsch）命名的方程，描述了各向同性弹性板上的圆孔所引起的应力。基尔希方程用于确定具有圆形截面的井筒周围的应力［见公式（4.1）］。

拉格朗日参考系：地震学中使用的参考系，在该参考系下坐标系随着介质中粒子的移动而移动。相比之下，在流体力学中使用的欧拉参考系在空间上是固定的，着重研究在特定空间位置的任何粒子（Aki and Richards，2002）。

震级：根据地震记录对地震强度大小进行定量描述的量。几种最常用的震级定义包括：①局部震级（M_L），也称为"里氏（Richter）震级"；②面波震级（M_S）；③体波震级（mb）和④矩震级（M_W）（USGS，2017）。

主震：一个地震序列中震级最大的地震，有时主震前面有一个或多个前震，后面几乎总是伴随着许多余震（USGS，2017）。

微地震相分析：微地震数据解释的一种方法，使用微地震面或具有独特微地震特征的岩体刻画微小的地层细节、结构变形、裂缝方向和应力划分（Rafiq et al.，2016）。

微地震：这里定义为震级小于 0 的地震。

微动：由多种自然和人为因素引起的、与地震无关的某种地下的连续振动，周期约为 $1.0 \sim 9.0$s。

矩张量：地震断层运动的理想化数学表示，由九对广义的力偶组成。该张量由地震强度和断层方位决定（USGS，2017）。

时差：根据相对于最小观测时间的时差定义的相对到时。

节面：辐射波场的振幅为零并两侧极性相反的面。对于一个双力偶源，P 波有两个相互正交的节面。

噪声：观测数据中不属于信号的成分。因此，噪声是相对于信号而言的。由随机过程产生的噪声被称作随机噪声，具有统计学意义的随机分布特征。例如，由风产生的噪声通常被认为是随机的。白噪声有平坦的频谱，其中所有的频率成分具有同等强度。相干噪声，如地滚波，在一个传感器阵列中表现出波形相关性。平均噪声振幅与有效信号振幅的比值被称为信噪比（S/N）。

成核：地震成核是一个发生在断层内的滑移加速过程（Rubin and Ampuero，2005）。

零假设：一个普遍接受的、表示两个数量之间不存在任何关系的模型和（或）假设。

奈奎斯特（Nyquist）频率：离散时间序列采样频率的一半频率（或波数）。基于采样定理，它定义了可从离散时间序列中恢复出连续函数且不发生混叠的最大频率。

施工诱发地震：在水力压裂或工程型地热系统开发等施工过程中预期会发生的微弱（nano-，micro- and milli-）地震。

井平台：在地表为钻探一口或多口油井而建造的区域。该词也表示前置液，即水力压裂开始阶段注入的不含任何支撑剂的压裂液。

峰值地面加速度（PGA）：地面加速度绝对值的最大瞬时幅值（Majer et al.，2012）。

峰值地面振动速度（PGV）：地面振动速度绝对值的最大瞬时幅值（Majer et al.，2012）。

渗透率：流体通过多孔介质难易程度的度量。

相速度：一个单频谐波平面的传播速度。相速度在频散介质中取决于频率，在各向异性介质中取决于传播方向。

塑性变形：由于超过屈服应力的持续应力作用导致韧性过程造成的永久变形。

储层：赋存特定类型的商业性油气藏的区域。叠层油藏是指在一个地区存在垂向发育的多个油气藏。

功率谱密度：谱幅度均方值随频率的变化率，也被称为自功率谱密度函数（Bendat and Piersol，2011）。

地震危险性概率分析（PSHA）：用于估计在特定时间间隔内发生等于或大于指定强度的地面运动的概率的系统性方法（Majer et al.，2012）。

超标概率：指定参数（如 PGA、PGV）的值被等于或被超过的概率（Majer et al.，2012）。

过程区：裂缝（或破裂前沿）前端的区域，在该区域许多微裂缝的形成弱化了岩石强度（Fossen，2016）。

支撑剂：颗粒状材料，如沙子，与压裂液混合以支撑裂缝开启（Schlumberger，2017）。

辐射花样：从一个点源辐射出来的波的振幅与方向的关系。

射线中心坐标系：一个局部的正交坐标系，其中一个坐标轴与地震射线的方向平行，其他两个坐标轴通常位于垂直于矢状面的平面内。

破裂面积：在地震过程中受到突然滑移影响的断层面区域。

矢状面：通过震源点和接收点的垂直平面。

自组织临界性：动态系统在很少或不依赖于初始条件的情况下自发地演化到一个临界状态的属性。这种行为的一个例子是不断增长的颗粒材料堆，其堆积坡度朝着与材料相关的休止角演变（Bak et al.，1988）。

地震矩：由破裂面积、平均滑移量和克服断层摩擦力所需外力的乘积定义的衡量地震强度的量。地震矩也可以由地震波的振幅谱计算获得（USGS，2017）。

地震活动性：特定区域的天然地震或其他地震活动。

孕震：能够产生地震的特征。发震指数是对注入流体诱发地震的可能性的度量。

信号：观测数据中人们感兴趣的成分。平均噪声振幅与信号振幅的比值称为信噪比（S/N）。

滑溜水：一种主要成分为淡水的压裂液，将表面活性剂和减摩剂作为添加剂，以降低表面张力和泵送阻力。

索默菲尔德（Sommerfeld）辐射条件：界定无限远距离的源的贡献为零的边界条件。

应力：作用在介质内的平面上的单位面积的力，是一个张量。存在多种类型的应力，包括垂直于表面的法向应力和切向的剪切应力。对于任何应力张量，存在一个将该张量表示为对角线张量（矩阵）的参考系，对角线的元素被称为主应力，平均应力是主应力的算术平均值。静岩石应力是所有主应力都相同且等于其平均应力的应力状态。静水压状态与静岩石应力状态类似，只是主应力是由于上覆水层的重量造成的。偏应力张量是全应力张量和静岩石应力之间的差值。有效应力等于对角线化（主）应力张量减去孔隙压力和 Biot 系数乘积的差值。构造应力形成于地质过程，如构造板块的运动。

应力降：地震断层上的剪切应力降低值（即地震前断层上的剪切应力与地震后的剪切应力之间的差异）。

分层断裂网络：裂缝高度受层理厚度控制或影响的裂缝网络。

刚度：将应力张量和应变张量联系起来的张量（c_{ijkl}），$\sigma_{ij} = c_{ijkl} E_{kl}$；顺应张量的逆。

面波：沿着介质的表面传播的地震波。

群震：缺乏明确的主震–余震序列或前震–主震–余震序列的地震时空集群。群聚性，定义为一个序列中超过特定震级的事件数量与该序列中最大震级之比，可用于量化描述震群特征（Skoumal et al.，2016）。

张量：一种物理量多维表示的方法，是向量的扩展。张量不会随着坐标系的变换而变化。张量的阶数（rank）代表所需下标的数目。爱因斯坦求和约定中张量乘积的重复下标代表求和。

三轴试验：一种岩石力学的压缩测试试验，作用在圆柱形样品上的水平应力与垂直应力不同（Zoback，2010）。真三轴试验则采用三个不同的正交法向应力值。

触发的地震事件：沿着预先存在的薄弱地带发生破坏而产生的地震事件，例如，一个处于临界应力状态的断层，被自然或人为活动的应力扰动导致的破坏（Majer et al.，2012）。在地震学中，自然触发是同时由于静态应力变化（即地震引起的应力场的长期变化）和动态应力变化（如传播的地震波引起的瞬时应力变化）导致的。

触发面：一个从流体注入位置扩展开来的面，标志着注入诱发地震的发生。

不确定性：对已知测量值的准确性和精确度的衡量。源自随机误差的不确定性被称为随机不确定性（aleotoric uncertainty），aleotoric 来自希腊语 aleo，意思是掷骰子（Der Kiureghian 和 Ditlevsen，2009）。另一种类型的不确定性被称为认知不确定性（epistemic uncertainty），epistemic 来自希腊语中的 episteme，意思是知识。

非常规资源：孔隙度、渗透率、流体保存机制或其他特征与常规油气藏不同的石油和天然气资源（CCA，2014）。

黏弹性介质：在应力作用下表现出瞬时变形的介质，随后表现出逐渐连续的变形过程。

黏度：液体流动阻力的度量。

Voigt 表示法：广义胡克定律的紧致表示法［见公式（1.11）］。

附录 B　信号处理要点

对信号处理和傅里叶分析的基本理解对被动地震监测的许多方面是至关重要的。波形、频谱、反卷积和互相关运算是地震数据处理的基本工具，是地震学家的第二天性。以下材料仅供一般参考。对于额外的背景、定理或证明，感兴趣的读者可以参考任意标准教科书，例如 Oppenheim 和 Schafer（1975）和 Bracewell（1986）的经典书籍。

B.1　傅里叶变换

一个可积分函数 $u(t)$ 的傅里叶变换由以下公式给出

$$U(f) = \int_{-\infty}^{\infty} u(t)\, e^{-i2\pi t f}\mathrm{d}t \tag{B.1}$$

而反傅里叶变换是

$$u(t) = \int_{-\infty}^{\infty} U(f)\, e^{i2\pi t f}\mathrm{d}f \tag{B.2}$$

其中如果 t 表示时间，则 f 表示频率。在这种情况下，$u(t)$ 是一个时间序列，$U(f)$ 被称为其频谱。一般来说，傅里叶分析不限于时间序列，可以应用于任何类型的信号（如地形剖面）。它也很容易被推广到多个维度。值得注意的是，方程（B.1）和（B.2）有时以不同的方式进行归一化（Bracewell，1986）。

函数 $u(t)$ 和 $U(f)$ 被称为傅里叶变换对，这种关系被符号化地写为

$$u(t) \leftrightarrow U(f) \tag{B.3}$$

一般来说，$U(f)$ 总是一个复值函数，不管 $u(t)$ 是实数还是复数。应用欧拉关系，傅里叶谱可以表示为

$$U(f) = |U(f)|\, e^{i\phi(s)} \tag{B.4}$$

其中 $|U(f)|$ 是振幅谱，而

$$\phi(s) = \tan^{-1}\frac{\mathrm{Im}\{U(f)\}}{\mathrm{Re}\{U(f)\}} \tag{B.5}$$

是相位谱。如果 $u(t) \in \Re$，那么 $U(f)$ 具有以下特性

$$U(f) = U^*(-f) \tag{B.6}$$

其中 * 上标表示复数共轭。换句话说，如果 $U(f)$ 是一个实值函数的傅里叶变换，$U(f)$ 的实数部分具有偶对称性

$$\mathrm{Re}\{U(f)\} = \mathrm{Re}\{U(-f)\} \tag{B.7}$$

而虚数部分具有奇对称性，

$$\mathrm{Im}\{U(f)\} = -\mathrm{Im}\{U(-f)\} \tag{B.8}$$

具有这种复数对称特性的函数被称为隐性函数。傅里叶变换具有以下附加属性

（Sheriff，1991）。

线性和叠加在两个域都适用。因此：

$$a(t)+b(t)\leftrightarrow A(f)+B(f) \tag{B.9}$$

压缩一个时间函数会扩大其频谱，并以相同的系数减小其振幅：

$$u(kt)\leftrightarrow\frac{1}{k}U\left(\frac{f}{k}\right) \tag{B.10}$$

一个函数的导数与其傅里叶变换的关系是：

$$u'(t)\leftrightarrow i2\pi fU(f) \tag{B.11}$$

还有一些特殊的函数，其傅里叶变换在地震学中很重要。

*Dirac*δ 函数：

$$\delta(t)\leftrightarrow\Delta(s)=1,-\infty<s<\infty \tag{B.12}$$

*Dirac*δ 函数具有以下筛分特性：

$$\int_{-\infty}^{\infty}\delta(t-a)u(t)\mathrm{d}t=u(a) \tag{B.13}$$

接下来，我们考虑一个宽度为 τ 的对称箱体函数：

$$\Pi(t)\leftrightarrow\tau\mathrm{sinc}(f\tau)=\frac{1}{\pi f}\sin(\pi f\tau) \tag{B.14}$$

其中箱体函数 $\Pi(t)$ 定义为：

$$\Pi(t)=\begin{cases}1,|t|\leqslant\tau/2\\0,|t|>\tau/2\end{cases} \tag{B.15}$$

方程（B.14）右侧的傅里叶域表达式引入了一个重要的函数，称为 sinc 函数（也称为内插函数），其定义为

$$\mathrm{sinc}(x)=\frac{\sin(\pi x)}{\pi x} \tag{B.16}$$

我们继续用底为 2τ 的三角函数：

$$\Lambda(t)\leftrightarrow\tau\,\mathrm{sinc}^2(s\tau)=\frac{1}{\pi^2s^2\tau}\sin^2(\pi s\tau) \tag{B.17}$$

其中 $\Lambda(t)$ 被定义为

$$\Lambda(t)=\begin{cases}1-|t|/\tau,|t|\leqslant\tau\\0,|t|>\tau\end{cases} \tag{B.18}$$

接下来，一个具有高斯形式的函数的傅里叶变换也是一个具有高斯形式的函数：

$$g(t)=e^{-\pi t^2}\leftrightarrow e^{-\pi s^2}=G(s) \tag{B.19}$$

通过应用方程（B.10）中的傅里叶缩放规则，上述表达式可以用标准的高斯公式来写。最后，采样间隔为 τ 的梳状函数的傅里叶变换，也被称为采样函数，也是一个梳状函数：

$$\mathrm{comb}(t,\tau)\equiv\sum_{n=-\infty}^{\infty}\tilde{\delta}(t-n\tau)\leftrightarrow\sum_{n=-\infty}^{\infty}\tilde{\delta}\left(s-\frac{n}{\tau}\right) \tag{B.20}$$

其中 $\tilde{\delta}$ 表示一个 δ 函数，它被缩放为具有单位振幅。在时域中，梳状函数是一系列等距的

单位脉冲函数，由时间间隔 τ 分开，这样：

$$\mathrm{comb}(t)u(t) = \sum_{n=-\infty}^{\infty} u(n)\,\widetilde{\delta}(t-n) \tag{B.21}$$

一般来说，上述公式傅里叶关系的互易对称性可以通过切换参数 t 和 f 进行表示。

B.1.1 离散傅里叶变换

虽然上述公式的连续形式对于理论推导和特征挖掘是有用的，但在实践中，存储在任何数字设备上的时间序列包含离散的数据样本。对于一个时间序列 u_k，$k = 1, 2, 3, \cdots,$ N，离散傅里叶变换被定义为（Bracewell，1986）

$$U = \frac{1}{N} \sum_{k=1}^{N} u_k\, e^{-i2\pi(k/N)\tau} \tag{B.22}$$

其中 U 是在频域中均匀采样的，数量 k/N 类似于连续变换中的频率 f。原始的时间序列可以通过应用离散的反傅里叶变换来恢复

$$u = \sum_{k=1}^{N} U_k\, e^{i2\pi(k/N)\tau} \tag{B.23}$$

快速傅里叶变换（FFT）算法是由 Cooley 和 Tukey（1965）开发的，现在几乎普遍用于数值计算。可以通过量化所需的操作数量表征计算效率的提高；通过使用 FFT 算法，计算所需的操作数量为 $O(N\log_N)$，而直接使用方程（B.22）和（B.23）所需的操作数量为 $O(N^2)$。

B.1.2 采样定理和奈奎斯特频率

连续信号的数字采样可以表示为与一个梳状函数相乘，如公式（B.21）。采样定理指出，如果每个周期有两个或更多的最高频率的样本存在，那么以常规采样间隔 τ 进行采样的带限连续函数可以从离散样本中完全重建。这个定理的重要含义是在满足采样定理条件下，将一个连续函数还原为一组离散样本时不会丢失任何信息。

带限信号的概念是指信号的频谱具有紧支撑特点；换句话说，在一个有限的频段之外，频谱的振幅完全为零。对于以给定速率 τ 采样，可以恢复的最高频率被称为奈奎斯特频率，它由以下公式给出

$$f_N = \frac{1}{2\tau} \tag{B.24}$$

如果连续信号包含高于 f_N 的频率，就会产生频率模糊，称为混叠。在实践中，来自地震仪或检波器等传感器的连续信号在进行数字采样之前，会通过应用一个称为抗混叠滤波器的模拟电子滤波器进行预处理。这就确保了在获取的数字数据流中不会出现由于混叠而导致的频率模糊现象。

B. 2 卷　　积

在数学术语中，线性滤波器可以表示为卷积；在连续形式下，将滤波器 $b(t)$ 应用于输入信号 $a(t)$，可写为

$$a(t)*b(t) = \int_{-\infty}^{\infty} a(t')b(t-t')\,dt' \tag{B.25}$$

其中符号 $*$（无上标）表示卷积。这可以用离散形式表示为

$$a*b = \sum_{k=1}^{N} a_k b_{N-k} \tag{B.26}$$

卷积定理指出，两个函数卷积的傅里叶变换是由两个谱的乘积给出的：

$$a(t)*b(t) \leftrightarrow A(f)B(f) \tag{B.27}$$

卷积的概念对地震学的许多方面都很重要。例如，地震记录通常表示为震源时间函数与格林函数的卷积［见公式 (3.29)］，格林函数表示路径效应——即从震源到接收器的路径上地球的过滤效应。这个概念可以表示为

$$u(t) = s(t)*p(t) \tag{B.28}$$

其中 $u(t)$ 表示地震记录，$s(t)$ 表示震源时间函数，$p(t)$ 包含从震源到接收器的路径上的滤波效应。有几个与物理系统相关的过滤器的重要属性。例如，这种滤波器是因果关系，这意味着

$$p(t) = 0, t<0 \tag{B.29}$$

地震记录的一个更完整的表示包括仪器反应，$r(t)$（Wielandt，2002）：

$$u(t) = s(t)*p(t)*r(t) \tag{B.30}$$

我们假设具有 N 个离散样本数据的仪器响应函数是：

$$r_k = [r_0, r_1, r_2, \cdots, r_N] \tag{B.31}$$

仪器的响应可以表示为一个传递函数，可以写为

$$r(z) = r_0 + r_1 z + r_2 z^2 + \cdots + r_N z^N \tag{B.32}$$

其中 z 是一个单位时间延迟函数的符号表示，$e^{i2\pi f/r}$。这种数字滤波器的多项式表示法也被称为 z 变换。进一步地，上面的多项式表达式可以被因子化并重写如下：

$$r(z) = (z-a)(z-b)(z-c)\cdots(z-n) \tag{B.33}$$

这样，整个滤波器被表示为两期小波（doublets）的卷积。参数 a、b、c 等被称为滤波器的零点；如果每个零点的振幅都小于 1，那么这个滤波器就被称为最小相位滤波器。实际上，这一特性意味着，对于一个给定的振幅谱，滤波器的时间序列是最大前置的。一个更完整的滤波器传递函数的表示方法也包含了极点。一个有 N 个零点（a_k）和 M 个极点（b_k）的传递函数的滤波器可以表示为

$$R(z) = A\frac{(z-a_1)(z-a_2)\cdots(z-a_N)}{(z-p_1)(z-p_2)\cdots(z-p_M)} \tag{B.34}$$

其中 A 是一个标量因子，代表仪器的灵敏度。地震仪的仪器响应以这种方式表示是很常见的。

最小相位震源子波的假设是反卷积的核心，反卷积是勘探地震学数据处理的一个关键要素。反卷积（有或没有最小相位假设）也被广泛用于全球地震学中。反卷积的过程可以在傅里叶域表示为

$$b^{-1}(t) * a(t) \leftrightarrow \frac{A(f)}{B(f)} \qquad (B.35)$$

由于频谱 $B(f)$ 可能包含非常小的（甚至是零）频谱成分，一个简单的启发式稳定方法是通过添加一个小的常数 ϵ 来近似反卷积算子（被称为预白化）：

$$\frac{A(f)}{B(f) + \epsilon} \qquad (B.36)$$

B.3 互相关和自相关

互相关是衡量两个信号相似性的一种方法。在连续形式下，它被写成

$$\phi_{ab}(t) = a(t) * b(t) \equiv \int_{-\infty}^{+\infty} a(t') b(t' - t) \mathrm{d}\, t' \qquad (B.37)$$

将这一表达式与方程（B.25）中的卷积定义相比较，可以看出，相关性可以写为

$$\phi_{ab}(t) = a(t) * b(-t) \qquad (B.38)$$

一个信号的自相关性简单地说就是

$$\phi_{aa}(t) = a(t) * a(t) \qquad (B.39)$$

自相关函数总是相对于 $t = 0$ 对称的。在非零延时的高振幅正峰值表示重复的信号，如重复的地震。在两个信号 a 和 b 之间存在互相关的情况下，其中一个是另一个的延时版本，延时量可以用 $\varphi_{ab}(t)$ 正峰值的延时表征。

B.4 时间-频率分析

信号的傅里叶变换可以表征不同频率下的响应，但不提供时间分辨率。因此，如果频率响应的变化发生在一个特定的时间，傅里叶变换不能直接测量该变化发生的时间。正如最近 Tary 等（2014b）所回顾的那样，已经有许多方案可以在时间和频率上都提供了某种程度的分辨率。这些方案能够同时对信号进行时间-频率分析，这是一类功能强大的方法。这里只考虑一种时频分析，即短时傅里叶分析变换（STFT）。这种方法的输出被称为时频谱。一个信号 $u(t)$ 的连续 STFT 可以写成：

$$U_S(\tau, f) = \int_{-\infty}^{+\infty} u(t) w(t - \tau)\, e^{-i2\pi ft} \mathrm{d}t \qquad (B.40)$$

其中 $w(t)$ 是一个围绕 $t = 0$ 对称的窗口函数，通常是一个高斯函数。时间和频率分辨率之间的权衡可以通过改变高斯窗函数的宽度来调整。

B.5 复杂记录分析和解析信号

给定一个实数信号 $u(t)$，解析信号是一个复值函数，其公式为

$$\widetilde{u} \equiv u(t) + i\mathcal{H}(u(t)) \tag{B.41}$$

其中 H 表示希尔伯特变换，它由以下公式给出

$$\mathcal{H}(u(t)) \equiv \frac{-1}{\pi t} * u(t) \tag{B.42}$$

在实践中，希尔伯特变换可以通过对信号施加 $\pi/2$ 的恒定相移来完成，这使得原本对称的信号变成了不对称的。解析信号可以用来构建一些有用的函数，包括：

振幅包络：形成信号 $u(t)$ 的包络的正函数，用解析信号的方式给

$$A(t) = |\widetilde{u}(t)| \tag{B.43}$$

瞬时相位：解析信号为 $\widetilde{u} = A(t)\ e^{i\gamma(t)}$，则瞬时相位由以下公式给出

$$\gamma(t) = \frac{\mathrm{Re}(\widetilde{u}(t))}{\mathrm{Im}(\widetilde{u}(t))} \tag{B.44}$$

瞬时频率：它提供了一个信号在特定时间的频率测量，由 $\dot{\gamma}(t)$ 给出。

总的来说，使用解析信号来计算振幅包络、瞬时相位和频率被称为复杂记录分析。

附录 C 数 据 格 式

C.1 微地震数据格式

微地震数据有多种类型的数字存储格式。在石油和天然气行业广泛使用的一种传统数据格式是 SEG Y（Barry et al.，1975）。该格式由勘探地球物理学家学会（Society of Exploration Geophysicists，SEG）技术标准委员会于 1975 年推出，用于交换解复用数据，并于 2002 年进行了修订（Norris and Faichney，2002）。解复用一词是指数据样本以连续的时间序列进行存储，而复用数据的样本则是按道编号顺序进行存储。选择名称"Y"是因为此格式规范取代了以前的格式标准，即 SEG "Ex" 格式。

SEG Y 格式是为使用磁带而开发的，包含三种不同类型的数据块。标准 SEG Y 文件开头的前两个块表示卷头标识。此道头以一个包含 3200 字节的描述数据的自由格式文本块开始。该文本块通常采用美国信息交换标准代码（American Standard Code for Information Interchange，ASCII）格式，但最初指定使用 IBM 开发的扩展二进制编码十进制交换代码（Extended Binary Coded Decimal Interchange Code，EBCDIC）格式。该格式包含 40 张打孔卡片的图像，每张卡片由 80 个字符组成，其中第一列应包含字符 "C"。第二个 400 字节的二进制块从卷头标识的 3201 字节开始，包含影响整个文件并且对处理数据至关重要的参数。其中有些字段是必须的，有些是可选的，而有些则未被定义，具有使用的灵活性。定义的卷头标识二进制字段的示例包括：

（1）以微秒为单位的采样间隔（3217~3218 字节）；

（2）每道数据的样本数（3221~3222 字节）；

（3）数据样本格式代码（3225~3226 字节）；

（4）二进制卷头后的 3200 字节扩展文本文件卷头记录数（3505~3506 字节）。

这些参数存储为整数值，上述列出的前三个示例参数是必须的。

数据样本格式代码包括浮点和整数格式等各种类型，例如电气和电子工程师协会（Institute of Electrical and Electronics Engineers，IEEE）浮点格式（格式代码=5）。二进制值可以用大端格式存储，即首先存储最重要的字节，或者采用相反字节顺序的小端格式存储。这两种二进制格式中的哪一种适用于特定的处理环境取决于操作系统。

根据 SEG Y 格式的第 1 次修订版标准（Norris and Faichney，2002），如果字节 3505~3506 非零，则会显示一系列扩展的文本标头。例如，可以用来描述与微地震采集和处理相关的数据集（Norris and Faichney，2002）。

道头标识之后是数据道。每个数据道都以 240 字节的二进制道头开头。定义的每道道头字段的示例包括：

（1）接收器高程（41~44 字节）；

（2）接收器的基准高程（53～56 字节）；

（3）接收器坐标-x（73～76 字节）；

（4）接收器坐标-y（85～88 字节）。

每个道头后是 N 个数据样本，其中每个样本都以道头标识中指定的格式存储，N 是每道数据的样本数。SEG Y 格式常用于交换微地震数据，但由于数据道的长度限制，不太适合连续数据记录。对于标准 SEG Y 格式，单道的最大样本数为 $2^{15}=32768$。此限制是由强制性标头字段强加的，该字段使用 2 字节整数存储样本数。该道头字段的规范可追溯到 20 世纪 70 年代的原始 SEG Y 格式，当时并未设想此格式用于连续数据。由于这种限制，以 SEG Y 格式提供的微地震数据包含大量单独的 SEG Y 文件，每个文件对应一个短时间窗口。在进行处理之前通常需要将大量数据文件进行合并处理。

另一种常用于交换微地震数据的格式是 SEG-2 格式（Pullan，1990）。这种格式由 SEG 的工程和地下水地球物理委员会（Engineering and Groundwater Geophysics Committee）开发，特别适用于小型计算机环境中的原始数据或处理后的数据。它与 SEG Y 相似，因为也由一组有序的数据块构成，包含一个文件描述符块、一个或多个数据道描述符块和一个或多个数据块。通过使用指示数据块相对于文件开头位置的指针可以使该格式更加灵活。因此，它是一种自由格式标准，允许灵活存储辅助数据。SEG2-M 格式为 SEG-2 格式的一个变体，由一个特别的 SEG 委员会在 2010 年提出。这种格式基于 SEG-2 格式，并建议修改和/或删除某些 SEG-2 格式标签。

另一种传统格式为 SEG-D 格式，用于存储为字节流的复用数据。类似地，它也被组织成通用卷头、道头等（Levin et al.，2007）。在处理之前，以 SEG-D 格式存储的文件需要复分解（即转为时间序列）。

C.2　诱发地震数据格式

诱发地震活动数据通常使用标准化地震数据格式。其中包括地震数据交换标准（Standard for the Exchange of Earthquake Data，SEED）格式和地震分析代码（Seismic Analysis Code，SAC）格式。

地震数据交换标准格式（Ahern and Dost，2012）是一种国际标准格式，用于交换数字地震时间序列数据和相关元数据。它专为以统一采样率在空间某一站点进行测量而设计，但它可将来自许多不同站点的数据存储在一个文件中。该格式于 1980 年首次正式发布 2.0 版本，并使用带有压缩功能的自定义存档格式。完整的 SEED 格式数据体包括仪器响应文件等元数据，而 mini-SEED 格式仅包含时间序列数据。可以借助一些广泛使用的工具读取和/或将 SEED 文件转换为其他格式，例如 rdseed 等。

地震分析代码格式是一种时间序列数据格式，专为同名的通用交互式软件而设计（Helffrich et al.，2013）。SAC 格式基于其自身独特的数据格式规范，被地震学家广泛使用。SAC 软件包最初由劳伦斯利弗莫尔国家实验室（Lawrence Livermore National Laboratory）开发，目前由美国地震学联合研究会（Incorporated Research Institutes in Seismology，IRIS）开发。

参 考 文 献

Abercrombie, R. E. 1995. Earthquake source scaling relationships from 1 to 5 ML using seismograms recorded at 2.5-km depth. Journal of Geophysical Research: Solid Earth, 100 (B12), 24015-24036.

AbuAisha, M., Eaton, D. W., Priest, J., and Wong, R. 2017. Hydro-mechanically coupled FDEM framework to investigate near-wellbore hydraulic fracturing in homogeneous and fractured rock formations. Journal of Petroleum Science and Engineering, 154, 100-113.

Adachi, J., Siebrits, E., Peirce, A., and Desroches, J. 2007. Computer simulation of hydraulic fractures. International Journal of Rock Mechanics and Mining Sciences, 44 (5), 739-757.

Ahern, T., and Dost, B. 2012. SEED Reference Manual: Standard for the Exchange of Earthquake Data. Tech. rept. International Federation of Digital Seismograph Networks. Ajaya, B., Aso, I. I., Terry, I. J., Walker, K., Wutherirch, K., Caplan, J., Gerdom, D., Clark, B. D., Ganguly, U., Li, X., Xu, Y., Yang, H., Liu, H., Luo, Y., and Waters, G. 2013. Stimulation design for unconventional resources. Oilfield Review, 25 (2), 34-46.

Akaike, H. 1998. Information theory and an extension of the maximum likelihood principle. Pages 199-213 of: Selected Papers of Hirotugu Akaike. Springer.

Aki, K. 1965. Maximum likelihood estimate of $ b $ in the formula log N = a − bM and its confidence limits. Bulletin of the Earthquake Research Institute, 43, 237-239.

Aki, K., and Richards, P. G. 2002. Quantitative Seismology. Vol. I. University Science Books.

Akram, J. 2014. Downhole Microseismic Monitoring: Processing, Algorithms and Error Analysis. Ph. D. thesis, University of Calgary.

Akram, J., and Eaton, D. W. 2016a. Refinement of arrival-time picks using a cross-correlation based workflow. Journal of Applied Geophysics, 135, 55-66.

Akram, J., and Eaton, D. W. 2016b. A review and appraisal of arrival-time picking methods for downhole microseismic data. Geophysics, 81 (2), KS71-KS91.

Albright, J. N., and Pearson, C. F. 1982. Acoustic emissions as a tool for hydraulic fracture location: Experience at the Fenton Hill Hot Dry Rock site. Society of Petroleum Engineers Journal, 22 (04), 523-530.

Alexandrakis, C., Calò, M., Bouchaala, F., and Vavryčuk, V. 2014. Velocity structure and the role of fluids in the West Bohemia Seismic Zone. Solid Earth, 5 (2), 863.

Allen, D. T., Torres, V. M., Thomas, J., Sullivan, D. W., Harrison, M., Hendler, A., Herndon, S. C., Kolb, C. E., Fraser, M. P., Hill, A. D., Lamb, B. K., Miskimins, J., Sawyer, R. F., and Seinfeld, J. H. 2013. Measurements of methane emissions at natural gas production sites in the United States. Proceedings of the National Academy of Sciences, 110 (44), 17768-17773.

Allmann, B. P., and P. M. Shearer 2009. Global variations of stress drop for moderate to large earthquakes, J. Geophys. Res., 114, B01310, doi: 10.1029/2008JB005821.

Amadei, B., and Stephansson, O. 1997. Rock Stress and its Measurement. Chapman & Hall.

Anderson, E. M. 1951. The Dynamics of Faulting and Dyke Formation with Applications to Britain. Hafner Pub. Co.

Anderson, T. L. 2005. Fracture Mechanics: Fundamentals and Applications. 3rd edn. CRC Press.

API. 2014. API Recommended Practice 13C. Tech. rept. American Petroleum Institute. Artman, B. 2006. Imaging passive seismic data. Geophysics, 71 (4), SI177-SI187.

Artman, B., Podladtchikov, I., and Witten, B. 2010. Source location using time-reverse imaging. Geophysical Prospecting, 58 (5), 861-873.

Atkinson, G. M. 2015. Ground-motion prediction equation for small- to- moderate events at short hypocentral distances, with application to induced-seismicity hazards. Bulletin of the Seismological Society of America, 105 (2A), 981-992.

Atkinson, G. M. 2017. Strategies to prevent damage to critical infrastructure due to induced seismicity. FACETS, 2 (1), 374-394.

Atkinson, G. M., and Assatourians, K. 2017. Are ground-motion models derived from natural events applicable to the estimation of expected motions for induced earthquakes? Seismological Research Letters, 88 (2A), 430-441.

Atkinson, G. M., Kaka, S. I., Eaton, D., Bent, A., Peci, V., and Halchuk, S. 2008. A very close look at a moderate earthquake near Sudbury, Ontario. Seismological Research Letters, 79 (1), 119-131.

Atkinson, G. M., Greig, D. W., and Yenier, E. 2014. Estimation of moment magnitude (M) for small events (M< 4) on local networks. Seismological Research Letters, 85 (5), 1116-1124.

Atkinson, G. M., Ghofrani, H., and Assatourians, K. 2015. Impact of induced seismicity on the evaluation of seismic hazard: some preliminary considerations. Seismological Research Letters, 86 (3), 1009-1021.

Atkinson, G. M., Eaton, D. W., Ghofrani, H., Walker, D., Cheadle, B., Schultz, R., Shcherbakov, R., Tiampo, K., Gu, Y. J., Harrington, R. M., Liu, Y., Van der Baan, M., and Kao, H. 2016. Hydraulic fracturing and seismicity in the Western Canada Sedimentary Basin. Seismological Research Letters, 87 (3), 631-647.

Avseth, P., Mukerji, T., and Mavko, G. 2010. Quantitative Seismic Interpretation: Applying Rock Physics Tools to Reduce Interpretation Risk. Cambridge University Press.

Aydin, A. 2000. Fractures, faults, and hydrocarbon entrapment, migration and flow. Marine and Petroleum Geology, 17 (7), 797-814.

Babcock, E. A. 1978. Measurement of subsurface fractures from dipmeter logs. AAPG Bulletin, 62 (7), 1111-1126.

Bachmann, C. E., Wiemer, S., Goertz-Allmann, B. P., and Woessner, J. 2012. Influence of pore-pressure on the event-size distribution of induced earthquakes. Geophysical Research Letters, 39 (9).

Backus, G. E. 1962. Long- wave elastic anisotropy produced by horizontal layering. Journal of Geophysical Research, 67 (11), 4427-4440.

Bagaini, C. 2005. Performance of time-delay estimators. Geophysics, 70 (4), V109-V120.

Baig, A., and Urbancic, T. 2010. Microseismic moment tensors: a path to understanding frac growth. The Leading Edge, 29 (3), 320-324.

Baisch, S., Vörös, R., Weidler, R., and Wyborn, D. 2009. Investigation of fault mechanisms during geothermal reservoir stimulation experiments in the Cooper Basin, Australia. Bulletin of the Seismological Society of America, 99 (1), 148-158.

Bak, P., and Tang, C. 1989. Earthquakes as a self- organized critical phenomenon. Journal of Geophysical Research: Solid Earth, 94 (B11), 15635-15637.

Bak, P., Tang, C., and Wiesenfeld, K. 1988. Self-organized criticality. Physical Review A, 38 (1), 364.

Baker, J. W. 2008. Probabilistic Seismic Hazard Analysis. Jack W. Baker.

Bakun, W. H. , and Joyner, W. B. 1984. The ML scale in central California. Bulletin of the Seismological Society of America, 74 (5), 1827-1843.

Bao, X. , and Eaton, D. W. 2016. Fault activation by hydraulic fracturing in western Canada. Science, 354 (6318), 1406-1409.

Baranova, V. , Mustaqeem, A. , and Bell, S. 1999. A model for induced seismicity caused by hydrocarbon production in the Western Canada Sedimentary Basin. Canadian Journal of Earth Sciences, 36 (1), 47-64.

Barati, R. , and Liang, J. -T. 2014. A review of fracturing fluid systems used for hydraulic fracturing of oil and gas wells. J. Appl. Polym. Sci. , 131, 40735, doi: 10. 1002/app. 40735.

Barber, C. B. , Dobkin, D. P. , and Huhdanpaa, H. 1996. The quickhull algorithm for convex hulls. ACM Transactions on Mathematical Software (TOMS), 22 (4), 469-483.

Barenblatt, G. I. 1962. The mathematical theory of equilibrium cracks in brittle fracture. Advances in Applied Mechanics, 7, 55-129.

Barrett, S. A. , and Beroza, G. C. 2014. An empirical approach to subspace detection. Seismological Research Letters, 85 (3), 594-600.

Barry, K. M. , Cavers, D. A. , and Kneale, C. W. 1975. Recommended standards for digital tape formats. Geophysics, 40 (2), 344-352.

Barth, A. , Reinecker, J. , and Heidbach, O. 2016. Guidelines for the analysis of earth-quake focal mechanism solutions. Pages 15-26 of: WSM Scientific Technical Report, vol. WSM STR 16-01. World Stress Map Project.

Barton, C. A. , Zoback, M. D. , and Burns, K. L. 1988. In-situ stress orientation and magnitude at the Fenton Geothermal Site, New Mexico, determined from wellbore breakouts. Geophysical Research Letters, 15 (5), 467-470.

BCOGC. 2012. Investigation of Observed Seismicity in the Horn River Basin. Tech. rept. BC Oil and Gas Commission.

BCOGC. 2014. Investigation of Observed Seismicity in the Montney Trend. Tech. rept. BC Oil and Gas Commission.

Beeler, N. M. 2001. Stress drop with constant, scale independent seismic efficiency and overshoot. Geophysical Research Letters, 28 (17), 3353-3356.

Belayouni, N. , Gesret, A. , Daniel, G. , and Noble, M. 2015. Microseismic event location using the first and reflected arrivals. Geophysics, 80 (6), WC133-WC143.

Bell, J. S. , and Babcock, E. A. 1986. The stress regime of the Western Canadian Basin and implications for hydrocarbon production. Bulletin of Canadian Petroleum Geology, 34 (3), 364-378.

Bell, J. S. , and Bachu, S. 2003. In situ stress magnitude and orientation estimates for Cretaceous coal-bearing strata beneath the plains area of central and southern Alberta. Bulletin of Canadian Petroleum Geology, 51 (1), 1-28.

Bell, J. S. , and Gough, D. I. 1979. Northeast-southwest compressive stress in Alberta evidence from oil wells. Earth and Planetary Science Letters, 45 (2), 475-482.

Bell, M. , Kraaijevanger, H. , and Maisons, C. 2000. Integrated downhole monitoring of hydraulically fractured production wells. In: SPE European Petroleum Conference. Society of Petroleum Engineers.

Ben-Zion, Y. , and Sammis, C. G. 2003. Characterization of fault zones. Pages 677-715 of: Seismic Motion, Lithospheric Structures, Earthquake and Volcanic Sources: The Keiiti Aki Volume, 1 edn. Pageoph Topical Volumes. Birkhauser Basel.

Bendat, J. S. , and Piersol, A. G. 2011. Random Data: Analysis and Measurement Procedures. Vol. 729. John

Wiley & Sons.

Benz, H. M. , McMahon, N. D. , Aster, R. C. , McNamara, D. E. , and Harris, D. B. 2015. Hundreds of earthquakes per day: the 2014 Guthrie, Oklahoma, earthquake sequence. Seismological Research Letters, 86 (5), 1318-1325.

Beresnev, I. A. 2001. What we can and cannot learn about earthquake sources from the spectra of seismic waves. Bulletin of the Seismological Society of America, 91 (2), 397-400.

Beresnev, I. A. 2003. Uncertainties in finite-fault slip inversions: to what extent to believe? (a critical review) . Bulletin of the Seismological Society of America, 93 (6), 2445-2458.

Bethmann, F. , Deichmann, N. , and Mai, P. M. 2011. Scaling relations of local magnitude versus moment magnitude for sequences of similar earthquakes in Switzerland. Bulletin of the Seismological Society of America, 101 (2), 515-534.

Bilek, S. L. , and Lay, T. 1999. Rigidity variations with depth along interplate megathrust faults in subduction zones. Nature, 400 (6743), 443-446.

Biot, M. A. 1962a. General theory of 3-dimensional consolidation. Journal of Applied Physics, 12, 155-164.

Biot, M. A. 1962b. Mechanics of deformation and acoustic propagation in porous media. Journal of Applied Physics, 33 (4), 1482-1498.

Biryukov, A. 2016. Design Optimization for a Local Seismograph Network: Application to the Liard Basin. Tech. rept. University of Calgary.

Boatwright, J. 1980. A spectral theory for circular seismic sources; simple estimates of source dimension, dynamic stress drop, and radiated seismic energy. Bulletin of the Seismological Society of America, 70 (1), 1-27.

Boese, C. M. , Wotherspoon, L. , Alvarez, M. , and Malin, P. 2015. Analysis of anthropogenic and natural noise from multilevel borehole seismometers in an urban environment, Auckland, New Zealand. Bulletin of the Seismological Society of America, 105 (1), 285-299.

Bohnhoff, M. , Dresen, G. , Wellsworth, W. L. , and Ito, H. 2010. Passive seismic monitoring of natural and induced earthquakes: Case studies, future directions and socio- economic relevance. Pages 261- 285 of: Cloetingh, S. , and Jegendank, J. (eds.), New Frontiers in Integrated Solid Earth Sciences. International Year of Planet Earth. Netherlands: Springer.

Bommer, J. J. , Crowley, H. , and Pinho, R. 2015. A risk- mitigation approach to the management of induced seismicity. Journal of Seismology, 19 (2), 623-646.

Bommer, J. J. , Oates, S. , Cepeda, J. M. , Lindholm, C. , Bird, J. , Torres, R. , Marroquín, G. , and Rivas, J. 2006. Control of hazard due to seismicity induced by a hot fractured rock geothermal project. Engineering Geology, 83 (4), 287-306.

Boness, N. L. , and Zoback, M. D. 2006. A multiscale study of the mechanisms controlling shear velocity anisotropy in the San Andreas Fault Observatory at Depth. Geophysics, 71 (5), F131-F146.

Bonnet, E. , Bour, O. , Odling, N. E. , Davy, P. , Main, I. , Cowie, P. , and Berkowitz, B. 2001. Scaling of fracture systems in geological media. Reviews of Geophysics, 39 (3), 347-383.

Boore, D. M. , and Boatwright, J. 1984. Average body- wave radiation coefficients. Bulletin of the Seismological Society of America, 74 (5), 1615-1621.

Boroumand, N. , and Eaton, D. W. 2012. Comparing energy calculations- hydraulic fracturing and microseismic monitoring. In: 74th EAGE Conference and Exhibition incorporating EUROPEC 2012.

Boroumand, N. , and Eaton, D. W. 2015. Energy- based hydraulic fracture numerical simulation: Parameter selection and model validation using microseismicity. Geophysics, 80 (5), W33-W44.

Bott, M. H. P. 1959. The mechanics of oblique slip faulting. Geological Magazine, 96 (02), 109-117.

Boyd, O. S. 2006. An efficient Matlab script to calculate heterogeneous anisotropically elastic wave propagation in three dimensions. Computers & Geosciences, 32 (2), 259-264.

Bracewell, R. N. 1986. The Fourier Transform and its Applications. New York: McGrawHill.

Breede, K., Dzebisashvili, K., Liu, X., and Falcone, G. 2013. A systematic review of enhanced (or engineered) geothermal systems: past, present and future. Geothermal Energy, 1 (1), 4.

Brown, E. T. 1970. Strength of models of rock with intermittent joints. Journal of Soil Mechanics & Foundations Div, 96 (SM6), 1935-1949.

Brown, J. E., Thrasher, R. S., and Behrmann, L. A. 2000. Fracturing Operations. Pages 11-111-33 of: Economides, M. J., and Nolte, K. G. (eds.), Reservoir Stimulation, 3rd edn. John Wiley & Sons.

Brown, S. R., and Bruhn, R. L. 1998. Fluid permeability of deformable fracture networks. Journal of Geophysical Research: Solid Earth, 103 (B2), 2489-2500.

Brudzinski, M. R., Skoumal, R., and Currie, B. S. 2016. Proximity of wastewater disposal and hydraulic fracturing to crystalline basement affects the likelihood of induced seismicity in the Central and Eastern United States. In: AGU 2016 Fall Meeting. American Geophysical Union.

Brune, J. N. 1970. Tectonic stress and the spectra of seismic shear waves from earthquakes. Journal of Geophysical Research, 75 (26), 4997-5009.

Brune, J. N. 1971. Correction. Journal of Geophysical Research, 76, 5002.

Building Seismic Safety Council. 2003. NEHRP Recommended Provisions for Seismic Regulations for New Buildings and Other Structures. Tech. rept. FEMA-450. Federal Emergency Management Agency.

Burridge, R., and Knopoff, L. 1964. Body force equivalents for seismic dislocations. Bulletin of the Seismological Society of America, 54 (6A), 1875-1888.

Byerlee, J. 1978. Friction of rocks. Pure and Applied Geophysics, 116 (4), 615-626.

Caffagni, E., Eaton, D., Van der Baan, M., and Jones, J. P. 2014. Regional seismicity: a potential pitfall for identification of long-period long-duration events. Geophysics, 80 (1), A1-A5.

Caffagni, E., Eaton, D. W., Jones, J. P., and Van der Baan, M. 2016. Detection and analysis of microseismic events using a Matched Filtering Algorithm (MFA). Geophysical Journal International, 206 (1), 644-658.

Cai, M., Kaiser, P. K., and Martin, C. D. 1998. A tensile model for the interpretation of microseismic events near underground openings. Seismicity Caused by Mines, Fluid Injections, Reservoirs, and Oil Extraction, 67-92.

CAPP. 2017. CAPP Hydraulic Fracturing Operating Practice: Anomalous induced seismicity: assessment, monitoring, mitigation and response. www.capp.ca/8media/capp/customer-portal/publications/217532.pdf Accessed: 2017/07/27.

Carter, J. A., and Frazer, L. N. 1984. Accommodating lateral velocity changes in Kirchhoff migration by means of Fermat's principle. Geophysics, 49 (1), 46-53.

Carter, J. A., Barstow, N., Pomeroy, P. W., Chael, E. P., and Leahy, P. J. 1991. Highfrequency seismic noise as a function of depth. Bulletin of the Seismological Society of America, 81 (4), 1101-1114.

Cary, P. W., and Eaton, D. W. 1993. A simple method for resolving large converted-wave (P-SV) statics. Geophysics, 58 (3), 429-433.

Castellanos, F., and Van der Baan, M. 2013. Microseismic event locations using the doubledifference algorithm.

CSEG Recorder, 38 (3), 26-37.

CCA. 2014. Environmental Impacts of Shale Gas Extraction in Canada. Tech. rept. Council of Canadian Academies.

Cesca, S., Rohr, A., and Dahm, T. 2013. Discrimination of induced seismicity by full moment tensor inversion and decomposition. Journal of Seismology, 17 (1), 147-163.

Chaisri, S., and Krebes, E. S. 2000. Exact and approximate formulas for P-SV reflection and transmission coefficients for a nonwelded contact interface. Journal of Geophysical Research: Solid Earth, 105 (B12), 28045-28054.

Chambers, K., Kendall, J-M., Brandsberg-Dahl, S., and Rueda, J. 2010. Testing the ability of surface arrays to monitor microseismic activity. Geophysical Prospecting, 58 (5), 821-830.

Chambers, K., Dando, B. D. E., Jones, G. A., Velasco, R., and Wilson, S. 2014. Moment tensor migration imaging. Geophysical Prospecting, 62 (4), 879-896.

Chapman, M. 2003. Frequency-dependent anisotropy due to meso-scale fractures in the presence of equant porosity. Geophysical Prospecting, 51 (5), 369-379.

Charléty, J., Cuenot, N., Dorbath, L., Dorbath, C., Haessler, H., and Frogneux, M. 2007. Large earthquakes during hydraulic stimulations at the geothermal site of Soultz-sous-Forêts. International Journal of Rock Mechanics and Mining Sciences, 44 (8), 1091-1105.

Chen, W., Ni, S., Kanamori, H., Wei, S., Jia, Z., and Zhu, L. 2015. CAPjoint, a computer software package for joint inversion of moderate earthquake source parameters with local and teleseismic waveforms. Seismological Research Letters, 86 (2A), 432-441.

Chester, F. M., Evans, J. P., and Biegel, R. L. 1993. Internal structure and weakening mechanisms of the San Andreas fault. Journal of Geophysical Research: Solid Earth, 98 (B1), 771-786.

Cieslik, K., and Artman, B. 2016. Signal to noise analysis of densely sampled microseismic data. In: 2016 Convention, CSPG CSEG CWLS, Expanded Abstracts.

Cipolla, C., and Wallace, J. 2014. Stimulated reservoir volume: a misapplied concept? In: SPE Hydraulic Fracturing Technology Conference. Society of Petroleum Engineers.

Cipolla, C. L., Maxwell, S. C., Mack, M. G., and Downie, R. C. 2011. A practical guide to interpreting microseismic measurements. In: SPE North American Unconventional Gas Conference and Exhibition. The Woodlands, Texas: Society of Petroleum Engineers.

Cipolla, C. L., Maxwell, S. C., and Mack, M. G. 2012. Engineering guide to the application of microseismic interpretations. In: SPE Hydraulic Fracturing Technology Conference. Society of Petroleum Engineers.

Claerbout, J. F. 1985. Imaging the Earth's Interior. Oxford: Blackwell Scientific Publications.

Clarke, H., Eisner, L., Styles, P., and Turner, P. 2014. Felt seismicity associated with shale gas hydraulic fracturing: the first documented example in Europe. Geophysical Research Letters, 41 (23), 8308-8314.

Clarkson, C. R., and Williams-Kovacs, J. D. 2013a. Modeling two-phase flowback of multifractured horizontal wells completed in shale. SPE Journal, 18 (04), 795-812.

Clarkson, C. R., and Williams-Kovacs, J. D. 2013b. A new method for modeling multiphase flowback of multi-fractured horizontal tight oil wells to determine hydraulic fracture properties. In: SPE Annual Technical Conference and Exhibition. New Orleans, Louisiana: Society of Petroleum Engineers.

Clarkson, C. R., Qanbari, F., and Williams-Kovacs, J. D. 2014. Innovative use of ratetransient analysis methods to obtain hydraulic-fracture properties for low-permeability reservoirs exhibiting multiphase flow. The Leading Edge, 33 (10), 1108-1122.

Close, D., Cho, D., Horn, F., and Edmundson, H. 2009. The sound of sonic: a historical perspective and introduction to acoustic logging. CSEG Recorder, 34 (5), 34-43.

Constien, V. G., Hawkins, G. W., Prud'homme, R. K., and Navarret, R. 2000. Performance of Fracturing Materials. Pages 8-18-26 of: Economides, M. J., and Nolte, K. G. (eds.), Reservoir Stimulation. John Wiley & Sons.

Cooley, J. W., and Tukey, J. W. 1965. An algorithm for the machine calculation of complex Fourier series. Mathematics of Computation, 19 (90), 297-301.

Cornell, C. A. 1968. Engineering seismic risk analysis. Bulletin of the Seismological Society of America, 58 (5), 1583-1606.

Cornet, F. H., Bérard, T., and Bourouis, S. 2007. How close to failure is a granite rock mass at a 5km depth? International Journal of Rock Mechanics and Mining Sciences, 44 (1), 47-66.

Courtney, E. C. 2000. The Mechanical Behavior of Materials. Waveland Press.

Cox, S. F. 2016. Injection-driven swarm seismicity and permeability enhancement: implications for the dynamics of hydrothermal ore systems in high fluid-flux, overpressured faulting regimes. Economic Geology, 111 (3), 559-587.

Crampin, S., Chesnokov, E. M., and Hipkin, R. G. 1984. Seismic anisotropythe state of the art: II. Geophysical Journal International, 76 (1), 1-16.

Cummings, R. G., and Morris, G. E. 1979. Economic Modelling of Electricity Production from Hot Dry Rock Geothermal Reservoirs: Methodology and Analyses. Tech. rept. EPRI-EA-630. United States Department of Energy.

Dahm, T., Becker, D., Bischoff, M., Cesca, S., Dost, B., Fritschen, R., Hainzl, S., Klose, C. D., Kühn, D., Lasocki, S., Meier, T., Ohrnberger, M., Rivalta, E., Wegler, U., and Husen, S. 2013. Recommendation for the discrimination of human-related and natural seismicity. Journal of Seismology, 17 (1), 197-202.

Daley, T. M., Freifeld, B. M., Ajo-Franklin, J., Dou, S., Pevzner, R., Shulakova, V., Kashikar, S., Miller, D. E., Goetz, J., Henninges, J., and Lueth, S. 2013. Field testing of fiber-optic distributed acoustic sensing (DAS) for subsurface seismic monitoring. The Leading Edge, 32 (6), 699-706.

Daneshy, A. A. 1978. Numerical solution of sand transport in hydraulic fracturing. Journal of Petroleum Technology, 30 (1), 132-140.

Daniels, J. L., Waters, G. A., Le Calvez, J. H., Bentley, D., and Lassek, J. T. 2007. Contacting more of the Barnett Shale through an integration of real-time microseismic monitoring, petrophysics, and hydraulic fracture design. In: SPE Annual Technical Conference and Exhibition. Society of Petroleum Engineers.

Dankbaar, J. W. M. 1985. Separation of P- and S-waves. Geophysical Prospecting, 33 (7), 970-986.

Darbyshire, F. A., Eaton, D. W., and Bastow, I. D. 2013. Seismic imaging of the lithosphere beneath Hudson Bay: episodic growth of the Laurentian mantle keel. Earth and Planetary Science Letters, 373, 179-193.

Darold, A. P., and Holland, A. A. 2015. Preliminary Oklahoma optimal fault orientations. Tech. rept. Open File Report OF4. Oklahoma Geological Survey.

Das, I., and Zoback, M. D. 2013. Long-period, long-duration seismic events during hydraulic stimulation of shale and tight-gas reservoirsPart 1: Waveform characteristics. Geophysics, 78 (6), KS97-KS108.

Davies, D., Kelly, E. J., and Filson, J. R. 1971. Vespa process for analysis of seismic signals. Nature, 232, 8-13.

Davies, R., Foulger, G., Bindley, A., and Styles, P. 2013. Induced seismicity and hydraulic fracturing for the recovery of hydrocarbons. Marine and Petroleum Geology, 45, 171-185.

Davis, S. D., and Frohlich, C. 1993. Did (or will) fluid injection cause earthquakes? -criteria for a rational assessment. Seismological Research Letters, 64 (3-4), 207-224.

De Meersman, K. , Van der Baan, M. , and Kendall, J. -M. 2006. Signal extraction and automated polarization analysis of multicomponent array data. Bulletin of the Seismological Society of America, 96 (6), 2415-2430.

De Meersman, K. , Kendall, J. -M. , and Van der Baan, M. 2009. The 1998 Valhall microseismic data set: an integrated study of relocated sources, seismic multiplets, and S-wave splitting. Geophysics, 74 (5), B183-B195.

Deichmann, N. , and Giardini, D. 2009. Earthquakes induced by the stimulation of an enhanced geothermal system below Basel (Switzerland). Seismological Research Letters, 80 (5), 784-798.

Deng, K. , Liu, Y. , and Harrington, R. M. 2016. Poroelastic stress triggering of the Decem-ber 2013 Crooked Lake, Alberta, induced seismicity sequence. Geophysical Research Letters, 43 (16), 8482-8491.

Denlinger, R. P. , and Bufe, C. G. 1982. Reservoir conditions related to induced seismicity at the Geysers steam reservoir, northern California. Bulletin of the Seismological Society of America, 72 (4), 1317-1327.

Der Kiureghian, A. , and Ditlevsen, O. 2009. Aleatory or epistemic? Does it matter? Structural Safety, 31 (2), 105-112.

Detring, J. , and Williams-Stroud, S. C. 2012. Using microseismicity to understand subsurface fracture systems and increase the effectiveness of completions: Eagle Ford formation, Texas. In: SPE Canadian Unconventional Resources Conference. Society of Petroleum Engineers.

Dettmer, J. , Benavente, R. , Cummins, P. R. , and Sambridge, M. 2014. Trans-dimensional finite-fault inversion. Geophysical Journal International, 199 (2), 735-751.

Di Bona, M. 2016. A local magnitude scale for crustal earthquakes in Italy. Bulletin of the Seismological Society of America, 106 (1), 242-258.

Dieterich, J. 1994. A constitutive law for rate of earthquake production and its application to earthquake clustering. Journal of Geophysical Research: Solid Earth, 99 (B2), 2601-2618.

Dieterich, J. H. 1972. Time-dependent friction in rocks. Journal of Geophysical Research, 77 (20), 3690-3697.

Dieterich, J. H. 1978. Time-dependent friction and the mechanics of stick-slip. Pure and Applied Geophysics, 116 (4-5), 790-806.

Dinske, C. , and Shapiro, S. A. 2013. Seismotectonic state of reservoirs inferred from magnitude distributions of fluid-induced seismicity. Journal of Seismology, 17 (1), 13-25.

Dohmen, T. , Zhang, J. , Barker, L. , and Blangy, J. P. 2017. Microseismic magnitudes and b-values for delineating hydraulic fracturing and depletion. SPE Journal, SPE 186096.

Dorbath, L. , Cuenot, N. , Genter, A. , and Frogneux, M. 2009. Seismic response of the fractured and faulted granite of Soultz-sous-Forêts (France) to 5 km deep massive water injections. Geophysical Journal International, 177 (2), 653-675.

Duhault, J. L. J. 2012. Cardium microseismic west central Alberta: a case history. CSEG Recorder, 37 (8), 48-57.

Duncan, P. M. 2005. Is there a future for passive seismic? First Break, 23 (6), 111-115.

Duncan, P. M. , and Eisner, L. 2010. Reservoir characterization using surface microseismic monitoring. Geophysics, 75 (5), 139-146.

Dusseault, M. , and McLennan, J. 2011. Massive multistage hydraulic fracturing: where are we. In: 45th US Rock Mechanics/Geomechanics Symposium, San Francisco.

Dutta, N. C. , and Odé, H. 1979. Attenuation and dispersion of compressional waves in fluid-filled porous rocks with partial gas saturation (White model)-Part II: Results. Geophysics, 44 (11), 1789-1805.

Dziewonski, A. M., Chou, T. -A., and Woodhouse, J. H. 1981. Determination of earthquake source parameters from waveform data for studies of global and regional seismicity. Journal of Geophysical Research: Solid Earth, 86 (B4), 2825-2852.

Earle, P. S., and Shearer, P. M. 1994. Characterization of global seismograms using an automatic-picking algorithm. Bulletin of the Seismological Society of America, 84 (2), 366-376.

Eaton, D. W. 1989. The free surface effect: implications for amplitude-versus-offset inversion. Canadian Journal of Exploration Geophysics, 25, 97-103.

Eaton, D. W. 2014. Alberta Telemetered Seismograph Network (ATSN): Real-time monitoring of seismicity in northern Alberta. CSEG Recorder, 39 (9), 30-33.

Eaton, D. W. 2016. Injection-induced seismicity: an academic perspective. Canadian Energy Technology and Innovation Journal, 2 (4), 34-41.

Eaton, D. W., and Caffagni, E. 2015. Enhanced downhole microseismic processing using matched filtering analysis (MFA). First Break, 33 (7), 49-55.

Eaton, D. W., and Forouhideh, F. 2011. Solid angles and the impact of receiver-array geometry on microseismic moment-tensor inversion. Geophysics, 76 (6), WC77-WC85.

Eaton, D. W., and Maghsoudi, S. 2015. 2b··· or not 2b? Interpreting magnitude distributions from microseismic catalogs. First Break, 33 (10), 79-86.

Eaton, D. W., and Mahani, A. B. 2015. Focal mechanisms of some inferred induced earthquakes in Alberta, Canada. Seismological Research Letters, 86 (4), 1078-1085.

Eaton, D. W., Adams, J., Asudeh, I., Atkinson, G. M., Bostock, J. F., Cassidy, J. F., Ferguson, I. J., Samson, C., Snyder, D. B., Timapo, K. F., and Unsworth, M. J. 2005, 169-176. Investigating Canada's lithosphere and earthquake hazards with portable arrays. EOS Transactions of the American Geophysical Union, 86 (17).

Eaton, D. W., Akram, J., St-Onge, A., and Forouhideh, F. 2011. Determining microseismic event locations by semblance-weighted stacking. In: Proceedings of the CSPG CSEG CWLS Convention.

Eaton, D. W., Davidsen, J., Pedersen, P. K., and Boroumand, N. 2014a. Breakdown of the Gutenberg-Richter relation for microearthquakes induced by hydraulic fracturing: influence of stratabound fractures. Geophysical Prospecting, 62 (4), 806-818.

Eaton, D. W., Rafiq, A., Pedersen, P., and Van der Baan, M. 2014b. Microseismic expression of natural fracture activation in a tight sand reservoir. Pages 19-22 of: Proceedings of the 1st International Conference on Discrete Fracture Network Engineering.

Eaton, D. W., Caffagni, E., Van der Baan, M., and Matthews, L. 2014c. Passive seismic monitoring and integrated geomechanical analysis of a tight-sand reservoir during hydraulic-fracture treatment, flowback and production. Pages 1537-1545 of: Unconventional Resources Technology Conference (URTEC). Society of Exploration Geophysicists, American Association of Petroleum Geologists, Society of Petroleum Engineers.

Eaton, D. W., Van der Baan, M., Birkelo, B., and Tary, J. -B. 2014d. Scaling relations and spectral characteristics of tensile microseisms: Evidence for opening/closing cracks during hydraulic fracturing. Geophysical Journal International, 196 (3), 1844-1857.

Eaton, D. W., Cheadle, B., and Fox, A. 2016a. A causal link between overpressured hydrocarbon source rocks and seismicity induced by hydraulic fracturing. In: SSA 2016 Annual Meeting. Seismological Society of America.

Eaton, D. W., Van der Baan, M., and Ingelson, A. 2016b. Terminology for fluid-injection induced seismicity in oil and gas operations. CSEG Recorder, 41 (4), 24-28.

Eaton, J. P. 1992. Determination of amplitude and duration magnitudes and site residuals from short- period seismographs in Northern California. Bulletin of the Seismological Society of America, 82 (2), 533-579.

Eberhart-Phillips, D., and Oppenheimer, D. H. 1984. Induced seismicity in The Geysers geothermal area, California. Journal of Geophysical Research: Solid Earth, 89 (B2), 1191-1207.

Economides, M. J. and Nolte, K. G. 2000. Reservoir Stimulation. 3rd edn. Vol. 18. Wiley New York.

Edwards, B., Kraft, T., Cauzzi, C., Kästli, P., and Wiemer, S. 2015. Seismic monitoring and analysis of deep geothermal projects in St Gallen and Basel, Switzerland. Geophysical Journal International, 201 (2), 1020-1037.

Ehlig- Economides, C. A., and Economides, M. J. 2000. Formation Characterization: Well and Reservoir Testing. Pages 2-12-25 of: Economides, M. J. (ed.), Reservoir Stimulation, 3rd edn. John Wiley & Sons.

EIA. 2015. World Shale Resource Assessments. Tech. rept. Energy Information Agency.

Eisner, L., Abbott, D., Barker, W. B., Lakings, J., and Thornton, M. P. 2008. Noise suppression for detection and location of microseismic events using a matched filter. Pages 1431- 1435 of: SEG Technical Program Expanded Abstracts 2008. Society of Exploration Geophysicists.

Eisner, L., Fischer, T., and Rutledge, J. T. 2009a. Determination of S- wave slowness from a linear array of borehole receivers. Geophysical Journal International, 176 (1), 31-39.

Eisner, L., Duncan, P. M., Heigl, W. M., and Keller, W. R. 2009b. Uncertainties in passive seismic monitoring. The Leading Edge, 28 (6), 648-655.

Eisner, L., Hulsey, B. J., Duncan, P., Jurick, D., Werner, H., and Keller, W. 2010. Comparison of surface and borehole locations of induced seismicity. Geophysical Prospecting, 58 (5), 809-820.

Eisner, L., Thornton, M., and Griffin, J. 2011a. Challenges for microseismic monitoring. Pages 1519-1523 of: SEG Technical Program Expanded Abstracts 2011. Society of Exploration Geophysicists.

Eisner, L., De La Pena, A., Wessels, S., Barker, W., and Heigl, W. 2011b. Why surface monitoring of microseismic events works. In: Third EAGE Passive Seismic Workshop Actively Passive 2011.

Ejofodomi, E. A., Yates, M., Downie, R., Itibrout, T., and Catoi, O. A. 2010. Improving well completion via real-time microseismic monitoring: a west Texas case study. In: Tight Gas Completions Conference. Society of Petroleum Engineers.

Ekström, G., Nettles, M., and Dziewon 813ski853. M. 2012. The global CMT project 2004- 2010: Centroid-moment tensors for 13, 017 earthquakes. Physics of the Earth and Planetary Interiors, 200-201, 1-9.

El- Isa, Z. H., and Eaton, D. W. 2014. Spatiotemporal variations in the b- value of earthquake magnitude-frequency distributions: Classification and causes. Tectonophysics, 615, 1-11.

Ellsworth, W. L. 2013. Injection-induced earthquakes. Science, 341 (6142), 1225942. EPA. 2004. Evaluation of Impacts to Underground Sources of Drinking Water by Hydraulic Fracturing of Coalbed Methane Reservoirs. Tech. rept. EPA 816-R-04-003. United States Environmental Protection Agency.

EPA. 2017. Class II Oil and Gas Related Injection Wells. Tech. rept. US Environmental Protection Agency, www. epa. gov/uic/class- ii-oil-and-gas-related-injection-wells.

Esmersoy, C., and Miller, D. 1989. Backprojection versus backpropagation in multidimensional linearized inversion. Geophysics, 54 (7), 921-926.

Esmersoy, C., Koster, K., Williams, M., Boyd, A., and Kane, M. 1994. Dipole shear anisotropy logging. Pages 1139-1142 of: SEG Technical Program Expanded Abstracts 1994. Society of Exploration Geophysicists.

Evans, K. F., Zappone, A., Kraft, T., Deichmann, N., and Moia, F. 2012. A survey of the induced seismic responses to fluid injection in geothermal and CO^2 reservoirs in Europe. Geothermics, 41, 30-54.

Ewy, R. T. 1999. Wellbore-stability predictions by use of a modified Lade criterion. SPE Drilling & Completion, 14 (02), 85-91.

Farahbod, A. M., Kao, H., Cassidy, J. F., and Walker, D. 2015a. How did hydraulic-fracturing operations in the Horn River Basin change seismicity patterns in northeastern British Columbia, Canada? The Leading Edge, 34 (6), 658-663.

Farahbod, A. M., Kao, H., Walker, D. M., and Cassidy, J. F. 2015b. Investigation of regional seismicity before and after hydraulic fracturing in the Horn River Basin, northeast British Columbia. Canadian Journal of Earth Sciences, 52 (2), 112-122.

Fereidoni, A., and Cui, L. 2015. Composite Alberta Seismicity Catalog, www. induced seismicity. ca/catalogues.

Feroz, A., and Van der Baan, M. 2013. Uncertainties in microseismic event locations for horizontal, vertical, and deviated boreholes. Pages 592-596 of: SEG Technical Program Expanded Abstracts 2013. Society of Exploration Geophysicists.

Fink, M. 1999. Time-reversed acoustics. Scientific American, 281 (5), 91-97.

Firdaouss, M., Guermond, J.-L., and Le Quéré, P. 1997. Nonlinear corrections to Darcy's law at low Reynolds numbers. Journal of Fluid Mechanics, 343, 331-350.

Fischer, T., and A. Guest 2011. Shear and tensile earthquakes caused by fluid injection, Geophys. Res. Lett., 38, L05307, doi: 10. 1029/2010GL045447.

Fischer, T., Horálek, J., Hrubcová, P., Vavryčuk, V., Bräuer, K., and Kämpf, H. 2014. Intra-continental earthquake swarms in West-Bohemia and Vogtland: a review. Tectono-physics, 611, 1-27.

Fisher, M. K., and Warpinski, N. R. 2012. Hydraulic-fracture-height growth: Real data. SPE Production & Operations, 27 (1), 8-19.

Fisher, M. K., Wright, C. A., Davidson, B. M., Goodwin, A. K., Fielder, E. O., Buckler, W. S., and Steinsberger, N. P. 2002. Integrating fracture mapping technologies to optimize stimulations in the Barnett Shale. In: SPE Annual Technical Conference and Exhibition. San Antonio, Texas: Society of Petroleum Engineers.

Flumerfelt, R. 2015. Appraisal and development of the Midland Basin Wolfcamp Shale. Houston Geological Society Bulletin, 57 (7), 9-11.

Fossen, H. 2016. Structural Geology. 2nd edn. Cambridge University Press.

Fossen, H., Schultz, R. A., Shipton, Z. K., and Mair, K. 2007. Deformation bands in sandstone: a review. Journal of the Geological Society, 164 (4), 755-769.

Foulger, G. R., Julian, B. R., Hill, D. P., Pitt, A. M., Malin, P. E., and Shalev, E. 2004. Non-double-couple microearthquakes at Long Valley caldera, California, provide evidence for hydraulic fracturing. Journal of Volcanology and Geothermal Research, 132 (1), 45-71.

Fowler, C. M. R. 2004. The Solid Earth: An Introduction to Global Geophysics. 2nd edn. Cambridge University Press.

Freed, A. F. 2005. Earthquake triggering by static, dynamic, and postseismic stress transfer. Annu. Rev. Earth Planet. Sci., 33, 335-367.

Friberg, P. A., Besana-Ostman, G. M., and Dricker, I. 2014. Characterization of an earthquake sequence triggered by hydraulic fracturing in Harrison County, Ohio. Seismological Research Letters, 85 (6), 1295-1307.

Fritz, R. D., Medlock, P., Kuykendall, M. J., and Wilson, J. L. 2012. The geology of the Arbuckle Group in the midcontinent: sequence stratigraphy, reservoir development, and the potential for hydrocarbon exploration. Pages 203- 273 of: Derby, J. R., Fritz, R. D., Longacre, S. A., Morgan, W. A., and Sternbach, C. A. (eds), The Great American Carbonate Bank: The Geology and Economic Resources of the Cambrian-Ordovician Sauk megasequence of Laurentia. AAPG Memoir, vol. 98. AAPG.

Gadde, P. B., Liu, Y., Norman, J., Bonnecaze, R., and Sharma, M. M. 2004. Modeling proppant settling in water-fracs. In: SPE Annual Technical Conference and Exhibition. Society of Petroleum Engineers.

Gajewski, D., and Tessmer, E. 2005. Reverse modelling for seismic event characterization. Geophysical Journal International, 163 (1), 276-284.

Garagash, D. I., and L. N. Germanovich 2012. Nucleation and arrest of dynamic slip on a pressurized fault, J. Geophys. Res., 117, B10310, doi: 10. 1029/2012JB009209.

Garbin, H. D., and Knopoff, L. 1975. Elastic moduli of a medium with liquid-filled cracks. Quarterly of Applied Mathematics, 33 (3), 301-303.

Gassman, F. 1951. Uber die elastisitat poroser medien. Naturforschenden Gesellschaft Vierteljahrschrift, Zurich, 96 (1), 1-23.

Gaucher, E., Schoenball, M., Heidbach, O., Zang, A., Fokker, P., van Wees, J., and Kohl, T. 2015. Induced seismicity in geothermal reservoirs: a review of forecasting approaches. Renewable and Sustainable Energy Reviews, 52, 1473-1490.

Geertsma, J., and De Klerk, F. 1969. A rapid method of predicting width and extent of hydraulically induced fractures. Journal of Petroleum Technology, 21 (12), 1571-1581.

Geiger, L. 1912. Probability method for the determination of earthquake epicenters from the arrival time only. Bulletin of St. Louis University, 8 (1), 56-71.

Gephart, J. W., and Forsyth, D. W. 1984. An improved method for determining the regional stress tensor using earthquake focal mechanism data: application to the San Fernando earthquake sequence. Journal of Geophysical Research: Solid Earth, 89 (B11), 9305-9320.

Ghofrani, H., and Atkinson, G. M. 2016. A preliminary statistical model for hydraulic fracture- induced seismicity in the Western Canada Sedimentary Basin. Geophysical Research Letters, 43 (19), 10, 164-10, 172.

Giardini, D. 2004. Seismic hazard assessment of Switzerland, 2004. Swiss Seismological Service: ETH.

Giardini, D. 2009. Geothermal quake risks must be faced. Nature, 462 (7275), 848-849.

Gibowicz, S. J., and Kijko, A. 1994. An Introduction to Mining Seismology. Vol. 55. Academic Press.

Gilbert, F. 1971. Excitation of the normal modes of the Earth by earthquake sources. Geophysical Journal International, 22 (2), 223-226.

Glover, K., Bozarth, T., Cui, A., and Wust, R. 2015. Lithological controls on mechanical anisotropy in shales to predict in situ stress magnitudes and potential for shearing of laminations during fracturing. In: SPE/CSUR Unconventional Resources Conference. Society of Petroleum Engineers.

Goertz-Allmann, B. P., Kühn, D., Oye, V., Bohloli, B., and Aker, E. 2014. Combining microseismic and geomechanical observations to interpret storage integrity at the In Salah CCS site. Geophysical Journal International, 198 (1), 447-461.

Grassberger, P., and Procaccia, I. 1983. Measuring the strangeness of strange attractors. Physica D: Nonlinear Phenomena, 9 (1-2), 189-208.

Grechka, V. 2010. Data-acquisition design for microseismic monitoring. The Leading Edge, 29 (3), 278-282.

Griffith, A. A. 1921. The phenomena of rupture and flow in solids. Philosophical Transactions of the Royal Society of London, Series A, 221, 163-198.

Grigoli, F., Cesca, S., Priolo, E., Rinaldi, A. P., Clinton, J. F., Stabile, T. A., Dost, B., Fernandez, M. G., Wiemer, S., and Dahm, T. 2017. Current challenges in monitoring, discrimination, and management of induced seismicity related to underground industrial activities: a European perspective. Reviews of Geophysics.

Grob, M., and Van der Baan, M. 2011. Inferring in-situ stress changes by statistical analysis of microseismic event characteristics. The Leading Edge, 30 (11), 1296-1301.

Gruner, J. W. 1932. The crystal structure of kaolinite. Zeitschrift für Kristallographie Crystalline Materials, 83 (1-6), 75-88.

Guglielmi, Y., Cappa, F., Avouac, J. -P., Henry, P., and Elsworth, D. 2015. Seismicity triggered by fluid injection-induced aseismic slip. Science, 348 (6240), 1224-1226.

Gulrajani, S. N., and Nolte, K. G. 2000. Fracture Evalution Using Pressure Diagnostics. Pages 9-19-63 of: Economides, M. J., and Nolte, K. G. (eds.), Reservoir Stimulation, 3rd edn. John Wiley & Sons.

Gutenberg, B. 1945a. Amplitudes of P, PP, and S and magnitude of shallow earthquakes. Bulletin of the Seismological Society of America, 35 (2), 57-69.

Gutenberg, B. 1945b. Amplitudes of surface waves and magnitudes of shallow earthquakes. Bulletin of the Seismological Society of America, 35 (1), 3-12.

Gutenberg, B., and Richter, C. F. 1944. Frequency of earthquakes in California. Bulletin of the Seismological Society of America, 34 (4), 185-188.

Hakala, M., Hudson, J. A., and Christiansson, R. 2003. Quality control of overcoring stress measurement data. International Journal of Rock Mechanics and Mining Sciences, 40 (7), 1141-1159.

Halleck, P. M. 2000. Appendix: Understanding perforator penetration and flow performance. Pages A11-1-A11-12 of: Economides, M. J., and Nolte, K. G. (eds.), Reservoir Stimulation. John Wiley & Sons.

Hanks, T. C., and Kanamori, H. 1979. A moment magnitude scale. Journal of Geophysical Research, 84 (B5), 2348-2350.

Hansen, S. M., and Schmandt, B. S. 2015. Automated detection and location of microseismicity at Mount St. Helens with a large-N geophone array. Geophysical Research Letters, 42 (18), 7390-7397.

Hardebeck, J. L., and Hauksson, E. 2001. Stress orientations obtained from earth-quake focal mechanisms: what are appropriate uncertainty estimates? Bulletin of the Seismological Society of America, 91 (2), 250-262.

Häring, M. O., Schanz, U., Ladner, F., and Dyer, B. C. 2008. Characterisation of the Basel 1 enhanced geothermal system. Geothermics, 37 (5), 469-495.

Harris, D. B. 2006. Subspace Detectors: Theory. US Department of Energy.

Hashin, Z., and Shtrikman, S. 1962. A variational approach to the theory of the elastic behaviour of polycrystals. Journal of the Mechanics and Physics of Solids, 10 (4), 343-352.

Hashin, Z., and Shtrikman, S. 1963. A variational approach to the theory of the elastic behaviour of multiphase materials. Journal of the Mechanics and Physics of Solids, 11 (2), 127-140.

Haskell, N. A. 1964. Total energy and energy spectral density of elastic wave radiation from propagating faults. Bulletin of the Seismological Society of America, 54 (6A), 1811-1841.

Hayes, B. J. R., Christopher, J. E., Rosenthal, L., Los, G., McKercher, B., Minken, D., Tremblay, Y. M., Fennell, J., and Smith, D. G. 1994. Cretaceous Mannville Group of the western Canada sedimentary basin. Pages 317-334 of: Geological Atlas of the Western Canada sedimentary basin, vol. 4. Canadian Society of

Petroleum Geologists and Alberta Research Council.

Healy, J. H., Rubey, W. W., Griggs, D. T., and Raleigh, C. B. 1968. The Denver earthquakes. Science, 161 (3848), 1301-1310.

Heidbach, O., Tingay, T., Barth, A., Reinecker, J., Kurfeß, D., and Müller, B. 2010. Global crustal stress pattern based on the World Stress Map database release 2008. Tectonophysics, 482 (1-4), 3-15.

Helffrich, G., Wookey, J., and Bastow, I. 2013. The Seismic Analysis Code: A Primer and User's Guide. Cambridge University Press.

Helmstetter, A., D. Sornette, and J. - R. Grasso 2003. Mainshocks are aftershocks of conditional foreshocks: How do foreshock statistical properties emerge from aftershock laws, J. Geophys. Res. , 108, 2046, doi: 10. 1029/2002JB001991, B1.

Herrmann, R. B., Park, S. -K., and Wang, C. -Y. 1981. The Denver earthquakes of 1967-1968. Bulletin of the Seismological Society of America, 71 (3), 731-745.

Hill, R. 1963. Elastic properties of reinforced solids: some theoretical principles. Journal of the Mechanics and Physics of Solids, 11 (5), 357-372.

Hirata, T. 1989. A correlation between the b value and the fractal dimension of earthquakes. Journal of Geophysical Research: Solid Earth, 94 (B6), 7507-7514.

Hoek, E., and Brown, E. T. 1997. Practical estimates of rock mass strength. International Journal of Rock Mechanics and Mining Sciences, 34 (8), 1165-1186.

Hoek, E., Stagg, K. G., and Zienkiewicz, O. C. 1968. Brittle fracture of rock. Pages 99- 124 of: Rock Mechanics in Engineering Practice. Wiley Series in Numerical Methods in Engineering Series. Wiley.

Hoek, E., Carranza- Torres, C., and Corkum, B. 2002. Hoek- Brown failure criterion—2002 edition. Proceedings of NARMS-TAC Conference, 1, 267-273.

Holland, A. A. 2013. Earthquakes triggered by hydraulic fracturing in south-central Oklahoma. Bulletin of the Seismological Society of America, 103 (3), 1784-1792.

Hornbach, M. J., DeShon, H. R., Ellsworth, W. L., Stump, B. W., Hayward, C., Frohlich, C., Oldham, H. R., Olson, J. E., Magnani, M. B., Brokaw, C., and Luetgert, J. H. 2015. Causal factors for seismicity near Azle, Texas. Nature Communications, 6, 6728.

Hough, S. E. 2014. Shaking from injection-induced earthquakes in the central and eastern United States. Bulletin of the Seismological Society of America, 104 (5), 2619-2626.

Hudson, J. A. 1981. Wave speeds and attenuation of elastic waves in material containing cracks. Geophysical Journal International, 64 (1), 133-150.

Hudson, J. A., Pearce, R. G., and Rogers, R. M. 1989. Source type plot for inversion of the moment tensor. Journal of Geophysical Research: Solid Earth, 94 (B1), 765-774.

Hudson, J. A., Liu, E., and Crampin, S. 1996. The mechanical properties of materials with interconnected cracks and pores. Geophysical Journal International, 124 (1), 105-112.

Husen, S., Kissling, E., and von Deschwanden, A. 2013. Induced seismicity during the construction of the Gotthard Base Tunnel, Switzerland: hypocenter locations and source dimensions. Journal of Seismology, 17 (1), 63-81.

Hutton, L. K., and Boore, D. M. 1987. The ML scale in southern California. Bulletin of the Seismological Society of America, 77 (6), 2074-2094.

Ibs-von Seht, M., Plenefisch, T., and Klinge, K. 2008. Earthquake swarms in continental rifts—a comparison of selected cases in America, Africa and Europe. Tectonophysics, 452 (1), 66-77.

Igonin, N., and Eaton, D. 2017. A comparison of surface and near-surface acquisition techniques for induced seismicity and microseismic monitoring. In: 79th EAGE Conference and Exhibition.

Inamdar, A. A., Ogundare, T. M., Malpani, R., Atwood, W. K., Brook, K., Erwemi, A. M., and Purcell, D. 2010. Evaluation of stimulation techniques using microseismic mapping in the Eagle Ford Shale. In: Tight Gas Completions Conference. San Antonio, Texas: Society of Petroleum Engineers.

Ingate, S. F., Husebye, E. S., and Christoffersson, A. 1985. Regional arrays and optimum data processing schemes. Bulletin of the Seismological Society of America, 75 (4), 1155-1177.

International Seismological Centre. 2014. On-line Bulletin, www. isc. ac. uk.

IRIS. 2017. Background Page to Accompany the Animations on the Website: IRIS Animations. www. iris. edu/hq/inclass/downloads/optional/261. Accessed: 2017/07/27.

Irving, J. D., Knoll, M. D., and Knight, R. J. 2007. Improving crosshole radar velocity tomograms: a new approach to incorporating high-angle traveltime data. Geophysics, 72 (4), J31-J41.

Irwin, G. R. 1948. Fracture dynamics. Fracturing of Metals, 152.

Ishimoto, M., and Iida, K. 1939. Observations of earthquakes registered with the microseismograph constructed recently. Bulletin of the Earthquake Research Institute, 17 (443-478), 391.

on Improved Seismic Safety Provisions, BSSC Program, and Agency, United States. Federal Emergency Management. 1997. NEHRP Recommended Provisions for Seismic Regulations for New Buildings and Other Structures: Provisions. Vol. 302. FEMA.

Jaeger, J. C., Cook, N. G. W., and Zimmerman, R. 2009. Fundamentals of Rock Mechanics. 4th edn. Wiley-Blackwell.

Jain, A. K., Murty, M. N., and Flynn, P. J. 1999. Data clustering: a review. ACM Computing Surveys (CSUR), 31 (3), 264-323.

Johnson, D. H., and Dudgeon, D. E. 1992. Array Signal Processing: Concepts and Techniques. Simon & Schuster.

Johnston, A. C., Coppersmith, K. J., Kanter, L. R., and Cornell, C. A. 1994. The Earthquakes of Stable Continental Regions. Tech. rept. TR-102261. Electric Power Research Insitute (EPRI) .

Jones, A. G., Evans, R. L., and Eaton, D. W. 2009. Velocity-conductivity relationships for mantle mineral assemblages in Archean cratonic lithosphere based on a review of laboratory data and Hashin-Shtrikman extremal bounds. Lithos, 109 (1-2), 131-143.

Jones, G. A., Raymer, D., Chambers, K., and Kendall, J.-M. 2010. Improved microseismic event location by inclusion of a priori dip particle motion: a case study from Ekofisk. Geophysical Prospecting, 58 (5), 727-737.

Jones, G. A., Kendall, J.-M., Bastow, I. D., and Raymer, D. G. 2014. Locating microseismic events using borehole data. Geophysical Prospecting, 62 (1), 34-49.

Jones, L. M., and Molnar, P. 1979. Some characteristics of foreshocks and their possi- ble relationship to earthquake prediction and premonitory slip on faults. Journal of Geophysical Research: Solid Earth, 84 (B7), 3596-3608.

Jost, M. L., and Herrmann, R. B. 1989. A student's guide to and review of moment tensors. Seismological Research Letters, 60 (2), 37-57.

Julian, B. R., Miller, A. D., and Foulger, G. R. 1998. Non-double-couple earthquakes 1. Theory. Reviews of Geophysics, 36 (4), 525-549.

Jurkevics, A. 1988. Polarization analysis of three-component array data. Bulletin of the Seismological Society of

America, 78 (5), 1725-1743.

Kagan, Y. Y. 2002. Seismic moment distribution revisited: I. Statistical results. Geophysi- cal Journal International, 148 (3), 520-541.

Kagan, Y. Y. 2010. Earthquake size distribution: power- law with exponent? Tectonophysics, 490 (1- 2), 103-114.

Kalahara, K. W. 1996. Estimation of in-situ stress profiles from well-logs. In: SPWLA 37th Annual Logging Symposium. New Orleans, Louisiana: Society of Petrophysicists and Well-log Analysts.

Kanamori, H. 1977. The energy release in great earthquakes. Journal of Geophysical Research, 82 (20), 2981-2987.

Kanamori, H. 1983. Magnitude scale and quantification of earthquakes. Tectonophysics, 93 (3-4), 185-199.

Kanamori, H. , and Anderson, D. L. 1975. Theoretical basis of some empirical relations in seismology. Bulletin of the Seismological Society of America, 65 (5), 1073-1095.

Kanamori, H. , and Brodsky, E. E. 2004. The physics of earthquakes. Reports on Progress in Physics, 67 (8), 1429-1496.

Kao, H. , and Shan, S. -J. 2004. The source-scanning algorithm: mapping the distribution of seismic sources in time and space. Geophysical Journal International, 157 (2), 589-594.

Kao, H. , Eaton, D. W. , Atkinson, G. M. , Maxwell, S. , and Mahani, A. B. 2016. Techni- cal Meeting on the Traffic Light Protocols (TLP) for Induced Seismicity: Summary and Recommendations. Open File Report 8075. Geological Survey of Canada.

Kent, A. H. , Eaton, D. W. , and Maxwell, S. C. 2017. Microseismic response and geomechanical principles of short interval re-injection (SIR) treatments. In: Unconventional Resources Technology Conference (URTEC) .

Keranen, K. M. , Weingarten, M. , Abers, G. A. , Bekins, B. A. , and Ge, S. 2014. Sharp increase in central Oklahoma seismicity since 2008 induced by massive wastewater injection. Science, 345 (6195), 448-451.

Kern, L. R. , Perkins, T. K. , and Wyant, R. E. 1959. The mechanics of sand movement in fracturing. Journal of Petroleum Technology, 11 (7), 55-57.

Kim, W. - Y. 2013. Induced seismicity associated with fluid injection into a deep well in Youngstown, Ohio. Journal of Geophysical Research: Solid Earth, 118 (7), 3506-3518.

King, G. C. P. , Stein, R. S. , and Lin, J. 1994. Static stress changes and the triggering of earthquakes. Bulletin of the Seismological Society of America, 84 (3), 935-953.

King, G. E. 2012. Hydraulic fracturing 101: what every representative, environmentalist, regulator, reporter, investor, university researcher, neighbor and engineer should know about estimating frac risk and improving frac performance in unconventional gas and oil wells. In: SPE Hydraulic Fracturing Technology Conference. The Woodlands, Texas: Society of Petroleum Engineers.

King Hubbert, M. 1956. Darcy's law and the field equations of the flow of underground fluids. AIME Petroleum Transactions, 207, 222-239.

King Hubbert, M. , and Rubey, W. W. 1959. Role of fluid pressure in mechanics of overthrust faulting I. Mechanics of fluid-filled porous solids and its application to overthrust faulting. Geological Society of America Bulletin, 70 (2), 115-166.

Knapp, R. W. , and Steeples, D. W. 1986. High-resolution common-depth-point seismic reflection profiling: Instrumentation. Geophysics, 51 (2), 276-282.

Knopoff, L. , and Randall, M. J. 1970. The compensated linear-vector dipole: a possible mechanism for deep earthquakes. Journal of Geophysical Research, 75 (26), 4957-4963.

Kohli, A. H., and Zoback, M. D. 2013. Frictional properties of shale reservoir rocks. Journal of Geophysical Research: Solid Earth, 118 (9), 5109-5125.

Kratz, M., Hill, A., and Wessels, S. 2012. Identifying fault activation in unconven- tional reservoirs in real time using microseismic monitoring. In: SPE/EAGE European Unconventional Resources Conference & Exhibition—From Potential to Production.

Kratz, M., Teran, O., and Thornton, M. 2015. Use of automatic moment tensor inversion in real time microseismic imaging. Pages 1544- 1549 of: Unconventional Resources Technology Conference. Society of Exploration Geophysicists, American Association of Petroleum Geologists, Society of Petroleum Engineers.

Krey, T., and Helbig, K. 1956. A theorem concerning anisotropy of stratified media and its significance for reflection seismics. Geophysical Prospecting, 4 (3), 294-302.

Kumar, D., and Ahmed, I. 2011. Seismic Noise. Pages 1157- 1161 of: Encyclopedia of Solid Earth Geophysics. Springer.

Kwiatek, G., Bulut, F., Bohnhoff, M., and Dresen, G. 2014. High- resolution analysis of seismicity induced at Berlín geothermal field, El Salvador. Geothermics, 52, 98-111.

Lakings, J. D., Duncan, P. M., Neale, C., and Theiner, T. 2006. Surface based microseismic monitoring of a hydraulic fracture well stimulation in the Barnett shale. Pages 605-608 of: SEG Technical Program Expanded Abstracts 2006. Society of Exploration Geophysicists.

Lamontagne, M., Lavoie, D., Ma, S., Burke, K. B. S., and Bastow, I. 2015. Monitoring the earthquake activity in an area with shale gas potential in southeastern New Brunswick, Canada. Seismological Research Letters, 86 (4), 1068-1077.

Langenbruch, C., and Zoback, M. D. 2016. How will induced seismicity in Oklahoma respond to decreased saltwater injection rates? Science Advances, 2 (11), e1601542.

Lavrov, A. 2016. Dynamics of stresses and fractures in reservoir and cap rock under production and injection. Energy Procedia, 86, 381-390.

Lay, T., and Wallace, T. C. 1995. Modern Global Seismology. Vol. 58. Academic Press.

Lee, W. H. K., Jennings, P., Kisslinger, C., and Kanamori, H. 2002. International Handbook of Earthquake & Engineering Seismology. Academic Press.

Leeman, E. R. 1968. The determination of the complete state of stress in rock in a single borehole—laboratory and underground measurements. Pages 31-38 of: International Journal of Rock Mechanics and Mining Sciences & Geomechanics Abstracts, vol. 5. Elsevier.

Leonard, M. 2010. Earthquake fault scaling: self- consistent relating of rupture length, width, average displacement, and moment release. Bulletin of the Seismological Society of America, 100 (5A), 1971-1988.

Leonard, M. 2014. Self- consistent earthquake fault- scaling relations: update and extension to stable continental strike- slip faults. Bulletin of the Seismological Society of America, 2953-2965.

Levin, F. K. 1979. Seismic velocities in transversely isotropic media. Geophysics, 44 (5), 918-936.

Levin, S. A., Lewis, J., Hagelund, R., and Barrs, B. D. 2007. SEG- D for the next generation. The Leading Edge, 26 (7), 854-855.

Li, F., Rich, J., Marfurt, K. J., and Zhou, H. 2014. Automatic event detection on noisy microseismograms. Pages 2363- 2367 of: SEG Technical Program Expanded Abstracts 2014. Society of Exploration Geophysicists.

Li, L. X., and Wang, T. J. 2005. A unified approach to predict overall properties of composite materials.

Materials Characterization, 54 (1), 49-62.

Liang, C. , Thornton, M. P. , Morton, P. , Hulsey, B. J. , Hill, A. , and Rawlins, P. 2009. Improving signal-to-noise ratio of passsive seismic data with an adaptive FK filter. Pages 1703-1707 of: SEG Technical Program Expanded Abstracts 2009. Society of Exploration Geophysicists.

Lindsay, R. , and Van Koughnet, R. 2001. Sequential backus averaging: upscaling well logs to seismic wavelengths. The Leading Edge, 20 (2), 188-191.

Lomax, A. , Michelini, A. , and Curtis, A. 2014. Earthquake location, direct, global-search methods. Pages 1-33 of: Encyclopedia of Complexity and Systems Science. Springer.

Louis, L. , Baud, P. , and Wong, T. -F. 2007. Characterization of pore-space heterogeneity in sandstone by X-ray computed tomography. London: Geological Society, Special Publications, 284 (1), 127-146.

Lund, B. , and Slunga, R. 1999. Stress tensor inversion using detailed microearthquake information and stability constraints: application to Ölfus in southwest Iceland. Journal of Geophysical Research: Solid Earth, 104 (B7), 14947-14964.

Luo, Y. , Marhoon, M. , Al Dossary, S. , and Alfaraj, M. 2002. Edge-preserving smoothing and applications. The Leading Edge, 21 (2), 136-158.

Ma, S. , and Eaton, D. W. 2009. Anatomy of a small earthquake swarm in southern Ontario, Canada. Seismological Research Letters, 80 (2), 214-223.

Ma, S. , and Eaton, D. W. 2011. Combining double-difference relocation with regional depth-phase modelling to improve hypocentre accuracy. Geophysical Journal Interna-tional, 185 (2), 871-889.

Mack, M. G. , and Warpinski, N. R. 2000. Mechanics of Hydraulic Fracturing. Pages 6-14-49. of: Economides, M. J. , and Nolte, K. G. (eds.), Reservoir Stimulation. John Wiley & Sons.

Macosko, C. W. 1994. Rheology: Principles, Measurements, and Applications. New York: VCH.

Madariaga, R. 1976. Dynamics of an expanding circular fault. Bulletin of the Seismological Society of America, 66 (3), 639-666.

Madariaga, R. 2007. Seismic Source Theory. Pages 59-82 of: Kanamori, H. (ed.), Earthquake Seismology. Treatise on Geophysics, no. 4. Elsevier.

Maghsoudi, S. , Eaton, D. W. , and Davidsen, J. 2016. Nontrivial clustering of microseismicity induced by hydraulic fracturing. Geophysical Research Letters, 43 (20), 10672-10679.

Mahani, A. B. , Kao, H. , Walker, D. , Johnson, J. , and Salas, C. 2016. Regional Monitoring of Induced Seismicity in Northeastern British Columbia. Tech. rept. Report 2016-1. Geoscience BC.

Mahani, A. B. , Schultz, R. , Kao, H. , Walker, D. , Johnson, J. , and Salas, C. 2017. Fluid injection and seismic activity in the Northern Montney Play, British Columbia, Canada, with special reference to the 17 August 2015 Mw 4. 6 induced earthquake. Bulletin of the Seismological Society of America, 107 (2), 542-552.

Majer, E. , Nelson, J. , Robertson-Tait, A. , Savy, J. , and Wong, I. 2012. Protocol for addressing induced seismicity associated with enhanced geothermal systems. Tech. rept. DOE/EE-0662. US Department of Energy.

Majer, E. L. , and McEvilly, T. V. 1979. Seismological investigations at The Geysers geothermal field. Geophysics, 44 (2), 246-269.

Majer, E. L. , Baria, R. , Stark, M. , Oates, S. , Bommer, J. , Smith, W. , and Asanuma, H. 2007. Induced seismicity associated with enhanced geothermal systems. Geothermics, 36 (3), 185-222.

Marinos, V. , Marinos, P. , and Hoek, E. 2005. The geological strength index: applications and limitations. Bulletin of Engineering Geology and the Environment, 64 (1), 55-65.

Martakis, N., Kapotas, S., and Tselentis, G. 2006. Integrated passive seismic acquisition and methodology. Case Studies. Geophysical Prospecting, 54 (6), 829-847.

Martin, A. R., Cramer, D. D., Nunez, O., and Roberts, N. R. 2012. A method to perform multiple diagnostic fracture injection tests simultaneously in a single wellbore. In: SPE Hydraulic Fracturing Technology Conference. The Woodlands, Texas: Society of Petroleum Engineers.

Massé, R. P. 1981. Review of seismic source models for underground nuclear explosions. Bulletin of the Seismological Society of America, 71 (4), 1249-1268.

Masters, J. A. 1979. Deep basin gas trap, western Canada. AAPG bulletin, 63 (2), 152-181.

Maurer, H., Curtis, A., and Boerner, D. E. 2010. Recent advances in optimized geophysical survey design. Geophysics, 75 (5), 75A177-75A194.

Maxwell, S. C. 2009. Microseismic location uncertainty. CSEG Recorder, 34 (4), 41-46.

Maxwell, S. C. 2010. Microseismic: Growth born from success. The Leading Edge, 29 (3), 338-343.

Maxwell, S. C. 2014. Microseismic Imaging of Hydraulic Fracturing: Improved Engineering of Unconventional Shale Reservoirs. Distinguished Instructor Series. Society of Exploration Geophysicists.

Maxwell, S. C., and Cipolla, C. L. 2011. What does microseismicity tell us about hydraulic fracturing? In: SPE Annual Technical Conference and Exhibition. Society of Petroleum Engineers.

Maxwell, S. C., and Le Calvez, J. H. 2010. Horizontal vs. vertical borehole-based microseismic monitoring: which is better? In: SPE Unconventional Gas Conference. Society of Petroleum Engineers.

Maxwell, S. C., and Parker, R. 2012. Microseismic monitoring of ball drops during hydraulic fracturing using sliding sleeves. CSEG Recorder, 37 (8), 23-30.

Maxwell, S. C., and Urbancic, T. I. 2001. The role of passive microseismic monitoring in the instrumented oil field. The Leading Edge, 20 (6), 636-639.

Maxwell, S. C., Urbancic, T. I., Steinsberger, N., Zinno, R., et al. 2002. Microseismic imaging of hydraulic fracture complexity in the Barnett shale. In: SPE Annual Technical Conference and Exhibition. Society of Petroleum Engineers.

Maxwell, S. C., Jones, M., Parker, R., Miong, S., Leaney, S., Dorval, D., D'Amico, D., Logel, J., Anderson, E., and Hammermaster, K. 2009. Fault activation during hydraulic fracturing. Pages 1552-1556 of: SEG Technical Program Expanded Abstracts 2009. Society of Exploration Geophysicists.

Maxwell, S. C., Rutledge, J., Jones, R., and Fehler, M. 2010. Petroleum reservoir characterization using downhole microseismic monitoring. Geophysics, 75 (5), 75A129-75A137.

Maxwell, S. C., Raymer, D., Williams, M., and Primiero, P. 2012. Tracking microseismic signals from the reservoir to surface. The Leading Edge, 31, 1301-1308.

Maxwell, S. C., Mack, M., Zhang, F., Chorney, D., Goodfellow, S. D., and Grob, M. 2015. Differentiating wet and dry microseismic events induced during hydraulic fracturing. Pages 1513-1524 of: Unconventional Resources Technology Conference. Society of Exploration Geophysicists, American Association of Petroleum Geologists, Society of Petroleum Engineers.

Mayerhofer, M. J., Lolon, E., Warpinski, N. R., Cipolla, C. L., Walser, D. W., and Rightmire, C. L. 2010. What is stimulated reservoir volume? SPE Production & Operations, 25 (01), 89-98.

McClain, W. C. 1971. Seismic mapping of hydraulic fractures. Tech. rept. ORNL-TM-3502. Oak Ridge National Laboratory.

McClure, M., and Horne, R. 2013. Is pure shear stimulation always the mechanism of stimulation in EGS. Pages 11-13 of: Proceedings, Thirtyeight Workshop on Geothermal Reservoir Engineering.

McFadden, P. L., Drummond, B. J., and Kravis, S. 1986. The Nth- root stack: theory, applications, and examples. Geophysics, 51 (10), 1879-1892.

McGarr, A. 1976. Seismic moments and volume changes. Journal of Geophysical Research, 81 (8), 1487-1494.

McGarr, A. 2014. Maximum magnitude earthquakes induced by fluid injection. Journal of Geophysical Research: Solid Earth, 119 (2), 1008-1019.

McGarr, A., Simpson, D., and Seeber, L. 2002. Case histories of induced and triggered seismicity. Pages 647-661 of: Lee, W. H., Kanamori, H., Jennings, P. C., and Kisslinger, C. (eds), International Handbook of Earthquake & Engineering Seismology, Part A. Academic Press.

McGillivray, P. 2005. Microseismic and time-lapse seismic monitoring of a heavy oil extraction process at Peace River, Canada. CSEG Recorder, 30 (1), 5-9.

McGuire, R. K. 2004. Analysis of Seismic Hazard and Risk. Oakland, California: Earthquake Engineering Research Center.

McGuire, R. K. 2008. Probabilistic seismic hazard analysis: early history. Earthquake Engineering & Structural Dynamics, 37 (3), 329-338.

McKenna, J. P. 2013. Magnitude-based calibrated discrete fracture network methodology. In: SPE Annual Technical Conference and Exhibition. Society of Petroleum Engineers.

McKenna, J. P. 2014. Where did the proppant go? In: Unconventional Resources Technology Conference (URTEC).

McMechan, G. A. 1982. Determination of source parameters by wavefield extrapolation. Geophysical Journal International, 71 (3), 613-628.

Michael, A. J. 1984. Determination of stress from slip data: faults and folds. Journal of Geophysical Research: Solid Earth, 89 (B13), 11517-11526.

Miller, A. D., Julian, B. R., and Foulger, G. R. 1998. Three-dimensional seismic struc- ture and moment tensors of non-double-couple earthquakes at the Hengill-Grensdalur volcanic complex, Iceland. Geophysical Journal International, 133 (2), 309-325.

Minson, S. E., and Dreger, D. S. 2008. Stable inversions for complete moment tensors. Geophysical Journal International, 174 (2), 585-592.

Mitchum, R. M., Vail, P. R., and Thompson, S. 1977. Seismic stratigraphy and global changes of sea level: Part 2. The depositional sequence as a basic unit for stratigraphic analysis: Section 2. Application of seismic reflection configuration to stratigraphic interpretation. Pages 53-62 of: Seismic Stratigraphy-Applications to Hydrocarbon Exploration, vol. Memoir 26. AAPG.

Mogi, K. 1963. Some discussions on aftershocks, foreshocks and earthquake swarms: the fracture of a semi-infinite body caused by an inner stress origin and its relation to the earthquake phenomena. Bulletin of the Earthquake Research Institute, 41, 615-658.

Molenaar, M. M., Hill, D., Webster, P., Fidan, E., and Birch, W. 2012. First downhole application of distributed acoustic sensing for hydraulic-fracturing monitoring and diagnostics. SPE Drilling & Completion, 27 (01), 32-38.

Montgomery, C. T., and Smith, M. B. 2010. Hydraulic fracturing: history of an enduring technology. Journal of Petroleum Technology, 62 (12), 26-40.

Moradi, S. 2016. Time-Lapse Numerical Modeling for a Carbon Capture and Storage (CCS) Project in Alberta, Using a Poroelastic Velocity-Stress Staggered-Grid Finite Difference Method. Ph. D. thesis, University of Calgary.

Moriya, H. , Niitsuma, H. , and Baria, R. 2003. Multiplet-clustering analysis reveals structural details within the seismic cloud at the Soultz geothermal field, France. Bulletin of the Seismological Society of America, 93 (4), 1606-1620.

Muhuri, S. K. , Dewers, T. A. , Scott, T. E. , and Reches, Z. 2003. Interseismic fault strengthening and earthquake-slip instability: friction or cohesion? Geology, 31 (10), 881-884.

Munjiza, A. , Owen, D. R. J. , and Bicanic, N. 1995. A combined finite-discrete element method in transient dynamics of fracturing solids. Engineering Computations, 12 (2), 145-174.

Musgrave, M. J. P. 2003. Crystal Acoustics: Introduction to the Study of Elastic Waves and Vibrations in Crystals. Acoustical Society of America.

Nagel, N. , Sheibani, F. , Lee, B. , Agharazi, A. , and Zhang, F. 2014. Fully-coupled numerical evaluations of multiwell completion schemes: the critical role of in-situ pressure changes and well configuration. In: SPE Hydraulic Fracturing Technology Conference. The Woodlands, Texas: Society of Petroleum Engineers.

Nagel, N. B. , Garcia, X. , Sanchez, M. A. , and Lee, B. 2012. Understanding SRV: a numer-ical investigation of wet vs. dry microseismicity during hydraulic fracturing. In: SPE Annual Technical Conference and Exhibition. Society of Petroleum Engineers.

National Energy Board. 2016. The Unconventional Gas Resources of Mississippian Devonian Shales in the Liard Basin of British Columbia, the Northwest Territories and Yukon. Tech. rept. MR-14. National Energy Board.

National Research Council. 2013. Induced Seismicity Potential in Energy Technologies. National Academies Press.

NCEDC. 2014. Northern California Earthquake Data Center. UC Berkeley Seismological Laboratory. Dataset. doi: 10. 7932/NCEDC.

Neidell, N. S. , and Taner, M. T. 1971. Semblance and other coherency measures for multichannel data. Geophysics, 36 (3), 482-497.

Nettles, M. , and Ekström, G. 1998. Faulting mechanism of anomalous earthquakes near Bardarbunga Volcano, Iceland. Journal of Geophysical Research: Solid Earth, 103 (B8), 17973-17983.

Newman, M. E. J. 2005. Power laws, Pareto distributions and Zipf's law. Contemporary Physics, 46 (5), 323-351.

Nguyen, D. H. , and Cramer, D. D. 2013. Diagnostic fracture injection testing tactics in unconventional reservoirs. In: SPE Hydraulic Fracturing Technology Conference. The Woodlands, Texas: Society of Petroleum Engineers.

Nicholson, C. , and Wesson, R. L. 1992. Triggered earthquakes and deep well activities. Pure and Applied Geophysics, 139 (3-4), 561-578.

Nordgren, R. P. 1972. Propagation of a vertical hydraulic fracture. Society of Petroleum Engineers Journal, 12 (04), 306-314.

Norris, M. W. , and Faichney, A. K. 2002. SEG Y rev 1 Data Exchange format. Tech. rept. Society of Exploration Geophysicists.

Odling, N. E. , Gillespie, P. , Bourgine, B. , Castaing, C. , Chiles, J. -P. , Christensen, n. p. , Fillion, E. , Genter, A. , Olsen, C. , Thrane, L. , Trice, R. , Aarseth, E. , Walsh, J. J. , and Watterson, J. 1999. Variations in fracture system geometry and their implications for fluid flow in fractured hydrocarbon reservoirs. Petroleum Geoscience, 5 (4), 373-384.

Ogata, Y. , Matsu'ura, R. S. , and Katsura, K. 1993. Fast likelihood computation of epidemic type aftershock-sequence model. Geophysical Research Letters, 20 (19), 2143-2146.

Okada, Y. 1992. Internal deformation due to shear and tensile faults in a half-space. Bulletin of the Seismological

Society of America, 82 (2), 1018-1040.

Oklahoma Produced Water Working Group. 2017. Oklahoma Water for 2060: Produced Water Reuse and Recycling. Tech. rept. Oklahoma Water Resources Board.

Ong, O. N. , Schmitt, D. R. , Kofman, R. S. , and Haug, K. 2016. Static and dynamic pressure sensitivity anisotropy of a calcareous shale. Geophysical Prospecting, 64 (4), 875-897.

Oppenheim, A. V. , and Schafer, R. W. 1975. Digital Signal Processing. Prentice-Hall.

Oprsal, I. , and Eisner, L. 2014. Cross-correlation—an objective tool to indicate induced seismicity. Geophysical Journal International, 196 (3), 1536-1543.

Oye, V. , and Roth, M. 2003. Automated seismic event location for hydrocarbon reservoirs. Computers & Geosciences, 29 (7), 851-863.

Pandolfi, D. , Rebel-Schissele, E. , Chambefort, M. , and Bardainne, T. 2013. New design and advanced processing for frac jobs monitoring. In: 4th EAGE Passive Seismic Workshop.

Pao, Y.-H. , and Varatharajulu, V. 1976. Huygens' principle, radiation conditions, and inte-gral formulas for the scattering of elastic waves. Journal of the Acoustical Society of America, 59, 1361-1371.

Pap, A. 1983. Source and receiver arrays. Tech. rept. Amoco Research.

Park, C. B. , Miller, R. D. , and Xia, J. 1999. Multichannel analysis of surface waves. Geophysics, 64 (3), 800-808.

Parkes, G. , and Hegna, S. 2011. A marine seismic acquisition system that provides a full "ghost-free" solution. Pages 37-41 of: SEG Technical Program Expanded Abstracts 2011. Society of Exploration Geophysicists.

Parotidis, M. , Shapiro, S. A. , and Rothert, E. 2004. Back front of seismicity induced after termination of borehole fluid injection. Geophysical Research Letters, 31 (2) .

Parry, R. H. G. 2004. Mohr Circles, Stress Paths and Geotechnics. 2nd edn. London: Spon Press.

Passarelli, L. , Maccaferri, F. , Rivalta, E. , Dahm, T. , and Boku, E. A. 2013. A probabilistic approach for the classification of earthquakes as "triggered" or "not triggered. " Journal of Seismology, 17 (1), 165-187.

Pawlak, A. , Eaton, D. W. , Bastow, I. D. , Kendall, J. , Helffrich, G. , Wookey, J. , and Snyder, D. 2011. Crustal structure beneath Hudson Bay from ambient-noise tomography: Implications for basin formation. Geophysical Journal International, 184 (1), 65-82.

Perkins, T. K. , and Kern, L. R. 1961. Widths of hydraulic fractures. Journal of Petroleum Technology, 13 (09), 937-949.

Pesicek, J. D. , Child, D. , Artman, B. , and Cies 813lik 5.3z. 2014. Picking versus stacking in a modern microearthquake location: comparison of results from a surface passive seismic monitoring array in Oklahoma. Geophysics, 79 (6), KS61-KS68.

Peters, D. C. , and Crosson, R. S. 1972. Application of prediction analysis to hypocenter determination using a local array. Bulletin of the Seismological Society of America, 62 (3), 775-788.

Petersen, M. D. , Mueller, C. S. , Moschetti, M. P. , Hoover, S. M. , Llenos, A. L. , Ellsworth, W. L. , Michael, A. J. , Rubinstein, J. L. , McGarr, A. F. , and Rukstales, K. S. 2016. 2016 one-year seismic hazard forecast for the Central and Eastern United States from induced and natural earthquakes. USGS Numbered Series 2016-1035. Reston, Virginia: US Geological Survey. IP-073237.

Petersen, M. D. , Mueller, C. S. , Moschetti, M. P. , Hoover, S. M. , Shumway, A. M. , McNamara, D. E. , Williams, R. A. , Llenos, A. L. , Ellsworth, W. L. , Michael, A. J. , Rubinstein, J. L. , McGarr, A. F. , and Rukstales, K. S. 2017. 2017 one-year seismic-hazard fore-cast for the Central and Eastern United

States from induced and natural earthquakes. Seismological Research Letters, 88 (3), 772-783.

Peterson, J. 1993. Observations and Modeling of Seismic Background Noise. Tech. rept. OFR 93-322. USGS.

Peyret, O., Drew, J., Mack, M., Brook, K., Cipolla, C., and Maxwell, S. C. 2012. Subsurface to surface microseismic monitoring for hydraulic fracturing. In: SPE Paper 159670.

Pike, K. A. 2014. Microseismic Data Processing, Modeling and Interpretation in the Presence of Coals: A Falher Member Case Study. Ph. D. thesis, University of Calgary.

Pinder, G. F., and Gray, W. G. 2008. Essentials of Multiphase Flow in Porous Media. John Wiley & Sons.

Postma, G. W. 1955. Wave propagation in a stratified medium. Geophysics, 20 (4), 780-806.

Potocki, D. J. 2012. Understanding induced fracture complexity in different geological settings using DFIT net fracture pressure. In: SPE Canadian Unconventional Resources Conference. Calgary, Alberta: Society of Petroleum Engineers.

Power, D. V., Schuster, C. L., Hay, R., and Twombly, J. 1976. Detection of hydraulic fracture orientation and dimensions in cased wells. Journal of Petroleum Technology, 28 (09), 1-116.

Press, W. H., Teukolsky, S. A., Vetterling, W. T., and Flannery, B. P. 2007. Numerical Recipes: The Art of Scientific Computing. New York: Cambridge University Press.

Pullan, S. E. 1990. Recommended standard for seismic (/radar) data files in the personal computer environment. Geophysics, 55 (9), 1260-1271.

Putnis, A. 1992. An Introduction to Mineral Sciences. Cambridge University Press.

Rabinowitz, N., and Steinberg, D. M. 1990. Optimal configuration of a seismographic network: a statistical approach. Bulletin of the Seismological Society of America, 80 (1), 187-196.

Rafiq, A., Eaton, D. W., McDougall, A., and Pedersen, P. K. 2016. Reservoir characterization using microseismic facies analysis integrated with surface seismic attributes. Interpretation, 4 (2), T167-T181.

Raleigh, C. B., Healy, J. H., and Bredehoeft, J. D. 1976. An experiment in earthquake control at Rangely, Colorado. Science, 191 (4233), 1230-1237.

Ray, B., Lewis, C., Martysevich, V., Shetty, D. A., Walters, H. G., Bai, J., and Ma, J. 2017. An investigation into proppant dynamics in hydraulic fracturing. In: SPE Hydraulic Fracturing Technology Conference and Exhibition. Society of Petroleum Engineers.

Reinecker, J., Stephansson, O., and Zang, A. 2016. Guidelines for the analysis of overcoring data. Pages 43-48 of: WSM Scientific Technical Report. World Stress Map Project.

Reiter, L. 1991. Earthquake Hazard Analysis: Issues and Insights. Columbia University Press.

Reynolds, M. M., Thomson, S., Quirk, D. J., Dannish, M. B., Peyman, F., and Hung, A. 2012. A direct comparison of hydraulic fracture geometry and well performance between cemented liner and openhole packer completed horizontal wells in a tight gas reservoir. In: SPE Hydraulic Fracturing Technology Conference. The Woodlands, Texas: Society of Petroleum Engineers.

Rich, J., and Ammerman, M. 2010. Unconventional geophysics for unconventional plays. In: SPE Unconventional Gas Conference. Pittsburgh, Pennsylvania: Society of Petroleum Engineers.

Richter, C. F. 1935. An instrumental earthquake magnitude scale. Bulletin of the Seismological Society of America, 25 (1), 1-32.

Rio, P., Mukerji, T., Mavko, G., and Marion, D. 1996. Velocity dispersion and upscaling in a laboratory-simulated VSP. Geophysics, 61 (2), 584-593.

Robein, E., Cerda, F., Drapeau, D., Maurel, L., Gaucher, E., and Auger, E. 2009. Multinetwork microseismic monitoring of fracturing jobs- Neuquen TGR application. In: 71st EAGE Conference and Exhibition incorporating SPE EUROPEC 2009.

Roberts, A. 2001. Curvature attributes and their application to 3D interpreted horizons. First Break, 19 (2), 85-100.

Roberts, R. G., Christoffersson, A., and Cassidy, F. 1989. Real-time event detection, phase identification and source location estimation using single station three-component seismic data. Geophysical Journal International, 97 (3), 471-480.

Roche, V., and Van der Baan, M. 2015. The role of lithological layering and pore pressure on fluid-induced microseismicity. Journal of Geophysical Research: Solid Earth, 120 (2), 923-943.

Rodinov, Y., Parker, R., Jones, M., Chen, Z., Maxwell, S., and Matthews, L. 2012. Optimization of stimulation strategies using real-time microseismic monitoring in Horn River Basin: GeoConvention 2012, CSEG. In: Geoconvention 2012, Expanded Abstracts.

Roland, E., and McGuire, J. J. 2009. Earthquake swarms on transform faults. Geophysical Journal International, 178 (3), 1677-1690.

Ross, D. J. K., and Bustin, R. M. 2008. Characterizing the shale gas resource potential of Devonian-Mississippian strata in the Western Canada sedimentary basin: application of an integrated formation evaluation. AAPG Bulletin, 92 (1), 87-125.

Rost, S., and Thomas, C. 2002. Array seismology: methods and applications. Reviews of Geophysics, 40 (3), 2-1-2-27.

Roux, P.-F., Kostadinovic, J., Bardainne, T., Rebel, E., Chmiel, M., Van Parys, M., Macault, R., and Pignot, L. 2014. Increasing the accuracy of microseismic monitoring using surface patch arrays and a novel processing approach. First Break, 32 (7), 95-101.

Rubin, A. M., and Ampuero, J.-P. 2005. Earthquake nucleation on (aging) rate and state faults. Journal of Geophysical Research: Solid Earth, 110 (B11).

Rubinstein, J. L., and Mahani, A. B. 2015. Myths and facts on wastewater injection, hydraulic fracturing, enhanced oil recovery, and induced seismicity. Seismological Research Letters.

Rudnicki, J. W. 1986. Fluid mass sources and point forces in linear elastic diffusive solids. Mechanics of Materials, 5 (4), 383-393.

Rüger, A. 1997. P-wave reflection coefficients for transversely isotropic models with vertical and horizontal axis of symmetry. Geophysics, 62 (3), 713-722.

Rutledge, J. T., and Phillips, W. S. 2003. Hydraulic stimulation of natural fractures as revealed by induced microearthquakes, Carthage Cotton Valley gas field, east Texas. Geophysics, 68 (2), 441-452.

Rutledge, J. T., Downie, R. C., Maxwell, S. C., and Drew, J. E. 2013. Geomechanics of hydraulic fracturing inferred from composite radiation patterns of microseismicity. In: SPE Annual Technical Conference and Exhibition. Society of Petroleum Engineers.

Rutqvist, J., Rinaldi, A. P., Cappa, F., and Moridis, G. J. 2013. Modeling of fault reactivation and induced seismicity during hydraulic fracturing of shale-gas reservoirs. Journal of Petroleum Science and Engineering, 107, 31-44.

Saari, J. 1991. Automated phase picker and source location algorithm for local distances using a single three-component seismic station. Tectonophysics, 189 (1-4), 307-315.

Saikia, C. K. 1994. Modified frequency-wavenumber algorithm for regional seismograms using Filon's quadrature: modelling of Lg waves in eastern North America. Geophysical Journal International, 118 (1), 142-158.

Sato, H., Ono, K., Johnston, C. T., and Yamagishi, A. 2005. First-principles studies on the elastic constants of a 1：1 layered kaolinite mineral. American Mineralogist, 90 (11-12), 1824-1826.

Sattari, A. 2017. Finite-Element Modelling of Fault Slip. Ph. D. thesis, University of Calgary.

Sayers, C. M., and Kachanov, M. 1995. Microcrack-induced elastic wave anisotropy of brittle rocks. Journal of Geophysical Research：Solid Earth, 100 (B3), 4149-4156.

Schimmel, M., and Paulssen, H. 1997. Noise reduction and detection of weak, coherent signals through phase-weighted stacks. Geophysical Journal International, 130 (2), 497-505.

Schissele, E., and Meunier, J. 2009. Detection of micro-seismic events using a surface receiver network. In：EAGE Workshop on Passive Seismic.

Schlumberger. 2017. Schlumberger Oilfield Glossary. www. glossary. oilfield. slb. com Accessed：2017/07/27.

Schmitt, D. R., and Zoback, M. D. 1993. Infiltration effects in the tensile rupture of thin walled cylinders of glass and granite：implications for the hydraulic fracturing breakdown equation. Pages 289-303 of：International Journal of Rock Mechanics and Mining Sciences & Geomechanics Abstracts, vol. 30. Elsevier.

Schmitt, D. R., Currie, C. A., and Zhang, L. 2012. Crustal stress determination from boreholes and rock cores：fundamental principles. Tectonophysics, 580, 1-26.

Schneider, W. A. 1978. Integral formulation for migration in two and three dimensions. Geophysics, 43, 49-76.

Schoenberg, M., and Helbig, K. 1997. Orthorhombic media：modeling elastic wave behavior in a vertically fractured earth. Geophysics, 62 (6), 1954-1974.

Schoenberg, M., and Sayers, C. M. 1995. Seismic anisotropy of fractured rock. Geophysics, 60 (1), 204-211.

Scholz, C., Molnar, P., and Johnson, T. 1972. Detailed studies of frictional sliding of granite and implications for the earthquake mechanism. Journal of Geophysical Research, 77 (32), 6392-6406.

Scholz, C. H. 1998. Earthquakes and friction laws. Nature, 391 (6662), 37-42.

Scholz, C. H. 2002. The Mechanics of Earthquakes and Faulting. 2nd edn. Cambridge University Press.

Schön, J. H. 2015. Physical Properties of Rocks：Fundamentals and Principles of Petrophysics. 2nd edn. Developments in Petroleum Science, Vol. 65. Elsevier.

Schorlemmer, D., and Woessner, J. 2008. Probability of detecting an earthquake. Bulletin of the Seismological Society of America, 98 (5), 2103-2117.

Schorlemmer, D., Wiemer, S., and Wyss, M. 2005. Variations in earthquake-size distribution across different stress regimes. Nature, 437 (7058), 539-542.

Schubarth, S., and Milton-Tayler, D. 2004. Investigating how proppant packs change under stress. In：SPE Annual Technical Conference and Exhibition. Society of Petroleum Engineers.

Schultz, R., and Stern, V. 2015. The Regional Alberta Observatory for Earthquake Studies Network (RAVEN). CSEG Recorder, 40 (8), 34-37.

Schultz, R., Stern, V., and Gu, Y. J. 2014. An investigation of seismicity clustered near the Cordel Field, west central Alberta, and its relation to a nearby disposal well. Journal of Geophysical Research：Solid Earth, 119 (4), 3410-3423.

Schultz, R., Mei, S., Pana, D., Stern, V., Gu, Y. J., Kim, A., and Eaton, D. W. 2015a. The Cardston earthquake swarm and hydraulic fracturing of the Exshaw Formation (Alberta Bakken play). Bulletin of the Seismological Society of America, 105 (6), 2871-2884.

Schultz, R., Stern, V., Novakovic, M., Atkinson, G. M., and Gu, Y. J. 2015b. Hydraulic fracturing and the Crooked Lake sequences：insights gleaned from regional seismic networks. Geophysical Research Letters, 42 (8), 2750-2758.

Schultz, R., Corlett, H., Haug, K., Kocon, K., MacCormack, K., Stern, V., and Shipman,

T. 2016. Linking fossil reefs with earthquakes: geologic insight to where induced seismicity occurs in Alberta. Geophysical Research Letters, 43, 2534-2542.

Schultz, R., Wang, R., Gu, Y. J., Haug, K., and Atkinson, G. M. 2017. A seismological overview of the induced earthquakes in the Duvernay play near Fox Creek, Alberta. Journal of Geophysical Research: Solid Earth, 122 (1), 492-505.

Seber, G. A. F. 2009. Multivariate Observations. Vol. 252. John Wiley & Sons. Segall, P. 1989. Earthquakes triggered by fluid extraction. Geology, 17 (10), 942-946.

Segall, P., and Lu, S. 2015. Injection-induced seismicity: poroelastic and earthquake nucleation effects. Journal of Geophysical Research: Solid Earth, 120 (7), 5082-5103.

Segall, P., and Rice, J. R. 1995. Dilatancy, compaction, and slip instability of a fluid-infiltrated fault. Journal of Geophysical Research: Solid Earth, 100 (B11), 22155-22171.

Settari, A. 1985. A new general model of fluid loss in hydraulic fracturing. Society of Petroleum Engineers Journal, 25 (04), 491-501.

Shapiro, S. A. 2015. Fluid-Induced Seismicity. Cambridge University Press.

Shapiro, S. A., and Dinske, C. 2007. Violation of the Kaiser effect by hydraulic-fracturing-related microseismicity. Journal of Geophysics and Engineering, 4 (4), 378.

Shapiro, S. A., and Dinske, C. 2009. Fluid-induced seismicity: pressure diffusion and hydraulic fracturing. Geophysical Prospecting, 57 (2), 301-310.

Shapiro, S. A., Patzig, R., Rothert, E., and Rindschwentner, J. 2003. Triggering of seismicity by pore-pressure perturbations: permeability-related signatures of the phenomenon. Pure and Applied Geophysics, 160 (5-6), 1051-1066.

Shapiro, S. A., Dinske, C., Langenbruch, C., and Wenzel, F. 2010. Seismogenic index and magnitude probability of earthquakes induced during reservoir fluid stimulations. The Leading Edge, 29 (3), 304-309.

Shapiro, S. A., Krüger, O. S., Dinske, C., and Langenbruch, C. 2011. Magnitudes of induced earthquakes and geometric scales of fluid-stimulated rock volumes. Geophysics, 76 (6), WC55-WC63.

Shcherbakov, R., D. L. Turcotte, and J. B. Rundle 2004. A generalized Omori's law for earthquake aftershock decay, Geophys. Res. Lett., 31, L11613, doi: 10.1029/2004GL019808.

Shearer, P. M. 2009. Introduction to Seismology. 2 edn. Cambridge University Press.

Shemeta, J., and Anderson, P. 2010. It's a matter of size: magnitude and moment estimates for microseismic data. The Leading Edge, 29 (3), 296-302.

Sheng, P. 1990. Effective-medium theory of sedimentary rocks. Physical Review B, 41 (7), 4507-4512.

Sheriff, R. E. 1991. Encyclopedic Dictionary of Exploration Geophysics. 3rd edn. Society of Exploration Geophysicists.

Shimazaki, K., and Nakata, T. 1980. Time-predictable recurrence model for large earthquakes. Geophysical Research Letters, 7 (4), 279-282.

Shimizu, H., Ueki, S., and Koyama, J. 1987. A tensile-shear crack model for the mechanism of volcanic earthquakes. Tectonophysics, 144 (1-3), 287-300.

Sibson, R. H. 1992. Implications of fault-valve behaviour for rupture nucleation and recurrence. Tectonophysics, 211 (1-4), 283-293.

Sibson, R. H., Moore, J., and Rankin, A. H. 1975. Seismic pumping—a hydrothermal fluid transport mechanism. Journal of the Geological Society, 131 (6), 653-659.

Silver, P. G., and Chan, W. W. 1991. Shear wave splitting and subcontinental mantle deformation. Journal of Geophysical Research: Solid Earth, 96 (B10), 16429-16454. Silver, P. G., and Jordan, T. H. 1982. Optimal estimation of scalar seismic moment. Geophysical Journal International, 70 (3), 755-787.

Simmons, G., and Wang, H. 1971. Single crystal elastic constants and calculated aggregate properties. 2nd edn. M. I. T. Press.

Simpson, D. W. 1986. Triggered earthquakes. Annual Review of Earth and Planetary Sciences, 14 (1), 21-42.

Simpson, D. W., and Richards, P. G. (eds). 1981. Fluid Flow Accompanying Faulting: Field Evidence and Models. AGU Maurice Ewing Series.

Simpson, D. W., Leith, W. S., and Scholz, C. H. 1988. Two types of reservoir-induced seismicity. Bulletin of the Seismological Society of America, 78 (6), 2025-2040.

Sjöberg, J., Christiansson, R., and Hudson, J. A. 2003. ISRM suggested methods for rock stress estimation—Part 2: overcoring methods. International Journal of Rock Mechanics and Mining Sciences, 40 (7-8), 999-1010.

Skoumal, R. J., Brudzinski, M. R., and Currie, B. S. 2015a. Distinguishing induced seismicity from natural seismicity in Ohio: demonstrating the utility of waveform template matching. Journal of Geophysical Research: Solid Earth, 120 (9), 6284-6296.

Skoumal, R. J., Brudzinski, M. R., and Currie, B. S. 2015b. Earthquakes induced by hydraulic fracturing in Poland Township, Ohio. Bulletin of the Seismological Society of America, 105 (1), 189-197.

Skoumal, R. J., Brudzinski, M. R., and Currie, B. S. 2016. An efficient repeating signal detector to investigate earthquake swarms. Journal of Geophysical Research: Solid Earth, 121 (8), 5880-5897.

Smith, M. B., and Montgomery, C. T. 2015. Hydraulic Fracturing. CRC Press.

Smith, M. B., and Shlyapobersky, J. W. 2000. Basics of hydraulic fracturing. Pages 5-1-5-28 of: Economides, M. J., and Nolte, K. G. (eds.), Reservoir Stimulation, vol. 18. Chichester: John Wiley & Sons Ltd.

Smith, M. L., and Dahlen, F. A. 1973. The azimuthal dependence of Love and Rayleigh wave propagation in a slightly anisotropic medium. Journal of Geophysical Research, 78 (17), 3321-3333.

Smith, R. J., Alinsangan, N. S., and Talebi, S. 2002. Microseismic response of well casing failures at a thermal heavy oil operation. In: SPE/ISRM Rock Mechanics Conference. Society of Petroleum Engineers.

Smith, T. M., Sondergeld, C. H., and Rai, C. S. 2003. Gassmann fluid substitutions: a tutorial. Geophysics, 68 (2), 430-440.

Sneddon, I. N., and Elliot, H. A. 1946. The opening of a Griffith crack under internal pressure. Quarterly of Applied Mathematics, 4 (3), 262-267.

Snelling, P., and Taylor, N. 2013. Optimization of a shallow microseismic array design for hydraulic fracture monitoring a horn river basin case study. CSEG Recorder, 38 (3), 22-25.

Snelling, P. E., de Groot, M., and Hwang, K. 2013. Characterizing hydraulic fracture behaviour in the Horn River Basin with microseismic data. Pages 4502-4507 of: SEG Technical Program Expanded Abstracts 2013. Society of Exploration Geophysicists.

Soltanzadeh, M., Fox, A., Rahim, N., Davies, G., and Hume, D. 2015. Application of mechanical and mineralogical rock properties to identify fracture fabrics in the Devonian Duvernay formation in Alberta. Pages 1668-1681 of: Unconventional Resources Technology Conference, San Antonio, Texas, 20-22 July 2015. Society of Exploration Geophysicists, American Association of Petroleum Geologists, Society of Petroleum Engineers.

Song, F., Warpinski, N. R., Toksöz, M. N., and Kuleli, H. S. 2014. Full-waveform based microseismic event detection and signal enhancement: an application of the subspace approach. Geophysical Prospecting, 62

（6），1406-1431.

Speight，J. G. 2016. Handbook of Hydraulic Fracturing. John Wiley & Sons.

Spičák，A. 2000. Earthquake swarms and accompanying phenomena in intraplate regions: a review. Studia Geophysica et Geodaetica，44（2），89-106.

St-Onge，A. 2011. Akaike information criterion applied to detecting first arrival times on microseismic data. Pages 1658-1662 of: SEG Technical Program Expanded Abstracts 2011. Society of Exploration Geophysicists.

St-Onge，A.，and Eaton，D. W. 2011. Noise examples from two microseismic datasets. CSEG Recorder，36（10），46-49.

Stanek，F.，and Eisner，L. 2013. New model explaining inverted source mechanisms of microseismic events induced by hydraulic fracturing. Pages 2201-2205 of: SEG Technical Program Expanded Abstracts 2013. Society of Exploration Geophysicists.

Steffen，R.，Eaton，D. W.，and Wu，P. 2012. Moment tensors，state of stress and their relation to post-glacial rebound in northeastern Canada. Geophysical Journal International，189（3），1741-1752.

Steffen，R.，Wu，P.，Steffen，H.，and Eaton，D. W. 2014. On the implementation of faults in finite-element glacial isostatic adjustment models. Computers & Geosciences，62，150-159.

Stein，S.，and Wysession，M. 2009. An Introduction to Seismology，Earthquakes，and Earth Structure. John Wiley & Sons.

Stesky，R. M.，Brace，W. F.，Riley，D. K.，and Robin，P.-Y. F. 1974. Friction in faulted rock at high temperature and pressure. Tectonophysics，23（1-2），177-203.

Stork，A. L.，Verdon，J. P.，and Kendall，J.-M. 2014. The robustness of seismic moment and magnitudes estimated using spectral analysis. Geophysical Prospecting，62（4），862-878.

Suckale，J. 2010. Moderate-to-large seismicity induced by hydrocarbon production. The Leading Edge，29（3），310-319.

Surjaatmadja，J. B.，Bezanson，J.，Lindsay，S. D.，Ventosilla，P. A.，and Rispler，K. A. 2008. New hydra-jet tool demonstrates improved life for perforating and fracturing applications. In: SPE/ICoTA Coiled Tubing and Well Intervention Conference and Exhibition. Society of Petroleum Engineers.

Talwani，P. 1997. On the nature of reservoir-induced seismicity. Pure and Applied Geophysics，150（3-4），473-492.

Tan，Y.，and Engelder，T. 2016. Further testing of the bedding-plane-slip model for hydraulic-fracture opening using moment-tensor inversions. Geophysics，81（5），KS159-KS168.

Taner，M. T. 2001. Seismic attributes. CSEG Recorder，26（7），48-56.

Tapley，W. C.，and Tull，J. E. 1992. SAC-Seismic Analysis Code: Users Manual. Tech. rept. Lawrence Livermore National Laboratory.

Tary，J. B.，Baan，M.，and Eaton，D. W. 2014a. Interpretation of resonance frequencies recorded during hydraulic fracturing treatments. Journal of Geophysical Research: Solid Earth，119（2），1295-1315.

Tary，J. B.，Herrera，R. H.，Han，J.，and Van der Baan，M. 2014b. Spectral estimation—What is new? What is next? Reviews of Geophysics，52（4），723-749.

Taylor，S. R.，Arrowsmith，S. J.，and Anderson，D. N. 2010. Detection of short time transients from spectrograms using scan statistics. Bulletin of the Seismological Society of America，100（5A），1940-1951.

Telesca，L. 2010. Analysis of the cross-correlation between seismicity and water level in the Koyna area of India. Bulletin of the Seismological Society of America，100（5A），2317-2321.

Tester，J. W.，Anderson，B. J.，Batchelor，A. S.，Blackwell，D. D.，DiPippo，R.，Drake，E. M.，

Garnish, J., Livesay, B., Moore, M. C., Nichols, K., Petty, S., Toksoz, M. N., Veath, R. W., Roy, B., Augustine, C., Murphy, E., Negraru, P., and Richards, M. 2007. Impact of enhanced geothermal systems on US energy supply in the twenty- first century. Philosophical Transactions of the Royal Society of London A: Mathematical, Physical and Engineering Sciences, 365 (1853), 1057-1094.

Thiercelin, M. C., and Roegiers, J. - C. 2000. Formation characterization: rock mechanics. Pages 3-13-35 of: Economides, M. J., and Nolte, K. G. (eds.), Reservoir Stimulation, 3rd edn. John Wiley & Sons.

Thomsen, L. 1986. Weak elastic anisotropy. Geophysics, 51 (10), 1954-1966.

Thornton, M. 2012. Resolution and location uncertainties in surface microseismic monitoring. In: Geoconvention 2012.

Thornton, M., and Mueller, M. 2013. Uncertainty in surface microseismic monitoring. In: Geoconvention 2013.

Tian, X., Zhang, W., and Zhang, J. 2017. Cross double- difference inversion for simultaneous velocity model update and microseismic event location. Geophysical Prospecting, doi: 10. 1111/1365-2478. 12556.

Townend, J., and Zoback, M. D. 2000. How faulting keeps the crust strong. Geology, 28 (5), 399-402.

Trifunac, M. D. 1974. A three- dimensional dislocation model for the San Fernando, California, earthquake of February 9, 1971. Bulletin of the Seismological Society of America, 64 (1), 149-172.

Trojanowski, J., and Eisner, L. 2017. Comparison of migration- based location and detection methods for microseismic events. Geophysical Prospecting, 65 (1), 47-63.

Trutnevyte, E., and Wiemer, S. 2017. Tailor- made risk governance for induced seismicity of geothermal energy projects: an application to Switzerland. Geothermics, 65, 295-312.

Tsvankin, I. 1997. Anisotropic parameters and P- wave velocity for orthorhombic media. Geophysics, 62 (4), 1292-1309.

Tsvankin, I., and Thomsen, L. 1994. Nonhyperbolic reflection moveout in anisotropic media. Geophysics, 59 (8), 1290-1304.

Unwin, A. T., and Hammond, P. S. 1995. Computer simulations of proppant transport in a hydraulic fracture. In: SPE Western Regional Meeting. Society of Petroleum Engineers.

Urbancic, T., and Wuestefeld, A. 2013. Black box recording of passive seismicity: pitfalls of not understanding your acquisition instrumentation and its limitations. In: Geoconvention 2013.

USGS. 2017. Earthquake Glossary—USGS Earthquake Hazards Program. https: //earthquake. usgs. gov/learn/ glossary Accessed: 2017/07/27.

Utsu, T. 1961. A statistical study on the occurrence of aftershocks. Geophysical Magazine, 30 (4), 521-605.

Valcke, S. L. A., Casey, M., Lloyd, G. E., Kendall, J. - M., and Fisher, Q. J. 2006. Lattice preferred orientation and seismic anisotropy in sedimentary rocks. Geophysical Journal International, 166 (2), 652-666.

Van der Baan, M., Eaton, D. W., and Dusseault, M. 2013. Microseismic monitoring developments in hydraulic fracture stimulation. Pages 439-466 of: ISRM International Conference for Effective and Sustainable Hydraulic Fracturing. International Society for Rock Mechanics.

Van der Baan, M., Eaton, D. W., and Preisig, G. 2016. Stick-split mechanism for anthropogenic fluid-induced tensile rock failure. Geology, 44 (7), 503-506.

Van der Elst, N. J., Savage, H. M., Keranen, K. M., and Abers, G. A. 2013. Enhanced remote earthquake triggering at fluid-injection sites in the midwestern United States. Science, 341 (6142), 164-167.

Van der Elst, N. J., Page, M. T., Weiser, D. A., Goebel, T. H. W., and Hosseini, S. M. 2016. Induced earthquake magnitudes are as large as (statistically) expected. Journal of Geophysical Research: Solid Earth, 121 (6), 4575-4590.

Van Domelen, M. S. 2017. A practical guide to modern diversion technology. In: SPE Oklahoma City Oil and Gas Symposium. Society of Petroleum Engineers.

Van Thienen-Visser, K., and Breunese, J. N. 2015. Induced seismicity of the Groningen gas field: history and recent developments. The Leading Edge, 34 (6), 664-671.

Van Trees, H. L. 1968. Detection, Estimation, and Modulation Theory. John Wiley & Sons.

Vasudevan, K., Eaton, D. W., and Davidsen, J. 2010. Intraplate seismicity in Canada: a graph theoretic approach to data analysis and interpretation. Nonlinear Processes in Geophysics, 17 (5), 513.

Vavryčuk, V. 2005. Focal mechanisms in anisotropic media. Geophysical Journal International, 161 (2), 334-346.

Vavryčuk, V. 2006. Calculation of the slowness vector from the ray vector in anisotropic media. Pages 883-896 of: Proceedings of the Royal Society of London A: Mathematical, Physical and Engineering Sciences, vol. 462. The Royal Society.

Vavryčuk, V. 2007. On the retrieval of moment tensors from borehole data. Geophysical Prospecting, 55 (3), 381-391.

Vavryčuk, V. 2011. Tensile earthquakes: Theory, modeling, and inversion, J. Geophys. Res., 116, B12320, doi: 10.1029/2011JB008770.

Vavryčuk, V. 2014. Iterative joint inversion for stress and fault orientations from focal mechanisms. Geophysical Journal International, 199 (1), 69-77.

Vavryčuk, V. 2015. Moment tensor decompositions revisited. Journal of Seismology, 19 (1), 231-252.

Vengosh, A., Jackson, R. B., Warner, N., Darrah, T. H., and Kondash, A. 2014. A critical review of the risks to water resources from unconventional shale gas development and hydraulic fracturing in the United States. Environmental Science & Technology, 48 (15), 8334-8348.

Verdon, J. P., and Wüstefeld, A. 2013. Measurement of the normal/tangential fracture compliance ratio (ZN/ZT) during hydraulic fracture stimulation using S-wave splitting data. Geophysical Prospecting, 61 (s1), 461-475.

Virieux, J. 1986. P-SV wave propagation in heterogeneous media: velocity-stress finitedifference method. Geophysics, 51 (4), 889-901.

Virues, C., Hendrick, J., and Kashikar, S. 2016. Development of limited discrete frac-ture network using surface microseismic event detection testing in Canadian Horn River Basin. Pages 1346-1361 of: Unconventional Resources Technology Conference, San Antonio, Texas, 1-3 August 2016. Society of Exploration Geophysicists, American Association of Petroleum Geologists, Society of Petroleum Engineers.

Vlček, J., Fischer, T., and Vilhelm, J. 2016. Back-projection stacking of P-and S-waves to determine location and focal mechanism of microseismic events recorded by a surface array. Geophysical Prospecting, 64 (6), 1428-1440.

Waldhauser, F. 2001. HypoDD-A Program to Compute Double-Difference Hypocenter Locations. Tech. rept. Open File Report 01-113. USGS.

Waldhauser, F., and Ellsworth, W. L. 2000. A double-difference earthquake location algorithm: method and application to the northern Hayward fault, California. Bulletin of the Seismological Society of America, 90 (6), 1353-1368.

Walker, R. N. 1997. Cotton Valley hydraulic fracture imaging project. In: SPE Annual Technical Conference and Exhibition. Society of Petroleum Engineers.

Wallace, R. E. 1951. Geometry of shearing stress and relation to faulting. The Journal of Geology, 59 (2),

118-130.

Walsh, F. R. , and Zoback, M. D. 2015. Oklahoma's recent earthquakes and saltwater disposal. Science Advances, 1 (5), e1500195.

Walsh, F. R. , and Zoback, M. D. 2016. Probabilistic assessment of potential fault slip related to injection-induced earthquakes: Application to north-central Oklahoma, USA. Geology, 44 (12), 991-994.

Walter, W. R. , and Brune, J. N. 1993. Spectra of seismic radiation from a tensile crack. Journal of Geophysical Research: Solid Earth, 98 (B3), 4449-4459.

Walters, R. J. , Zoback, M. D. , Baker, J. W. , and Beroza, G. C. 2015. Characterizing and responding to seismic risk associated with earthquakes potentially triggered by fluid disposal and hydraulic fracturing. Seismological Research Letters, 86 (4), 1110-1118.

Wang, H. F. 2017. Theory of Linear Poroelasticity with Applications to Geomechanics and Hydrogeology. Princeton University Press.

Wang, M. , and Pan, N. 2008. Predictions of effective physical properties of complex multiphase materials. Materials Science and Engineering: R: Reports, 63 (1), 1-30.

Wang, R. , Gu, Y. J. , Schultz, R. , Kim, A. , and Atkinson, G. M. 2016. Source analysis of a potential hydraulic-fracturing-induced earthquake near Fox Creek, Alberta. Geophysical Research Letters, 43, 564-573.

Wapenaar, K. , and Fokkema, J. 2006. Green's function representations for seismic interferometry. Geophysics, 71 (4), SI33-SI46.

Warner, H. R. 2015. The Reservoir Engineering Aspects of Waterflooding. Society of Petroleum Engineers.

Warpinski, N. 2009. Microseismic monitoring: inside and out. Journal of Petroleum Technology, 61 (11), 80-85.

Warpinski, N. , Kramm, R. C. , Heinze, J. R. , and Waltman, C. K. 2005a. Comparison of single- and dual-array microseismic mapping techniques in the Barnett Shale. In: SPE Annual Technical Conference and Exhibition. Society of Petroleum Engineers.

Warpinski, N. R. 1989. Elastic and viscoelastic calculations of stresses in sedimentary basins. SPE Formation Evaluation, 4 (4), 522-530.

Warpinski, N. R. , and Wolhart, S. 2016. A validation assessment of microseismic monitoring. In: SPE Hydraulic Fracturing Technology Conference. Society of Petroleum Engineers.

Warpinski, N. R. , Branagan, P. T. , Peterson, R. E. , and Wolhart, S. L. 1998. An interpretation of M-site hydraulic fracture diagnostic results. In: SPE Rocky Mountain Regional/Low-Permeability Reservoirs Symposium. Society of Petroleum Engineers.

Warpinski, N. R. , Mayerhofer, M. J. , Vincent, M. C. , Cipolla, C. L. , and Lolon, E. P. 2009. Stimulating unconventional reservoirs: maximizing network growth while optimizing fracture conductivity. Journal of Canadian Petroleum Technology, 48 (10), 39-51.

Warpinski, N. R. , Du, J. , and Zimmer, U. 2012. Measurements of hydraulic-fractureinduced seismicity in gas shales. SPE Production & Operations, 27 (SPE-151597-PA), 240-252.

Warpinski, N. R. , Mayerhofer, M. J. , Davis, E. J. , and Holley, E. H. 2014. Integrating fracture diagnostics for improved microseismic interpretation and stimulation modeling. Pages 1518-1536 of: Unconventional Resources Technology Conference (URTEC).

Warpinski, N. R. , Sullivan, R. B. , Uhl, J. , Waltman, C. , and Machovoie, S. 2005b. Improved microseismic fracture mapping using perforation timing measurements for velocity calibration. SPE Journal, 10 (1), 14-23.

Watt, J. P., Davies, G. F., and O'Connell, R. J. 1976. The elastic properties of composite materials. Reviews of Geophysics, 14 (4), 541-563.

Webb, S. C. 2002. Seismic noise on land and on the sea floor. Chap. 19 of: International Handbook of Earthquake & Engineering Seismology, Part A, vol. 81A. International Association of Seismology and Physics of the Earth's Interior.

Weingarten, M., Ge, S., Godt, J. W., Bekins, B. A., and Rubinstein, J. L. 2015. Highrate injection is associated with the increase in US mid-continent seismicity. Science, 348 (6241), 1336-1340.

Welzl, E. 1991. Smallest enclosing disks (balls and ellipsoids). New Results and New Trends in Computer Science, 359-370.

Weng, X., Kresse, O., Cohen, C.-E., Wu, R., and Gu, H. 2011. Modeling of hydraulicfracture-network propagation in a naturally fractured formation. SPE Production & Operations, 26 (4), 368-380.

Westfall, P. H. 2014. Kurtosis as peakedness, 1905-2014. RIP. The American Statistician, 68 (3), 191-195.

White, A. J., Traugott, M. O., and Swarbrick, R. E. 2002. The use of leak-off tests as means of predicting minimum in-situ stress. Petroleum Geoscience, 8 (2), 189-193.

Wielandt, E. 2002. Seismometry. Chap. 18 of: International Handbook of Earthquake & Engineering Seismology, Part A, vol. 81A. International Association of Seismology and Physics of the Earth's Interior.

Wiemer, S., and Wyss, M. 2000. Minimum magnitude of completeness in earthquake catalogs: examples from Alaska, the western United States, and Japan. Bulletin of the Seismological Society of America, 90 (4), 859-869.

Winterstein, D. F. 1990. Velocity anisotropy terminology for geophysicists. Geophysics, 55 (8), 1070-1088.

Woessner, J., and Wiemer, S. 2005. Assessing the quality of earthquake catalogues: estimating the magnitude of completeness and its uncertainty. Bulletin of the Seismological Society of America, 95 (2), 684-698.

Wong, I., Nemser, E., Bott, J., and Dober, M. 2013. White Paper: Induced Seismicity and Traffic Light Systems as Related to Hydraulic Fracturing in Ohio. Tech. rept. Seismic Hazards Group.

Wyss, M., and Molnar, P. 1972. Efficiency, stress drop, apparent stress, effective stress, and frictional stress of Denver, Colorado, earthquakes. Journal of Geophysical Research, 77 (8), 1433-1438.

Xia, J., Miller, R. D., and Park, C. B. 1999. Estimation of near-surface shear-wave velocity by inversion of Rayleigh waves. Geophysics, 64 (3), 691-700.

Xue, J., Gu, H., and Cai, C. 2017. Model-based amplitude versus offset and azimuth inversion for estimating fracture parameters and fluid content. Geophysics, 82 (2), M1-M17.

Yenier, E. 2017. A local magnitude relation for earthquakes in the western Canada Sedimentary Basin. Bulletin of the Seismological Society of America, 1421-1431.

Yilmaz, Ö. 2001. Seismic Data Analysis: Processing, Inversion, and Interpretation of Seismic Data. Society of Exploration Geophysicists.

Yoon, C. E., O'Reilly, O., Bergen, K. J., and Beroza, G. C. 2015. Earthquake detection through computationally efficient similarity search. Science Advances, 1 (11), e1501057.

Yoon, J. S., Zang, A., and Stephansson, O. 2014. Numerical investigation on optimized stimulation of intact and naturally fractured deep geothermal reservoirs using hydromechanical coupled discrete particles joints model. Geothermics, 52, 165-184.

Young, G. B., and Braile, L. W. 1976. A computer program for the application of Zoeppritz's amplitude equations and Knott's energy equations. Bulletin of the Seismological Society of America, 66 (6), 1881-1885.

Zecevic, M., Daniel, G., and Jurick, D. 2016. On the nature of long-period long-duration seismic events detected during hydraulic fracturing. Geophysics, 81 (3), KS113-KS121.

Zhang, G., Qu, C., Shan, X., Song, X., Zhang, G., Wang, C., Hu, J.-C., and Wang, R. 2011a. Slip distribution of the 2008 Wenchuan Ms 7.9 earthquake by joint inversion from GPS and InSAR measurements: a resolution test study. Geophysical Journal International, 186 (1), 207-220.

Zhang, H., Thurber, C., and Rowe, C. 2003. Automatic P-wave arrival detection and picking with multiscale wavelet analysis for single-component recordings. Bulletin of the Seismological Society of America, 93 (5), 1904-1912.

Zhang, H., Sarkar, S., Toksöz, M. N., Kuleli, H. S., and Al-Kindy, F. 2009. Passive seismic tomography using induced seismicity at a petroleum field in Oman. Geophysics, 74 (6), WCB57-WCB69.

Zhang, H., Eaton, D. W., Li, G., Liu, Y., and Harrington, R. M. 2016. Discriminating induced seismicity from natural earthquakes using moment tensors and source spectra. Journal of Geophysical Research: Solid Earth, 121 (2), 972-993.

Zhang, M., and Wen, L. 2015. An effective method for small event detection: match and locate (M&L). Geophysical Journal International, 200 (3), 1523-1537.

Zhang, Y., Eisner, L., Barker, W., Mueller, M., and Smith, K. 2011b. Consistent imaging of hydraulic fracture treatments from permanent arrays using a calibrated velocity model. In: 3rd EAGE Passive Seismic Workshop.

Zhebel, O., and Eisner, L. 2014. Simultaneous microseismic event localization and source mechanism determination. Geophysics, 80 (1), KS1-KS9.

Zimmer, U. 2011. Microseismic design studies. Geophysics, 76 (6), WC17-WC25. Zoback, M. D. 2010. Reservoir Geomechanics. Cambridge University Press.

Zoback, M. D., Mastin, L., and Barton, C. 1986. In-situ stress measurements in deep bore-holes using hydraulic fracturing, wellbore breakouts, and stonely wave polarization. In: ISRM International Symposium. Stockholm: International Society for Rock Mechanics. Zoback, M. D., Apel, R., Baumgärtner, J., Brudy, M., Emmermann, R., Engeser, B., Fuchs, K., Kessels, W., Rischmüller, H., Rummel, F., and Vernik, L. 1993. Upper-crustal strength inferred from stress measurements to 6 km depth in the KTB borehole. Nature, 365, 633-635.

Zoback, M. D., Barton, C. A., Brudy, M., Castillo, D. A., Finkbeiner, T., Grollimund, B. R., Moos, D. B., Peska, P., Ward, C. D., and Wiprut, D. J. 2003. Determination of stress orientation and magnitude in deep wells. International Journal of Rock Mechanics and Mining Sciences, 40 (7-8), 1049-1076.

Zoback, M. L. 1992. First-and second-order patterns of stress in the lithosphere: The World Stress Map Project. Journal of Geophysical Research: Solid Earth, 97 (B8), 11703-11728.